Schreiber/Schulte
Kompakt-Training
Controlling

Zusätzliche digitale Inhalte für Sie!

Zu diesem Buch stehen Ihnen kostenlos folgende digitale Inhalte zur Verfügung:

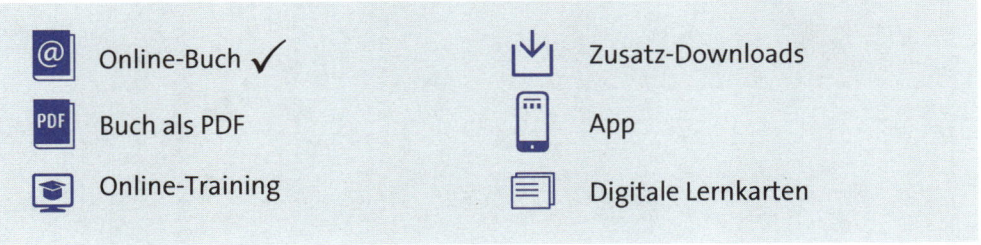

@ Online-Buch ✓	⬇ Zusatz-Downloads
PDF Buch als PDF	📱 App
🎓 Online-Training	📄 Digitale Lernkarten

Schalten Sie sich das Buch inklusive Mehrwert direkt frei.

Scannen Sie den QR-Code **oder** rufen Sie die Seite **www.kiehl.de** auf. Geben Sie den Freischaltcode ein und folgen Sie dem Anmeldedialog. Fertig!

Ihr Freischaltcode

BULY-ZNCL-QRIS-YBWN-HCEP-YT

Kompakt-Training
Praktische Betriebswirtschaft
Herausgeber Professor Klaus Olfert

www.kiehl.de

Controlling

Von
Prof. Dr. Martin Schreiber und
Prof. Dr. Klaus Schulte

Herausgeber:
Prof. Klaus Olfert
76530 Baden-Baden

ISBN 978-3-470-**10351**-8

© NWB Verlag GmbH & Co. KG, Herne 2018

Kiehl ist eine Marke des NWB Verlags
www.kiehl.de

Satz: Reemers Publishing Services GmbH, Krefeld
Druck: medienHaus Plump GmbH, Rheinbreitbach

Zur Reihe: Kompakt-Training Praktische Betriebswirtschaft

Das Kompakt-Training Praktische Betriebswirtschaft ist aus der Notwendigkeit entstanden, dass Wissen immer häufiger unter erheblichem Zeit- und Erfolgsdruck erworben oder reaktiviert werden muss. Den vielfältigen betriebswirtschaftlichen Fakten und Zusammenhängen, die aufzunehmen sind, stehen eng begrenzte Zeitbudgets gegenüber.

Die vorliegende Fachbuchreihe ist darauf ausgerichtet, die Leser darin zu unterstützen, rasch und fundiert in die verschiedenen betriebswirtschaftlichen Themenbereiche einzudringen sowie diese aufzufrischen. Sie eignet sich in besonderer Weise für:

- Studierende an (Fach-)Hochschulen, Akademien und Universitäten
- Fortzubildende an öffentlichen und privaten Bildungsinstitutionen
- Fach- und Führungskräfte in Unternehmen und sonstigen Organisationen.

Das Kompakt-Training Praktische Betriebswirtschaft ist auch zum Selbststudium sehr gut geeignet, nicht zuletzt wegen seiner herausragenden Gestaltungsmerkmale. Jeder einzelne Band der Fachbuchreihe zeichnet sich u. a. aus durch:

- kompakte und praxisbezogene Darstellung
- systematischen und lernfreundlichen Aufbau
- viele einprägsame Beispiele, Tabellen, Abbildungen
- 50 praxisbezogene Übungen mit Lösungen
- MiniLex mit 150 bis 200 Stichworten.

Für Anregungen, die der weiteren Verbesserung dieses Lernkonzeptes dienen, bin ich dankbar.

Prof. Klaus Olfert
Herausgeber

Vorwort

Das Controlling gehört in Lehre, Forschung und Praxis zu den etablierten Kernbestandteilen der BWL. Es verfolgt auf der einen Seite die Zielsetzung der Ergebnisoptimierung, während auf der anderen Seite die Optimierung der Gesamtunternehmensorganisation im Vordergrund steht. Zur Erreichung der Zielsetzungen wird in allen Controllingkonzeptionen auf Methoden und Instrumente zurückgegriffen, wobei die Instrumente zur Informationsversorgung (z. B. das externe und das interne Rechnungswesen) und zur Planung und Kontrolle sowie die (technische) Ausgestaltung der Informationssysteme im Mittelpunkt stehen. Trotz der zum Teil großen Heterogenität der jeweiligen Controllingkonzeptionen herrscht eine weitestgehend einheitliche Auffassung darüber, auf welche Aufgaben sich Controlling bezieht. Dazu gehören insbesondere die Unterstützung bei Planung und Kontrolle (zum Zwecke der Steuerung), die Informationsversorgung, die Koordination und die Gestaltung der Controllingsysteme.

Das vorliegende Buch gliedert sich inhaltlich in vier Hauptkapitel. In Kapitel A. werden wesentliche Grundlagen des Controllings dargestellt. Neben Zielsetzung und Aufgabenstellungen des Controllings beinhaltet es mit einem Blick auf Institutionalisierung, Rollenverständnis und aktuelle Entwicklungen auch einen Blick auf die Ausprägungsformen des Controllings in der Praxis. Kapitel B. betrachtet das strategische Controlling entlang des strategischen Planungsprozesses mit einem Fokus auf ausgewählte wertorientierte Steuerungsansätze.

Operative Planung und Kontrolle nehmen einen wesentlichen Anteil in der praktischen Controllertätigkeit ein, dementsprechend nehmen sie in Kapitel C. ebenfalls einen wesentlichen Umfang ein. Dabei werden die Haupttätigkeitsbereiche des Controllings in der Praxis – Budgetierung, Kosten- und Leistungsrechung, Reporting – adressiert und im Detail beschrieben. Kapitel D. zum Bereichscontrolling geht auf ausgewählte Objekte des Bereichscontrollings ein. In Anlehnung an die klassische betriebliche Wertschöpfungskette nach *Porter* werden dabei mit dem F&E-Controlling, dem Beschaffungs-, Logistik- und Supply Chain-Controlling, dem Produktionscontrolling und dem Marketing- und Vertriebscontrolling zum einen Controllingfragestellungen aus dem Bereich der primären Wertschöpfungsaktivitäten betrachtet. Investitions-, Personal- und Risikocontrolling unterstützen die Unternehmensführung dagegen bei den sekundären Aktivitäten. Mit dem Projekt- und dem Beteiligungscontrolling werden darüber hinaus auch Themenstellungen des Controllings von (organisatorischen) Teileinheiten eines Unternehmens betrachtet. Fragestellungen aus dem Bereichscontrolling, die bereits in vorherigen Kapiteln (z. B. zur Budgetierung oder zur Kosten- und Leistungsrechnung) besprochen wurden, werden nicht wiederholt, daher unterscheiden sich die Kapitel in Abschnitt D. vom Umfang her zum Teil deutlich.

Das „Kompakt-Training Controlling" bietet Praktikern und BWL-Bachelor-Studierenden eine kompakte, schnelle und vor allem praxisorientierte Einführung in alle wesentlichen Bereiche des Controllings. Die Inhalte orientieren sich an den wichtigsten Aufgabenfeldern des Controllings in der Praxis. Der Fokus liegt auf der Darstellung der wesentlichen Instrumente, die mit zahlreichen Beispielen veranschaulicht werden.

50 Aufgaben inklusive Lösungen ermöglichen eine gezielte Wissenskontrolle und eignen sich ideal zur effizienten Prüfungsvorbereitung.

Danken möchten wir Frau Corinna Ziegler vom Kiehl-Verlag, ohne deren Hilfe und Geduld dieses Buch nicht möglich geworden wäre.

Prof. Dr. Martin Schreiber
Prof. Dr. Klaus Schulte
Münster, im November 2018

Feedbackhinweis

Kein Produkt ist so gut, dass es nicht noch verbessert werden könnte. Ihre Meinung ist uns wichtig. Was gefällt Ihnen gut? Was können wir in Ihren Augen verbessern? Bitte schreiben Sie einfach eine E-Mail an: **feedback@kiehl.de**

Als kleines Dankeschön verlosen wir unter allen Teilnehmern einmal pro Monat ein Buchgeschenk!

Benutzungshinweise

Aufgaben/Fälle

Die Aufgaben/Fälle im Übungsteil dienen der Wissens- und Verständniskontrolle. Auf sie wird jeweils im Textteil hingewiesen:

Aufgabe 1 > Seite 327
Aufgabe 2 > Seite 327

Der Übungsteil befindet sich als im Anschluss an Kapitel D. Es wird empfohlen, die Aufgaben/Fälle unmittelbar nach Bearbeitung der entsprechenden Textstellen zu lösen.

Aus Gründen der Praktikabilität und besseren Lesbarkeit wird darauf verzichtet, jeweils männliche und weibliche Personenbezeichnungen zu verwenden. So können z. B. Mitarbeiter, Arbeitnehmer, Vorgesetzte grundsätzlich sowohl männliche als auch weibliche Personen sein.

INHALTSVERZEICHNIS

TABELLENVERZEICHNIS

TABELLENVERZEICHNIS

Abb.	Abbildung	EPS	Earnings per Share
Abs.	Absatz	ERP	Enterprise Resource
AD	Außendienst		Planning
Afa	Absetzung für Abnutzung	etc.	et cetera
AktG	Aktiengesetz	EU-VO	EU-Verordnung
AOB	Anordnungsbeziehungen	EVA	Economic Value Added
AP	Arbeitspaket	evtl.	eventuell
APV	Adjusted Present Value	EW	Endwert
B2B	Business to Business	f.	folgende
BAB	Betriebsabrechnungsbogen	F&E	Forschung und Entwicklung
BCG	Boston Consulting Group	FCF	Free Cashflow
BGA	Betriebs- und Geschäftsaus-	FEK	Fertigungseinzelkosten
	stattung	ff.	fortfolgende
BI	Business Intelligence	FF	Fremdfertigung
BilMoG	Bilanzrechtsmodernisie-	FGK	Fertigungsgemeinkosten
	rungsgesetz	FK	Fremdkapital
BSC	Balanced Scorecard	Ford. LuL	Forderungen aus Lieferun-
BVÄ	Bestandsveränderung(en)		gen und Leistungen
bzw.	beziehungsweise		
		gem.	gemäß
CF	Cashflow	ggf.	gegebenenfalls
CFROI	Cashflow ROI	GK	Gesamtkapital/
CSR	Corporate Social Responsi-		Gemeinkosten
	bility	GSC	Generic Scoring Customer
CVA	Cash Value Added	GuV	Gewinn- und Verlustrech-
			nung
d. h.	das heißt		
DB	Deckungsbeitrag	h	Stunde
DCF	Discounted Cashflow	HGB	Handelsgesetzbuch
DIN	Deutsches Institut für		
	Normung	i. e. S.	im engeren Sinne
		i. H. v.	in Höhe von
EBIT	Earnings Before Interest	inkl.	inklusive
	and Taxes	insg.	insgesamt
EBITA	Earnings Before Interest,	i. w. S.	im weiteren Sinne
	Taxes and Amortization	IFRS	International Financial
EBITDA	Earnings Before Interest,		Reporting Standards
	Taxes, Depreciation and	IT	Informationstechnik
	Amortization		
EBT	Earnings Before Taxes	KapG	Kapitalgesellschaft
EDV	Elektronische Datenverar-	KCV	Kurs-Cashflow-Verhältnis
	beitung	kg	Kilogramm
EF	Eigenfertigung	KGV	Kurs-Gewinn-Verhältnis
EFQM	European Foundation for	KLR	Kosten- und Leistungsrech-
	Quality Management		nung
EK	Eigenkapital		

KMU	kleine und mittelgroße Unternehmen	PKR	Plankostenrechnung
KonTraG	Gesetz zur Kontrolle und Transparenz im Unterneh-mensbereich	PSP	Projektstrukturplan
		rel.	relativ(e/r)
KPI	Key Performance Indicator	RFMR	Recency, Frequency, Monetary Ratio
		ROCE	Return on Capital Employed
l	Liter	ROI	Return on Investment
LGH	Landes-Gewerbeförderungs-stelle des nordrhein-westfä-lischen Handwerks e. V.	ROIC	Return on Invested Capital
lmi	leistungsmengeninduziert	S.	Seite
lmn	leistungsmengenneutral	SF	Sicherheitsfaktor
LP	lineare Programmierung	Sp.	Spalte
		SQ	Schwankungskoeffizient
		St.	Stück
M&A	Mergers and Acquisitions	s. u.	siehe unten
ME	Mengeneinheit	SWOT	Strengths, Weaknesses, Opportunities, Threats
MEK	Materialeinzelkosten		
MGK	Materialgemeinkosten		
Min.	Minute	TCO	Total Cost of Ownership
MTBF	Mean Time between Failures	TK	Teilkosten
		TV	Terminal Value
ND	Nutzungsdauer	u. a.	unter anderem
NOPAT	Net Operating Profit After Taxes	US-GAAP	United States Generally Ac-cepted Accounting Principles
OECD	Organisation for Economic Co-operation and Develop-ment (Organisation für wirt-schaftliche Zusammenarbeit und Entwicklung)	var.	variabel
		Verb. LuL	Verbindlichkeiten aus Liefe-rungen und Leistungen
		verr.	verrechnet
		vgl.	vergleiche
OEE	Overall Equipment Efficiency	VK	Vollkosten
o. J.	ohne Jahrgang	VoFi	Vollständige Finanzpläne
o. V.	ohne Verfasser		
		WACC	Weighted Average Cost of Capital
p. a.	per annum		
PersG	Personengesellschaft	WB	Werbebudget
PEST(EL)	Political, Economic, Social, Technological (Legal, Environmental)	WC	Working Capital
		z. B.	zum Beispiel
PIMS	Profit Impact of Market Strategies	ZKI	Zielkostenindex
		ZVEI	Zentralverband der elektro-technischen Industrie

A. Grundlagen

Als Grundlagen des Controllings werden behandelt:

Grundlagen	Begriff und Zielsetzung
	Institutionalisierung und Leitbild
	Aufgaben im Controlling
	Strategisches und operatives Controlling
	Rollenverständnis im Controlling
	Controllinginstrumente
	Abgrenzung des Controllings
	Aktuelle Entwicklungen und Zukunftsfelder

1. Begriff und Zielsetzung des Controllings

Der Begriff Controlling stammt vom englischen Verb „to control". Dies bedeutet „steuern", „lenken", „regeln" und „kontrollieren". Controlling ist somit Unternehmenssteuerung; Controller sind die Aufgabenträger des Controllings. Die Steuerung eines Unternehmens ist allerdings eine originäre Managementaufgabe, sodass sich die Frage stellt, wie sich die Aufgaben zwischen Management und Controllern verteilen.

Aufgabe der Controller ist die Unterstützung des Managements bei der Unternehmenssteuerung. Hierbei ist Kontrolle ein Teilaspekt; Controller sind aber ihrem Rollenverständnis nach nicht die Kontrolleure eines Unternehmens. Abb. A.1 veranschaulicht die Aufgabenverteilung zwischen Managern und Controllern.

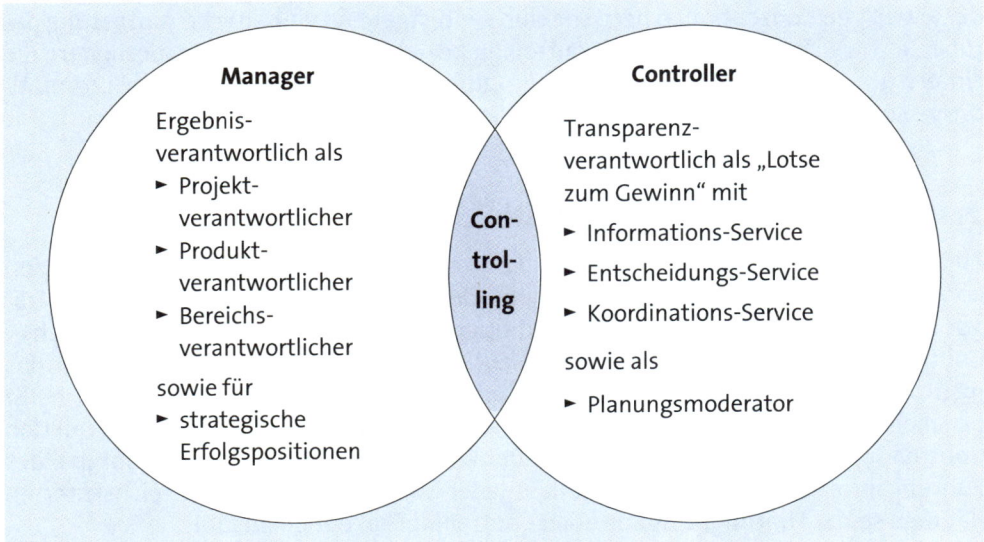

Abb. A.1: Controlling als Schnittmenge zwischen Manager und Controller
(vgl. *Internationaler Controller Verein, o. J., S. 3*)

Während das Management die Gesamtverantwortung für ein Unternehmen trägt, befindet sich das Controlling in einer Lotsenfunktion:

- Als **Informations-Service** stellt es dem Management beispielsweise monatliche Berichte und Analysen zur Verfügung. Diese machen u. a. die wirtschaftliche Lage des Unternehmens transparent, sodass das Management die Zielerreichung beurteilen und ggf. gegensteuern kann.

- Ein Beispiel für den **Entscheidungs-Service** sind Investitionsentscheidungen. Steht z. B. die Entscheidung zum Bau eines neuen Werks an, so berechnet das Controlling die Wirtschaftlichkeit dieser Investition. Auf Basis der Berechnungen kann das Management dann eine fundierte Entscheidung treffen.

- Zum **Koordinations-Service** gehört auch die Rolle von Controllern als Planungsmoderatoren. Planung ist in Unternehmen in der Regel ein komplexer Prozess mit vielen Beteiligten (vgl. >> Kapitel B.2 und >> Kapitel C.3). Die Vertriebsplanung wird dabei üblicherweise von der Vertriebsabteilung übernommen, die Produktionsplanung vom Produktionsbereich. Aufgabe des Controllings ist es, diese Teilpläne abzustimmen. Beispielsweise sollten beide Bereiche von den gleichen Absatzmengen im nächsten Jahr ausgehen. Neben der Abstimmung der Teilpläne führt das Controlling diese auch zusammen und ermittelt so u. a. das geplante Gesamtergebnis für das nächste Jahr.

Zielsetzungen des Controllings sind auf der einen Seite die Ergebnisoptimierung, während auf der anderen Seite die Optimierung der Gesamtunternehmensorganisation im Vordergrund steht. Zur Erreichung der Zielsetzungen wird in allen Controllingkonzeptionen auf bekannte Methoden und Instrumente zurückgegriffen, wobei die Instrumente zur Informationsversorgung (z. B. das externe und das interne Rechnungswesen) und zur Planung und Kontrolle sowie die (technische) Ausgestaltung der Informationssysteme im Mittelpunkt stehen. Trotz der zum Teil großen Heterogenität der jeweiligen Konzeptionen herrscht eine weitestgehend einheitliche Auffassung darüber, auf welche **Aufgaben** sich Controlling bezieht. Dazu gehören insbesondere die Unterstützung bei Planung und Kontrolle (zum Zwecke der Steuerung), die Informationsversorgung, die Koordination und die Gestaltung der Controllingsysteme.

2. Institutionalisierung und Leitbild

Zu den generischen Elementen aller Controllingkonzeptionen zählen neben den konkreten Aufgaben des Controllings und den eingesetzten Instrumenten die **Träger** dieser Controllingaufgaben. Dabei muss grundsätzlich zwischen dem (Bereichs-)Controlling als Funktion und dem (Bereichs-)Controller als Funktionsträger, der das institutionalisierte (Bereichs-)Controlling ausführt, unterschieden werden. Das heißt beispielsweise, dass auch ohne einen expliziten Marketingcontroller die Funktion Controlling im Bereich Marketing ausgeübt wird. Sie ist vielmehr als Teilfunktion des Führungsprozesses zu verstehen, sodass jeder Manager bzw. jeder Bereichsleiter im Rahmen seiner Führungsaufgabe auch Controllingfunktionen ausübt.

Werden Controllingaufgaben durch ein institutionalisiertes Zentralcontrolling und ein Bereichscontrolling wahrgenommen, stellt sich die Frage nach der organisatorischen Ausgestaltung der Controllingorganisation (vgl. *Sieber, 2008, S. 27 ff.* und *Littkemann, 2018, S. 15 f.*). Zu klären ist in einem solchen Fall die Frage der Aufteilung von Entscheidungs- und Weisungsbefugnissen zwischen Zentralcontroller und dezentralen Controllern auf der einen Seite sowie zwischen dezentralen Controllern und Bereichsleitern auf der anderen Seite. Grundsätzlich lassen sich dabei vier Ausprägungsformen unterscheiden:

		Fachliche Unterstellung	
		Zentralcontrolling	**Bereichsleitung**
Disziplinarische Unterstellung	**Zentralcontrolling**	► Bereichscontroller als Delegierter des Zentralcontrollings ► Bereichscontroller kann relativ unabhängig agieren ► Gefahr einer nur unzureichenden Integration des Controllers in den Bereich (Vertrauensverlust) ► Zentralcontrolling nimmt formal eine relativ starke Position ein und kann so z. B. gut auf die Bereichs-Controllingsystemgestaltung einwirken	► dezentraler Controller übernimmt die Funktion eines betriebswirtschaftlichen Beraters für den Bereich ► setzt eine besonders hohe fachliche Qualifikation des dezentralen Controllers voraus ► (Gestaltungsalternative kommt nur im Ausnahmefall zum Tragen)
	Bereichsleitung	► kann zu Konfliktsituationen mit dem Disziplinarvorgesetzten im Bereich führen ► Spannungsverhältnis zum Zentralcontrolling bei zu starker Ausrichtung auf den Bereich ► Verbindung von Linienerfordernissen mit Controllingnotwendigkeiten ► flexible Einflussnahme sowohl des Zentralcontrollings als auch des Bereichs auf den dezentralen Controller	► starke Ausrichtung auf den jeweiligen Bereich der Unternehmung ► Bereichscontrolling vertritt unter Umständen zu einseitig die Interessen des Bereichs

Tab. A.1: Fachliche und disziplinarische Unterstellung des Bereichscontrollings

Fallen fachliche und disziplinarische Leitung auseinander, wird dem sogenannten **„Dotted-Line-Prinzip"** gefolgt. Um eine konsistente Controllingsystemgestaltung zu gewährleisten, hat sich in der Praxis eine fachliche Unterstellung der dezentralen Controller unter das Zentralcontrolling als zweckmäßig erwiesen.

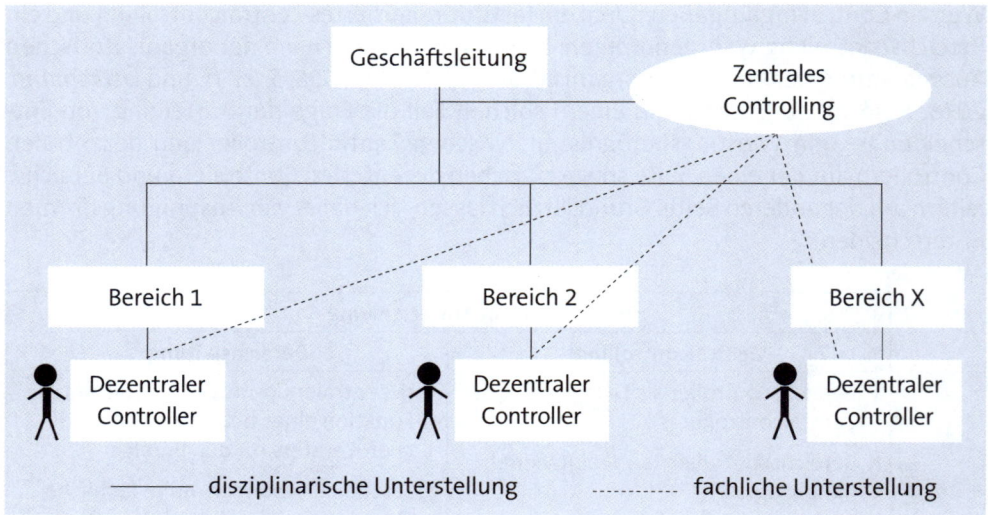

Abb. A.2: Dotted-Line-Prinzip

Vom *Internationalen Controller Verein* und der *International Group of Controlling* wurde 2013 folgendes Leitbild verabschiedet (*Internationaler Controller Verein*, icv-controlling.com):

„Controller leisten als Partner des Managements einen wesentlichen Beitrag zum nachhaltigen Erfolg der Organisation.

Controller ...

1. *gestalten und begleiten den Management-Prozess der Zielfindung, Planung und Steuerung, sodass jeder Entscheidungsträger zielorientiert handelt.*

2. *sorgen für die bewusste Beschäftigung mit der Zukunft und ermöglichen dadurch, Chancen wahrzunehmen und mit Risiken umzugehen.*

3. *integrieren die Ziele und Pläne aller Beteiligten zu einem abgestimmten Ganzen.*

4. *entwickeln und pflegen die Controlling-Systeme. Sie sichern die Datenqualität und sorgen für entscheidungsrelevante Informationen.*

5. *sind als betriebswirtschaftliches Gewissen dem Wohl der Organisation als Ganzes verpflichtet."*

Während das Management die Hauptverantwortung für die Zielerreichung trägt, sieht sich das Controlling in seiner Unterstützungsfunktion als mitverantwortlich für die Zielerreichung. Direkte **Aufgabengebiete** sind Planung, Berichtswesen und Steuerung. Diese erfolgt häufig auf der Basis von Kennzahlen, die vom Controlling ermittelt werden.

Zur Pflege der Controllingsysteme gehört mit zunehmender Bedeutung das Thema IT, da zur Ermittlung von Kennzahlen Daten beispielsweise aus ERP-Systemen erforderlich sind. Zudem ist der Controllingbereich organisatorisch zu gestalten; Aufbau- und Ablauforganisation sind festzulegen.

Wichtig ist auch das **Rollenverständnis** der Controller. In ihrer Unterstützungsfunktion für das Management spielen sie eine Beraterrolle. Zusätzlich sind sie Methoden- und Systemdienstleister, die ihren „Werkzeugkasten" beherrschen müssen. Die Aufgaben werden im anschließenden >> Kapitel A.3 und das Rollenverständnis in >> Kapitel A.5 näher beschrieben.

Aufgabe 1 > Seite 327

3. Aufgaben im Controlling

Littkemann beschreibt die wesentlichen Aufgaben des Controllings wie folgt (vgl. *Littkemann, 2018, S. 7 f.*):

► **Planung:** Mitwirkung oder Mitentscheidung bei der Aufstellung und Verabschiedung von laufenden Teilplanungen, d. h. Mitarbeit im Rahmen der

- generellen Zielplanung
- strategischen Planung (z. B. Sortiments- und Potenzialplanung)
- operativen Planung (z. B. Umsatz- und Produktprogrammplanung) sowie
- Beratung im Rahmen betriebswirtschaftlicher Sonderuntersuchungen und Mitarbeit in Projekten

► **Koordination:** Abstimmung der Teilplanungen mit Aufstellung der monetären und ggf. auch nicht-monetären Gesamtplanung, insbesondere Durchführung der

- gesamtunternehmensbezogenen langfristigen kalkulatorischen Ergebnisplanung und ggf. langfristigen bilanziellen Ergebnisplanung
- gesamtunternehmensbezogenen kurzfristigen kalkulatorischen Ergebnisplanung und ggf. kurzfristigen bilanziellen Ergebnisplanung
- gesamtunternehmensbezogenen langfristigen derivativen Finanzplanung (unter Mitwirkung des Treasurements)

► **Kontrolle:** Durchführung von ergebnisorientierten Kontrollen

- laufende ergebnisorientierte Kontrollen im Rahmen der Planungs- und Kontrollrechnung und
- Mitwirkung bei fallweise durchgeführten ergebnisorientierten Kontrollen

► **Informationsversorgung (interne und externe Berichterstattung):**

- innerbetriebliche Information durch Herausgabe der notwendigen Informationen an die für Planung und Kontrolle verantwortlichen Stellen
- außerbetriebliche Information über Ergebnislage und -entwicklung

► **Controllingsystemgestaltung:**

- Entscheidung oder Mitentscheidung über Systeme, Verfahren und Organisation des Controllings, vor allem auch im Hinblick auf Plan- und Berichtssysteme mit Verfahren und Lösungsmethoden für ergebnisorientierte Planung und Kontrolle, insbesondere auch unter Einsatz der EDV.

Ein Blick in die Praxis konkretisiert die dargestellten Aufgabenbereiche. Abb. A.3 zeigt die Ergebnisse einer Umfrage unter Controllern, die nach dem Zeitaufwand für verschiedene Aufgabengebiete in ihren Unternehmen befragt wurden.

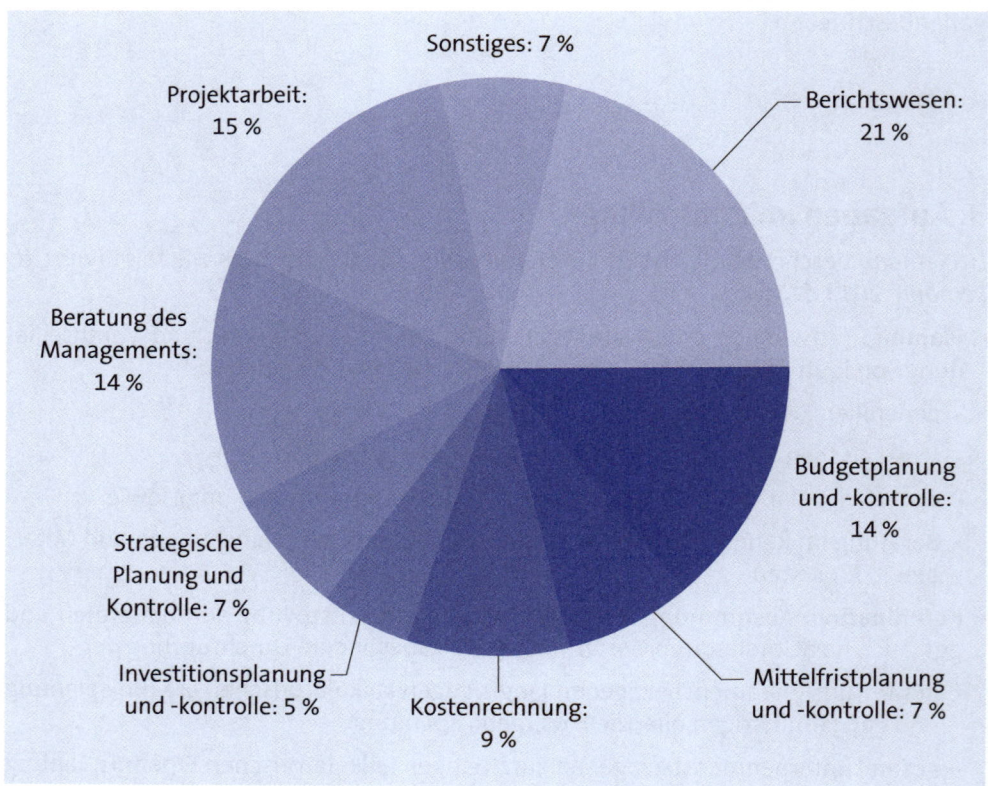

Abb. A.3: Aufgabenfelder im Controlling nach zeitlicher Inanspruchnahme
(vgl. *Weber/Janke, 2013, S. 18*)

Einen großen Teil ihrer Arbeitszeit verbringen Controller mit dem **Berichtswesen** (Management Reporting). Typischerweise werden u. a. monatliche Standardberichte für das Management erstellt und analysiert. Einen etwa gleich großen Anteil nehmen **operative Planungs- und Kontrollaufgaben** ein, wenn man **Budgetplanung** sowie **Mittelfristplanung** gemeinsam betrachtet. Im Rahmen der Planung werden Prognose- und Zielwerte für die Zukunft erarbeitet, deren Erreichung anschließend zu überwachen ist.

Die **Kostenrechnung** stellt ebenfalls ein klassisches Controllinginstrument dar, das in vielen Unternehmen eingesetzt wird. Mittels Kostenrechnung wird in der Regel monatlich ermittelt, welche Kosten in welchen Unternehmensbereichen anfielen und wie hoch der Ergebnisbeitrag einzelner Produkte zum Gesamtergebnis eines Unternehmens ausfällt. Bei Berichtswesen, Planung und Kostenrechnung handelt es sich um Routineaufgaben, die in der Praxis in der Regel jährlich (Planung) oder monatlich (Berichtswesen und Kostenrechnung) durchgeführt werden.

Im Bereich **Investitionsplanung und -kontrolle** geht es um die Unterstützung von Investitionsentscheidungen. Im Vorfeld einer Entscheidung wird die erwartete Wirtschaftlichkeit beurteilt; im Nachhinein wird überwacht, ob die Erwartungen erfüllt wurden. Die **strategische Planung und Kontrolle** wird mit einem längeren Zeithorizont durchgeführt als die operative Planung. Die Unterscheidung zwischen strategischem und operativem Controlling wird in » Kapitel A.4 näher erläutert.

Die anderen drei Aufgabenfelder **Beratung des Managements, Projektarbeit** und **Sonstiges** machen insgesamt mehr als ein Drittel der Gesamtzeit aus. Controller können beispielsweise an Kostensenkungsprojekten, Prozessoptimierungen, IT-Projekten oder Unternehmenskäufen mitwirken. Hierbei handelt es sich nicht um Routineaufgaben; die Themen können sehr vielfältig sein.

4. Strategisches und operatives Controlling

Wie auch sonst in der Betriebswirtschaft wird im Controlling zwischen strategischen (langfristigen) und operativen (eher kurz- und mittelfristigen) Aufgaben und Ansätzen unterschieden. Die Grenzen zwischen beiden Bereichen sind dabei nicht eindeutig. Tab. A.2 zeigt Differenzierungsmöglichkeiten anhand verschiedener Kriterien.

Merkmal	Operatives Controlling	Strategisches Controlling
Zielgrößen	Gewinn, Liquidität	Nachhaltigkeit, Existenzsicherung, Erfolgspotenzial, Unternehmenswert
Subsysteme	Jahresabschluss/Kosten- und Leistungsrechnung, Finanz- und Finanzierungsrechnung	Unternehmensumfeld, Unternehmen
Zeitbezug	Gegenwart, nahe Zukunft	Nahe und ferne Zukunft
Vorherrschende Orientierung	Primär unternehmensintern	Unternehmensintern und -extern
Rahmenbedingungen	Stabiles Umfeld	Komplexität, Dynamik und Diskontinuität des Umfelds
Sicherheit der Informationen	Weitgehend sichere Informationen	Unsicherheit
Art der Information	Quantitativ, monetär	Meist qualitativ
Art der Aufgaben	Routineaufgaben	Innovative Aufgaben

Tab. A.2: Operatives versus Strategisches Controlling
(vgl. *Baum/Coenenberg/Günther, 2013, S. 14*)

Im **strategischen Controlling** geht es um Erfolgspotenziale, deren Nutzung die langfristige Existenzsicherung eines Unternehmens gewährleisten soll (vgl. ≫ Kapitel B.2). Hierzu werden vorrangig extern die Chancen und Risiken aus dem Unternehmensumfeld analysiert. Durch den weiten Blick in die Zukunft ist die Unsicherheit über die Entwicklung wesentlich größer als bei einem kürzeren Horizont. Auch daher wird im strategischen Controlling eher mit qualitativen Größen gearbeitet. Eine Reisekostenplanung auf Abteilungsebene für die nächsten zehn Jahre wäre grober Unfug, operativ für ein Jahr ist sie aber durchaus sinnvoll.

Im **operativen Controlling** wird daher wesentlich stärker mit (Rechen-)Systemen wie der Kostenrechnung gearbeitet. Hierbei handelt es sich oft um Routineaufgaben, die jährlich (operative Planung) oder monatlich (Kostenrechnung) durchgeführt werden. Das strategische Controlling ist da wesentlich flexibler. Abhängig von den Entwicklungen im Umfeld eines Unternehmens bekommen immer wieder neue Themen Relevanz, die ggf. den Einsatz unterschiedlicher Instrumente erfordern.

Diese Unterscheidung zwischen operativem und strategischem Controlling hilft etwas bei der Einordnung von Aufgaben und Instrumenten, sie ist allerdings nicht wirklich trennscharf. Das Controllinginstrument der Balanced Scorecard (vgl. ≫ Kapitel C.3.2.4) dient z. B. der operativen Umsetzung der Unternehmensstrategie. Es lässt sich somit nicht eindeutig zuordnen. Die Einteilung ist für die Praxis auch zweitrangig; vorrangig stellt sich die Frage, ob der Einsatz eines Instruments sinnvoll ist.

5. Rollenverständnis im Controlling

Manchmal haben Controller mit einem Image als „Erbsenzähler" oder „Rechenknechte" zu kämpfen. Dies ist weder modern noch angemessen. Laut Leitbild dienen Controller vorrangig als interne Berater des Managements (Business Partner). Abb. A.4 zeigt **aktuelle und zukünftig gewünschte Rollenbilder**. In der zugrunde liegenden Befragung waren Mehrfachnennungen möglich.

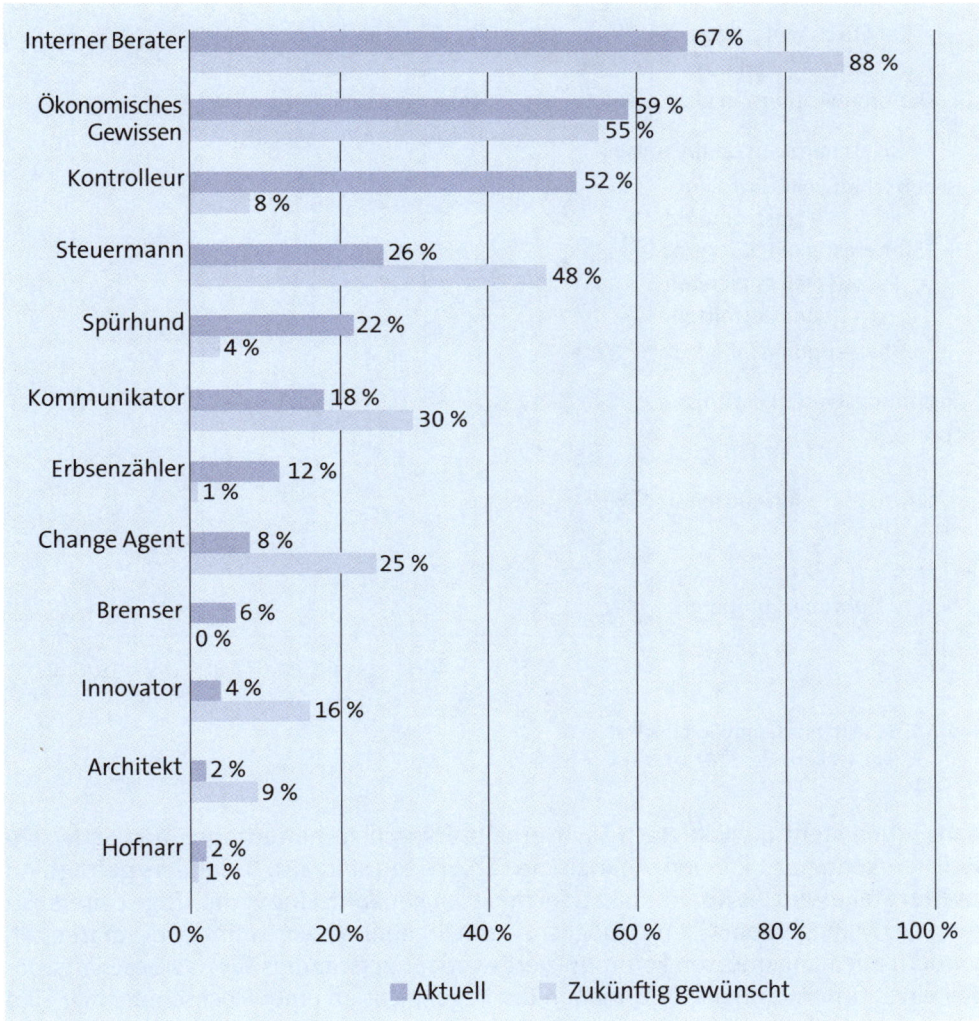

Abb. A.4: Aktuelle und gewünschte Rollenbilder in der Managerwahrnehmung in 2010
(vgl. *Schäffer/Weber/Mahlendorf, 2012, S. 18/20*)

Auffallend sind die deutlichen Unterschiede zwischen den aktuellen sowie den zukünftig gewünschten Rollenbildern. In der Zukunft wird eine wesentlich aktivere, gestaltende Rolle von Controllern gewünscht. Um diese Rollenbilder angemessen ausfüllen zu können, müssen Controller entsprechende Qualifikationen besitzen. Abb. A.5 gibt einen Überblick über die **Kompetenzen**, die von Controllern in der Praxis erwartet werden. In der Befragung aus dem Jahr 2011 waren Mehrfachnennungen möglich.

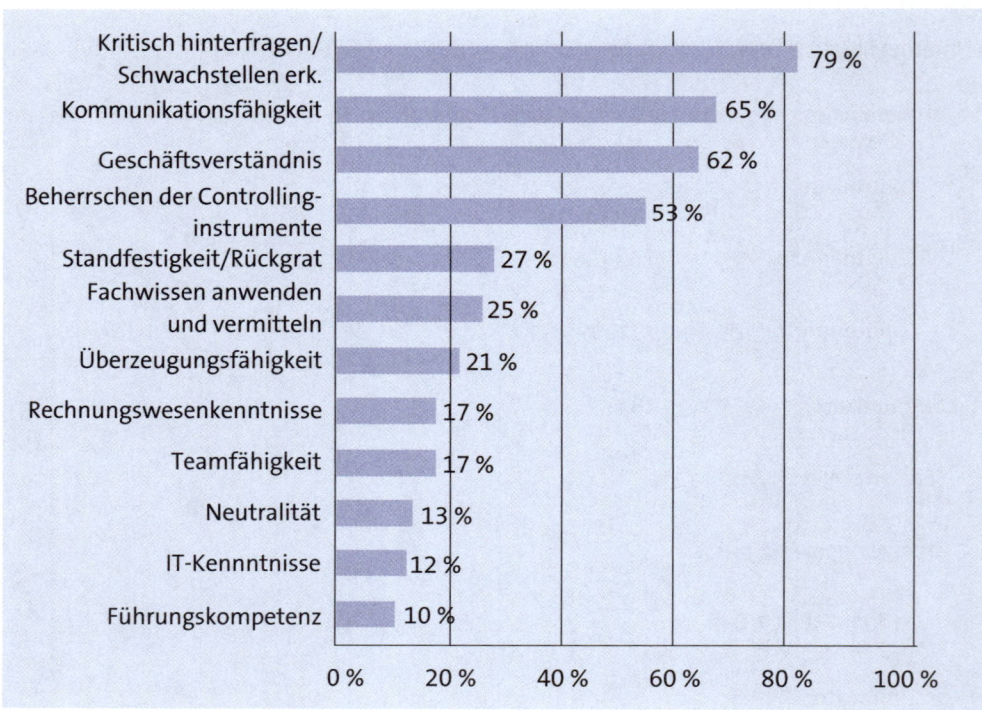

Abb. A.5: Bedeutende Controllerfähigkeiten
(vgl. *Weber/Janke, 2013, S. 15*)

Ganz vorne steht die Fähigkeit, Sachverhalte kritisch zu hinterfragen und Schwach-stellen erkennen zu können. Analytische Fähigkeiten sind also besonders gefragt. An zweiter Stelle wird die Kommunikationsfähigkeit genannt. Eine vernünftige Unterstüt-zung des Managements ist nur möglich, wenn Ergebnisse nicht nur korrekt erarbeitet, sondern auch angemessen kommuniziert werden. Verständnis für das Geschäftsmo-dell eines Unternehmens lernt man in der Regel nicht an einer Hochschule; hier sind Neugier und Interesse hilfreich. Wichtig ist selbstverständlich auch, dass man als Con-troller seinen „Werkzeugkasten" beherrscht, geeignete Methoden auswählen und an-wenden kann. Alle anderen genannten Punkte fallen bezüglich der Wichtigkeit dann schon deutlich ab, wobei die Bedeutung von IT-Kenntnissen eher zunehmen dürfte. Erwähnenswert ist ansonsten am ehesten noch der Punkt Standfestigkeit/Rückgrat. Als Controller wird man immer wieder auch Überbringer schlechter Botschaften sein. Diese hört niemand gerne; die eigene Beliebtheit im Unternehmen kann durchaus lei-den. Dies muss man aushalten können.

6. Controllinginstrumente

Zur Erfüllung der in >> Kapitel A.3 beschriebenen Aufgaben steht eine Vielzahl von Controllinginstrumenten zur Verfügung. Diese werden in den nachfolgenden Ka-piteln vorgestellt. Dabei werden nicht alle existierenden Ansätze beschrieben; dies würde den Rahmen dieses Buches bei weitem sprengen. Es erfolgt eine Schwerpunktsetzung orientiert an der Praxisrelevanz der Methoden. Insbesondere die „Klassiker" Berichtswesen/Kennzahlen, Planung und Kostenrechnung werden recht ausführlich vorgestellt, da diese zur Erfüllung der wichtigsten Aufgabenstellungen dienen (vgl. Abb. A.3, S. 30).

Tab. A.3 beschreibt Kontextfaktoren, die Einfluss auf die Auswahl und Ausgestaltung von Controllinginstrumenten ausüben (vgl. hierzu und im Folgenden *Littkemann/Derfuß, 2009, 223 ff.*).

<table>
<tr><td colspan="2"></td><td>Wirkung</td></tr>
<tr><td rowspan="5">Kontextfaktoren</td><td rowspan="3">externe</td><td>Branche</td></tr>
</table>

			Wirkung
Kontextfaktoren	**externe**	**Branche**	► unterschiedlicher Instrumenteneinsatz je nach Branche ► Zufriedenheit und Erfolgsbewertung unterscheiden sich in Abhängigkeit von der Branche ► höhere Standardisierungsgrade der Controllinginstrumente im Handel und im Dienstleistungsgewerbe als in der Industrie
		Umweltdynamik	► mit zunehmender Umweltdynamik eher strategische Ausrichtung der Controllingsysteme ► Intensivierung von Kostensenkungsbemühungen mit zunehmender Umweltdynamik
	interne	**Größe**	► Großunternehmen verfügen über deutlich komplexer gestaltete Controllingsysteme ► intensivere Nutzung technokratischer Steuerungsinstrumente wie Kennzahlen
		Strategie	► (teilweise) Abhängigkeit der Controllingsystemgestaltung von der verfolgten Unternehmensstrategie
		Organisation	► Beziehung zwischen Organisationsstruktur und Controlling vor allem im Bereich der strategischen Planung (Koordination über zentrale Stäbe)

Tab. A.3: Kontextfaktoren des Controllings

Eine Kostenrechnung ist sowohl für einen Großkonzern als auch für ein mittelständisches Handwerksunternehmen ein wichtiges Instrument. Beide sollten wissen, welche Produkte bzw. Aufträge welchen Beitrag zum Unternehmensergebnis liefern. Die Kostenrechnungsstrukturen sollten sich dabei aber unterscheiden; der Detaillierungsgrad ist im Großunternehmen sinnvollerweise wesentlich höher.

Ein gutes Controlling zeichnet sich nicht dadurch aus, dass möglichst viele Instrumente möglichst detailliert eingesetzt werden. Stattdessen sind immer im Einzelfall Aufwand und Nutzen abzuwägen. Hier ist in der Praxis ein angemessener Mittelweg zu suchen – diese Aufgabe ist nicht einfach. Zudem ändern sich die Anforderungen mit der Zeit, sodass es immer wieder Anpassungs- und Optimierungsbedarf gibt. Letztendlich ist immer eine unternehmensindividuelle Ausgestaltung notwendig.

Darüber hinaus ist der Grad der Dezentralisierung im betrachteten Unternehmen zu beachten, der z. B. an der **vorherrschenden Konzern- bzw. Holding-Form** festgemacht werden kann (vgl. Tab. A.4). Das Bereichscontrolling ist dabei umso stärker unabhängig und mit Kompetenzen ausgestattet, je höher der Delegations- und Autonomiegrad ausgeprägt ist. In gleichem Maße nehmen mit steigendem Delegations- und Autonomiegrad die eher grundlegenden und rahmengebenden Aufgaben des Zentralcontrollings zu.

	Holdingform		
	Operative Holding/ Stammhauskonzern	**Management-Holding**	**Finanz-Holding**
Wirkung auf das Bereichscontrolling	► hohe Eingriffstiefe der Spitzeneinheit in den Handlungsspielraum der Basiseinheiten ► strategische und operative Führung durch die Zentrale	► Delegation von Entscheidungsverantwortung ist wesentlich höher ► weitgehende Autonomie bei der Ausübung der operativen Geschäftstätigkeit in den Bereichen ► Zentrale übernimmt die strategische Führung (insbesondere zur Synergieerzielung)	► Zentrale übernimmt die finanzielle Steuerung der Unternehmensbereiche ► Bereiche werden wie Anlageobjekte betrachtet und nach Rendite-Risiko-Gesichtspunkten beurteilt

Tab. A.4: Dezentralisierungsgrad als Kontextfaktor des Bereichscontrollings

Dementsprechend finden sich in einer operativen Holding häufig ein eher starkes Zentralcontrolling und ein nur mit geringen Kompetenzen ausgestattetes Bereichscontrolling wieder. In der Finanz-Holding sind dagegen tendenziell eher stark ausgestattete und ausgestaltete dezentrale Controllingbereiche vorzufinden.

7. Abgrenzung des Controllings

In Abgrenzung zum Controlling ist es vorrangige Aufgabe der **externen Rechnungslegung**, Geschäftsvorfälle mit ihrem Wert zu erfassen und aufzuzeichnen und so das wirtschaftlich relevante Handeln abzubilden (**Dokumentationsfunktion**) (vgl. hierzu und im Folgenden *Littkemann/Holtrup/Schulte, 2016, 3 ff.*). Weiter sollen durch Zusammenfassung der einzelnen wirtschaftlichen Transaktionen zum Jahresabschluss die wirtschaftliche Situation eines Unternehmens dargestellt werden (**Informationsfunktion**) sowie die Ausschüttungsbemessungsgrundlage für die hoheitliche Besteuerung sowie für die Gewinnausschüttungen an Anteilseigner bestimmt werden (Ausschüttungsbemessungsfunktion).

Aus Controllingsicht steht vor allem die Informationsfunktion im Hinblick auf unterschiedliche Interessengruppen im Fokus. Besonders relevant ist der **Informationsnut-**

zen, den die Unternehmensleitung aus dem externen Rechnungswesen ziehen kann. Steuerungsrelevant sind auf dieser höchsten Leitungsebene z. B. Umsatz-, Aufwands- oder Gewinnentwicklungen auf Unternehmensebene.

Im Kontext der in ≫ Kapitel D.1.3 vorgestellten Objekte des Bereichscontrollings liegen die Haupteinsatzgebiete der externen Rechnungslegung als Informationsinstrument insofern im Beteiligungscontrolling oder im (Unternehmens-)Controlling unterschiedlicher Wirtschaftszweige, wie z. B. in KMU oder Unternehmen mit unterausgeprägtem Controllingsystem.

Auf Grundlage der externen Rechnungslegung können auf Unternehmensebene grundlegende Entscheidungen, wie z. B. Verkaufsförderungsmaßnahmen zur Umsatzgenerierung oder Einstellungen oder Freisetzungen von Mitarbeitern, geplant und durchgeführt werden. Fehlt es wie im Fall einer relativ autonom agierenden Beteiligung an formellen oder informellen Durchgriffsmöglichkeiten auf das Management der Beteiligung, so kann die Beteiligung auf Grundlage der externen Rechnungslegung überwacht werden.

Die Unternehmensleitung wird die Geschäftsleitung der Beteiligung zur Rechenschaft ziehen, wenn sich die Situation des Unternehmens zu ihrem Nachteil entwickelt. Weitere Interessenten an der wirtschaftlichen Situation sind Banken und sonstige Geldgeber, der Staat im Hinblick auf die steuerliche Ausschüttungsbemessungsgrundlage sowie auch Lieferanten, Mitarbeiter, Kunden, Konkurrenten oder sonstige öffentliche Einrichtungen wie Behörden und Gerichte.

Die Informationen aus dem externen Rechnungswesen stellen das **Mindestmaß an Informationen** dar, die in jedem Unternehmen zu Controllingzwecken zur Verfügung stehen. Jedes Unternehmen ist gesetzlich dazu verpflichtet, Rechnung zu legen. Die rechtlichen Grundlagen sind auf nationaler Ebene vor allem in den §§ 238 ff. des Handelsgesetzbuches (HGB) festgelegt. Das HGB beruft sich dabei häufig auf die sogenannten Grundsätze ordnungsmäßiger Buchführung.

Hinsichtlich **internationaler Vorschriften** sind kapitalmarktorientierte Unternehmen durch eine EU-Verordnung (EU-VO) seit dem 01.01.2005 dazu verpflichtet, ihren Konzernabschluss statt nach den Vorschriften des HGB nach den International Financial Reporting Standards (IFRS) oder den United States Generally Accepted Accounting Principles (US-GAAP) aufzustellen. Kapitalmarktorientierte Unternehmen sind solche Unternehmen, deren Wertpapiere in einem beliebigen EU-Mitgliedsstaat zum Handel in einem geregelten Markt (Börse) zugelassen sind.

Aus Controllingsicht sind **Informationen auf Basis internationaler Rechnungslegungsvorschriften dabei grundsätzlich vorzuziehen,** da die internationalen Standards einen stärkeren Fokus auf die Informationsfunktion legen. Das HGB legte im Gegensatz dazu in der Vergangenheit den Hauptfokus auf den Gläubigerschutz, was sich insbesondere in der starken Betonung des Vorsichtsprinzips auswirkte. Reformen wie im Zuge des BilMoG legen jedoch auch auf nationaler Ebene einen stärkeren Fokus auf die Informationsfunktion des Jahresabschlusses.

8. Aktuelle Entwicklungen und Zukunftsfelder

Viele Themen und Methoden im Controlling gibt es seit langem; manches ist viele Jahrzehnte alt, wie z. B. die Ansätze der Vollkostenrechnung. Auch neuere Instrumente, wie die wertorientierte Unternehmenssteuerung oder die Balanced Scorecard, existieren inzwischen seit einigen Jahren und sind somit in vielen Unternehmen etabliert und erprobt. Die Basis für ein effektives und effizientes Controlling in der Praxis ist daher vorhanden. Ständigen Weiterentwicklungszwang durch externe Einflüsse, wie z. B. im Steuerrecht durch Gesetzesänderungen, gibt es kaum.

Dennoch lassen sich einige Trends für die Zukunft erkennen. In einer 2011 durchgeführten Studie haben *Weber et al.* (vgl. *2012, S. 9 ff.*) folgende zehn **Zukunftsthemen** identifiziert:

- **Business Partner:** Das Rollenverständnis im Controlling hat sich in den letzten Jahren verändert und wird es weiterhin tun. Die Entwicklung geht hin zu einer aktiveren Rolle der Controller als Berater bzw. Business Partner des Managements (vgl. >>Kapitel A.5).

- **Verhaltensorientiertes Controlling:** Neben reinen Zahlen, Daten und Fakten spielt auch die Verhaltenssteuerung von Mitarbeitern eine Rolle. Werden Mitarbeitern im Rahmen der Planung unrealistische Zielvorgaben gemacht, so kann dies zu Frustration und Demotivation führen. Andererseits können ambitionierte, aber realistische Ziele eine motivierende Wirkung besitzen.

- **Nachhaltigkeit:** Nachhaltigkeit u. a. im Sinne von schonender Ressourcennutzung gewinnt in Unternehmen an Bedeutung. Neben der ökologischen Komponente besitzt Nachhaltigkeit auch eine ökonomische und eine soziale Dimension. Eine Controllingaufgabe in Bezug auf Nachhaltigkeit ist es, die unterschiedlichen Aspekte des Themas durch Kennzahlen transparent zu machen.

- **Volatilität:** Das Tempo von Veränderungen nimmt zu; Produktlebenszyklen werden kürzer. Dies hat auch Auswirkungen auf das Controlling. Beispielsweise sind Planungsprozesse und -strukturen anzupassen. In einer sich rasant wandelnden Branche sind Fünfjahrespläne unsinnig; ein solcher Plan würde vermutlich schon früh von der Realität überholt.

- **Compliance:** Insbesondere in Großunternehmen haben die erhöhten Anforderungen durch Regulierungsmaßnahmen Auswirkungen auch auf das Controlling. Durch Regelungen, wie z. B. durch das Gesetz zur Kontrolle und Transparenz im Unternehmensbereich (KonTraG), entsteht ein erhöhter Informationsbedarf, der ggf. durch das Controlling zu decken ist.

- **Effizienz des Controllings:** Zu den Aufgaben des Controllings gehört es, allgemein die Wirtschaftlichkeit bzw. Effizienz im Unternehmen zu steigern bzw. Effizienzsteigerungen durch Kennzahlen transparent zu machen. Dies betrifft aber nicht nur das Gesamtunternehmen, sondern auch den Controllingbereich an sich. Durch den Einsatz geeigneter IT-Systeme kann beispielsweise der Erstellungsprozess von Managementberichten optimiert werden.

- **Beteiligung an der strategischen Planung:** Die typischen Aufgaben im Tagesgeschäft des Controllings liegen eher im operativen Bereich (vgl. Abb. A.3). Aber auch die strategische Planung kann durch Controllinginstrumente unterstützt werden. Da nach einer Strategieentwicklung und -entscheidung immer eine Umsetzung zu folgen hat, ist eine Verzahnung von strategischer und operativer Planung – mit einer Beteiligung von Controllern in beiden Bereichen – sinnvoll.

- **Zusammenspiel internes/externes Rechnungswesen:** In Deutschland hat eine Trennung von externem Rechnungswesen und Controlling eine lange Tradition, die auch durch Regelungen des HGB bedingt war. Auch durch die internationalen Rechnungslegungsvorschriften findet hier wieder eine stärkere Harmonisierung beider Bereiche statt.

- **Controllingnachwuchs:** Die Anforderungen an Controller sind bereits heute hoch und vielfältig (vgl. Abb. A.5). Mit der fortschreitenden Rollenentwicklung hin zu Beratern des Managements werden sie in Zukunft eher noch steigen. Dies macht die Ausbildung und Gewinnung von entsprechend qualifiziertem Nachwuchs zu einer Herausforderung.

- **Informationssysteme:** Die rasanten Fortschritte in der IT allgemein haben auch im Controlling Auswirkungen. Neben Excel und ERP-Systemen, wie z. B. SAP, spielen auch Business Intelligence und Big Data eine Rolle.

Eiselmayer und *Kottbauer* identifizieren sieben Zukunftsthemen (vgl. *Eiselmayer/Kottbauer, 2015, S. 24 f.*):

- Controller als Business Partner des Managers
- Corporate Social Responsibility (CSR) und Green Controlling
- Controlling der Intangibles
- Business Intelligence (BI) und Big Data Management
- ganzheitliches Performance Management und Strategieentwicklung
- Kapitalmarktorientierung, wertorientierte Unternehmensführung, IFRS
- Reorganisation und Performance
- Management des Controller Service.

Vieles ähnelt dabei den vorher genannten Themen. Zusätzlich ist vor allem das Controlling der immateriellen Vermögenswerte (z. B. Lizenzen oder Patente). Diese spielen aufgrund hoher Wertansätze und großer Bedeutung für die Unternehmenszukunft in vielen Unternehmen eine zunehmende Rolle.

Aufgabe 2 > Seite 327

B. Strategisches Controlling

Im Zusammenhang mit dem strategischen Controlling werden behandelt:

Strategisches Controlling	Einordnung in das Planungssystem
	Strategische Analyse
	Strategiefindung
	Strategiebewertung
	Strategische Kontrolle und Frühaufklärung

1. Einordnung in das Planungssystem

Die strategische Planung (und Kontrolle) ist Teil des unternehmensbezogenen Planungssystems:

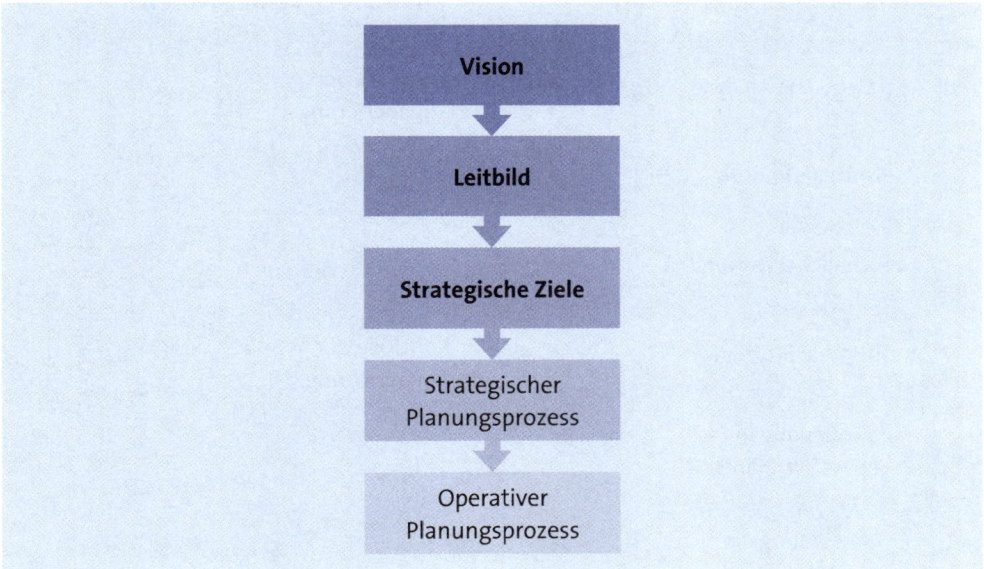

Abb. B.1: Planungssystem

Ausgangspunkt des Planungssystems ist die **Unternehmensvision**. Die Vision weist sinnstiftende, motivierende und handlungsleitende Eigenschaften auf und dient als Fernziel, auf das alle unternehmerischen Tätigkeiten ausgerichtet werden. Das **Leitbild** informiert über Unternehmenszweck und -ziele sowie zentrale Werte und steckt somit den Rahmen ab, in dem sich ein Unternehmen bewegen kann und soll. Die **strategischen Ziele** sind langfristige Ziele, die für die Entwicklung des Unternehmens richtungsweisend sind und somit die Vision konkretisieren. Die **strategische Planung** erarbeitet schließlich Strategien oder Wege zur Erreichung der strategischen Ziele. Strategien legen die grobe Ausrichtung des Unternehmens fest, um langfristig das anvisierte Ziel zu erreichen, und setzen sich aus einem Bündel einzelner Maßnahmen zusammen. Sie sollten weiterhin den Wandel im Unternehmensumfeld berücksichtigen und so eine flexible Antwort erlauben, welche Strategie die Erreichung der gesetzten Ziele gewährleistet (vgl. *Baum/Coenenberg/Günther, 2013, S. 2*). **Operative Planung** und Budgetierung (vgl. **»** Kapitel C.1) dienen schließlich der Umsetzung der Strategien im Tagesgeschäft.

Das strategische Controlling unterstützt die Unternehmensleitung bei der Strategie-findung und -bildung im Rahmen der strategischen Planung, führt die strategische Kontrolle durch, koordiniert strategische Planung und Kontrolle und trägt dafür Sorge, dass die strategischen mit den taktischen und operativen Plänen verknüpft werden (vgl. Abb. B.2). Dazu hat das strategische Controlling geeignete Instrumente zur Verfügung zu stellen. Die folgenden Kapitel geben einen Überblick über die wichtigsten Instrumente, die im strategischen Planungs- und Kontrollprozesses zum Einsatz kommen.

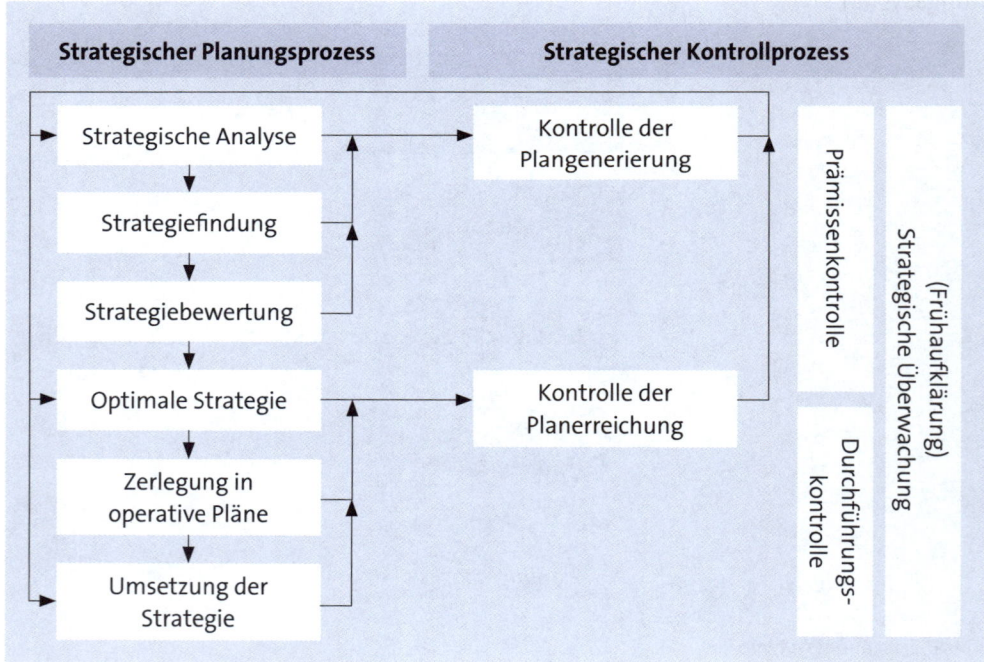

Abb. B.2: Strategischer Planungs- und Kontrollprozess
(vgl. *Baum/Coenenberg/Günther, 2013, S. 363*)

Zur Strategieimplementierung lassen sich beispielsweise Instrumente wie die Balanced Scorecard einsetzen.

2. Strategische Analyse

Die strategische Analyse soll die Strategiefindung und Strategiebewertung optimal vorbereiten und besteht aus der Umwelt-/Umfeldanalyse und der Unternehmensanalyse. Die **Umweltanalyse** soll das Umfeld, in dem sich ein Unternehmen bewegt, durch Aufdeckung von Chancen und Risiken des Unternehmensumfelds realistisch darstellen. Die **Unternehmensanalyse** arbeitet dagegen unternehmensinterne Stärken und Schwächen möglichst objektiv heraus. Für die Umwelt- und Unternehmensanalyse existieren eine Vielzahl von Instrumenten, von denen einige auszugsweise in Tab. B.1 aufgeführt sind.

Instrumente zur Umwelt-analyse	Instrumente zur Unterneh-mensanalyse	Übergeordnete Analyse-instrumente
Indikatoranalyse	Stärken-Schwächen-Analyse	SWOT-Analyse
Chancen-Risiko-Analyse	Analyse der Wertschöpfungs-kette	Benchmarking
Industriekostenkurve		
Branchenstrukturanalyse	Potenzial-/Ressourcenanalyse	
Stakeholder-Analyse	Brand-Equity-Analyse	
Analyse der schwachen Signale	Produktlebenszyklusanalyse	
PEST(EL)-Analyse	Erfahrungskurvenanalyse	
	Gap-/Lücken-Analyse	
	Analyse der Kernkompetenzen	
	Strategische Kostenanalyse	

Tab. B.1: Beispielhafte Instrumente zur strategischen Analyse

Betrachtungsgegenstand der **Umweltanalyse** ist das Umfeld eines Unternehmens. Aus Risiken ergeben sich dabei einerseits Grenzen für strategische Möglichkeiten, andererseits eröffnen sich aber auch Chancen für strategische Neuausrichtungen. Wesentliches Ziel der Umweltanalyse ist es, den Raum der strategischen Alternativen aus Umweltsicht abzustecken. Dazu werden überwiegend qualitative Informationen verarbeitet.

Typisches Instrument der Umweltanalyse ist die **Branchenstrukturanalyse** nach *Porter* (vgl. Abb. B.3).

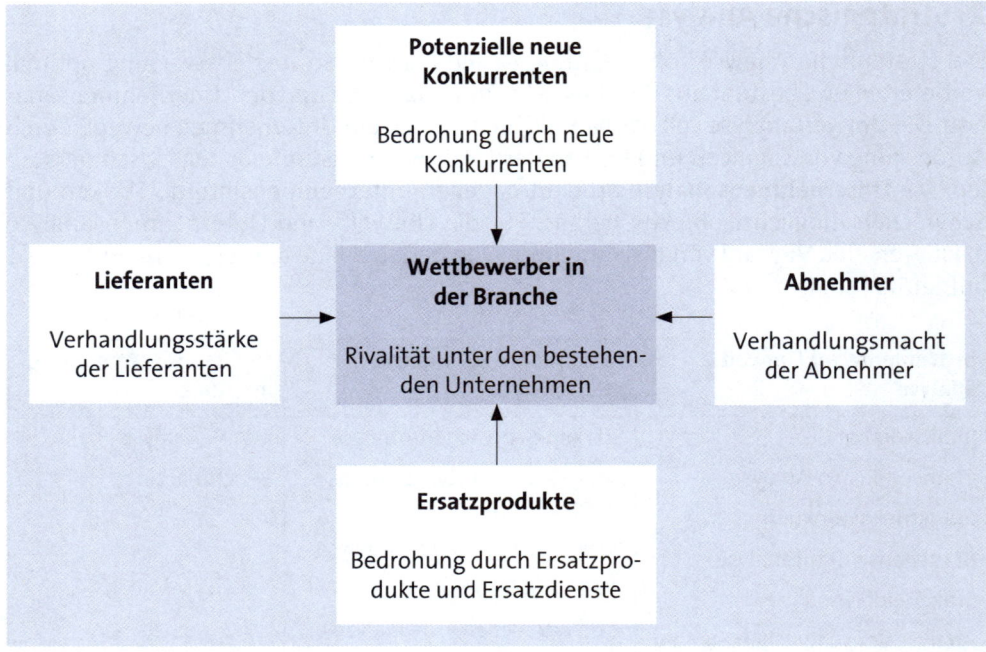

Abb. B.3: Branchenstrukturanalyse
(vgl. *Baum/Coenenberg/Günther, 2013, S. 81*)

Nach *Porter* ist die Intensität des Wettbewerbs innerhalb einer Branche abhängig von **fünf Wettbewerbskräften** (vgl. *Preißner, 2010, S. 60*):

- **Verhandlungsstärke der Lieferanten:** Determinanten der Lieferantenmacht sind beispielsweise Umstellungskosten bei Zugriff auf Ersatz-Inputs, Höhe der Lieferantenkonzentration, Bedeutung des Auftragsvolumens für Lieferanten, Gefahr der Vorwärtsintegration durch den Lieferanten im Vergleich zur Gefahr der Rückwärtsintegration durch den Abnehmer.

- **Bedrohung durch neue Konkurrenten:** Diese ist z. B. abhängig von Höhe und Ausmaß von Eintrittsbarrieren in Form von Economies of Scale, einer etablierten Markenidentität, Umstellungskosten, Kapitalbedarf, Zugang zur Distribution und zu erwartenden Vergeltungsmaßnahmen.

- **Verhandlungsmacht der Abnehmer:** Diese ist z. B. abhängig von Abnehmerkonzentration und -volumen, Umstellungskosten der Abnehmer, Fähigkeit zur Rückwärtsintegration, Zugang zu Ersatzprodukten, Durchhaltevermögen, Abnehmergewinnen und Anreizen der Entscheidungsträger.

- **Bedrohung durch Ersatzprodukte und Ersatzdienste:** Diese ist abhängig von der Substitutionsneigung der Abnehmer, der relativen Preisleistung der Ersatzprodukte und der Umstellungskosten.

- **Rivalität unter den bestehenden Unternehmen der Branche:** Diese ist z. B. abhängig von Branchenwachstum, Überkapazitäten, Grad der Produktunterschiede, Konzentrationstendenzen oder Austrittsbarrieren.

Ziel der Branchenstrukturanalyse ist es, aufbauend auf den beschriebenen strukturellen Merkmalen der Branche die Wettbewerbssituation und darauf aufbauend das Gewinnpotenzial der Branche abzuschätzen (vgl. *Peemöller, 2005, S. 129*). Das Gewinnpotenzial in einer Branche nimmt dabei in dem Maße ab, wie die Wettbewerbskräfte bzw. die Wettbewerbsintensität zunehmen.

Die Wettbewerbskräfte sind in verschiedenen Branchen unterschiedlich hoch. Die stark ausgeprägten Kräfte und die sich aus der Position des Unternehmens gegenüber den Wettbewerbskräften ergebenen Chancen und Risiken sind in besonderem Maße bei der Strategiefindung zu berücksichtigen.

Die **Unternehmensanalyse** wurde (ebenfalls) maßgeblich von *Porter* geprägt. Sie betrachtet das Unternehmen selbst als geschlossene Einheit, setzt die beobachteten Analyseobjekte aber auch in Relation, z. B. zu Wettbewerbern. Ziel der Analyse ist es, die Stärken und Schwächen im Sinne strategischer Erfolgsfaktoren eines Unternehmens zu bestimmen, um den Raum der strategischen Alternativen aus Unternehmenssicht abzustecken. Dazu werden quantitative und qualitative Informationen in die Analyse einbezogen.

Nach *Porter* entstehen Wettbewerbsvorteile aus den einzelnen wertschöpfungsbezogenen Tätigkeiten einer Unternehmung (vgl. Abb. B.4) (vgl. *Porter, 2000, S. 77*).

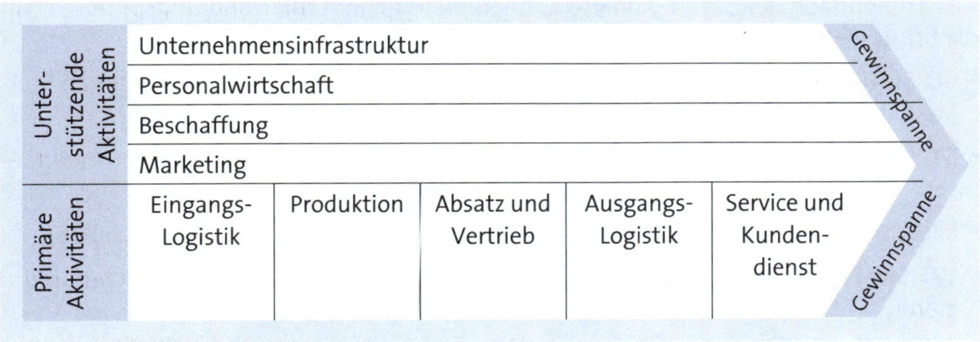

Abb. B.4: Analyse der Wertschöpfungskette

Die Wertschöpfungskette nach *Porter* liefert das Grundgerüst der strategischen Kostenanalyse, in dessen Rahmen die Kostentreiber der einzelnen Glieder der Kette und ihr Einfluss auf die Wertaktivitäten des Unternehmens analysiert werden. Im Ergebnis werden Potenziale der Kostensenkung bestimmt.

Der Ablauf einer solchen Analyse erfolgt in vier Schritten:

▸ Abgrenzung relevanter Aktivitäten

▸ Zuordnung von Kosten zu Aktivitäten

▸ Zuordnung von Nutzen zu Aktivitäten

▸ Ermittlung der Kostentreiber (Cost Drivers) für die Aktivitäten.

Das Erkenntnisinteresse besteht zum einen darin, Kostentreiber mit besonders hohem Einfluss zu ermitteln. Zum anderen sollen Aktivitäten mit günstigem bzw. ungünstigem Verhältnis von Werterhöhung und Kosten herausgearbeitet werden, um Ansatzpunkte für die Umgestaltung der eigenen Wertkette zu erhalten und Wettbewerbsvorteile zu generieren.

Eine Zusammenfassung der Ergebnisse aus externen (Umwelt-) und internen (Unternehmens-) Analysen erfolgt häufig in einer SWOT-Matrix. **SWOT** steht dabei als Akronym für Strengths (Stärken), Weaknesses (Schwächen), Opportunities (Chancen) und Threats (Bedrohungen).

		Intern	
		Strengths	Weaknesses
Extern	Opportunities	SO-Strategien	WO-Strategien
	Threats	ST-Strategien	WT-Strategien

Abb. B.5: SWOT-Matrix

Aus Ergebnissen der SWOT-Analyse können erste generische Handlungsoptionen für die Strategiefindung abgeleitet werden:

► **SO-Strategien:** Nutzen von externen Chancen durch Ausnutzung der eigenen Stärken.

► **ST-Strategien:** Externe Bedrohungen durch eigene Stärke neutralisieren/minimieren.

► **WO-Strategie:** Reduzierung eigener Schwächen, um externe Chancen zu nutzen.

► **WT-Strategie:** Gefahr der externen Risiken durch Abbau eigener Schwächen reduzieren.

3. Strategiefindung

Die Strategiefindung ist der zweite Schritt im strategischen Planungsprozess, in dem auf Basis der Erkenntnisse aus der strategischen Analyse Gesamtunternehmensstrategie, Geschäftsfeld- sowie nachgelagerte Funktionalstrategien festzulegen sind.

Auf Ebene der Gesamtunternehmensstrategien legen **Wachstumsstrategien** insbesondere die Produkt-Markt-Strategie fest. Neben der Wachstumsstrategie lassen sich noch die Stabilisierungs- (es wird kein Wachstum angestrebt, z. B. in Non-Profit-Organisationen) und die Desinvestitionsstrategien (ein Geschäftsfeld soll nicht weiterbearbeitet werden) unterscheiden. Die generischen Produkt-Markt-Strategien ergeben sich aus der Kombination von neuen und gegenwärtigen Produkten und Märkten und wurden von *Ansoff* in den 1960er-Jahren entwickelt. Märkte umfassen dabei nicht notwendigerweise geografische Märkte, sondern können auch neue bzw. gegenwärtige Marktsegmente in einer Region umfassen. Die Strategien unterscheiden sich hinsichtlich der Erfolgspotenziale und Risiken (vgl. *Ansoff, 1965, S. 109*).

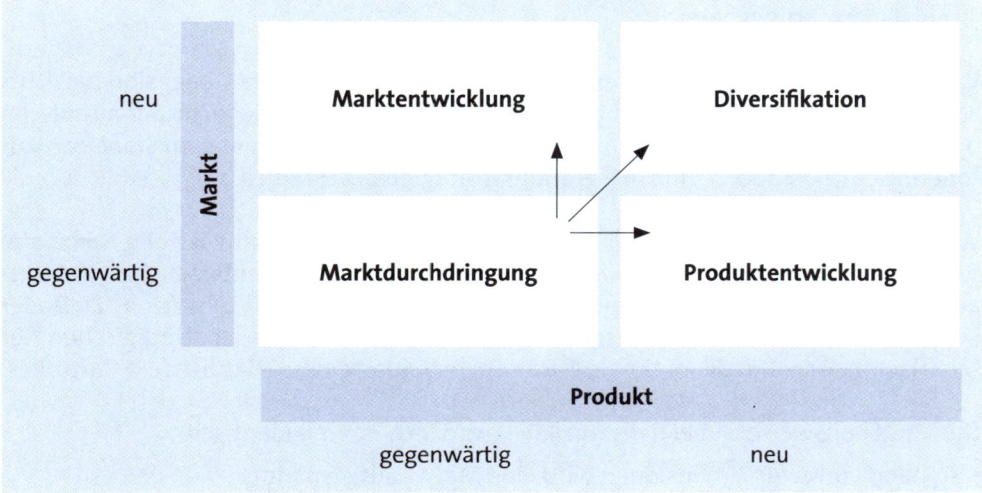

Abb. B.6: Produkt-Markt-Strategien nach *Ansoff*

▶ **Marktdurchdringungsstrategie:** Wachstum wird auf den bisherigen Märkten mit den bisherigen Produkten herbeigeführt, z. B. durch Marktanteilssteigerung. Diese Strategie birgt nur geringe Risiken; oftmals ist aber auch nur begrenztes Wachstum möglich.

▶ **Produktentwicklungsstrategie:** Neuentwicklung von Produkten oder Produktvarianten im bisherigen Markt; das Risiko ist höher als bei der Marktdurchdringungsstrategie, da sich der Erfolg der Neuentwicklung nicht exakt voraussagen lässt.

▶ **Marktentwicklungsstrategie:** Eintritt mit bestehenden Produkten in neue Marktsegmente oder Regionen; höheres Risiko, da sich der Erfolg im neuen Markt(-segment) nicht exakt voraussagen lässt.

▶ **Diversifikationsstrategien** zeichnen sich durch hohe Risiken, aber auch hohe Erfolgspotenziale aus:

- Als **vertikale** Diversifikation: Diversifikation auf vorausgehende oder nachfolgende Wertschöpfungsstufen als Vorwärts- oder Rückwärtsintegration; Ziele sind Effizienzsteigerungen sowie die Verringerung von Vertragsproblemen, Abhängigkeiten, Überwachungskosten und Verhandlungsmacht der Lieferanten/Abnehmer sowie die Schaffung von Markteintrittsbarrieren.

- Als **horizontale** Diversifikation: Konzentration auf Produkte derselben Stufe der Wertschöpfungskette; Ziel ist die Wahrnehmung der Economies of Scope durch Übertragung von Kernkompetenzen auf andere Bereiche und die Schaffung von Synergieeffekten.

- Als **konglomerate** Diversifikation: Es bestehen keine Beziehungen zwischen den Geschäftsfeldern. Ziel ist die Risikodiversifikation sowie die Sicherstellung stabiler Gewinne durch Bearbeitung von Produkten und Märkten, deren Cashflows (CF) negativ korrelieren und wo die eigenen Kernkompetenzen zur Schaffung von Wettbewerbsvorteilen eingesetzt werden können. Notwendig sind Skalenvorteile im Finanzierungsbereich.

Wachstumsstrategien können ferner eine (explizit) geografische Dimension hinsichtlich einer lokalen, nationalen, internationalen oder globalen Ausrichtung aufweisen und die grundsätzliche Zusammenarbeit mit anderen Unternehmen im Sinne von Autonomie-, Kooperations- und Integrationsstrategien beschreiben.

Wie die Produkt-Markt-Strategien nach *Ansoff* lassen sich auch **Portfolio-Konzepte**, wie das von der *Boston Consulting Group (BCG)* entwickelte **Marktwachstum-/Marktanteils-Portfolio**, als Ausgangspunkt einer Strategiediskussion einsetzen. Ziele der Portfolio-Analyse sind die Ermittlung von Chancen und Risiken der strategischen Geschäftseinheiten und die optimale Zusammenstellung eines Geschäftsfeld-Portfolios.

Die Vorgehensweise ist bei nahezu allen Portfolio-Ansätzen identisch:

► Anhand von zwei Dimensionen wird eine Matrix aufgespannt:

- 1. Dimension: Faktoren, die die Unternehmensleitung direkt beeinflussen kann (z. B. Marktanteil, relative Wettbewerbsvorteile)
- 2. Dimension: Faktoren, die nicht oder nur indirekt durch die Unternehmensleitung beeinflusst werden können (z. B. Produktlebenszyklusstadium, Marktwachstum).

► Die Matrix wird in Felder unterteilt (z. B. im Portfolio von BCG: vier Felder).

► Für die einzelnen Felder der Matrix existieren Normstrategien.

Beim BCG-Portfolio erfolgt eine Positionierung der strategischen Geschäftseinheiten des Unternehmens in der Matrix. Die Normstrategien der einzelnen Felder der Matrix geben ein differenziertes Vorgehen vor (vgl. Abb. B.7):

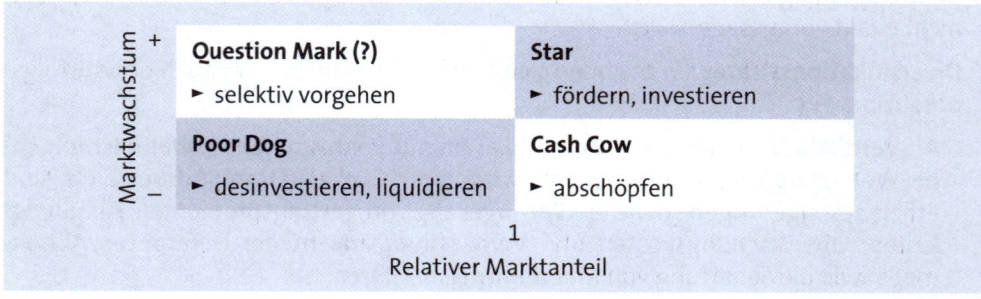

Abb. B.7: BCG-Portfolio

Überlegungen zur Festlegung der **Wettbewerbsstrategie** gehen auf *Porter* zurück, der insgesamt drei erfolgversprechende Wettbewerbsstrategien identifiziert (vgl. Abb. B.8).

Vorteil	(strategische) Wettbewerbsvorteile	
Zielobjekt	Kostenvorsprung ("Lower Cost")	Einzigartigkeit ("Differentiation")
Branchenweit ("Broad Target")	**(1)** Strategie der Kostenführerschaft ("Cost Leadership")	**(2)** Strategie der Differenzierung ("Differentiation")
Segmentspezifisch ("Narrow Target")	**(3)** Nischenstrategie	
	der Kostenführerschaft ("Cost Focus")	der Differenzierung ("Focused Differentiation")

(linke Randbeschriftung: Wettbewerbsbreite (Zielobjekt))

Abb. B.8: Wettbewerbsstrategien nach *Porter*

Nach *Porter* gibt es nur zwei Quellen für einen Wettbewerbsvorteil:

► geringere Kosten bei vergleichbaren Preisen: **Kostenführerschaft** (1)

► Differenzierung und höhere Preise: **Differenzierung** (2).

Ein „Stuck-in-the-Middle" sollte vermieden werden, um langfristig erfolgreich zu sein. Zielgruppen- bzw. segmentspezifisch lassen sich neben der Strategie der Kostenführerschaft und der Strategie der Differenzierung noch Nischenstrategien (3) ausformulieren.

Weitere Strategiedimensionen können **zeitbasierte Strategien** (Pionierstrategie, Strategie des frühen Folgers, Strategie des späten Folgers), **Marktparzellierungsstrategien** (Massenmarktstrategie versus Marktsegmentierung) oder **Supply Chain-Strategien** (Push- oder Pull-Strategien) sein (vgl. *Preißner, 2010, S. 62 ff.*).

4. Strategiebewertung

Die Strategiebewertung bereitet die Strategieentscheidung vor. Dazu werden die Strategiealternativen durch eine systematische und logische Darstellung der Strategiealternativen in Modellen auf Plausibilität geprüft, verglichen und hinsichtlich der Zielwirksamkeit bewertet. Ziel ist die Schaffung einer Entscheidungsgrundlage für die Strategieauswahl. Maßstab für die Strategiebewertung sind insofern die Unternehmensziele.

Zur Strategiebewertung stehen zur Verfügung:

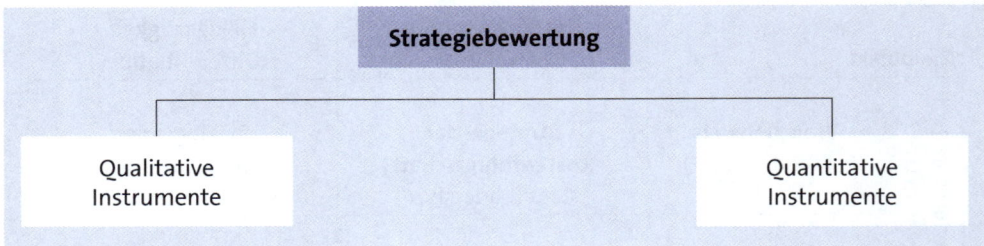

4.1 Qualitative Instrumente

Zur qualitativen Bewertung von Strategien eignen sich beispielsweise Checklisten, Strategie-Fit-Tests oder Nutzwertanalysen. **Checklisten** zur Strategiebewertung ermöglichen ein kritisches Hinterfragen der vorliegenden Strategien anhand von Bewertungskriterien. Auf Basis sogenannter Tough Questions lassen sich ein formaler Test, ein Konsistenztest, ein Realisierbarkeitstest und eine Prüfung von Wettbewerbsvorteilen vornehmen:

► **Formaler Test:** Sind die der Strategie zugrunde liegenden Annahmen realistisch? Wurde bei stark unsicherer Zukunftsentwicklung in ausreichendem Umfang mit Szenarien gearbeitet? Ist die Informationsgrundlage ausreichend?

► **Konsistenztest:** Ist die Strategie konsistent mit dem Unternehmensleitbild und den obersten Zielen des Unternehmens? Sind die Ziele konsistent mit der strategischen Stoßrichtung? Sind die Maßnahmen konsistent mit den Zielen? Berücksichtigt die Strategie Abhängigkeiten zwischen den Geschäftseinheiten und den einzelnen Funktionsbereichen?

► **Realisierbarkeitstest:** Sind die zur Umsetzung der Strategie benötigten Ressourcen und Fähigkeiten vorhanden? Ist das erforderliche Management Commitment zur Umsetzung der Strategie vorhanden? Ist die strategische Stoßrichtung vereinbar mit den Marktgegebenheiten und der eigenen Wettbewerbsposition? Ist die Strategie am Markt durchsetzbar oder provoziert sie kurz-/mittelfristig Reaktionen der Wettbewerber, die ihre Realisierbarkeit infrage stellen?

► **Wettbewerbsvorteil:** Ermöglicht die Strategie den Aufbau eines nachhaltigen Wettbewerbsvorteils?

Zur grundsätzlichen Anwendung von Nutzwertanalysen vgl. ≫ Kapitel D.6.3.4.

4.2 Quantitative Instrumente

Insbesondere in kapitalmarktorientierten Unternehmen werden alle Maßnahmen im Unternehmen im Hinblick auf eine **Steigerung des Unternehmenswerts** untersucht und beurteilt. Eine solche wertorientierte Unternehmensführung zwingt insofern strategische Überlegungen in ein finanzwirtschaftliches Kalkül. Die wertorientierten Kennzahlenkonzepte lassen sich in einperiodische und mehrperiodische Konzepte gliedern.

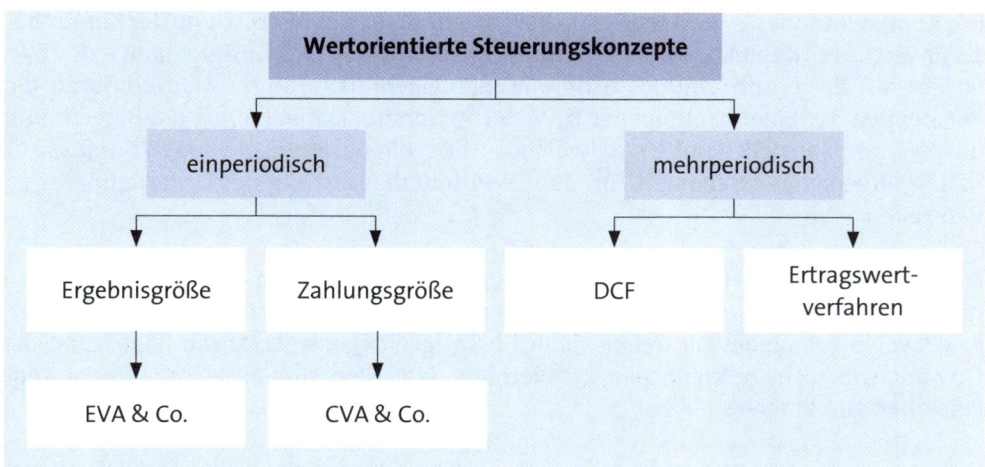

Abb. B.9: Wertorientierte Steuerungskonzepte

Im Folgenden wird mit dem **EVA**- und dem **DCF-Verfahren** jeweils ein Verfahren vorgestellt. Darüber hinaus werden **Vergleichsverfahren** skizziert, die sich in der Praxis großer Beliebtheit erfreuen.

4.2.1 EVA

Zu den am weitesten verbreiteten einperiodischen Konzepten zählt der **Economic Value Added** (EVA). Der EVA ist ein **Residualgewinnmodell**, da er auf einer Gegenüberstellung von Periodenergebnis und Kapitalkosten basiert. Dabei wird nur in dem Fall ein tatsächlicher Überschuss erwirtschaftet, wenn der Periodenerfolg die Kosten für das eingesetzte Fremd- und Eigenkapital übersteigt.

EVA = NOPAT - WACC • Investiertes Kapital

Der EVA-Ansatz wurde vom Beratungsunternehmen *Stern Stewart* entwickelt. Der Grundgedanke hinter dem EVA-Konzept ist, dass ein Unternehmen eine **Mindestrendite auf das eingesetzte Kapital** erwirtschaften muss, welche sowohl Fremd- als auch Eigenkapitalkosten berücksichtigt. Dementsprechend wird der Wertbeitrag anhand der Differenz zwischen dem operativen Ergebnis (Net Operating Profit After Taxes (NOPAT)) sowie den Kosten des gebundenen Kapitals errechnet. Der NOPAT ist dabei in der Regel der operative Gewinn einer Periode vor Abzug der Eigen- und Fremdkapitalzinsen sowie nach Steuern (vgl. hierzu und im Folgenden *Stewart, 1991, S. 136 ff.*).

Die Kapitalkosten erhält man durch Multiplikation des gewichteten Kapitalkostensatzes WACC (zur Berechnung vgl. **»** Kapitel B.4.2.2) mit dem investierten Kapital. Nur wenn der EVA positiv ist, konnte das Unternehmen Wert für die Anteilseigner erzeugen bzw. deren **Renditeerwartungen übererfüllen**.

Die Komplexität des EVA-Modells steckt insbesondere in der **Ermittlung der Kapitalbasis** (investiertes Kapital) sowie der **Erfolgsgröße** (NOPAT). Der Grundgedanke des EVA basiert auf der Ermittlung des ökonomischen Gewinns und repräsentiert somit die Perspektive der Eigenkapitalgeber bzw. der Aktionäre. Dabei knüpft die Berechnung des EVA an bilanzielle Größen an, welche auf Regeln basieren, die aus Aktionärssicht häufig ungeeignet erscheinen, um den Wert und die Leistung des Unternehmens zu beurteilen.

Durch sogenannte **Conversions** wird versucht, die bilanzierten Größen in aus Aktionärssicht relevante Größen zu transformieren. So ist bei der Ermittlung des EVA beispielsweise ausschließlich die betriebliche Tätigkeit relevant. Da die Bilanz und die GuV auch die nicht-betrieblichen Sachverhalte darstellen, sind diese im Zuge der Konversionen zu korrigieren.

Conversions werden typischerweise in Operating Conversions, Funding Conversions, Tax Conversions und Shareholder Conversions kategorisiert (vgl. *Hostettler, 1997, S. 97 ff.*). Grundsätzlich ist der Umfang der vorzunehmenden Konversionen dabei für handelsrechtliche Jahresabschlüsse nach HGB größer als für solche, die nach internationalen Rechnungslegungsstandards (z. B. IFRS) aufgestellt werden und ihrem Wesen nach eher dem Konzept des EVA entsprechen.

Conversions betreffen sowohl einzeln die Erfolgs- oder Vermögensgröße als auch beide Größen gemeinsam. Entscheidend ist, dass bei der Durchführung der Korrekturen auf **Konsistenz** geachtet wird. Bei der Berechnung der Erfolgsgröße sollten demnach die Anpassungen berücksichtigt werden, die im Zuge der Ermittlung der Vermögensgröße vorgenommen wurden. Das heißt, werden z. B. nicht aktivierte, betrieblich gebundene Vermögensobjekte hinzugerechnet, müssen gleichzeitig die zugehörigen Aufwendungen der Periode bei der Erfolgsgröße neutralisiert werden.

Die nachfolgende Tab. B.2 stellt typische Conversions für einen IFRS-Abschluss dar.

Jahresüberschuss/-fehlbetrag (lt. GuV IFRS-Abschluss)	Vermögen (Bilanzsumme lt. IFRS-Abschluss)
+/- Außerordentliche Aufwendungen/Erträge bzw. unregelmäßige Ergebniskomponenten +/- Zinsaufwendungen/-erträge -/+ Beteiligungsertrag/-aufwand + Zinsanteil der Pensionsrückstellungen + Abschreibungen auf aktiviertes nicht betriebsnotwendiges Vermögen	- Aktiviertes, aber nicht betriebsnotwendiges Vermögen (darunter Kasse, Wertpapiere, Beteiligungen)
= **Ergebnis nach Operating Conversions**	= **Vermögen nach Operating Conversions**

Jahresüberschuss/-fehlbetrag (lt. GuV IFRS-Abschluss)		Vermögen (Bilanzsumme lt. IFRS-Abschluss)	
+	Miet- und Leasingaufwendungen	−	Unverzinsliche Verbindllichkeiten (Verb. LuL, Anzahlungen, kurzfristige Rückstellungen)
−	Abschreibungen auf Miet-/Leasingobjekte	+	Aktivierung von Miet-/Leasingobjekten
=	**Ergebnis nach Funding Conversions**	=	**Vermögen nach Funding Conversions**
+	Aufwendungen mit Investitionscharakter	+	Aufwendungen mit Investitionscharakter
−	Abschreibungen auf aktivierte Aufwendungen mit Investitionscharakter		
=	**Ergebnis nach Shareholder Conversions**	=	**Vermögen nach Shareholder Conversions**
−/+	Steuererhöhung bzw. -senkung aus übrigen Conversions	−	Aktive latente Steuern
−/+	Steuererhöhung bzw. -senkung aus der Bildung aktiver und passiver latenter Steuern		
=	**NOPAT (Ergebnis nach Tax Conversions)**	=	**Investiertes Kapital (Vermögen nach Tax Conversions)**

Tab. B.2: Berechnung von NOPAT und investiertem Kapital

4.2.2 DCF-Verfahren

In der Theorie der Unternehmensbewertung wird zwischen drei Kategorien mehrperiodischer Bewertungsverfahren unterschieden. Neben den **Gesamtbewertungsverfahren** gibt es die **Einzelbewertungsverfahren** und die **Mischverfahren** aus Einzel- und Gesamtbewertung. Aufgrund der geringeren praktischen Relevanz von Einzelbewertungs- und Mischverfahren wird von einer weiteren Erläuterung an dieser Stelle abgesehen (vgl. insoweit *Mandl/Rabel, 1999, S. 46 ff.*). Die Gesamtbewertungsverfahren betrachten das Unternehmen als Gesamtheit und leiten den Unternehmenswert aus der zukünftigen Ertragskraft ab.

Zu den mehrperiodischen Konzepten ist insbesondere die von *Rappaport* entwickelte **Discounted Cashflow-Methode** (DCF) zu zählen. Der DCF fußt in seinen Grundzügen auf der Kapitalwertmethode und stellt somit einen Zukunfts- und Risikobezug her. Grundidee der DCF-Verfahren ist die Unternehmenswertbestimmung mittels Diskontierung zukünftig erwarteter Free Cashflows. Die Bruttomethode, die Nettomethode und das APV-Verfahren − als die wesentlichen DCF-Verfahren − unterscheiden sich durch die Definition bzw. Bestimmung der jeweiligen Cashflows und der Diskontierungssätze.

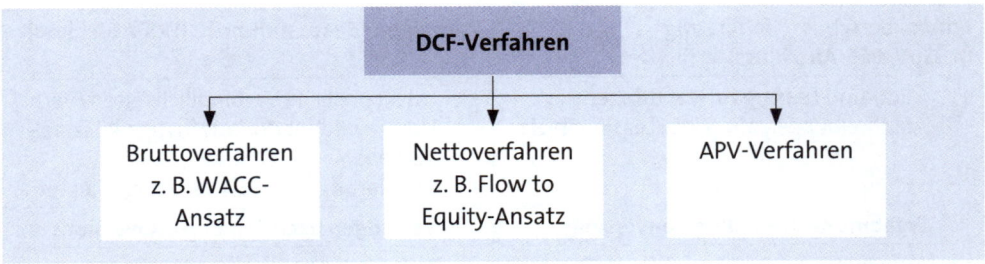

Abb. B.10: Alternative DCF-Verfahren

Die Vorteilhaftigkeit der DCF-Verfahren ist grundsätzlich darin begründet, dass sie alle cash-relevanten Bestandteile des Unternehmenswerts berücksichtigen und dabei vergleichsweise einfach anmuten. Zudem kann auf eine empirische Fundierung der investitionstheoretischen Überlegungen durch die Kapitalmarktforschung verwiesen werden.

Das Bruttoverfahren (Entity Approach) definiert den **Equity Value** eines Unternehmens als Residualgröße des Barwerts der diskontierten operativen Free Cashflows (FCF) abzüglich des Barwerts des Fremdkapitals und anderer Ansprüche von Minderheitsaktionären.

Der FCF ermittelt sich in folgender Weise indirekt aus der GuV (vgl. hierzu und im Folgenden *Copeland et al., 2002, S. 16*):

	Operatives Ergebnis vor Zinsen und Steuern (EBIT)
-	Steuern auf operatives Ergebnis
=	**Operatives Ergebnis nach Steuern (NOPAT)**
+/-	Abschreibungen/Zuschreibungen
+/-	Zuführung zu/Auflösung von Rückstellungen
=	**Brutto-Cashflow**
-/+	Erhöhung/Verminderung Working Capital
+/-	Desinvestitionen/Investitionen in Sachanlagen
+/-	Veränderung sonstiger Vermögensgegenstände
=	**Operativer Free Cashflow**

Durch die fehlende Berücksichtigung der Finanzierungskosten – also der Ansprüche der Eigen- und Fremdkapitalgeber – im FCF spiegelt dieser den finanzierungsneutral erwirtschafteten Einzahlungsüberschuss wider und trennt dadurch das Unternehmen in einen Leistungs- (FCF) und einen Finanzierungsbereich (vgl. *Mandl/Rabel, 1999, S. 38 f.*).

Die Diskontierung der so ermittelten FCF erfolgt anhand eines Mischzinsfußes in Form eines **gewogenen Kapitalkostensatzes** WACC (Weighted Average Cost of Capital), wodurch den gemäß der Kapitalstruktur des Zielunternehmens gewichteten Vergütungsansprüchen von Eigen- und Fremdkapitalgebern entsprochen werden soll.

$$C^{WACC} = r(FK) \cdot (1 - s) \cdot \frac{FK}{GK} + r(EK) \cdot \frac{EK}{GK}$$

Der gewogene Kapitalkostensatz C^{WACC} ist dabei die Summe der mit dem Fremdkapitalanteil (FK/GK) gewichteten und um den Ertragssteuersatz (s) reduzierten Renditeforderung der Fremdkapitalgeber (r(FK)) und der mit dem Eigenkapitalanteil (EK/GK) gewichteten Renditeforderung der Eigenkapitalgeber für das verschuldete Unternehmen (r(EK)).

Der **Equity Value** ermittelt sich wie folgt:

	Barwert der operativen FCF bis zum Planungshorizont
+	Barwert des Terminal Value
=	**Barwert der operativen FCF**
+	Barwert der nicht-operativen FCF
=	**Barwert der gesamten FCF**
+	Marktwert des nicht-betriebsnotwendigen Vermögens
=	**Marktwert des Gesamtkapitals (Enterprise Value)**
-	Marktwert des Fremdkapitals
-	Minderheitsanteile
=	**Marktwert des Eigenkapitals (Equity Value)**

Gemäß dieser Konzeption von *Copeland et al.* wird zwischen **operativem und nicht-operativem FCF** unterschieden. Während sich Ersterer aus den Barwerten der operativen FCF bis zum Planungshorizont und dem Barwert des Terminal Value errechnet, führt die Hinzunahme der nicht-operativen FCF zum Barwert der gesamten FCF. Durch Addition des Marktwerts des nicht-betriebsnotwendigen Vermögens erhält man den Marktwert des Gesamtkapitals. Werden von diesem Wert noch der Marktwert des Fremdkapitals und die Minderheitsanteile abgezogen, ergibt sich residual der Equity Value.

Folgende Abbildung veranschaulicht vereinfachend das Schema der Unternehmensbewertung beim WACC-Ansatz.

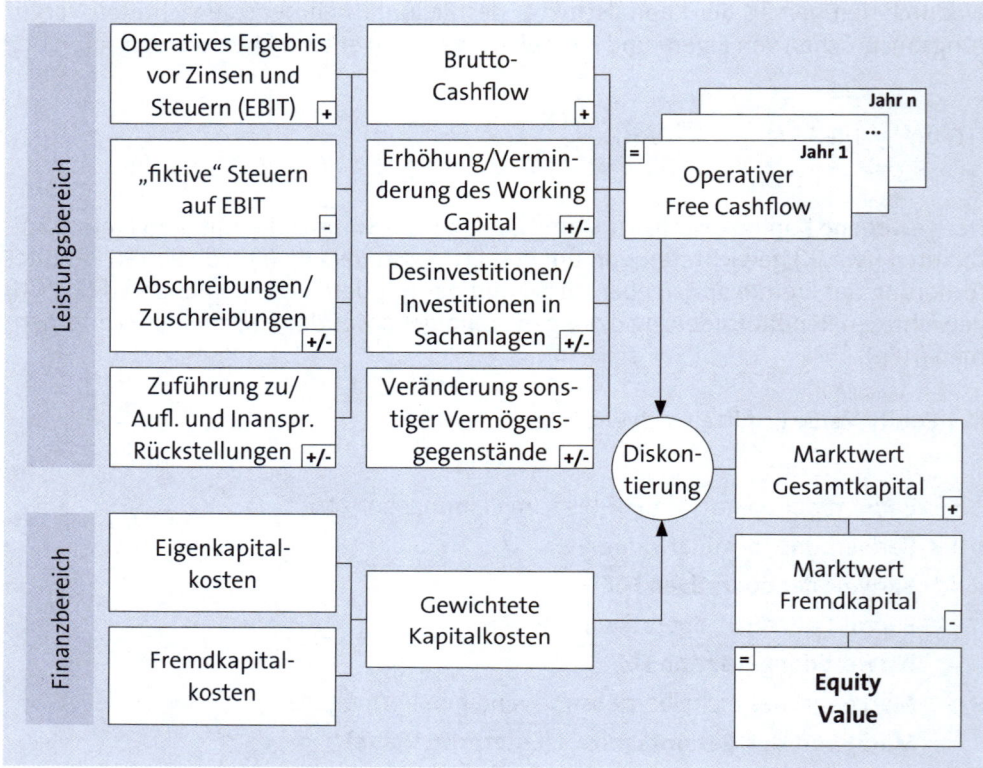

Abb. B.11: Vorgehensweise beim WACC-Ansatz

Aufgabe 3 > Seite 327

4.2.3 Vergleichsverfahren

Die Anwendung von Vergleichsverfahren wird in der Wissenschaft eher kritisch gesehen. Als Argumente werden vor allem fehlende Marktpreise für Unternehmen und die fehlende Effizienz der Kapitalmärkte angeführt. Dem gegenüber steht die weite Verbreitung der Vergleichsverfahren in der betrieblichen Praxis. Sie ergibt sich hauptsächlich aus ihrer leichten Anwendbarkeit und Verständlichkeit.

Neben der Anwendung der Vergleichsverfahren zur **Wertindikation** benutzen auch **Analysten** in ihren veröffentlichten Reports zur Bestimmung von Unternehmenswerten oftmals Multiples. Im Rahmen einer Unternehmensbewertung werden sie zudem häufig zur **Verprobung bzw. Plausibilisierung von DCF-Werten** eingesetzt. Erhöht wird die praktische Relevanz ferner durch die Steigerung der Effizienz der Kapitalmärkte sowie die Harmonisierung der internationalen Rechnungslegungsgrundsätze mit der Folge, dass die Vergleichbarkeit von Unternehmen ständig steigt (vgl. *Berner/Rojahn, 2003, S. 155*).

Von praktischer Relevanz sind bei den Vergleichsverfahren vor allem Trading und Transaction Comparables. Bei Verwendung von **Trading Comparables** erfolgt die Unternehmenswertbestimmung auf Basis aktueller und prognostizierter **Ergebnisgrößen börsennotierter Unternehmen**. Der wesentliche Unterschied zu den aus früheren **Unternehmenstransaktionen** abgeleiteten **Transaction Comparables** ist darin begründet, dass Preise bei Unternehmenstransaktionen in der Regel von bestimmten Verhandlungssituationen abhängen. Aufgrund dieser individuellen Verhandlungsmodalitäten beinhalten sie strategische Prämien oder andere dealspezifische Ausprägungen, die bei der Bewertung auf Basis von Trading Comparables keine Berücksichtigung finden (vgl. *Löhnert/Böckmann, 2012, S. 405 ff.*). Daher entstehen bei der Wertfindung auf der Basis von Transaction Comparables tendenziell höhere Unternehmenswerte. Die Differenz zu den Trading Comparables kann (wohlwollend) als Barwert des Mehrwerts in Form von Nettosynergien und Effizienzsteigerungen gedeutet werden, die das Käuferunternehmen erzielen konnte.

Die unterschiedlichen Bandbreiten der beiden Bewertungsverfahren beschreiben demnach auch das Spannungsfeld von Unternehmenswert und Kaufpreis. Entscheidend ist, wie viel Wertsteigerung durch den Unternehmenskauf auf Käuferseite kreiert wird und wie viel davon an den Verkäufer weitergegeben werden soll oder muss.

Branche	Börsen-Multiples		Experten-Multiples Small-Cap[1]			
	EBIT-Multiple	Umsatz-Multiple	EBIT-Multiple		Umsatz-Multiple	
			von	bis	von	bis
Beratende Dienstleistungen	-	-	6,4 ↑	8,5 ↑	0,63 ↓	1,08 ↓
Software	13,9 ↑	1,06 ↑	7,0 ↓	9,9 ↑	0,96 ↑	1,66 ↑
Telekommunikation	15,7 ↑	1,73 ↑	7,0 ↓	9,0 ↓	0,75 ↓	1,05 ↓
Medien	15,9 ↓	3,69 ↓	6,2 ↓	8,4 ↓	0,80 ↓	1,23 ↓
Handel und E-Commerce	8,9 ↓	0,49 ↓	6,2	8,5 ↑	0,60 ↑	1,00 ↑
Transport, Logistik und Touristik	10,2 ↑	0,56	6,4 ↓	8,2 ↓	0,51	0,82 ↓
Elektrotechnik und Elektronik	16,2 ↑	1,92 ↑	7,2 ↑	9,2 ↑	0,58 ↓	0,91 ↓
Fahrzeugbau und -zubehör	11,9 ↓	1,06 ↓	6,4 ↑	8,3 ↑	0,63 ↑	0,91 ↓
Maschinen- und Anlagenbau	14,5 ↑	1,27 ↑	6,3	8,2 ↓	0,62 ↑	0,94 ↓
Chemie und Kosmetik	11,9 ↓	1,21 ↓	7,2 ↑	9,3 ↑	0,85 ↓	1,24 ↓
Pharma	13,1 ↑	1,78 ↑	8,1	10,5 ↑	1,22 ↑	1,74 ↑
Textil und Bekleidung	12,9 ↑	1,34 ↑	6,0	8,0	0,69 ↓	1,06 ↓
Nahrungs- und Genussmittel	8,3 ↑	0,52 ↑	6,9 ↑	8,9 ↑	0,87 ↑	1,29

---

[1] Small-Cap: Unternehmensumsatz unter 50 Mio. €; Mid-Cap: 50 - 250 Mio. €; Large-Cap: über 250 Mio. €; Pfeile zeigen niedrigeren/gestiegenen Wert gegenüber vorherigem Wert

Branche	Börsen-Multiples		Experten-Multiples Small-Cap[1]			
	EBIT-Multiple	Umsatz-Multiple	EBIT-Multiple		Umsatz-Multiple	
			von	bis	von	bis
Gas, Strom, Wasser	13,4 ↓	0,63 ↓	6,1	8,0 ↓	0,80 ↑	1,21
Umwelttechnologie und erneuerbare Energien			6,1 ↑	7,9 ↓	0,76 ↑	1,13 ↓
Bau und Handwerk	13,5 ↓	1,55 ↓	5,7 ↓	7,5 ↑	0,55 ↑	0,80 ↓

Tab. B.3: EBIT- und Umsatz-Multiples (1)
(o. V., 2015, S. 80 f.)

Grundsätzlich kann auch bei Trading und Transaction Comparables eine Aufteilung in Equity- und Entity-Konzepte erfolgen. Während bei den **Equity-Bezugsgrößen** direkt auf den **Marktwert des Eigenkapitals** geschlossen werden kann, zielen **Entity-Multiplikatoren** auf die Ermittlung der **Marktwerte von Eigen- und Fremdkapital (Enterprise Value)** ab. Zu den Equity-Multiplikatoren zählen beispielsweise ergebnisbasierte Multiples wie das Kurs-Gewinn-Verhältnis (KGV) und zahlungsstrombasierte Multiples wie das Kurs-Cashflow-Verhältnis (KCV). Bei den Entity-Multiplikatoren ist zwischen umsatz- und ergebnisbasierenden Multiplikatoren zu unterscheiden (vgl. *Berner/Rojahn, 2003, S. 155 ff.*). Während Umsatzmultiples von begrenzter praktischer Relevanz sind, wird der Wert eines Unternehmens häufig als Vielfaches prognostizierter EBITDA- und EBIT-Größen des laufenden und kommenden Jahres ermittelt.

Das Finance-Magazin veröffentlicht monatlich eine Übersicht mit Bandbreiten für EBIT- und Umsatz-Multiplikatoren, die aus abgeschlossenen Transaktionen ermittelt werden (vgl. Tab. B.3 und B.4).

Branche	Experten-Multiples Mid-Cap[1]				Experten-Multiples Large-Cap[1]			
	EBIT-Multiple		Umsatz-Multiple		EBIT-Multiple		Umsatz-Multiple	
	von	bis	von	bis	von	bis	von	bis
Beratende Dienstleistungen	6,9 ↑	9,2 ↑	0,72 ↑	1,17 ↑	7,7 ↓	10,5 ↓	0,79 ↑	1,31 ↓
Software	7,5 ↓	11,2 ↑	1,08 ↑	1,70 ↑	8,3 ↓	11,1 ↓	1,09 ↓	1,81 ↓
Telekommunikation	8,1 ↑	10,4 ↑	0,83 ↓	1,20 ↓	8,5 ↑	10,9 ↑	1,03 ↓	1,49 ↓
Medien	7,1 ↓	9,5 ↓	0,94 ↓	1,42 ↓	8,2 ↓	10,8 ↓	1,09 ↓	1,75 ↓
Handel und E-Commerce	7,3 ↓	10,4	0,69 ↓	1,1 ↓	7,9 ↓	11,4 ↓	0,74	1,36 ↑
Transport, Logistik und Touristik	7,2 ↓	9,6 ↓	0,65 ↑	0,92 ↓	7,8 ↓	10,4 ↓	0,61 ↓	0,98 ↓
Elektrotechnik und Elektronik	7,5	9,6 ↑	0,67 ↓	1,04 ↑	8,1 ↑	10,6 ↓	0,69 ↓	1,09 ↓

[1] Small-Cap: Unternehmensumsatz unter 50 Mio. €; Mid-Cap: 50 - 250 Mio. €; Large-Cap: über 250 Mio. €; Pfeile zeigen niedrigeren/gestiegenen Wert gegenüber vorherigem Wert

Branche	Experten-Multiples Mid-Cap[1]				Experten-Multiples Large-Cap[1]			
	EBIT-Multiple		Umsatz-Multiple		EBIT-Multiple		Umsatz-Multiple	
	von	bis	von	bis	von	bis	von	bis
Fahrzeugbau und -zubehör	6,7	8,9 ↓	0,69	1,05 ↑	7,8	10,5 ↑	0,84 ↑	1,16 ↑
Maschinen- und Anlagenbau	7,5 ↑	9,5	0,69 ↑	1,05 ↑	7,8	10,5 ↑	0,84 ↑	1,16 ↓
Chemie und Kosmetik	7,5 ↑	9,7 ↓	0,90 ↑	1,32	8,5 ↓	11,8 ↓	1,02 ↓	1,53 ↓
Pharma	8,9 ↑	11,3 ↑	1,32 ↑	1,83 ↑	9,2 ↑	12,2 ↑	1,37 ↑	2,16 ↑
Textil und Bekleidung	6,6 ↓	8,7 ↓	0,73 ↓	1,06 ↓	7,9	10,1	0,84 ↓	1,23 ↓
Nahrungs- und Genussmittel	7,5 ↓	10,3	0,85 ↑	1,20 ↑	8,8 ↑	11,9 ↑	0,92 ↑	1,42 ↓
Gas, Strom, Wasser	7,2	9,3 ↑	0,75 ↑	1,12 ↑	7,2 ↓	9,8 ↓	0,81	1,19 ↓
Umwelttechnologie und erneuerbare Energien	6,9 ↓	9,4 ↓	0,73 ↓	1,11 ↓	7,5 ↑	9,8 ↓	0,80 ↑	1,21 ↑
Bau und Handwerk	6,4 ↓	8,3 ↑	0,57 ↑	0,83 ↑	6,9 ↑	9,1 ↑	0,58 ↑	0,86 ↑

Tab. B.4: EBIT- und Umsatz-Multiples (2)
(vgl. *o. V., 2015, S. 80 f.*)

5. Strategische Kontrolle und Frühaufklärung

Nach *Bea/Haas* ist die strategische Kontrolle ein systematischer Prozess, der parallel zur strategischen Planung verläuft und durch Ermittlung von Abweichungen zwischen Plan- und Vergleichsgrößen den Vollzug und die Richtigkeit der strategischen Planung überprüft (vgl. *Bea/Haas, 2017, S. 250*).

Vergleichs-kriterium	Operative Kontrolle	Strategische Kontrolle
Kontrollinhalte	Reiner Soll-Ist-Vergleich im Sinne einer Zielerreichungskontrolle ergänzt um eine Analyse der Abweichungsursachen	Neben der Zielerreichungskontrolle auch eine Prämissen- und eine Planfortschrittskontrolle sowie eine strategische Frühaufklärung
Kontrollgrößen	In der Regel monetäre Größen	Auch nicht-monetäre (quantitative und qualitative) Größen
Kontroll-ausrichtung	Unternehmensintern ausgerichtete und punktuell fixierte Kontrolle	Auf interne sowie externe Erfolgsfaktoren ausgerichtet
Kontrollzeitpunkt	Vielfach einmalig nach der Ergebnisrealisierung (ex post)	Kontinuierlich, parallel zur Planung und Realisation (ex post und ex ante)

Tab. B.5: Strategische vs. Operative Kontrolle

[1] Small-Cap: Unternehmensumsatz unter 50 Mio. €; Mid-Cap: 50 - 250 Mio. €; Large-Cap: über 250 Mio. €; Pfeile zeigen niedrigeren/gestiegenen Wert gegenüber vorherigem Wert

Hinsichtlich der **Kontrollinhalte** ist die operative Kontrolle vornehmlich geprägt durch klassische Soll-Ist-Vergleiche als Zielerreichungskontrolle. Diese Zielerreichungskontrolle wird dabei häufig ergänzt um Abweichungsanalysen. Die strategische Kontrolle fokussiert dagegen auch auf Prämissen- und Planfortschrittskontrollen (Soll-Wird-Vergleich), um so einem stärker zielerreichungsorientierten Ansatz gerecht zu werden. Ziel ist es dabei, nicht nur Abweichungen zu entdecken, sondern darüber hinaus auch Korrekturmaßnahmen zu ermöglichen, um noch die Zielerreichung zu gewährleisten.

Kontrollgrößen stellen im Rahmen der operativen Kontrolle in der Regel monetäre Größen aus dem betrieblichen Rechnungswesen dar, beispielsweise im Rahmen von Kosten- und Erlösabweichungsanalysen. Die strategische Kontrolle bezieht dagegen beispielsweise im Rahmen von Marketingaudits auch nicht-monetäre quantitative und qualitative Größen ein. Vor diesem Hintergrund ist die **Kontrollrichtung** der operativen Kontrolle eher intern ausgerichtet, während die strategische Kontrolle neben internen Größen auch externe Erfolgsfaktoren berücksichtigt.

In Bezug auf die **Kontrollzeitpunkte** erfolgt die strategische Kontrolle idealtypisch kontinuierlich und parallel zur Planung und Realisation, sodass Korrekturmaßnahmen für die laufende Periode sowie Neuplanungen für künftige Planungszyklen erfolgen können. Die operative Kontrolle erfolgt dagegen häufig einmalig nach der Ergebnisrealisierung am Periodenende.

Ziel der **Kontrolle der Plangenerierung** ist die kritische Beurteilung der Vorgehensweise im strategischen Planungsprozess sowie die permanente Überprüfung der Grundlagen für den Strategieplan. Dabei richtet sich der Kontrollfokus insbesondere auf explizit festgestellte Prämissen. Die **Kontrolle der Planerreichung** überprüft dagegen als Durchführungskontrolle die Realisierung der strategischen Pläne.

Während im Rahmen der Kontrolle der Plangenerierung grundsätzlich die gleichen Instrumente wie bei der strategischen Planung zum Einsatz kommen, greift die Kontrolle der Planerreichung auf Instrumente aus dem Projektmanagement sowie auf (klassische) Kennzahlensysteme und Kontrollinstrumente zurück (vgl. Tab. B.4).

Kontrollarten	Kontrollfokus	Instrumente
Kontrolle der Plangenerierung	Leitbildkontrolle	Fragenkatalog, Checkliste, Prozessanalysen
	Zielkontrolle	Benchmarking
	Profitabilitätskontrolle	Umfeld-, Unternehmensanalysen wie SWOT-Analyse, Lebenszyklus-Analyse, Gap-Analyse, BCG-Matrix, McKinsey-Portfolio, Ansoff-Matrix, Branchenstrukturanalyse, …
	Planungssystemkontrolle	Checklisten
	Interne Machbarkeitskontrolle	Bilanz- und Kapitalbedarfsplanung
	Externe Durchführungskontrolle	Umfeldanalysen-, Unternehmensanalysen

Kontrollarten	Kontrollfokus	Instrumente
Kontrolle der Planerreichung	Planinhaltskontrolle	Fragenkatalog, Checklisten, Meilenstein-Trend-Analyse, Kennzahlensysteme wie Balanced Scorecard, Abweichungsanalyse
	Planrealisationskontrolle	

Tab. B.6: Instrumente der strategischen Kontrolle

Die (strategische) **Frühaufklärung** ist der Oberbegriff aller systematisch erfolgenden Aktionen, die der Wahrnehmung, Sammlung/Auswertung und Weiterleitung von Informationen über latent (d. h. verdeckt) bereits vorhandene Chancen und Bedrohungen dienen. Die Frühaufklärung stellt zum einen Informationen bereit, die im Rahmen der strategischen und der operativen Planung verwendet werden können. Zum anderen dienen die Informationen der rechtzeitigen Erkennung von Krisen, um früher und besser vorbereitet Krisenmanagement betreiben zu können. Denn Krisen, die rechtzeitig erkannt werden, kann effektiver und effizienter begegnet werden (vgl. Abb. B.12).

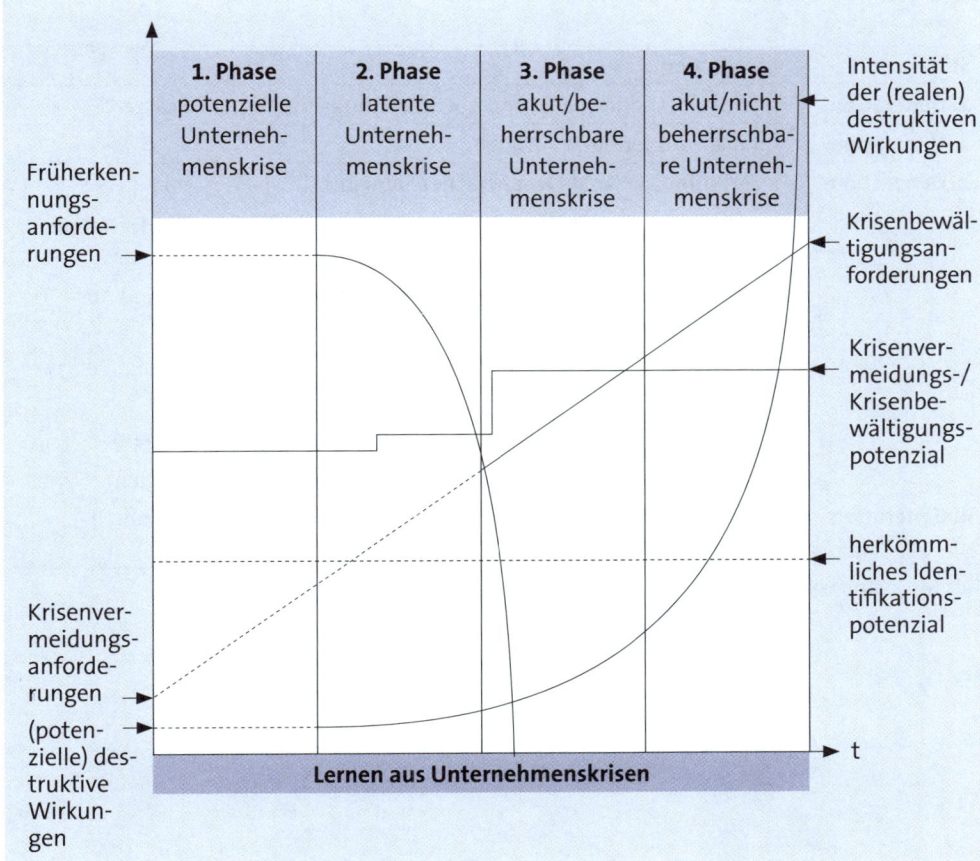

Abb. B.12: Krisenfrüherkennung
(vgl. *Krystek/Moldenhauer, 2007, S. 37*)

59

Nicht zuletzt wird mit dem Betreiben eines Frühaufklärungssystems gesetzlichen Anforderungen genüge getan. Der Vorstand einer Aktiengesellschaft ist gem. § 91 Abs. 2 AktG dazu verpflichtet, geeignete Maßnahmen zu treffen, insbesondere ein Überwachungssystem einzurichten, damit den Fortbestand der Gesellschaft gefährdende Entwicklungen früh erkannt werden. Die Frühaufklärung kann dabei als ein Bestandteil dieses Systems gewertet werden.

Anhand des Umfangs haben sich unter dem Oberbegriff Frühaufklärung drei wesentliche Unterkategorien gebildet (vgl. *Krystek/Müller-Stewens, 1993, S. 21*):

- **Frühwarnung:** frühzeitige Ortung von Bedrohungen (1. Generation)
- **Früherkennung:** frühzeitige Ortung von Bedrohungen und Chancen (2. Generation)
- **Frühaufklärung:** frühzeitige Ortung von Bedrohungen und Chancen sowie Initiierung von Gegenmaßnahmen (3. + 4. Generation).

Anhand der verwendeten Verfahren lässt sich dabei die **Weiterentwicklung von der Frühwarnung** hin zur Frühaufklärung über die verschiedenen Generationen der strategischen Frühaufklärung erkennen:

Stufen	Verfahren
1. Generation	Kennzahlenorientierte und hochrechnungsorientierte Ansätze
2. Generation	Indikatororientierte Ansätze
3. Generation	Verfahren zur Analyse schwacher Signale: - Verfolgung von Diffusionsprozessen mittels struktureller Trendlinien (Identifizierung und Beobachtung der Weiterentwicklung) - Diskontinuitätenbefragung (Beurteilung der Bedeutung und Auswirkung) - Cross Impact- und Vulnerability-Analyse (Identifizierung und Beurteilung) - Szenario-Technik (Bewertung und Herleitung von Strategien) - Unschärfenpositionierung (Überprüfung der Normstrategien)
4. Generation	Keine grundsätzliche Weiterentwicklung, sondern Kombination der bekannten Systeme

Tab. B.7: Instrumente der strategischen Frühaufklärung

Aufgabe 4 > Seite 329

C. Operative Planung und Kontrolle

Operative Planung und Kontrolle beziehen sich auf:

	Budgetierung
Operative Planung und Kontrolle	Kosten- und Leistungsrechnung
	Kennzahlen, Kennzahlensysteme und Reporting

1. Budgetierung

Im Rahmen der Budgetierung werden dargestellt:

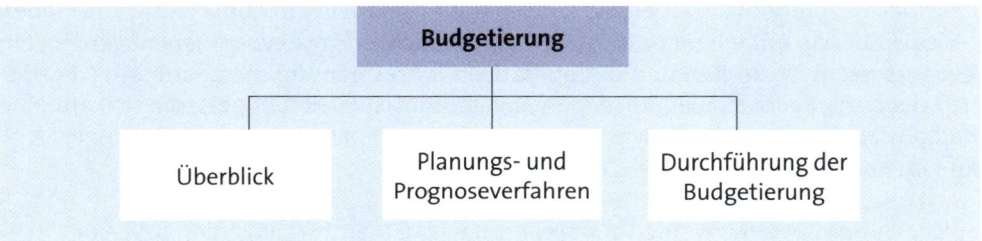

1.1 Überblick

Der Überblick zur Budgetierung behandelt folgende Themenfelder:

- **Begriffe und Ziele der Budgetierung**
- **Abstimmung von Budgets**
- **Planungsprozess**
- **Problembereiche der Planung.**

1.1.1 Begriffe und Ziele der Budgetierung

Unter **Planung** ist grundsätzlich ein systematisches, zukunftsbezogenes Durchdenken und Festlegen von Zielen, Maßnahmen, Mitteln und Wegen zur zukünftigen Zielerreichung zu verstehen (vgl. *Wild, 1974, S. 13*). Dabei zeichnet sich die **operative Planung** im Vergleich zur strategischen Planung durch die folgenden Merkmale aus:

- **Hierarchische Stufe:** Involvierung aller Hierarchiestufen mit Schwerpunkt auf den mittleren Führungsstufen.
- **Zeithorizont:** Der Fokus liegt auf einer kurz- bis mittelfristigen Planung.

- **Umfang/Grad der Detaillierung:** Sie umfasst alle Bereiche eines Unternehmens und integriert diese. Der Grad der Detaillierung ist (in der Regel) hoch.

- **Art der Probleme/Unsicherheit:** Die Aufgaben der operativen Planung sind relativ gut strukturiert und häufig repetitiv; die Unsicherheit ist daher geringer als bei der strategischen Planung. Zudem ist das Spektrum an Alternativen in der Regel vergleichsweise eingeschränkt.

- **Informationen:** Die benötigten Informationen können zu einem Großteil unternehmensintern erhoben werden.

- **Messgrößen:** Zentrale Messgrößen der operativen Planung sind Gewinn-, Liquiditäts- und Bilanzkennzahlen.

Budgets sind konkretisierte Pläne, d. h. schriftlich festgelegte monetäre Plangrößen, die einem Verantwortungsbereich (Entscheidungseinheit) zur Umsetzung von Plänen für eine Periode mit einem bestimmten Verbindlichkeitsgrad vorgegeben werden. Ein **Budgetsystem** ist im Rahmen der operativen Jahresplanung die geordnete Gesamtheit der sich gegenseitig ergänzenden abgestimmten Einzelbudgets, die sich auf eine Budgetperiode beziehen, sowie die zwischen ihnen bestehenden Beziehungen (vgl. *Eisenberg/Oldenburg-Tietjen, 2018, S. 600*).

Solche Budgetsysteme werden zur Steuerung der Gesamtorganisation bzw. von Organisationseinheiten verwendet. Dabei erfüllen sie die folgenden **Funktionen** (vgl. *Reinecke/Fuchs, 2006, S. 800*):

- Verpflichtung der budgetierten Organisationseinheiten auf bestimmte Ziele und Verdeutlichung ihrer Ergebnisverantwortung (**Orientierungsfunktion**)

- Koordination und Integration sämtlicher Unternehmensbereiche durch horizontale und vertikale Budgetabstimmung zur zielgerichteten Allokation knapper Unternehmensressourcen (**Koordinations- und Integrationsfunktion**)

- Nutzung der quantitativen Budgetvorgaben als Maßstab zur Leistungsmessung und damit zur Kontrolle und Überwachung, in deren Rahmen auch Abweichungsursachen mittels Abweichungsanalysen zu erforschen sind (**Kontrollfunktion**)

- Förderung der Motivation der budgetierten Organisationseinheiten, vor allem durch deren Beteiligung bei der Budgetfestlegung sowie durch Gewährung von Handlungsspielräumen (**Motivationsfunktion**).

Eine Unterscheidung unterschiedlicher **Budgetarten** lässt sich anhand der nachfolgend dargestellten Merkmale vornehmen:

Merkmal	Ausprägung
Organisations-einheit	Horizontal
	► nach Funktionen (z. B. Einkauf, Produktion, Verkauf)
	► nach Divisionen (z. B. Regionen, Produkte)
	► nach Prozessen (z. B. Kundenakquisition)
	► nach Projekten
	Vertikal
	► nach Ebenen der Unternehmenshierarchie (z. B. Budgets auf Konzernebene versus auf Ebene strategischer Geschäftseinheiten)
Wertdimension	► Budgets mit Kostenvorgaben
	► Budgets mit Leistungsvorgaben (z. B. Umsatz-, Absatz-, Marktanteils- oder Deckungsbeitragsgrößen)
	► Zahlungsbudgets (z. B. für Investitionen)
Geltungsdauer	► Monatsbudgets
	► Quartalsbudgets
	► Jahresbudgets
	► Mehrjahresbudgets
Verbindlichkeits-grad	► starre Budgets (absolut starre Ober- bzw. Untergrenze)
	► flexible Budgets (Budgets sind lediglich Orientierungsgröße)
Flexibilitätsgrad	► starre Budgets (keine Anpassung von Budgets in Abhängigkeit von Änderungen relevanter Bezugsgrößen)
	► flexible Budgets (Anpassung relativ zu Bezugsgröße)
Planungshierarchie	► operative Budgets
	► strategische Budgets

Tab. C.1: Budgetarten
(vgl. *Reinecke/Fuchs, 2006, S. 801 f.*)

1.1.2 Abstimmung von Budgets

Eine Abstimmung der erarbeiteten Budgets hat auf drei Ebenen zu erfolgen (vgl. Tab. C.2; vgl. hierzu und im Folgenden *Eisenberg/Oldenburg-Tietjen, 2018, S. 604 ff.*)

Abstimmung der Budgets verschiedener Zeiträume		
periodische Budgetierung auf Grundlage von Neuplanung oder Vergangenheitsdaten	rollierende Budgetierung auf Grundlage von Neuplanung oder Vergangenheitsdaten	
Abstimmung der Budgets verschiedener Verantwortungsbereiche		
retrograde Budgetierung	progressive Budgetierung	
Abstimmung der Budgets mit übergeordneten Plänen		
Top-down-Budgetierung	Bottom-up-Budgetierung	Gegenstrombudgetierung

Tab. C.2: Budgetabstimmungen

Während bei der **periodischen Budgetierung** (oder Anstoß-/Anschlussplanung) Planungszeiträume sukzessiv und ohne Überlappung geplant werden, überlappen sich bei der **rollierenden Planung** die Planungsabschnitte zeitlich, und es kommt so zu einer ständigen Planüberarbeitung und Fortschreibung des Planungshorizonts. Beide Verfahren können dabei jeweils als **Fortschreibungsbudgetierung** erfolgen, bei der nur Veränderungen gegenüber dem Vorjahr berücksichtigt und geschätzt werden (z. B. Lohnsteigerungen, Erfahrungskurveneffekte etc.). Nachteil dieser Variante ist, dass auch Unwirtschaftlichkeiten fortgeschrieben werden.

Bei einer **Neubudgetierung** (oder auch **Zero-Base-Budgeting**) entfällt dieser Nachteil. Dem steht jedoch ein hoher Ressourcenbedarf gegenüber. In der Praxis kommt daher meist eine Kombination beider Vorgehensweisen, das sogenannte **Scratch-Line-Budgeting**, zur Anwendung, bei der sowohl Vergangenheitswerte herangezogen werden als auch in Schwerpunktfeldern eine Neuplanung erfolgt.

Hinsichtlich der Abstimmung der Budgets verschiedener **Verantwortungsbereiche** werden die **retrograde** und die **progressive Budgetierung** unterschieden. Bei der retrograden Variante erfolgt eine Budgetierung ausgehend von einer geplanten Sollgröße (z. B. Gewinn), von der z. B. Absatz- und Produktionsbudgets abgezogen werden, um eine Obergrenze für die Summe der anderen Budgets zu erhalten. Bei der progressiven Budgetierung werden dagegen zuerst der Engpassbereich geplant und die Budgets der anderen Bereiche auf Grundlage dieses Engpassbudgets festgelegt. Dies setzt zum einen ein Wissen um den Engpass voraus, zum anderen ist die Erfolgsgröße keine Vorgabegröße mehr, sondern eine resultierende Größe.

Bei der **Abstimmung mit übergeordneten Plänen** kommen das Top-down-, das Bottom-up- und das Gegenstromverfahren infrage (vgl. Abb. C.1). Während beim **Top-down-Ansatz** Budgets ohne Einbeziehung der späteren Budgetverantwortlichen aus der strategischen Planung abgeleitet und den unteren Hierarchieebenen vorgegeben werden, werden beim **Bottom-up-Verfahren** die Budgets von den budgetverantwortlichen Bereichen erstellt und auf der obersten Hierarchieebene zusammengefasst.

Das **Gegenstromverfahren** stellt eine Kombination aus Top-down- und Bottom-up-Verfahren dar und ist das in der Praxis am weitesten verbreitete Verfahren (vgl. *Reinecke/Fuchs, 2006, S. 803*). Vorteilhaft im Vergleich zur Top-down-Budgetierung ist die Einbeziehung der budgetverantwortlichen Stellen in den Budgetierungsprozess, was zu einer höheren inhaltlichen Qualität, höherer Akzeptanz und höherer Motivation führt. Gegenüber der Bottom-up-Budgetierung erfolgen eine bessere übergreifende Koordination und eine geringere Einplanung von Budgetreserven. Als Schwäche des Gegenstromverfahrens ist insbesondere der hohe Zeitbedarf von mehreren Monaten zu sehen.

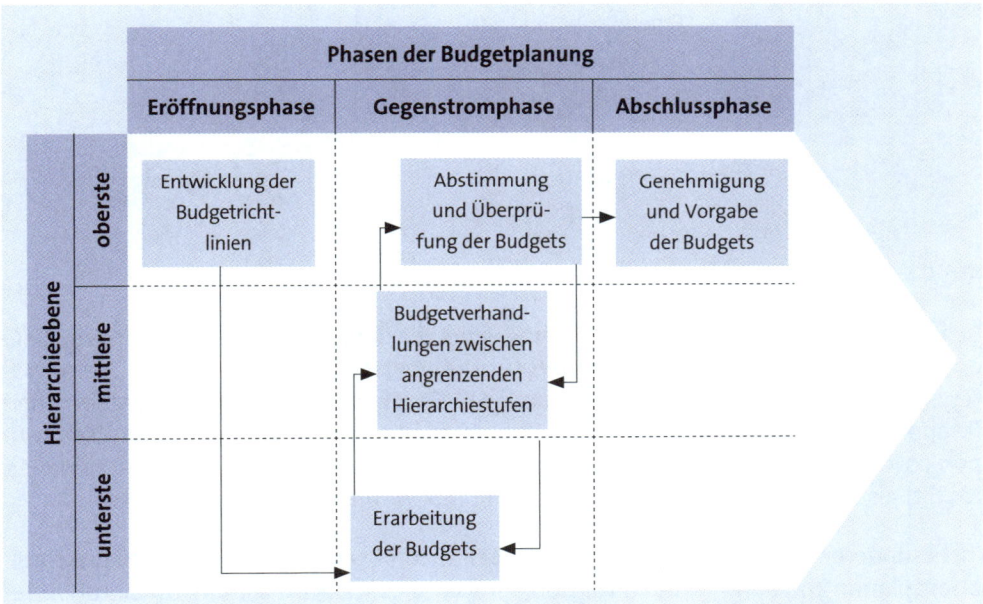

Abb. C.1: Abstimmung mit übergeordneten Plänen

1.1.3 Planungsprozess

Ausgangspunkt der operativen Planung sind zum einen die Vorgaben der strategischen Planung (die wiederum aus Vision, Leitbild und Mission ableitet werden, vgl. ≫ Kapitel B.1) und zum anderen das erwartete Ist im laufenden Jahr (vgl. Abb. C.2).

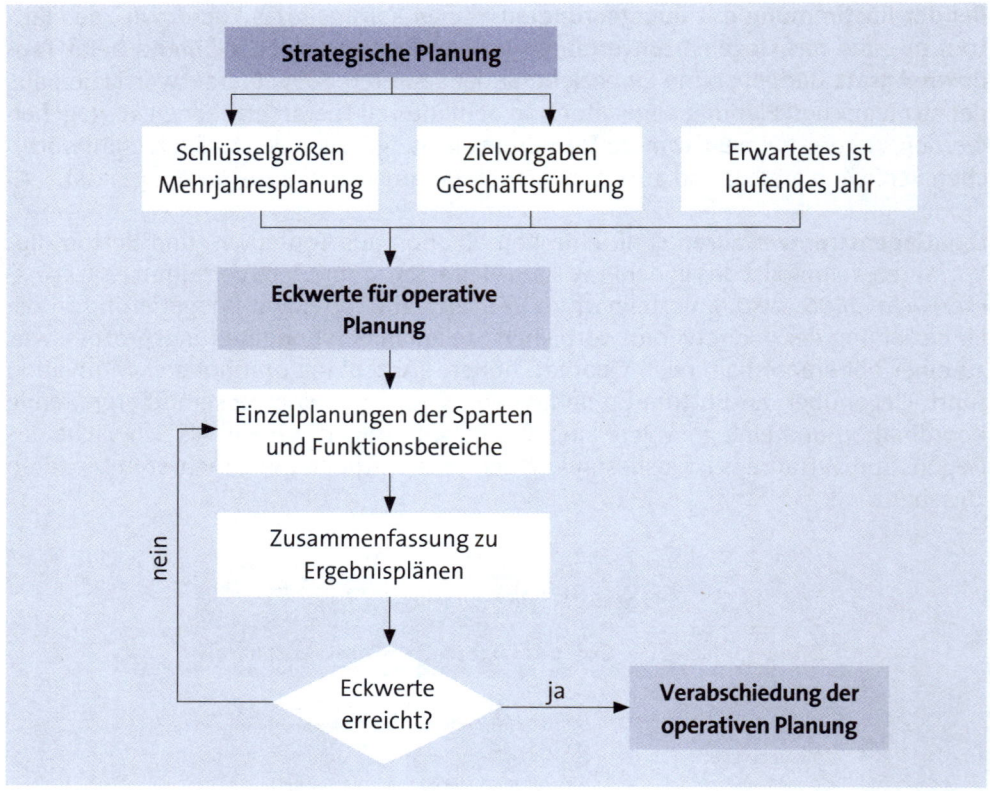

Abb. C.2: Zusammenspiel von strategischer und operativer Planung

Schlüsselgrößen der **Mehrjahresplanung** sind die **langfristigen strategischen Ziele** eines Unternehmens, die den Rahmen für die operative Planung bilden. Diese strategischen Ziele werden in Zielvorgaben der Geschäftsführung heruntergebrochen (Etappenziele), die in der zu budgetierenden Periode erreicht werden sollen. Dies können sowohl **Sachziele** (z. B. Einführung eines neuen Produkts, Eintritt in einen neuen Markt) als auch **Erfolgsziele** (z. B. Umsatz-, Ergebnis- oder Liquiditätsziele) sein.

Insbesondere für die Liquiditätsplanung, aber auch bei Durchführung einer Fortschreibungsplanung im Rahmen der Erfolgsplanung wird eine **Hochrechnung** für das erwartete Ist im laufenden Jahr benötigt. Mehrjahresplanung, Zielvorgaben und Hochrechnung bilden die Eckwerte für die operative Planung, d. h. nach Durchführung der Einzelplanungen und Zusammenfassung dieser Einzelpläne zu den Ergebnisplänen muss sichergestellt werden, dass die Eckwerte erreicht werden. Werden sie nicht erreicht, müssen die Pläne überarbeitet werden.

Da die einzelnen Planungsobjekte (z. B. der Absatz-, Fertigungs- und Beschaffungsbereich) sehr stark miteinander verbunden sind, eine simultane Planung aller Bereich jedoch zu komplex wäre, wird das Gesamtplanungsproblem in Teilschritte zerlegt, die dann sukzessiv bearbeitet werden (**Einzelplanungen**). Den Ausgangspunkt der Planung und wesentliche Determinante der betrieblichen Tätigkeit stellt dabei der sogenannte **Engpassbereich** bzw. **Minimumsektor** des Unternehmens dar. Häufig ist dies der Absatzbereich, es sind aber auch andere Engpassbereiche denkbar (z. B. Produktionskapazität, Rohstoff- oder Mitarbeiterzugang, Finanzierungsmöglichkeiten). Nach Durchführung der Einzelplanungen erfolgt die Integration der Einzelpläne als Planergebnisrechnung, Planfinanzrechnung und Planbilanz.

Der nachfolgend dargestellte Ablauf der operativen Unternehmensplanung in einem produzierenden Unternehmen geht vom Absatzbereich als Engpassbereich eines Unternehmens aus (vgl. Abb. C.3).

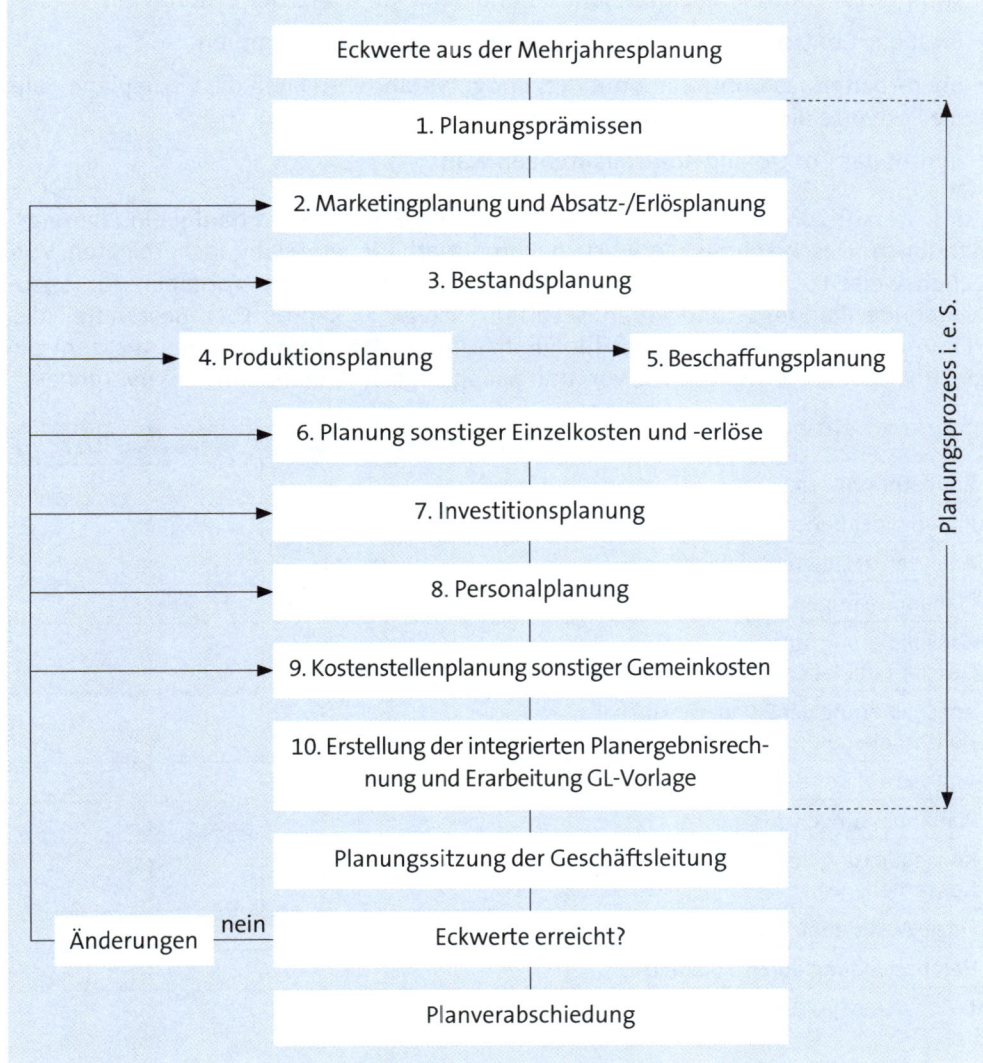

Abb. C.3: Ablauf der operativen Unternehmensplanung
(in Anlehnung an *Horváth, 2011, S. 175 f.*)

Hinsichtlich der im Rahmen des dargestellten Planungsprozesses zu übernehmenden Aufgaben lassen sich grundsätzlich die Aufgaben der Budgeterstellung und des Budgetmanagements unterscheiden. Die **Budgeterstellung** erfolgt dabei in der Regel im jeweils zu budgetierenden Bereich, da nur dort die notwendige Fachkompetenz vorhanden sein dürfte, um plausible Planwerte festzulegen. Das **Budgetmanagement** erfolgt in der Regel durch das Controlling. In diesem Zusammenhang

- plant und steuert das Controlling den Planungsprozess
- berät das Controlling die Planenden in Einzelfragen
- stellt das Controlling Planungsinformationen und -instrumente zur Verfügung
- stimmt das Controlling Einzelpläne ab und wirkt auf Planzielerreichung hin
- fasst das Controlling die Einzelpläne zu Ergebnisplänen zusammen
- überarbeitet das Controlling mit den Budgetverantwortlichen die Einzelpläne, falls die Eckwerte nicht erreicht werden und
- nimmt das Controlling Kontrollaufgaben wahr.

Zur Unterstützung im Rahmen des Budgetmanagements dient häufig ein **Planungshandbuch**. Das Planungshandbuch dokumentiert für alle Planungsbeteiligten Vorgehensweisen, Strukturen, Verantwortlichkeiten und macht Vorgaben für anzuwendende Planungs- und Prognoseverfahren (vgl. >> Kapitel C.1). Bestandteil des Planungshandbuchs ist darüber hinaus häufig ein **Planungskalender**, aus dem die einzuhaltenden Termine sowie vor- und nachgelagerte Arbeitsschritte hervorgehen.

	Aug.	Sep.	Okt.	Nov.	Dez.
Budgetprämissen	▨				
Planung der Berichtseinheiten		▨			
Analyse auf Geschäftsfeldebene		▨			
Plananpassungen			▨		
Konsolidierung auf Geschäftsfeldebene			▨		
Konsolidierung der Plandaten auf Konzernebene			▨		
Analyse auf Konzernebene				▨	
Plananpassungen				▨	
Konsolidierung der Plandaten auf Konzernebene					▨
Finale Abstimmung auf Konzernebene					▨
Verabschiedung durch Vorstand					▨

Geschäftsjahr: 01.01. - 31.12.

Abb. C.4: Planungskalender

1.1.4 Problembereiche der Planung

Im Zusammenhang mit der operativen Unternehmensplanung werden eine Reihe von Problembereichen beschrieben, die die operative Planung in der Praxis häufig zu einem eher unbeliebten Thema machen.

► **Zeitaufwändiger Erstellungsprozess:** In Großunternehmen dauern Planungsprozesse nicht selten länger als drei Monate. Die Planungsdauer verlängert sich dabei tendenziell mit der Größe des Unternehmens und der Anzahl an notwendigen Abstimmungs- und Verhandlungsschleifen. Es entstehen direkte Kosten und Opportunitätskosten.

► **Fehlende Aktualität der Daten:** In zeitaufwändigen Erstellungsprozessen kann es geschehen, dass die erarbeiteten Pläne bei der Verabschiedung schon überholt sind, weil es in der Zwischenzeit Veränderungen im Unternehmen oder im Unternehmensumfeld gegeben hat.

► **Starrer Jahresbezug und langer Planungshorizont:** Insbesondere in einem hoch dynamischen Umfeld ist die klassische zeitliche Strukturierung der Planung kritisch zu sehen. Kürzere Planungshorizonte und eine Abkehr vom starren Jahresbezug aus dem externen Rechnungswesen könnten eine Antwort auf eine gestiegene Dynamik sein.

► **Vergangenheitsorientierung:** Das Scratch-Line-Budgeting kommt noch in zu wenigen Unternehmen zur Anwendung. Zu häufig werden ausschließlich Vergangenheitswerte und somit Unwirtschaftlichkeiten und zu wenig anspruchsvolle Ergebnisse fortgeschrieben.

► **Geringe Motivationswirkung von fixen Zielen:** Die Motivationsfunktion der Budgetierung bleibt häufig dann aus, wenn im Rahmen der Budgetierung fixe Ziele erarbeitet werden, die vor allem bei hoher Dynamik schnell entweder zu anspruchsvoll oder zu wenig anspruchsvoll werden und somit ihre Motivationswirkung verlieren.

► **Opportunistisches Verhalten:** Häufig ist in Budgetierungs- bzw. Verhandlungsprozessen opportunistisches Verhalten zu beobachten. Insbesondere dann, wenn mit den Budgets auch ein Bezug zur Vergütung hergestellt wird, werden eher hohe Kostenbudgets bzw. niedrige Erlösbudget angestrebt, um eine leichtere Zielerreichung zu ermöglichen. Die persönliche Erfolgsoptimierung tritt in solchen Fällen vor die im Sinne der Unternehmensziele sachgerechte Ausgestaltung der Budgets.

► **Unnötige Ausgaben:** Budgetvereinbarungen auf Vorjahresbasis ziehen häufig das sogenannte „Dezemberfieber" nach sich, d. h. Budgets werden verausgabt, um neue Budgets zu erhalten. Im Gegenzug können notwendige Ausgaben nicht mehr getätigt werden und müssen in die nächste Periode verschoben werden, wenn das Budget bereits vollständig ausgeschöpft ist.

Die genannten Problembereiche sind bei der Ausgestaltung der Budgetierung zu berücksichtigen. Erlaubt das Umfeld, in dem sich ein Unternehmen bewegt, bei hoher Komplexität **und** hoher Dynamik keine sinnvolle (klassische) Unternehmensplanung (turbulentes Umfeld), so ist die Anwendung „moderner" Ansätze der Unternehmensplanung wie Beyond Budgeting oder Better Budgeting in Erwägung zu ziehen.

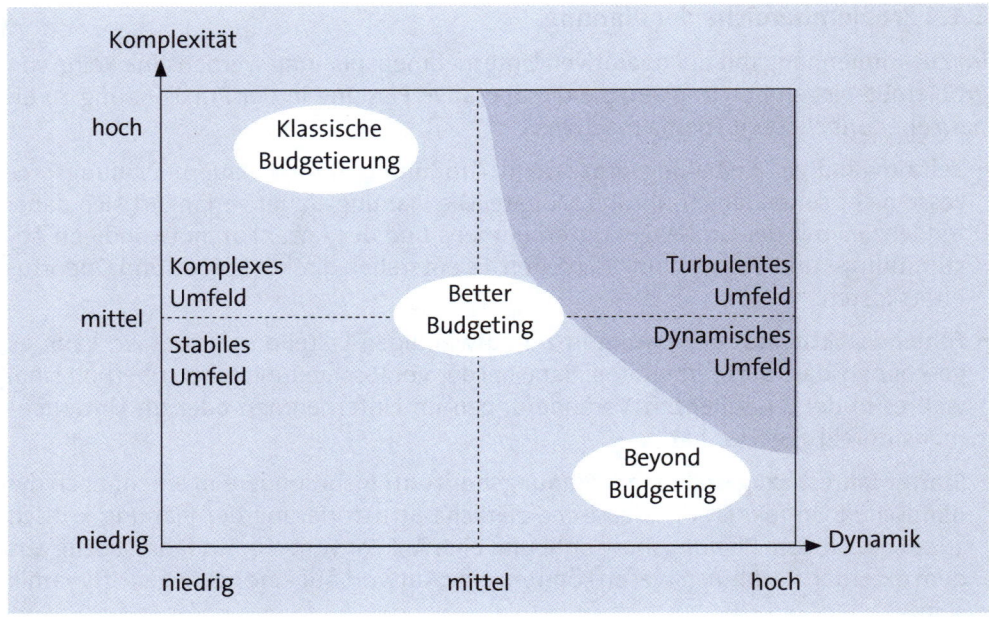

Abb. C.5: Turbulenzmatrix
(vgl. *Eisenberg/Oldenburg-Tietjen, 2018, S. 627*)

1.2 Planungs- und Prognoseverfahren

Eine Gliederung der Planungs- und Prognoseverfahren lässt sich in

- **qualitative** und in
- **quantitative Methoden**

vornehmen (vgl. Abb. C.6).

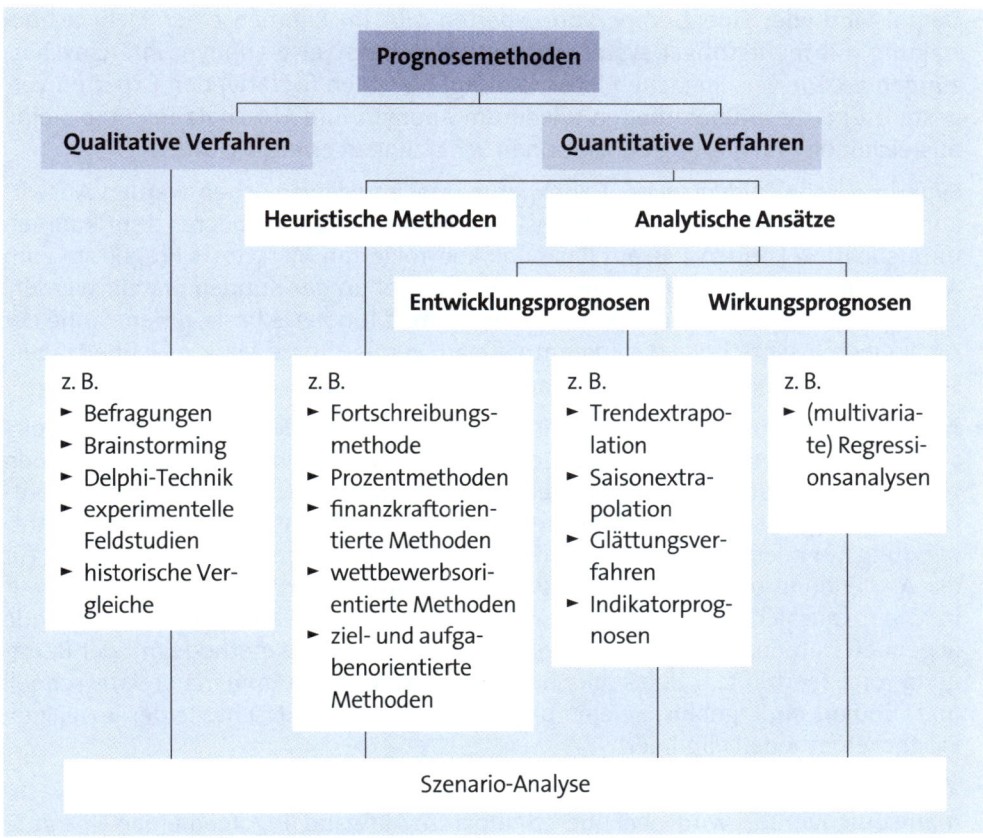

Abb. C.6: Übersicht Prognosemethoden

1.2.1 Qualitative Verfahren

Bei den qualitativen Verfahren werden Planwerte auf der Grundlage von Erfahrungswerten ermittelt. Für die Erlös- und Absatzplanung werden dabei beispielsweise Geschäftsleitung, Marketing- bzw. Vertriebsleitung und Außendienst einbezogen. Darüber hinaus können bei Bedarf auch externe Experten befragt werden.

Hinsichtlich der Methoden sind zu unterscheiden (vgl. *Vogel, 2015, S. 11 ff.*):

- **Einzelbefragung:** Absatz- oder Kostenbudgets werden durch einen einzelnen Fachmann festgelegt.
- **Brainstorming:** In einer Gruppensitzung von Experten verschiedener Fachgebiete und Leitungsebenen werden zunächst Ideen gesammelt, die im zweiten Schritt durch Experten sortiert und bewertet werden. Mögliche Anwendungen sind in der Erstellung von Marktprognosen oder in der Konzeption neuer Kommunikationskonzepte zu sehen.

- **Delphi-Methode:** Eine Gruppe von Experten gibt im Rahmen einer Mehrfachbefragung mit mehrstufiger systematischer Vorgehensweise anonym ihre Einschätzungen ab. Die verschiedenen Einschätzungen werden (iterativ) den Experten vorgestellt und diese überarbeiten wiederum anonym ihre Einschätzungen, bis eine ausreichende Annäherung der einzelnen Schätzungen erreicht wurde.

- **Experimentelle Feldversuche:** Bei experimentellen Feldversuchen werden Auswirkungen von Entscheidungen zunächst in örtlich und zeitlich begrenztem Rahmen untersucht. So können z. B. auf Basis von kontrollierten Markttests Prognosen zum Absatz eines neuen Produkts und zum Kaufverhalten der Kunden erstellt werden. Experimentelle Feldversuche bieten eine gute und fundierte Basis, um im Sinne der Analogieschlussmethode die Erkenntnisse auf vergleichbare Märkte zu übertragen, sind jedoch mit einem extrem hohen Aufwand verbunden.

- **Analogieschlussmethode:** Bei der Analogieschlussmethode wird auf Basis bereits vollzogener Entwicklungen auf die zeitversetzte Entwicklung in anderen Bereichen geschlossen. Dieses Verfahren basiert auf der Annahme, dass es keine Einzelentwicklungen gibt, sondern analoge Entwicklungen – z. B. hinsichtlich der Umsatzentwicklung auf neuen Märkten – als höchst wahrscheinlich gelten. Voraussetzung für die Anwendung der Analogieschlussmethode ist eine strukturelle Gleichartigkeit bzw. ein kausaler Zusammenhang zwischen der Fragestellung und der zugrunde liegenden Datenbasis. Kombiniert man die Analogieschlussmethode mit der Befragung von Experten, z. B. den Regionalleitern im Vertrieb, so kann man relativ schnell und fundiert ein Ergebnis erzielen und hat gleichsam die Nachteile der jeweiligen Prognosemethoden eliminiert.

- Vorteil der **Einzelschätzung** ist, dass sie – wenn sie durch einen erfahrenen Fachmann durchgeführt wird – bei überschaubarem Aufwand im Allgemeinen eine gute Genauigkeit aufweist. Dennoch birgt sie die Gefahr der Einseitigkeit, da eine Kontrolle auf Richtigkeit bzw. Plausibilität unterbleibt. Weiterhin besteht die Gefahr, dass aufgrund opportunistischen Verhaltens Absatzbudgets besonders niedrig oder Kostenbudgets besonders hoch „geschätzt" werden. **Brainstorming** und **Delphi-Methode** führen zu einer wesentlich höheren kritischen Reflektion der Planwerte, bedeuten jedoch auch einen wesentlich höheren Zeitbedarf.

1.2.2 Quantitative Verfahren

Es werden folgende Verfahren unterschieden:

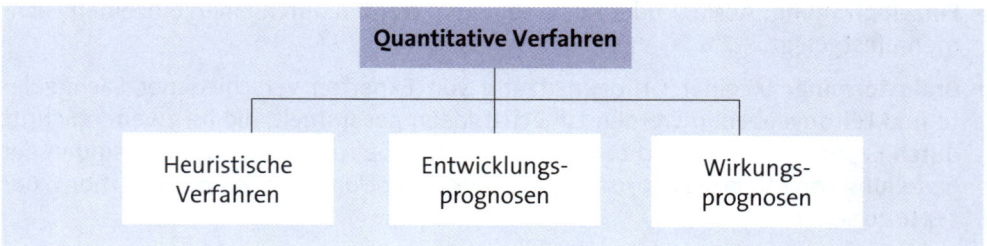

1.2.2.1 Heuristische Verfahren

Heuristische Verfahren haben den Anspruch, bei einem vertretbaren Aufwand hinreichend gute Lösungen zu liefern. Grundsätzlich unterscheiden lassen sich dabei die folgenden Methoden (vgl. Tab. C.3):

Methode	Vor-/Nachteile
Fortschreibungs-methode	▶ Festlegung von Kosten- und Erlösbudgets orientiert sich am Budget der Vorperiode ▶ Vorteil: schnelle und aufwandsminimale Budgetbestimmung ▶ Nachteil: mangelnde Strategie- und Outputorientierung
Prozentmethode	▶ Bestimmung von Budgets als Prozentsatz einer Bezugsgröße (z. B. Umsatz oder Deckungsbeitrag zur Festlegung von Marketing- oder F&E-Budgets) ▶ Vorteil: einfache und schnelle Anwendung, der Budgetfinanzierbarkeit wird Rechnung getragen ▶ Nachteil: fehlende Sachlogik dieser Methode, potenziell problematische prozyklische Budgetierung (z. B. sinkende Marketingbudgets bei sinkenden Umsätzen)
Finanzkraftorientierte Methode	▶ Budgetierung nach den verfügbaren Finanzressourcen, die als Residualgröße nach Abzug eines Mindestgewinns vom Erlös übrigbleiben ▶ Kritik wie Prozentmethoden
Wettbewerbs-orientierte Methode	▶ Budgetierung orientiert sich an den Budgets der Hauptwettbewerber ▶ Annahme: so lässt sich der Marktanteil bzw. die Wettbewerbsposition eines Unternehmens sichern ▶ Nachteil: fehlende Berücksichtigung unternehmensspezifischer Ziele sowie häufig mangelnde Transparenz bezüglich der Budgets von Wettbewerbern
Ziel- und aufga-benorientierte Methode	▶ Budgetierung der zur Erreichung der Ziele erforderlichen Kosten bzw. Maßnahmen ▶ Vorteil: sachlogisch-rationales Vorgehen ▶ Nachteil: Wirkungsbeziehungen zwischen Budget und tatsächlicher Zielerreichung sind in der Unternehmenspraxis häufig nicht bekannt

Tab. C.3: Übersicht Heuristiken
(vgl. *Reinecke/Fuchs, 2006, S. 805 f.*)

1.2.2.2 Entwicklungsprognosen

Zu den **analytischen Verfahren** zählen Entwicklungs- und Wirkungsprognosen. Hinsichtlich der Abgrenzung hängen bei Entwicklungsprognosen die vorherzusagenden Größen von Variablen ab, die vom Management nicht direkt beeinflussbar sind, z. B. von der Zeit oder von bestimmten Indikatoren. Bei den Wirkungsprognosen werden kausale Effekte einstellbarer Variablen, wie z. B. von Marketingmaßnahmen auf den Absatz, untersucht.

Der **Standardablauf von Entwicklungsprognosen** stellt sich wie folgt dar (vgl. *Bruhn, 2015, S. 118 ff.*):

- ▶ Die Vergangenheitswerte der Prognosegröße werden aufgelistet und eventuell grafisch als Streudiagramm dargestellt.

- ▶ Wahl eines Funktionstyps, der die empirischen Beobachtungen am besten wiedergibt. Es lassen sich lineare, exponentielle und logistische Trendverläufe unterstellen.

- ▶ Steht der Funktionstyp fest, werden die Parameterwerte der Funktion (a, b) berechnet.

- ▶ Wurde die Regressions- bzw. Trendfunktion berechnet, sind als Maß zur Beurteilung der Eignung der errechneten Funktion für die Prognoseerstellung z. B. der Korrelationskoeffizient und das Bestimmtheitsmaß zu bestimmen (vgl. *Bruhn, 2015, S. 111 f.*).

- ▶ Bei Vorlage des Wirkungsmodells wird die Prognosegröße berechnet.

Im Folgenden werden von den Entwicklungsprognosen zunächst die **Zeitreihenanalysen** erläutert (vgl. hierzu und im Folgenden *Vogel, 2015, S. 41 ff.*). Zeitreihenanalysen kommen insbesondere im Rahmen der Schätzung von Absatz- oder Umsatzzahlen zum Einsatz. Bei der Zeitreihenanalyse wird davon ausgegangen, dass sich in der Vergangenheit beobachtete Werte in die Zukunft fortschreiben lassen. Die beobachteten Zeitreihen können dabei aus bis zu vier Komponenten bestehen:

- ▶ der Trendkomponente

- ▶ der Saisonkomponente

- ▶ anderen zyklischen Komponenten und

- ▶ einer irregulären Komponente oder Rest.

Beispielhaft finden sich im obersten Teil der nachfolgenden Abb. C.7 die tatsächlichen Preise für ein bestimmtes Gut für einen bestimmten Zeitraum wieder. Diese real beobachteten Werte können in eine Trendkomponente (2. Teil der Abbildung), eine Saisonkomponente (3. Teil der Abbildung) und eine zyklische Komponente (4. Teil der Abbildung) aufgeteilt werden. Ausdruck einer guten Modellwahl wäre es, wenn die Ursprungsgröße vollständig durch Trend-, Saison- und zyklische Komponente erklärt würde. Brauchbar sind jedoch auch Modelle, deren Residuen um den konstanten Mittelwert 0 bzw. 1 schwanken, eine konstante Varianz haben, voneinander unabhängig und normalverteilt sind.

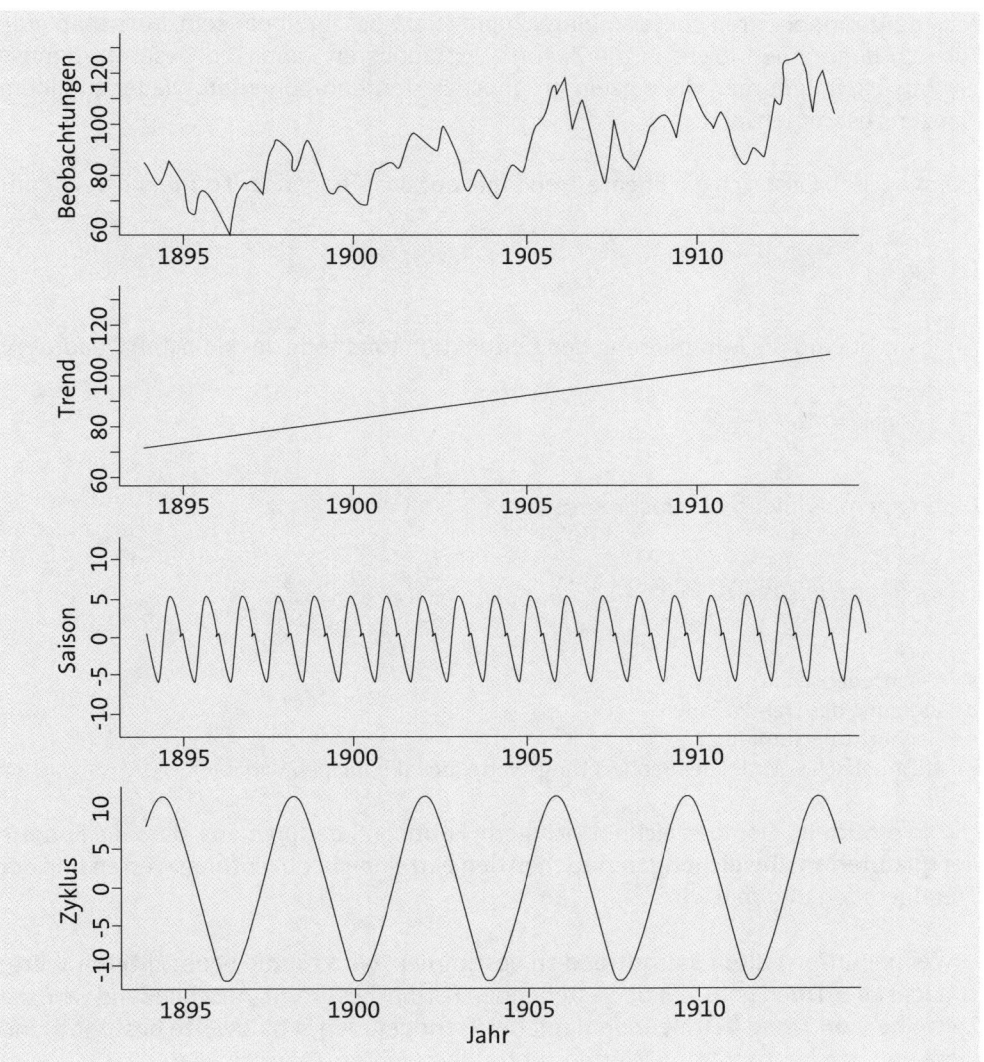

Abb. C.7: Beispielhafte Komponenten von Zeitreihen
(vgl. *Vogel, 2015, S. 58*)

In der nachfolgend dargestellten Formel werden die zyklische Komponente und die Trendkomponente zusammen dargestellt:

$$y_t = g_t + s_t + \varepsilon_t$$

y_t = Beobachtungswerte
g_t = Trend-/glatte Komponente
s_t = Saisonkomponente
ε_t = irreguläre Komponente/Residuum
t = Periodenindex

Jede der Komponenten sollte so hinreichend exakt beschreibbar sein, dass man jede für sich genommen leicht in die Zukunft extrapolieren kann. Die Gesamtprognose ergibt sich, indem man die einzeln prognostizierten Komponenten wieder zu einem Ganzen zusammensetzt.

Exemplarisch lässt sich die **lineare Trendlinie** auf Basis folgender Formeln berechnen:

(1) $\quad g_t = a + b \cdot t$

Angestrebt wird die Minimierung der Zielfunktion (Methode der kleinsten Quadrate):

(2) $\quad Q(a,b) := \sum_{t=1}^{n} (y_t - g_t)^2$

Lösung gemäß linearer Einfachregression:

(3) $\quad b = \dfrac{12 \cdot \sum_{t=1}^{n} t \cdot y_t - 6 \cdot n \, (n+1) \cdot \bar{y}}{(n-1) \cdot n \, (n+1)}$ und $\quad a = \bar{y} - b \cdot \dfrac{n+1}{2}$

a = Y-Achsenabschnitt
b = Steigung der Trendgeraden
n = Beobachtungsumfang
$\bar{y}$ = arithmetisches Mittel der Beobachtungswerte (der abhängigen Variable)

Die so ermittelte Gerade zeichnet sich gem. Formel (2) dadurch aus, dass die **Summe der quadrierten Abweichungen** zwischen den einzelnen Beobachtungswerten und der Trendgeraden minimal wird.

Um einen unterstellten **Saisontrend** zu bestimmen, wird für die beobachteten Werte zunächst der Trend gem. der oben stehenden Formel bestimmt. Anschließend wird die **Zeitreihe vom Trend befreit**, indem mit der Trendgeraden Schätzwerte bestimmt und diese von den beobachteten Werten subtrahiert werden. Man erhält so:

(1) $\quad \hat{r}_t = y_t - \hat{g}_t$

(2) $\quad \hat{s}_t := \dfrac{1}{m} \left(\hat{r}_t + \hat{r}_{t+l} + \ldots + \hat{r}_{t+(m-1) \cdot l} \right)$ für $t = 1, 2, \ldots, l$

$\hat{g}_t$ = mit der Trendgeraden ermittelte Schätzwerte
$\hat{r}_t$ = Restwert nach Abzug der Trendkomponente
$\hat{s}_t$ = geschätzte Saisonfigur
l = Periodenlänge
m = Anzahl voller Jahre, die beobachtet werden

Die Saisonfigur schätzt man gem. (2), indem man den Mittelwert der trendbefreiten Zeitreihenwerte über alle vergleichbaren Zeitpunkte, d. h. über alle Zeitpunkte, die genau das Vielfache eines Jahres auseinanderliegen, bildet. Bei Monatsdaten sind das z. B. alle Januare, bei Quartalsdaten z. B. alle zweiten Quartale etc. Grundsätzlich möglich wäre es hier auch, jüngere Werte höher zu gewichten als ältere Werte.

Trendgeraden lassen sich auch über das **exponentielle Glätten** schätzungsweise bestimmen, beispielsweise

► als Vorhersage einer Zeitreihe ohne Trend und ohne Saisonkomponente

► als Vorhersage einer Zeitreihe mit Trend und ohne Saisonkomponente (**Holt-Verfahren**) oder

► als Vorhersage einer Zeitreihe mit Trend und mit Saisonkomponente (**Holt-Winters-Verfahren**) (vgl. *Vogel, 2015, S. 70 ff.*).

Indikatorprognosen stellen eine Form von Entwicklungsprognosen dar, bei denen die Prognose nicht anhand der Vergangenheitsentwicklung der Prognosegröße, sondern anhand der Entwicklung eines Indikators erfolgt. Dazu ist zunächst einmal Voraussetzung, dass eine enge Beziehung zwischen Indikator und Prognosegröße vorliegt, die die zukünftigen Veränderungen gut wiedergibt, wobei der Indikator selbst leicht zu prognostizieren ist.

Die Erstellung einer Indikatorprognose erfolgt analog zum Vorgehen bei der Trendprognose durch Annahme von Funktionstypen und Schätzung der Parameterwerte. Es können also Funktionstypen und Formeln der Trendprognose verwendet werden, wobei der Zeitindex t durch den Indikatorwert x zu ersetzten ist.

Für einen einfachen linearen Zusammenhang ergeben sich für a und b nach der Methode der kleinsten Quadrate also (lineare Trendgerade im Rahmen der Indikatorprognose):

$$b = \frac{\sum_{t=1}^{n} x_t \cdot y_t - n \cdot \bar{x} \cdot \bar{y}}{\sum_{t=1}^{n} x_t^2 - n \cdot \bar{x}^2} \quad \text{und} \quad a = \bar{y} - b \cdot x$$

a = Y-Achsenabschnitt
b = Steigung der Trendgeraden
n = Beobachtungsumfang
$\bar{x}$ = arithmetisches Mittel der Beobachtungswerte der unabhängigen Variable
$\bar{y}$ = arithmetisches Mittel der Beobachtungswerte der abhängigen Variable

Entwicklungsprognosen zeichnen sich dadurch aus, dass sie relativ leicht zu berechnen sind. Je nach Struktur der Zeitreihe können über langfristige Trendkomponenten, Saisonkomponenten oder zyklische Komponenten oftmals hinreichend gute Trendfunktionen ermittelt werden. Als Nachteil ist jedoch zu erwähnen, dass Trendprognosen lediglich eine Fortschreibung der Vergangenheit in die Zukunft darstellen. Fraglich ist, ob die in der Vergangenheit beobachteten Gesetzmäßigkeiten auch zukünftig gelten. Die Zeitreihenanalysen sind überdies nicht in der Lage, grundlegende Veränderungen des Markts zu antizipieren (z. B. Strukturbrüche, neue Wachstumsschübe, Konjunktureinbrüche). Hier können Indikatorprognosen ggf. Abhilfe schaffen. Zwar schreiben auch **Indikatorprognosen** Vergangenheitswerte fort, dennoch sind sie besser geeignet, um Marktveränderungen zu antizipieren. Die Qualität der Prognose hängt jedoch zum einen von der Qualität des Indikators und zum anderen von der Passgenauigkeit der ermittelten Funktion ab (vgl. *Bruhn, 2015, S. 120*).

1.2.2.3 Wirkungsprognosen

Bei den Wirkungsprognosen wird die Wirkung beeinflussbarer (Marketing-)Maßnahmen auf den Absatz untersucht. Typische Fragen sind beispielsweise, wie eine Variation der Preise oder von Werbemaßnahmen auf den Absatz wirken. Der **Standardablauf von Wirkungsprognosen** stellt sich wie folgt dar (vgl. *Bruhn, 2015, S. 120 f.*):

► Aufstellung verschiedener Ausprägungen der Marketinginstrumente im Rahmen geplanter, unterschiedlicher Marketingstrategien.

► Wahl eines Funktionstyps, der die Beziehungen zwischen den Marketinginstrumenten und deren Wirkungen auf die zu prognostizierende Größe (Marktreaktion) mathematisch wiedergibt. Additive Verknüpfungen von Instrumenten weisen dabei auf eine unabhängige Wirkung der Instrumente hin. Multiplikative Verknüpfungen unterstellen die realitätsnäheren Interdependenzen zwischen Marketinginstrumenten.

► Anschließend sind die Parameterwerte der Funktion zu schätzen. Hierzu können die Parameter durch mathematisch-statistische Verfahren aus Erfahrungswerten der Vergangenheit z. B. durch multiple Regressionsanalysen bestimmt werden.

► Bei Vorlage des Wirkungsmodells wird die Prognosegröße auf der Grundlage des geplanten Einsatzes der Marketinginstrumente berechnet.

Die **Art des Funktionstyps** richtet sich dabei nach der Anzahl der unabhängigen Variablen sowie nach der Art des Zusammenhangs. Zu unterscheiden sind hier lineare und nicht-lineare Zusammenhänge (vgl. Tab. C.4).

		Art des funktionalen Zusammenhangs	
		linear	**nicht-linear**

Zahl der unabhängigen Variablen	**= 1**	einfache, lineare Funktionen, z. B.
		
		► Preis-Absatz-Funktion
		  $x(p) = a - b \cdot \text{Preis}$
		
		► Werbebudgetfunktion
		  $x(WB) = a + b \cdot WB$
			einfache, nicht-lineare Funktionen, z. B.
			
			► Preis-Absatz-Funktion
			  $x(p) = a \cdot \text{Preis}^b$
			
			► Werbebudgetfunktion
			  $x(WB) = a + b^{WB}$

	> 1	multiple, lineare Funktionen, z. B.
		
		► $x(p, WB) = a - b \cdot \text{Preis} + c \cdot WB$
		
		► $x(Q, AD) = a + b \cdot \text{Qualität} +$
		  $c \cdot AD - \text{Budget}$
			multiple, nicht-lineare Funktionen, z. B.
			
			► $x(p, WB) = a \cdot \text{Preis}^b \cdot WB^c$
			
			► $x(Q, AD) = a + \text{Qualität}^b \cdot$
			  $AD\text{-Budget}^c$

Tab. C.4: Grundfunktionstypen der Wirkungsprognose

Über die ermittelten Funktionen lassen sich dann unter Zuhilfenahme von Kostenfunktionen optimale Kombinationen der jeweiligen Parameter bestimmen, die den erwarteten Gewinn maximieren.

Für das Beispiel einer **einfachen, linearen Funktion** in Form einer Preis-Absatz-Funktion ergibt sich folgende Vorgehensweise:

(1) $\quad x(p) = a - b \cdot p$

(2) $\quad G(x) = E(x) - K(x) \rightarrow \text{max!}$

Durch beispielhaftes Einsetzen der Preis-Absatz-Funktion und einer ebenfalls linearen Kostenfunktion ergibt sich folgende Gewinnfunktion zur Ermittlung des Gewinnmaximums. Die Preis-Absatz-Funktion wird dazu nach p umgestellt:

(3) $\quad G(x) = \left(\dfrac{a}{b} - \dfrac{x}{b} \right) \cdot x - (K_f + K(x))$

x	= Menge
p	= Preis
G(x)	= Gewinnfunktion
E(x)	= Erlösfunktion
K(x)	= Kostenfunktion
K_f	= Fixkosten
K(x)	= variable Kosten

Wirkungsprognosen sind im Gegensatz zu Entwicklungsprognosen in der Lage, Zukunftswerte zu verarbeiten und sich somit auf Aktivitäten des Markts zu konzentrieren. Allerdings sind häufig erhebliche Probleme mit der Schätzung der Parameterwerte verbunden. Nur wenn umfangreiche Erfahrungen auf dem Markt vorhanden sind, wird der Marketingplaner in der Lage sein, die Parameterwerte zu berechnen bzw. zu schätzen (vgl. *Bruhn, 2015, S. 121*).

1.3 Durchführung der Budgetierung

Die Durchführung der Budgetierung bezieht sich auf die

- **Erstellung der Einzelpläne**
- **Integration der Einzelpläne und Ergebnisabstimmung.**

1.3.1 Erstellung der Einzelpläne

Hierbei geht es im Einzelnen um:

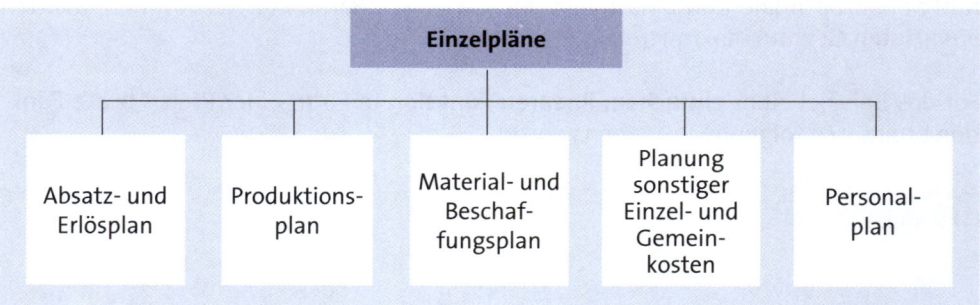

1.3.1.1 Absatz- und Erlösplan

Im Rahmen der Aufstellung des Absatz- und Erlösplans sind im Vorfeld der dazu notwendigen Mengen- und Preisplanung zum einen die aus der strategischen Planung abzuleitenden Marketing- und Vertriebsziele festzulegen. Zum anderen wirken der Produktmix und die Verkaufsförderungsmaßnahmen der Planperiode auf die zu erzielenden Umsätze.

Marketing- und Vertriebsziele sind dabei in folgender Hinsicht zu konkretisieren:

- **Wettbewerbsstrategie:** Erreichbare Absatzmengen und Absatzpreise unterscheiden sich je nach verfolgter Wettbewerbsstrategie (z. B. Qualitätsführerschaft, Kostenführerschaft, Nischenstrategie etc.) (vgl. ≫ Kapitel B.3).
- **Marktanteilsziele:** Aufbauend auf dem gegenwärtigen Marktanteil ist die gewünschte Positionierung im Markt festzulegen.

- ▶ **Preispolitik:** Die Preispolitik ist mit den Marktanteilszielen und der Wettbewerbs-strategie in Einklang zu bringen. Marktanteilsausweitungen in Verbindung mit einer Strategie der Kostenführerschaft könnten beispielsweise durch Preissenkungen erzielt werden. Wird die Strategie der Qualitätsführerschaft verfolgt, wird der Fokus bei einer gewünschten Marktanteilsausweitung eher auf nicht preisbezogenen Verkaufsförderungsmaßnahmen liegen.

- ▶ **Renditeziele:** Im Rahmen der Umsatzplanung sind ebenfalls bereits die Renditeziele der Planperiode zu berücksichtigen.

Die Festlegung des **Produktmix** erfolgt durch die Sortimentsplanung. Ausgehend vom Sortiment der Vorperiode ist das Sortiment um auslaufende Artikel zu bereinigen und durch neue Produkte oder Dienstleistungen zu ergänzen. Dabei sind Sortimentseffekte zu beachten. Weder sollten isoliert Produkte bewertet und entfernt werden, die zur Komplettierung des Gesamtangebots erforderlich sind bzw. ausschließlich im Paket mit anderen Produkten Kundennutzen stiften (Verbundeffekte), noch sollten Neuprodukte Kannibalisierungseffekte im Restprogramm verursachen.

Eine regelmäßige Sortimentsbereinigung ist notwendig, da nahezu alle Produkte einen typischen Lebenszyklus aufweisen. Beim **Lebenszyklus-Konzept** werden anhand der Umsatzentwicklung Rückschlüsse auf den Marktzyklus von Produkten gezogen. Nachdem in der Einführungsphase in der Regel leicht steigende Umsätze beobachtet werden, steigt der Umsatz in der Wachstumsphase häufig stark an. In der Reifephase stagnieren die Umsätze dann oftmals, bevor sie in der Degenerationsphase zurückgehen.

Die **BCG-Portfolio-Analyse** (vgl. ≫ Kapitel B.3) bildet den Lebenszyklus eines Geschäftsfelds über die Dimension Marktwachstum ab. Geschäftsfelder, die sich am Ende des Lebenszyklus befinden, weisen nur geringe oder gar negative Wachstumsraten auf. Ist darüber hinaus die Marktstellung (gemessen am relativen Marktanteil) schlecht, werden Geschäftsfelder (oder analog Produkte) zum „Poor Dog" und sollten aus dem Programm entfernt werden. Kosten- und erlösorientiert und unter Berücksichtigung von Engpässen kann das optimale Sortiment analog zur Produktionsprogrammplanung mithilfe des **Deckungsbeitrags** bestimmt werden. Ferner können auch die ABC-Analyse (C-Produkte bezüglich Umsatz oder Absatz weisen häufig ein Missverhältnis von Deckungsbeiträgen und Prozesskosten auf) oder Kennzahlen (z. B. Umschlagshäufigkeit) zur Identifikation von „Eliminationskandidaten" eingesetzt werden.

Aufgenommen in das Sortiment werden hingegen neue marktreife Produkte, für die mit einer hinreichend hohen Wahrscheinlichkeit von einer erfolgreichen Markteinführung ausgegangen werden kann. Bei mehreren zur Verfügung stehenden Neuentwicklungen können **Produktbewertungsprofile/Nutzwertanalysen** darüber entscheiden, welche Produkte tatsächlich eingeführt werden sollen. Neben wirtschaftlichen Kriterien (z. B. zukünftiger Umsatz, Deckungsbeiträge) können in diesem Zusammenhang auch strategische Kriterien Berücksichtigung finden.

Verkaufsförderungsmaßnahmen sind Maßnahmen, die einen positiven Effekt auf die Absatzzahlen haben sollen. Gleichermaßen verursachen sie jedoch auch Kosten, die ebenfalls im Rahmen der Planung zu berücksichtigen sind. Sie lassen sich beispielsweise anhand der Bestandteile des Marketing-Mix gliedern.

Hinsichtlich der **Produktpolitik** kann die (Um-)Gestaltung des Produkts selbst bzw. die Gestaltung der Verpackung verkaufsfördernd wirken. Ein häufig angewendetes Instrument ist die Zusammenstellung verschiedener Produkte zu Sets oder Garnituren, was in der Regel mit einem Preisnachlass auf die enthaltenen Produkte verbunden ist. Ergänzende Handelsware kann überdies das Sortiment abrunden. Eine bewusste Qualitäts- und Markenstufung für die verschiedenen Distributionslinien eines Produkts (z. B. Großhandel, Facheinzelhandel, Discounter) ermöglicht weiterhin eine Preisdifferenzierung und eine optimale Abschöpfung der Preisbereitschaften der verschiedenen Kundengruppen.

Bezüglich der **Preispolitik** orientiert sich die Preisstellung der angebotenen Produkte und Dienstleistungen zunächst einmal an der verfolgten Preisstrategie. Darüber hinaus ist die Planung der **Konditionen** vorzunehmen. Zu unterscheiden sind dabei auf der einen Seite Konditionen im Sinne allgemeiner Geschäftsbedingungen zu Mindermengenzuschlägen, Auftragswertnachlässen, Lieferkonditionen oder zur Retourenpolitik. Darüber hinaus sind die in der Regel kundenspezifischen Rechnungsrabatte und Nachlaufkonditionen (z. B. Skonti, Boni) zu planen.

Klassisches Instrument zur Verkaufsförderung im Rahmen der Kommunikationspolitik ist die **Werbung**. Je nach Unternehmen und angebotenen Produkten oder Dienstleistungen kann die Werbung dabei verschiedene Ausprägungsformen annehmen:

► Mediastreuung und -frequenz bei Fernsehen, Radio, Internet, Illustrierten, Tageszeitungen u. a.

► PR-Maßnahmen für Firmenimage oder Produktimage

► blickfangendes Displaymaterial für Facheinzelhändler, Unterstützungsservice, Werbeleuchten, Zuschüsse zur Eigenwerbung von Händlern

► Messebeteiligung, technische Kataloge, Leaflets mit Produktinformationen für Einkäufer

► Werbegeschenke.

Typischerweise werden die (Gesamt-)Werbebudgets anhand der in >> Kapitel C.1.2.2.1 beschriebenen heuristischen Verfahren geplant.

Im Zusammenhang mit der **Distributionspolitik** sind zum einen die Distributionsorgane und ihre Tätigkeiten zu planen (z. B. Vertreter oder Werksreisende, Besuchshäufigkeiten, Ergänzung durch Produktmanager für Produktinnovationsgespräche etc.). Die Ausgestaltung der Distributionslogistik durch Zentrallager, Regionalaußenlager, Konsignationslager oder die Errichtung eigener Verkaufsfilialen soll zum anderen eine hohe Lieferbereitschaft sowie in Verbindung mit entsprechenden After-Sales-Services (z. B. Kundendienst, Reparaturservice) eine hohe Kundenzufriedenheit sicherstellen.

Auf dieser Basis kann nun die **Absatzmengen- und Absatzpreisplanung** vorgenommen werden. Dabei wird in der Regel eine differenzierte Ausgestaltung der Planung vorgenommen. Für das betrachtete Unternehmen wichtige (A-)Produkte werden eher genau und differenziert nach z. B. Werken, Regionen, Vertriebswegen, Vertriebsmitarbeitern oder Kunden geplant. Unwichtigere (C-)Produkte werden dagegen eher undifferenziert bzw. aggregiert z. B. als Produktgruppenabsätze geplant.

Hinsichtlich der in >> Kapitel C.1.2 beschriebenen Planungs- und Prognoseverfahren kommen bei der Mengenplanung neben qualitativen Verfahren häufig auch Entwicklungs- und Wirkungsprognosen zum Einsatz.

Beispiele

Beispiel 1: Umsatzplanung auf Basis von Expertenbefragungen
Im Rahmen der Mengen- und Preisplanung erfolgt insbesondere eine Befragung von Außendienstmitarbeitern, Vertriebsleitern und/oder Geschäftsführung.

Die Vorgehensweise ist dabei typischerweise wie folgt (vgl. *Rachlin, 2001, S. 190*):

- **Informationen:** Bereitstellung von Informationen zu Umsatzstatistiken, Markt- und Wettbewerbsdaten und Markt- und Wettbewerbsstrategie durch den Vertriebsinnendienst bzw. das Controlling.
- **Dezentrale Planung:** Planung der bezirks- und kundenbezogenen Umsätze durch die Außendienstmitarbeiter.
- **Prüfung:** Die Außendienstmitarbeiter leiten die Planung zur Prüfung und Genehmigung an die Vertriebsleitung weiter.
- **Weiterleitung:** Die geprüften Budgets werden an das Budgetmanagement (in der Regel an das Controlling) weitergeleitet. Eventuell notwendige Planüberarbeitungen erfolgen nach dem gleichen Schema.

In kleineren Unternehmen erfolgt die Durchführung der Planung häufig unmittelbar durch Führungskräfte. Die Erarbeitungsschritte auf der Ausführungsebene entfallen für diesen Fall.

Beispiel 2: Zeitreihenanalyse auf Basis linearer Trendgraden
Eine Porzellanfabrik interessiert sich für den zukünftigen Absatz ihrer elektrisch beheizten Teetassen. Elektrisch beheizte Teetassen werden in drei Varianten hergestellt: Variante A besteht aus schlichtem, Variante B aus maschinell bemaltem und Variante C aus handbemaltem Porzellan.

In den letzten sechs Vierteljahren (Teilperioden) wurden folgende Mengen (in 1.000 Stück) an elektrisch beheizten Teetassen abgesetzt:

		Teilperiode					
		1	2	3	4	5	6
Variante	A	50	50	60	70	60	100
	B	80	80	90	100	120	110
	C	70	90	90	90	150	140

Tab. C.5: Historische Absatzmengen

Die nachfolgende Abb. C.8 stellt die Absatzzahlen der drei Varianten zunächst als Streudiagramm dar:

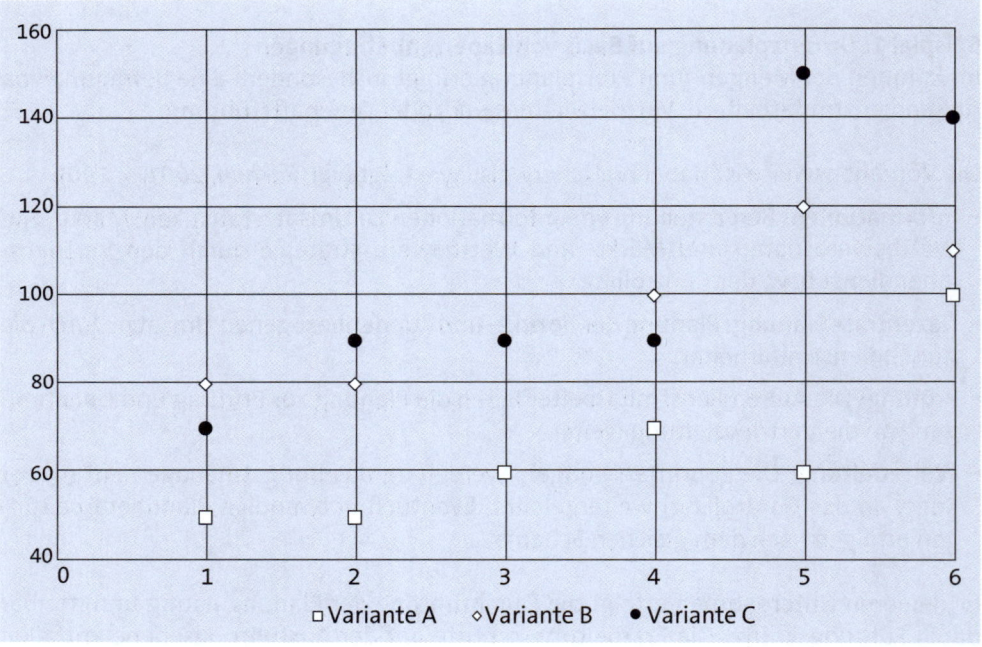

Abb. C.8: Streudiagramm

Durch Anwendung der linearen Einfachregression ergeben sich für die drei Varianten die folgenden Trendgeraden:

- Variante A: $g_t = 36 + 8,286 \cdot t$
- Variante B: $g_t = 68\frac{2}{3} + 8 \cdot t$
- Variante C: $g_t = 52 + 15,143 \cdot t$

Anhand der Trendgeraden lassen sich nun die Schätzwerte für die Varianten A (94), B (124,67) und C (158) für die nächste Periode bestimmen und in das Diagramm eintragen (auf die Bestimmung des Korrelationskoeffizienten und des Bestimmtheitsmaßes wird an dieser Stelle verzichtet):

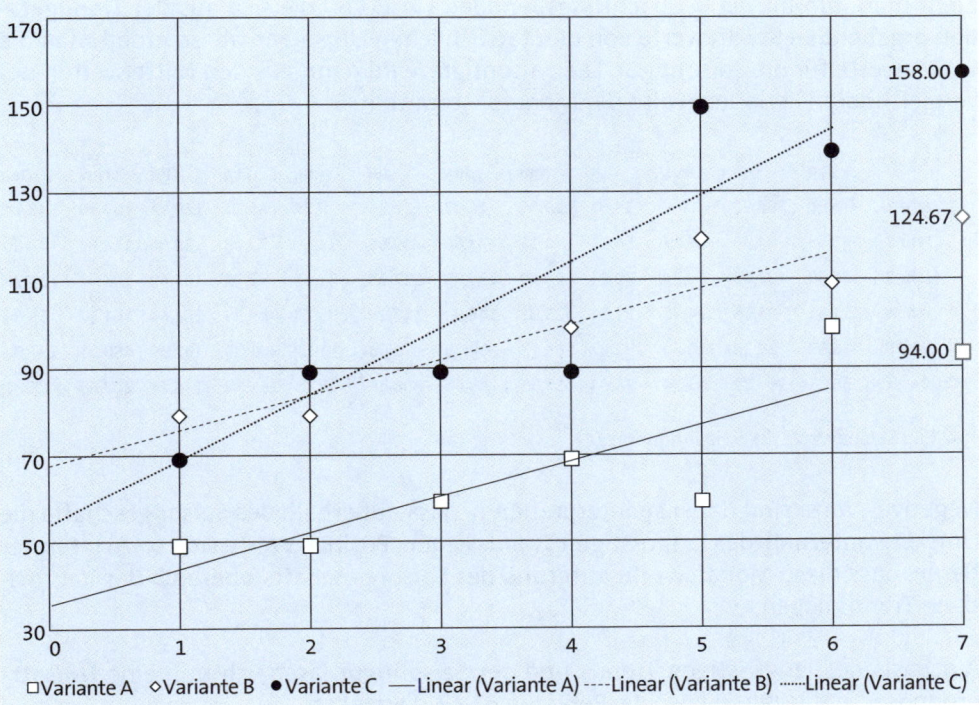

Abb. C.9: Streudiagramm mit Trendgeraden und Prognosewerten

Beispiel 3: Zeitreihenanalyse mit Saisontrends
Zur Bestimmung eines unterstellten Saisontrends seien folgende Umsätze im Online-Buchhandel eines Verlags gegeben:

	Jan	Feb	Mrz	Apr	Mai	Jun	Jul	Aug	Sep	Okt	Nov	Dez	Summe
Jahr 1	78,62	94,34	141,51	220,13	188,68	157,24	157,24	188,68	267,30	314,47	345,92	235,86	**2.390**
Jahr 2	103,82	103,82	173,03	259,54	207,63	138,42	155,72	207,63	294,14	346,05	363,36	276,84	**2.630**
Jahr 3	78,68	137,68	275,36	275,36	275,36	118,01	137,68	177,02	314,70	432,72	373,71	373,71	**2.970**
Jahr 4	163,44	183,87	306,44	306,44	265,58	143,01	143,01	163,44	347,30	469,88	469,88	367,73	**3.330**
Jahr 5	157,72	181,40	362,79	385,47	317,44	181,40	158,72	204,07	453,49	544,19	612,21	340,12	**3.900**

Tab. C.6: Historische Umsatzzahlen (in T€)

Es wird dabei ein starker Einfluss durch das Oster- und Weihnachtsfest vermutet.

Gemäß Abb. C.9 wird zunächst wie im vorangegangenen Beispiel ein linearer Trend bestimmt. Die Trendgerade lautet:

Linearer Trendumsatz: $g_t = 152{,}2 + 3{,}33 \cdot t$

Zieht man nun für die Beobachtungsperioden t = 1,...,60 die sich aus der **Trendgeraden ergebenden Schätzwerte** von den tatsächlichen Umsätzen ab, so erhält man die Schätzwerte für die Saisonfigur. Die Saisonfigur wird dann aus den Mittelwerten der vergleichbaren Perioden – also der Monate – ermittelt:

	Jan	Feb	Mrz	Apr	Mai	Jun	Jul	Aug	Sep	Okt	Nov	Dez
Jahr 1	-76,90	-64,51	-20,66	54,63	19,85	-14,92	-18,25	9,87	85,17	129,01	157,13	43,74
Jahr 2	-91,63	-94,96	-29,07	54,11	-1,12	-73,66	-59,68	-11,10	72,08	120,66	134,64	44,80
Jahr 3	-156,69	-101,01	33,34	30,01	26,69	-133,99	-117,65	-81,64	52,72	167,40	105,07	101,74
Jahr 4	-111,86	-94,75	24,50	21,17	-23,02	-148,92	-152,25	-135,14	45,39	164,64	161,32	55,84
Jahr 5	6,53	29,20	210,60	233,27	165,25	29,20	6,53	51,87	301,29	391,99	460,01	187,92
Mittelwert	-86,11	-65,21	43,74	78,64	37,53	-68,46	-68,26	-33,23	111,33	194,74	203,63	86,81

Tab. C.7: Schätzwerte der Saisonfigur (in T€)

Negative Werte sind dabei so interpretieren, dass außerhalb des Saisongeschäfts die Umsätze **unterhalb** des langfristigen Trends liegen. Positive Werte sind so zu interpretieren, dass diese Monatswerte aufgrund des Saisongeschäfts **oberhalb** des langfristigen Trends liegen.

Auf Basis des langfristigen Trends und der Saisonfigur lässt sich nun eine **Umsatzprognose** für das Jahr 6 (also die Perioden 61 - 72) erstellen:

	Jan 6	Feb 6	Mrz 6	Apr 6	Mai 6	Jun 6	Jul 6	Aug 6	Sep 6	Okt 6	Nov 6	Dez 6	Summe
Trend	355,14	358,47	361,79	365,12	368,45	371,77	375,10	378,43	381,75	385,08	388,41	391,73	**4.481,24**
Saisonfigur	-86,11	-65,21	43,74	78,64	37,53	-68,46	-68,26	-33,23	111,33	194,74	203,63	86,81	**435,16**
Prognose	269,03	293,26	405,53	443,76	405,98	303,32	306,84	345,20	493,08	579,82	592,04	478,54	**4.916,40**

Tab. C.8: Umsatzprognose für das Jahr 2015 (in T€)

Trägt man nun alle Werte in einem Diagramm ab, dann wird deutlich, dass die ermittelten Prognosewerte für das Jahr 6 den typischen Saisonverlauf und den langfristigen Trend abbilden.

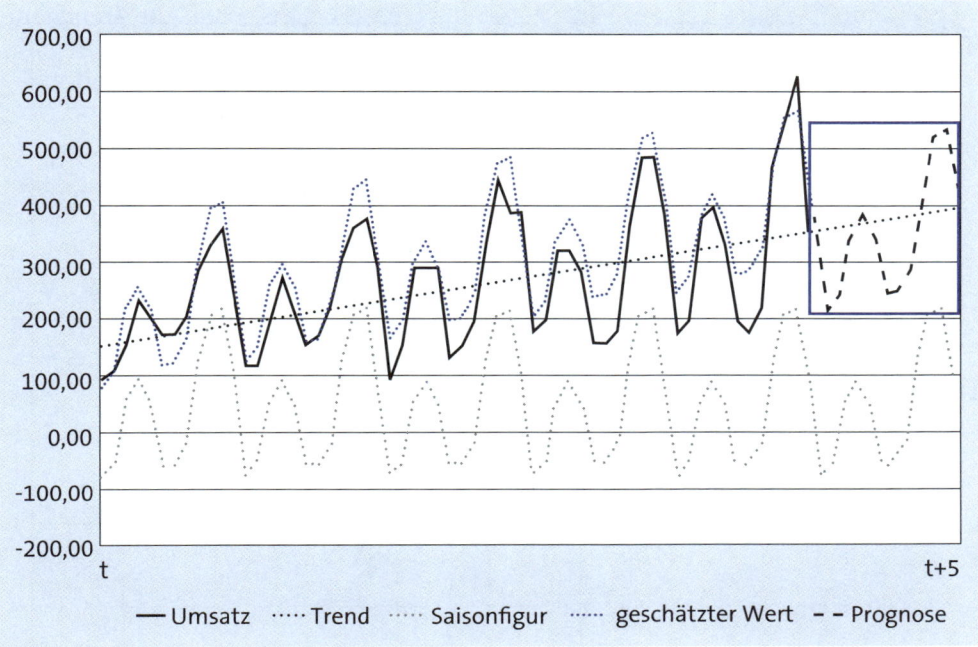

Abb. C.10: Streudiagramm mit Trendgeraden, Saisonfigur und Prognosewerten

Stellt man den Istwerten der Vergangenheit (Umsatz) den langfristigen Trend und die Saisonfigur (geschätzter Wert) gegenüber, dann bilden die Schätzwerte die Realität relativ gut nach, wenngleich keine absolute Deckungsgleichheit erzielt wird. Gegebenenfalls ist die Vorgehensweise zur Ermittlung der Saisonfigur (hier: Mittelwert der Jahre 1 - 5) für eine noch bessere Passgleichheit anzupassen.

Beispiel 4: Indikatorprognose
Es wird ein Indikator beobachtet, für den ein einfacher und linearer Einfluss auf die Absatzmenge eines Produkts unterstellt wird.

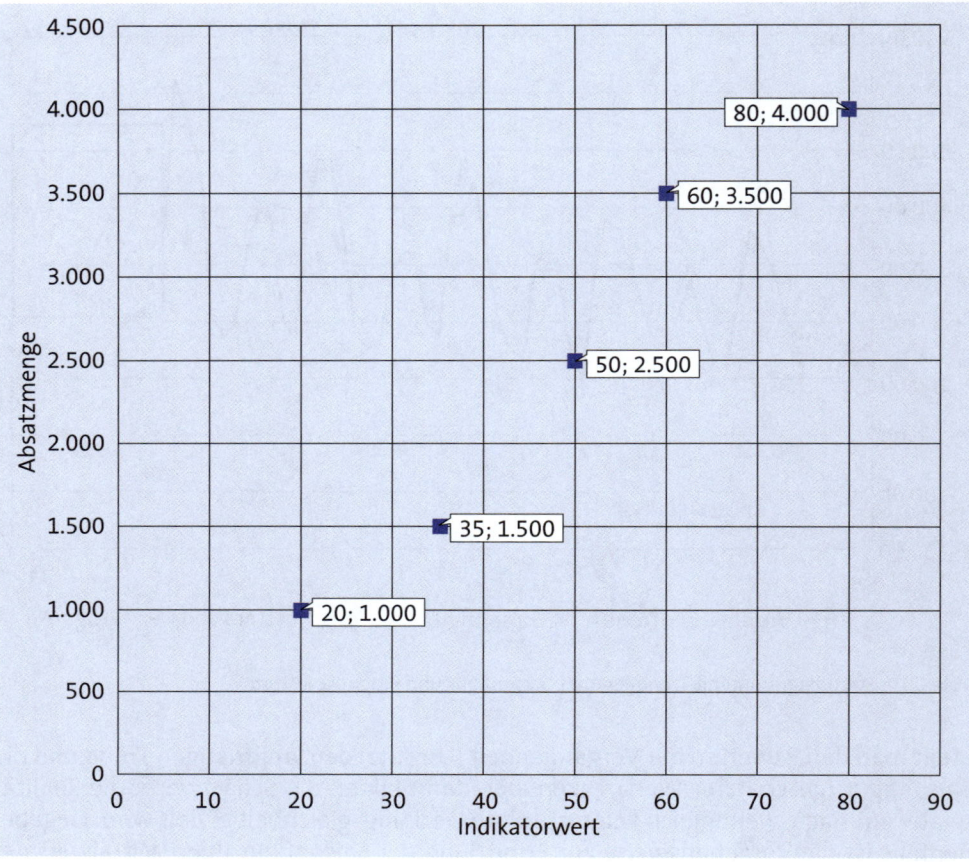

Abb. C.11: Streudiagramm mit Indikatorwert und Absatzmenge

Durch Anwenden der Formel zur Linearen Trendgeraden im Rahmen der Indikatorprognose ergibt sich als Regressionsfunktion:

$$g_x = -158{,}02 + 54{,}245 \cdot x$$

Bei einem Korrelationskoeffizienten von r = 0,96 und einem Bestimmtheitsmaß von R^2 = 0,9597 kann hier von einem **stark positiven Zusammenhang** ausgegangen werden. Läge der Korrelationskoeffizient bei null, bestünde kein Zusammenhang zwischen den Zahlenreihen; bei -1 läge ein stark negativer Zusammenhang vor. Für alternative Indikatorwerte lässt sich nun eine Prognose ermitteln.

Die Vorteilhaftigkeit der Indikatorprognose gegenüber der reinen Trendprognose zeigt sich in folgender Weiterentwicklung des Beispiels.

Weiterhin wird unterstellt, dass der Indikator dem Absatz 5 Perioden vorausläuft. Folgende Werte wurden beobachtet:

Periode	1	2	3	4	5	6	7	8	9	10
Indikator	20	35	50	60	80	60	45	30	20	10
Absatz (Ist)						1.000	1.500	2.500	3.500	4.000

Tab. C.9: Indikator- und Absatzwerte der Perioden 1 - 10

Neben der zuvor bestimmten Regressionsfunktion für die Indikatorwerte ließe sich alternativ auch eine lineare Trendgerade über die Absatzwerte ermitteln:

$$g_x = -4.700 + 800 \cdot t$$

Die folgende Abb. C.12 stellt für die Perioden 11 - 15 sich aus der Indikatorfunktion und der linearen Trendgeraden ergebende Prognosewerte dar:

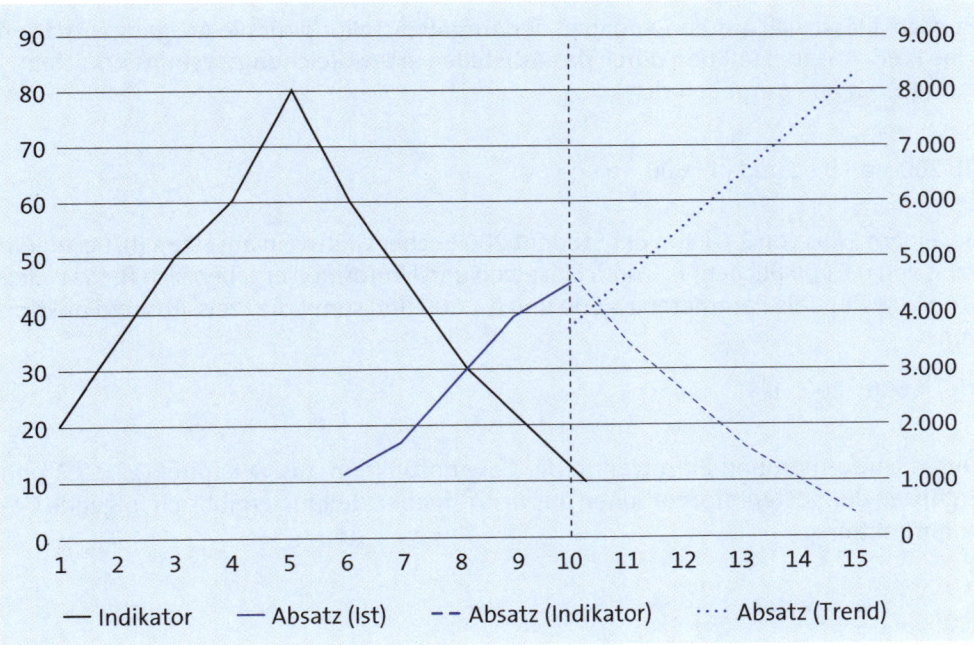

Abb. C.12: Alternative Prognosen aus Indikatormethode und linearer Trendgeraden

Eine reine Trendextrapolation würde zu einer deutlichen Überschätzung der Absatzzahlen führen, weil der Strukturbruch allein durch den Indikator angezeigt wird und insofern in der linearen Trendgerade keinen Niederschlag findet.

Beispiel 5: Wirkungsprognose
Als Beispiel für eine Wirkungsprognose werden im folgenden Fall die Auswirkungen von Marketingmaßnahmen auf den Gewinn geprüft.

Auf einem Weihnachtsmarkt verkauft ein Student Glühwein für einen Preis von 2 €
pro Becher. Pro Tag werden an seinem Stand 200 Becher verlangt. Nach Einbruch einer
Kältewelle ist der Student nicht mehr bereit, für seinen bisherigen Gewinn zu frieren,
und sucht nach einer Möglichkeit, um diesen zu steigern. Infrage kommt für ihn entweder die Zugabe eines Plätzchens pro Becher oder die Anfertigung eines großen Wer-
beplakats für seinen Stand. Neben der Standmiete (120 € pro Tag) und den Kosten für
Glühwein (0,80 € pro Becher) müsste der Student 0,20 € pro Plätzchen bzw. 5 € täglich
für das Plakat bezahlen. Die Absatzmenge steigt bei Plätzchenzugabe um 100 Becher,
bei Plakatwerbung um 40 Becher.

Der Weihnachtsmarkt zählt 600 Besucher pro Tag, von denen zum bisherigen Preis
und ohne Präferenzpolitik des Studenten lediglich 200 einen Becher Glühwein erwerben möchten. Wäre der Glühwein umsonst, so tränke jeder Besucher genau einen Becher.

Zunächst lässt sich aus den Angaben der Aufgabenstellung für die Ausgangssituation
eine Preis-Absatz-Funktion durch das **Aufstellen eines Gleichungssystems** ermitteln:
aus $x(p) = a - b \cdot p$ ergeben sich

(I): $200 = a - b \cdot 2$ und (II): $600 = a - b \cdot 0$

Bei einem Preis von 2 € kann der Student 200 Becher Glühwein absetzen (I), bei einem
Preis von 0 € 600 Becher (II). Durch Einsetzen und Umformen ergeben sich für das Glei-
chungssystem die Parameter $a = 600$ und $b = 200$ und somit die Preis-Absatz-Funktion
von:

$x(p) = 600 - 200 \cdot p$

Durch Umformen und Einsetzen in die Gewinnfunktion aus ≫ Kapitel C.1.2.2.3 und
Ergänzen der Kosteninformationen aus der Aufgabenstellung ergibt sich folgende **Gewinnfunktion**:

$$G(x) = \left(\frac{a}{b} - \frac{x}{b} \right) \cdot x - (K_f + k(x))$$

$$\Leftrightarrow G(x) = \left(\frac{600}{200} - \frac{x}{200} \right) \cdot x - (120 + (0,8 \cdot x))$$

$$\Leftrightarrow G(x) = \left(3 - \frac{1}{200} x \right) \cdot x - 120 - 0,8 x$$

$$\Leftrightarrow G(x) = - \frac{1}{200} x^2 + 2,2x - 120$$

Die Nullstellen der ersten Ableitung zeigen die gewinnmaximale Menge an:

$$G'(x) = -\frac{1}{100}x + 2{,}2 \rightarrow 0$$

$$\Leftrightarrow x = 220$$

Durch Einsetzen in die Preis-Absatz-Funktion und in die Gewinnfunktion ergeben sich ein optimaler Preis von 1,90 € und ein zugehöriger Gewinn von 122 €:

$$220 = 600 - 200 \cdot p$$
$$\Leftrightarrow p = 1{,}90$$

$$G(x) = (3 - \frac{220}{200}) \cdot 220 - 120 - 0{,}8 \cdot 220 = 122$$

Für die beiden Optionen Plätzchenzugabe und Werbeplakat ergeben sich analog folgende Preis-Absatz-Funktionen bzw. folgender Gewinn:

$$x(p)_{\text{Plätzchenzugabe}} = 600 - 150 \cdot p$$

$$\Leftrightarrow G(x) = (\frac{600}{150} - \frac{x}{150}) \cdot x - (120 + (0{,}8 + 0{,}2) \cdot x)$$

$$\Leftrightarrow G(x) = -\frac{1}{150}x^2 + 3x - 120$$

Durch Ableiten, Nullsetzen und Einsetzen in die Preis-Absatz-Funktion ergibt sich:

$$\rightarrow x = 225 \text{ und } p = 2{,}50$$
$$G(x)_{\text{Plätzchenzugabe}} = 217{,}50$$

$$x(p)_{\text{Werbeplakat}} = 600 - 180 \cdot p$$

$$\Leftrightarrow G(x) = (\frac{600}{180} - \frac{x}{180}) \cdot x - (125 + 0{,}8 \cdot x)$$

$$\Leftrightarrow G(x) = -\frac{1}{180}x^2 + 2^8/15^x - 125$$

Durch Ableiten, Nullsetzen und Einsetzen in die Preis-Absatz-Funktion ergibt sich:

$\rightarrow$ x = 228 und p = 2,07

$G(x)_{Werbeplakat}$ = 163,80

Die Plätzchenzugabe stellt also die **vorzugswürdige Alternative** dar.

Mit Abschluss der Absatz- und Erlösplanung liegt das Absatzbudget vor. Das nachfolgend dargestellte Absatzbudget (vgl. Tab. C.10) stellt den Ausgangspunkt eines einfachen Beispiels dar, das über die einzelnen Teilbereiche der Budgetierung im Folgenden weiterentwickelt wird.

Beispiel

	Consumer					
	Aroma Gold	**Bürogenuss**	**Espresso**	**Student**	**Aroma DeLuxe**	**No. 1**
Geplanter Absatz	450.000 St.	300.000 St.	65.400 St.	240.000 St.	105.000 St.	90.000 St.
Verkaufspreis pro Stück	45 €	60 €	500 €	30 €	70 €	20 €
Produktarten-erlöse	20,25 Mio. €	18 Mio. €	32,7 Mio. €	7,2 Mio. €	7,35 Mio. €	1,8 Mio. €

	Consumer		Gewerblich		
	Geysir	**Kaffeepad**	**Café de Paris**	**Großk.**	**Einkaubk.**
Geplanter Absatz	22.500 St.	0 St.	8.000 St.	16.500 St.	5.000 St.
Verkaufspreis pro Stück	30 €	35 €	2.000 €	1.400 €	700 €
Produktarten-erlöse	0,68 Mio. €	0 €	16 Mio. €	23,1 Mio. €	3,5 Mio. €

Tab. C.10: Absatzbudget
(vgl. *Eisenberg/Oldenburg-Tietjen, 2018, S. 618*)

► Absatzbudgetvorgabe: 130,58 Mio. €

► Die Anzeige der Werte erfolgt im Mio.-Bereich nur mit bis zu zwei Stellen. Gerechnet wird aber hier und auch in den anderen Abbildungen jeweils mit allen Stellen.

Aufgabe 5 > Seite 329

1.3.1.2 Produktionsplan

Im Anschluss an die Absatzplanung wird der Produktionsplan aus der Absatzplanung abgeleitet. Die Bestandsplanung stellt dabei das Bindeglied zwischen der Absatz- und Produktionsplanung dar. Das heißt, für den Fall einer nicht-auftragsbezogenen, sondern lagerbezogenen Fertigung müssen nicht alle geplanten Absätze zwingend auch in der gleichen Periode produziert werden. Für den Fall, dass Lagerbestände abgebaut werden sollen, sind weniger Produkte zu produzieren, für den umgekehrten Fall entsprechend mehr.

Die **zu produzierende Menge** lässt sich aus der folgenden Gleichung ableiten:

Endbestand = Anfangsbestand + Zugang - Abgang

Der Endbestand entspricht dem geplanten Lagerbestand eines Produkts am Ende der Planperiode. Er berechnet sich, indem zum Anfangsbestand der Periode die Zugänge aus der Produktion addiert werden und die den Verkäufen entsprechenden Abgänge subtrahiert werden. Wenn also neben dem Anfangsbestand die geplanten Abgänge aus der Absatzplanung und der in der Regel aus Vorgaben resultierende Sollendbestand festgelegt sind, dann ergibt sich der aus eigener Produktion oder aus Zukauf abzudeckende Zugang durch Umstellung der Gleichung als

Zugang = Endbestand - Anfangsbestand + Abgang

Im Rahmen der Produktionsplanung sind zum einen die Programmplanung und zum anderen die Durchführungsentscheidungen zu planen (vgl. *Adam, 1998, S. 122 f.*):

► **Programmplanung:** Welche Erzeugnisse werden in welchen Mengen produziert?

► **Produktionsaufteilungsplanung:** Welche Produktionsfaktoren (Arbeitskräfte, Betriebsmittel, Güter) sind einzusetzen, um die gewünschte Leistung mit minimalen Kosten zu erbringen?

► **Auftragsgrößenplanung:** Welche Auftrags- oder Losgrößen minimieren die Rüst- und Lagerkosten?

► **Zeitliche Verteilung der Produktion:** Kann die Entwicklung der Produktionsmengen zur Vermeidung von Lagerkosten mit der Absatzentwicklung synchronisiert werden?

► **Zeitliche Ablaufplanung:** In welcher Reihenfolge sollen die zum Leistungsprogramm gehörenden Aufträge bearbeitet werden (Auftragsreihenfolgeplanung) und wann sollen die einzelnen Aufträge auf einer Maschine bearbeitet werden (Maschinenbelegungsplanung)?

Während die Programmplanung typischerweise im Rahmen der Budgetierung vorgenommen wird, werden die Durchführungsentscheidungen im Regelfall kurzfristig entschieden (Ausnahme: evtl. zeitliche Verteilung) und werden daher im Rahmen der Budgetierung nicht betrachtet (vgl. aber auch ≫Kapitel C.1).

Ziel der **Produktionsprogrammplanung** ist die Festlegung des gewinnoptimalen Programms nach Art und Menge, d. h. es werden die zu produzierenden Mengen bestimmt bzw. Produkte eliminiert, falls dies eine Gewinnsteigerung nach sich zieht. Insofern steht die Produktionsprogrammplanung auch in enger Verbindung zur Sortimentsplanung (vgl. ≫ Kapitel C.1.3.1.1; in der Praxis werden sogar häufig vereinfachend die Absatzmengen aus der Sortimentsplanung für die Programmplanung übernommen).

Neben den sich aus der Absatzplanung ergebenden Absatzmengen ist dazu das Wissen über die zur **Verfügung stehenden Produktionskapazitäten und die resultierenden Produktionskosten** erforderlich. Im Rahmen der Budgetierung ist jedoch beides zu diesem Zeitpunkt noch nicht geplant. Daher wird zu Beginn der Programmplanung in der Praxis häufig eine Planung auf Basis bisher geltender Kapazitäten und Kosten vorgenommen, die dann später aufgrund von Kapazitätsanpassungen revidiert bzw. verfeinert wird.

Die Wahl eines Verfahrens zur operativen Produktionsprogrammplanung ist von den zugrunde liegenden Rahmenbedingungen abhängig (vgl. *Fietz/Maïzi, 2018, S. 150*):

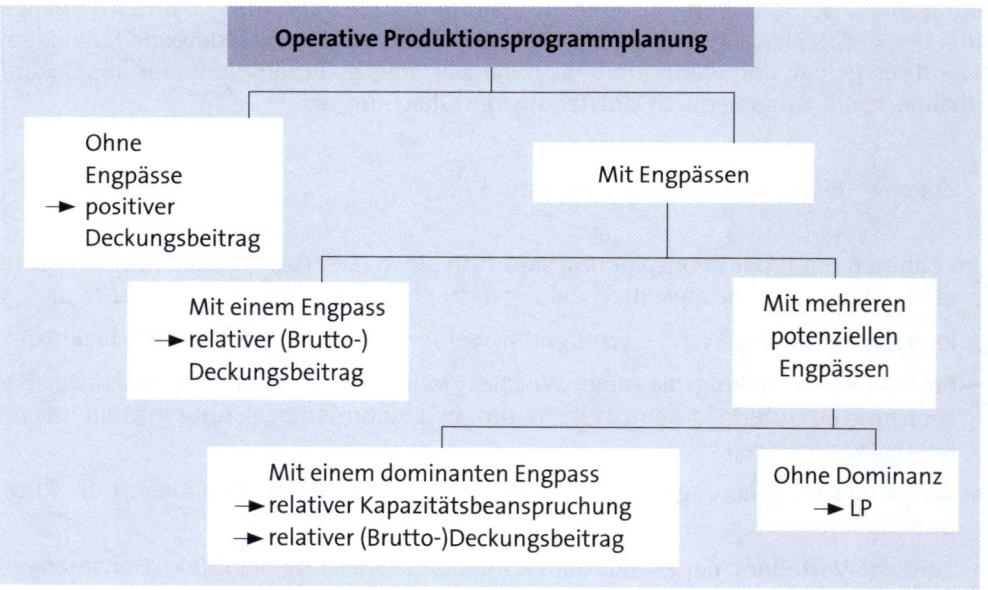

Abb. C.13: Verfahrensauswahl bei der operativen Produktionsprogrammplanung

Dabei gilt zunächst einmal, dass Fixkosten bei der kurzfristigen operative Produktionsprogrammplanung nicht entscheidungsrelevant sind. In einer **Situation ohne Engpässe** ist daher der Deckungsbeitrag eines Produkts als Differenz aus Absatzpreis und variablen Kosten das Entscheidungskriterium. Es werden alle Produkte produziert, die einen positiven Deckungsbeitrag aufweisen. Produkte, die einen negativen Deckungsbeitrag aufweisen (die Erlöse decken die variablen Kosten nicht), werden nicht in das Produktionsprogramm aufgenommen, es sei denn, es bestehen komplementäre

Absatzverflechtungen zu anderen Produkten mit positivem Deckungsbeitrag. Für diesen Fall sind die betreffenden Produkte als Bündel zu betrachten.

In einer Situation mit einem Engpass (Personal- oder Maschinenkapazität) erfolgt die Programmplanung auf Basis des **relativen Deckungsbeitrags**. Die (positiven) Deckungsbeiträge der Produkte werden dabei ins Verhältnis zu den jeweiligen Engpassfaktoren gesetzt, um einen Deckungsbeitrag pro Engpasseinheit zu ermitteln. Auf Basis dieses relativen Deckungsbeitrags kann dann eine Rangfolge gebildet werden. Das Produkt mit der effizientesten Verwendung des Engpassfaktors (höchster relativer Deckungsbeitrag) wird dabei als erstes produziert; das Grenzprodukt ist dasjenige Produkt, das als letztes produziert wird und den Engpass auslöst.

Beispiel

- Ein Montageautomat stellt mit 320 verfügbaren Fertigungsstunden im Monat einen Engpass dar.
- Folgende Produkte können im nächsten Monat produziert und in den angegebenen Mengen abgesetzt werden:

Produkt	A	B	C
Möglicher Absatz	4.500 St.	3.000 St.	3.000 St.
Fertigungsminuten	3 Min./St.	2 Min./St.	1 Min./St.
Deckungsbeitrag	6 €/St.	5 €/St.	4 €/St.

Tab. C.11: Programmplanung mit einem Engpass

Alle Produkte weisen einen positiven Deckungsbeitrag auf. Die Kapazität reicht allerdings nicht aus, um alle Produkte auf dem Montageautomaten zu produzieren (4.500 St. • 3 Min. + 3.000 St. • 2 Min. + 3.000 St. • 1 Min. = 22.500 Min. = 375 h).

Die relativen Deckungsbeiträge werden wie folgt ermittelt:

- rel. DB Produkt A: 6 €/St.: 3 Min./St. = 2 €/Min. (Rang 3)
- rel. DB Produkt B: 5 €/St.: 2 Min./St. = 2,5 €/Min. (Rang 2)
- rel. DB Produkt C: 4 €/St.: 1 Min./St. = 4 €/Min. (Rang 1).

Das Produktionsprogramm wird nun gebildet, indem die Produkte gem. Rangfolge so lange produziert werden, bis die Kapazität ausgeschöpft ist:

- Produkt C: 3.000 St. • 1 Min./St. (= 50 h; 270 h Restkapazität)
- Produkt B: 3.000 St. • 2 Min./St. (= 100 h; 170 h Restkapazität)
- Produkt A: 3.400 St. • 3 Min./St. (= 170 h; 0 h Restkapazität).

Somit können 1.100 Stück von Produkt A aufgrund des Engpasses nicht produziert werden. Mit dem Produktionsprogramm kann ein Deckungsbeitrag von 47.400 € (= 3.000 St. • 4 €/St. + 3.000 St. • 5 €/St. + 3.400 St. • 6 €/St.) erzielt werden.

Aufgabe 6 > Seite 330

Liegen mehrere Engpässe vor, dann ist bei Vorliegen eines **dominanten Engpasses**[1] wiederum der relative Deckungsbeitrag heranzuziehen. Kann kein dominanter Engpass identifiziert werden, kann die Programmplanung mithilfe einer linearen Programmierung gelöst werden.

Zur Anwendung des LP-Ansatzes muss das Planungsproblem die folgenden Merkmale aufweisen (vgl. *Fietz/Maïzi, 2018, S. 144 ff.*):

- ▶ Das Problem lässt sich mit einer linearen zu maximierenden oder zu minimierenden Zielfunktion darstellen, deren Variablen alle in erster Potenz auftreten und lediglich additiv miteinander verknüpft sind.
- ▶ Der Raum der zulässigen Lösungen kann durch ein lineares (Un-)Gleichungssystem beschrieben werden. Ebenso müssen die von den Variablen einzuhaltenden Nebenbedingungen als lineare (Un-)Gleichungen beschrieben werden.
- ▶ Die Werte der Variablen können stetig variieren.

Bei Vorliegen der Zielfunktion und der Nebenbedingungen in der beschriebenen Form lässt sich das Planungsproblem mit dem Simplex-Algorithmus oder auch mit dem EXCEL-Solver lösen.

Beispiel

Es seien folgende Daten für drei verschiedene Produkte A, B und C gegeben. Es wurden zwei Engpässe identifiziert, von denen sich keiner als dominant erwiesen hat.

Produkt	A	B	C	Max. Kapazität
Presse	3 h/St.	4 h/St.	1 h/St.	1.900 h
Montage	5 h/St.	4 h/St.	4 h/St.	2.500 h
DB	2 €/St.	3 €/St.	1 €/St.	
Max. Absatz	200 St.	300 St.	200 St.	

Tab. C.12: Programmplanung mit zwei Engpässen

---

[1] Ein Engpass ist dominant, wenn die relative Beanspruchung der knappen Faktoren für alle Produkte bei dem gleichen Faktor den maximalen Wert annimmt.

Die Deckungsbeiträge der Produkte sind positiv; die Kapazitäten reichen jedoch zur vollständigen Produktion beider Produkte nicht aus:

▶ Presse: 200 St. • 3 h/St. + 300 St. • 4 h/St. + 200 St. • 1 h/St. = 2.000 h > 1.900 h und

▶ Montage: 200 St. • 5 h/St. + 300 St. • 4 h/St. + 200 St. • 4 h/St. = 3.000 h > 2.500 h

Die Zielfunktion lautet wie folgt:

$$DB := 2x_A + 3x_B + 1x_C \rightarrow max.$$

Die Nebenbedingungen (Absatz-, Kapazitätsrestriktionen) und die Nichtnegativitätsbedingungen lassen sich durch folgende Ungleichungen abbilden:

Kapazitätsrestriktion Presse	$3x_A + 4x_B + 1x_C$	$\leq$	1.900 h
Kapazitätsrestriktion Montage	$5x_A + 4x_B + 4x_C$	$\leq$	2.500 h
Absatzmaximum Produkt A	x_A	$\leq$	200 St.
Absatzmaximum Produkt B	x_B	$\leq$	300 St.
Absatzmaximum Produkt C	x_C	$\leq$	300 St.
Nichtnegativitätsbedingung	$x_A, \quad x_B, \quad x_C,$	$\geq$	0

Das so über die Zielfunktion und Nebenbedingungen dargestellte Planungsproblem lässt sich nun mithilfe des EXCEL-Solvers lösen (der Solver lässt sich in EXCEL über Datei → Optionen → Add-Ins aktivieren). Zielfunktion und Nebenbedingungen lassen sich anschließend wie folgt abbilden und lösen:

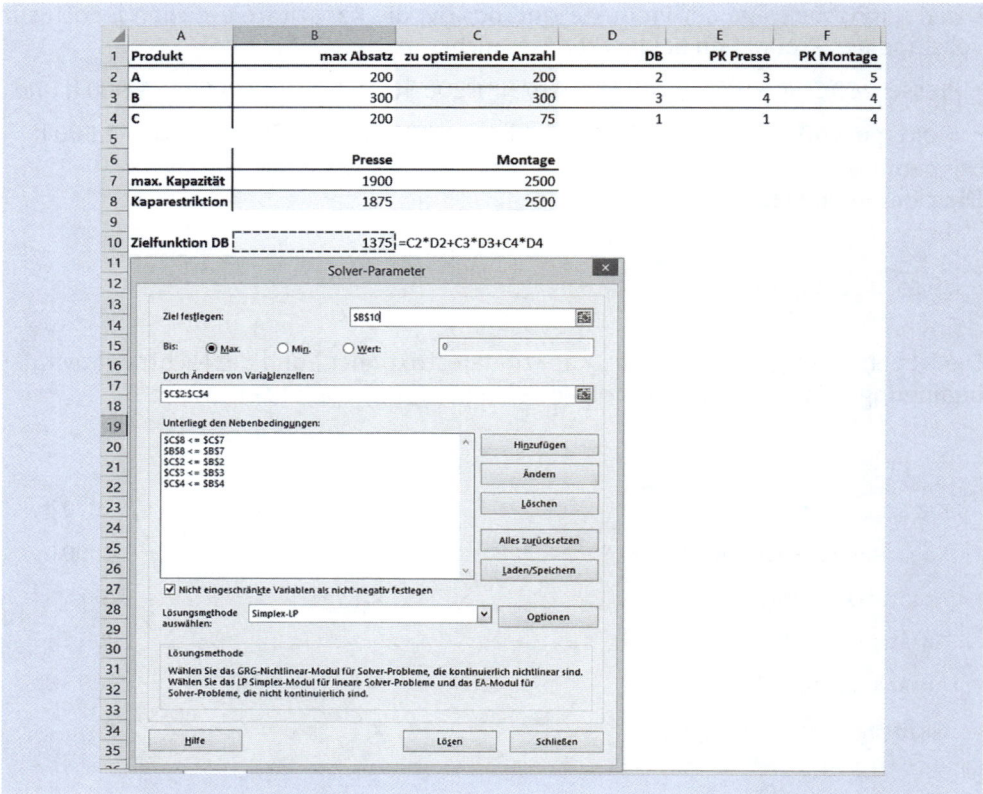

Abb. C.14: Lösungen mithilfe des EXCEL-Solvers

Der Deckungsbeitrag für das optimale Produktionsprogramm beträgt 1.375 €.

Wie eingangs des Kapitels beschrieben, ist zur Durchführung der Programmplanung das Wissen über die zur Verfügung stehenden Produktionskapazitäten und die resultierenden Produktionskosten erforderlich. Mitunter ergeben sich jedoch erst aus der Programmplanung heraus Differenzen zwischen der zur Verfügung stehenden Kapazität und der benötigten Kapazität. In beiden Beispielen zur Programmplanung können Produkte mit positiven Deckungsbeiträgen aufgrund der Kapazitätsengpässe nicht produziert werden.

Die **zur Verfügung stehenden Kapazitäten** für Maschinen und Personal werden in der Praxis häufig durch Fortschreibung von Vergangenheitswerten unter Berücksichtigung erwarteter Veränderungen (Investitionen, Desinvestitionen, Einstellungen, Entlassungen) ermittelt. Die Kapazitäten sind dabei insbesondere abhängig von

► technisch bedingten Ausfallzeiten oder Maschinenverfügbarkeiten

► der Anzahl an Feiertagen

► den Wochenarbeitszeiten der Mitarbeiter

- den Ausfallzeiten durch Krankheit und Urlaub
- den Schichtmodellen
- etc.

Die **benötigten Kapazitäten für Maschinen und Personal** ermitteln sich dagegen auf Basis des geplanten Produktionsprogramms durch die Auflösung von Arbeitsplänen. Dabei werden die geplanten Mengen mit den Zeitbedarfen der einzelnen Arbeitsschritte an Maschinen (Rüst- und Fertigungszeiten) oder durch Personal ausmultipliziert. In der Praxis wird die benötigte Kapazität häufig vereinfachend auch durch Fortschreibung von Vergangenheitswerten ermittelt.

Ergeben sich aus der Gegenüberstellung von Kapazitätsangebot und -nachfrage Differenzen, dann kann zum einen der Engpass wie beschrieben optimal ausgenutzt werden. Zum anderen kann eine Kapazitätsanpassungsplanung vorgenommen werden, bei der entweder überschüssige Kapazitäten abgebaut bzw. bei Engpässen Kapazitäten aufgebaut werden (vgl. Tab. C.13).

Anpassungs-maßnahme	Maschinelle Kapazität		Personelle Kapazität	
	Aufbau	**Abbau**	**Abbau**	**Abbau**
Zeitliche Anpassung	Zusatzschichten	Zeitweise Stilllegung	Überstunden, Zusatzschichten	Kurzarbeit
Intensitätsmäßige Anpassung	Produktionsgeschwindigkeit erhöhen	Produktionsgeschwindigkeit reduzieren	Intensivere Arbeit	„Gemeinkosten"-arbeit
Qualitative Anpassung	Instandhaltungsquote senken, Flexibilisierung	Instandhaltungsquote erhöhen, Flexibilisierung	Flexibilisierung der Mitarbeiter	Flexibilisierung der Mitarbeiter
Quantitative Anpassung	Investition	Desinvestition	Neueinstellung	Entlassung
Indirekte Anpassung	Zukauf von Handelsware	Auslastung durch Lohnarbeit	Leiharbeit	Leiharbeit

Tab. C.13: Möglichkeiten der Kapazitätsanpassungsplanung

Werden Kapazitätsanpassungen vorgenommen, ergeben sich Rückkopplungen zur Programmplanung und Veränderungen des Produktionsprogramms.

Ergebnis der Programm- und Kapazitätsplanung ist eine zeitliche Planbeschäftigung (z. B. gemessen in Stunden) oder ein Beschäftigungsgrad (Beschäftigung in Prozent der maximal möglichen Beschäftigung) je Kostenstelle. Auf dieser Basis können dann die **Fertigungseinzelkosten** produktweise durch Multiplikation der geplanten Mengen mit der geplanten Zeit pro Stück (Produktionskoeffizient) und mit den geplanten Lohnsätzen ermittelt werden.

Die **Fertigungsgemeinkostenplanung** erfolgt kostenartenweise pro Kostenstelle. Dabei sollte eine Differenzierung in variable Kosten und fixe Kosten vorgenommen werden. Die variablen Kosten ergeben sich dabei aus der in der Kapazitätsplanung ermittelten Beschäftigung. Die fixen Kosten ergeben sich häufig aus der Fortschreibung von Vergangenheitsdaten unter Berücksichtigung bekannter bzw. erwarteter Veränderungen. Gemischte Kosten mit variablen und fixen Bestandteilen können durch Methoden zur Kostenauflösung (vgl. >> Kapitel C.2.2.2.4) oder über sogenannte Variatoren getrennt und somit ebenfalls nach variablen und fixen Kosten differenziert geplant werden.

Bestehen innerbetriebliche Leistungsbeziehungen zu anderen (Hilfs-)Kostenstellen, ist in der Fertigungskostenstelle lediglich der Bedarf zu ermitteln. Die Kostenplanung erfolgt in der jeweiligen (Hilfs-)Kostenstelle.

Beispiel

Zur Weiterentwicklung des Beispiels von S. 92 liegen mit Abschluss der Produktionsplanung der Produktions- und Lagerplan vor:

	Consumer					
	Aroma Gold	Büro-genuss	Espresso	Student	Aroma DeLuxe	No. 1
Geplante Produktion	450.000 St.	300.000 St.	65.400 St.	240.000 St.	0 St.	0 St.
+ Lageran-fangsbestand	0 St.	0 St.	0 St.	0 St.	105.000 St.	153.000 St.
= Summe	450.000 St.	300.000 St.	65.400 St.	240.000 St.	105.000 St.	153.000 St.
- Geplanter Absatz	450.000 St.	300.000 St.	65.400 St.	240.000 St.	105.000 St.	90.000 St.
= Lagerend-bestand	0 St.	0 St.	0 St.	0 St.	0 St.	63.000 St.

	Consumer		Gewerblich		
	Geysir	Kaffeepad	Café de Paris	Großk.	Einbauk.
Geplante Produktion	22.500 St.	0 St.	12.000 St.	16.500 St.	3.000 St.
+ Lageran-fangsbestand	0 St.	0 St.	1.000 St.	0 St.	2.000 St.
= Summe	22.500 St.	0 St.	13.000 St.	16.500 St.	5.000 St.
- Geplanter Absatz	22.500 St.	0 St.	8.000 St.	16.500 St.	5.000 St.
= Lagerend-bestand	0 St.	0 St.	5.000 St.	0 St.	0 St.

Tab. C.14: Produktions- und Lagerplan
(vgl. *Eisenberg/Oldenburg-Tietjen, 2018, S. 619*)

Darüber hinaus können mit Abschluss der Produktions- und Kapazitätsplanung die Fertigungseinzelkosten (vgl. Tab. C.15) sowie die Fertigungsgemeinkosten (werden aus Vereinfachungsgründen zusammen mit den Materialgemeinkosten in ➤➤ Kapitel C.1.2.1.3 dargestellt) bestimmt werden.

	Consumer					
	Aroma Gold	**Büro-genuss**	**Espresso**	**Student**	**Aroma DeLuxe**	**No. 1**
Lohnsatz	0,40 €/Min.	0,40 €/Min.	0,40 €/Min.	0,40 €/Min.	0,40 €/Min.	0,40 €/Min.
• Produktions-koeffizient	37,5 Min./St.	40 Min./St.	80 Min./St.	20 Min./St.	65 Min./St.	17,5 Min./St.
= Lohnkosten	15 €/St.	16 €/St.	32 €/St.	8 €/St.	26 €/St.	7 €/St.
• Produktionsmenge	450.000 St.	300.000 St.	65.400 St.	240.000 St.	0 St.	0 St.
= Lohnkosten pro Produktart	6,75 Mio. €	4,80 Mio. €	2,09 Mio. €	1,92 Mio. €	0,00 Mio. €	0,00 Mio. €

	Consumer		Gewerblich		
	Geysir	**Kaffeepad**	**Café de Paris**	**Großk.**	**Einbauk.**
Lohnsatz	0,40 €/Min.	0,40 €/Min.	0,40 €/Min.	0,40 €/Min.	0,40 €/Min.
• Produktions-koeffizient	20 Min./St.	0 Min./St.	175 Min./St.	165 Min./St.	107,5 Min./St.
= Lohnkosten	8 €/St.	0 €/St.	70 €/St.	66 €/St.	43 €/St.
• Produktionsmenge	22.5000 St.	0 St.	12.000 St.	16.500 St.	3.000 St.
= Lohnkosten pro Produktart	0,18 Mio. €	0,00 Mio. €	0,84 Mio. €	1,09 Mio. €	0,13 Mio. €

Lohnkostenbudgetvorgabe: 17,80 Mio. €

Tab. C.15: Fertigungseinzelkostenbudget
(vgl. *Eisenberg/Oldenburg-Tietjen, 2018, S. 621*)

1.2.1.3 Material- und Beschaffungsplan

Bei der Aufstellung des Material- und Beschaffungsplans sind

➤ die Materialkostenplanung

➤ die Bestandsplanung und

➤ die Beschaffungsplanung

durchzuführen, wobei auf Basis der Beschaffungsplanung schließlich das Einkaufsbudget festgelegt wird.

Basis der **Materialkostenplanung** ist der zuvor festgelegte Produktionsplan. Der sich aus dem Produktionsplan ergebende **Planmaterialverbrauch** lässt sich in der Regel durch Stücklisten- bzw. Rezepturauflösung kostenträgerbezogen ermitteln. Die in Stücklisten oder Rezepturen erfassten Materialkosten umfassen dabei sowohl die innerbetrieblich zu bearbeitenden und umzuformenden Werkstoffe (Rohstoffe) als auch die von fremden Firmen bezogenen Zukaufteile (vgl. *Peemöller, 2005, S. 282 f.*).

In analoger Weise lässt sich auch der **Handelswareneinsatz** für vorgesehene Handelsgeschäfte ermitteln. Auf die Planverbrauchs- bzw. Planeinsatzmengen sind **Aufschläge** für unvermeidbare produktionsbedingte Abfälle (Ausschuss) oder produktionsbedingte Gewichtsverluste zu berechnen, sofern sie nicht bereits planmäßig in den Stücklisten- und Rezepturverbräuchen enthalten sind. Gegebenenfalls sind hierzu Berechnungen auf Basis von Vergangenheitswerten anzustellen. Zur Ermittlung der **Materialkosten** sind die so ermittelten Planverbrauchsmengen mit den geplanten Preisen zu bewerten. Dazu hat eine Prognose der Einkaufspreise der Einsatzgüter unter Berücksichtigung von Rabatten, Skonti und Boni zu erfolgen.

Hinsichtlich der anzuwendenden **Planungsmethoden** bietet sich eine Differenzierung nach dem Wert des jeweiligen Materials an. Während sich die Verbrauchsmengenplanung in der Regel aus vorhandenen ERP-Systemen für alle Rohstoffe, Zukaufteile oder Wareneinsätze ermitteln lässt, ist bei der Preisplanung der Schwerpunkt auf die Planung der Verbrauchspreise der A-Materialien zu legen. Dazu sind durch den Einkauf entsprechende (statistische) Analysen durchzuführen bzw. Preisschätzungen vorzunehmen. Bei der Planung der Verbrauchspreise von C-Materialien ist dagegen eine Fortschreibung von bzw. Orientierung an Vergangenheitswerten aufgrund des geringen Anteils an den Gesamtmaterialkosten in der Regel ausreichend, um den Planungsaufwand möglichst gering zu halten.

Beispiel

Zur Weiterentwicklung des Beispiels von S. 100 liegt mit Abschluss der Materialkostenplanung das Materialkostenbudget vor:

	Bauteile				
	Thermos-kanne	**Glaskanne**	**Pumpe 15 bar**	**Pumpe 18 bar**	**Kunststoff-teile**
Benötigte Bauteile für Produktion	1.050.000 St.	240.000 St.	202.800 St.	100.500 St.	1.177.665 St.
Bauteilpreis	2,66 €/St.	1,01 €/St.	52,41 €/St.	65,00 €/St.	0,66 €/St.
Bauteilarten-kosten	2,79 Mio. €	0,24 Mio. €	10,63 Mio. €	6,53 Mio. €	0,78 Mio. €

	Bauteile				
	Metallbleche	Elektronik-bausatz I	Elektronik-bausatz II	Heizwendel groß	Heizwendel klein
Benötigte Bauteile für Produktion	1.542.045 St.	804.900 St.	384.000 St.	453.900 St.	801.900 St.
Bauteilpreis	0,57 €/St.	1,43 €/St.	1,66 €/St.	2,40 €/St.	1,35 €/St.
Bauteilarten-kosten	0,88 Mio. €	1,15 Mio. €	0,64 Mio. €	1,09 Mio. €	1,08 Mio. €

	Bauteile			
	Wärmplatte für Glaskanne	Wärmplatte für Tassen	Standard-dichtring	Gummifüße
Benötigte Bauteile für Produktion	240.000 St.	89.400 St.	6.123.600 St.	6.354.900 St.
Bauteilpreis	0,56 €/St.	2,70 €/St.	0,10 €/St.	0,06 Mio. €/St.
Bauteilarten-kosten	0,13 Mio. €	0,24 Mio. €	0,61 Mio. €	0,38 Mio. €

Materialkostenbudgetvorgabe: 27,18 Mio. €

Tab. C.16: Materialkostenbudget
(vgl. *Eisenberg/Oldenburg-Tietjen, 2018, S. 619*)

Neben den Materialeinzelkosten muss weiterhin die **Planung der Materialgemeinkosten** durchgeführt werden. Die Materialgemeinkosten umfassen diejenigen Kosten, die im Umgang mit dem Material z. B. in den Kostenstellen Einkauf, Wareneingang oder Lager entstehen. Analog zur in >> Kapitel C.1.3.1.2 beschriebenen Vorgehensweise bei der Planung der Fertigungsgemeinkosten erfolgt auch die Planung der Materialgemeinkosten durch die jeweiligen Kostenstellenverantwortlichen und differenziert nach fixen und variablen Kosten.

Anders als im externen Rechnungswesen wird der Verbrauch sogenannter **Gemeinkostenmaterialien** in der Regel nicht als Materialkosten erfasst und geplant. Hierunter sind Verbräuche von Hilfs- und Betriebsstoffen zu verstehen. Hilfsstoffe, wie z. B. Verbindungsmaterialien, könnten dabei als sogenannte „unechte" Gemeinkosten grundsätzlich den Kostenträgern zugeordnet werden. Wenn sie jedoch wertmäßig von geringer Bedeutung sind, unterbleibt diese Zuordnung aus Wirtschaftlichkeitsgründen oftmals. Betriebsstoffe, wie z. B. Schmierstoffe, werden in den Fertigungskostenstellen im Rahmen des Betriebs der Fertigungsmaschinen verbraucht. Die Planung der wertmäßig in der Regel eher geringen Gemeinkostenmaterialverbräuche erfolgt insofern durch die Verantwortlichen derjenigen Kostenstellen, in denen die Verbräuche stattfinden, und gehen als Fertigungsgemeinkosten in die Kostenplanung ein, die sich an Vergangenheitswerten orientieren bzw. um bekannte Veränderungen korrigiert werden.

Mit Abschluss der Gemeinkostenplanung sind die gesamten Herstellkosten geplant.

Beispiel

Zur Weiterführung des Beispiels von S. 102 werden in der nachfolgenden Übersicht sowohl die Materialgemeinkosten als auch die Fertigungsgemeinkosten (vgl. >> Kapitel C.1.3.1.2) dargestellt.

	Consumer					
	Aroma Gold	Büro-genuss	Espresso	Student	Aroma DeLuxe	No. 1
Variable Fertigungs- und Materialgemein-kosten	0,1602 €/Min.	0,4438 €/Min.	4,0251 €/Min.	0,3503 €/Min.	0,4311 €/Min.	0,4150 €/Min.
• Produktions-koeffizient	37,5 Min./St.	40 Min./St.	80 Min./St.	20 Min./St.	65 Min./St.	17,5 Min./St.
= Variable Ferti-gungs- und Mate-rialgemeinkosten	6,01 €/St.	17,75 €/St.	322,01 €/St.	7,01 €/St.	28,02 €/St.	7,26 €/St.
• Produktionsmenge	450.000 St.	300.000 St.	65.400 St.	240.000 St.	0 St.	0 St.
= Variable Ferti-gungs- und Mate-rialgemeinkosten pro Produktart	2,70 Mio. €	5,33 Mio. €	21,06 Mio. €	1,68 Mio. €	0,00 Mio. €	0,00 Mio. €

	Consumer		Gewerblich		
	Geysir	Kaffeepad	Café de Paris	Großk.	Einbauk.
Variable Fertigungs- und Materialge-meinkosten	0,5376 €/Min.	0,0000 €/Min.	7,6571 €/Min.	5,6046 €/Min.	4,5265 €/Min.
• Produktions-koeffizient	20 Min./St.	0 Min./St.	175 Min./St.	165 Min./St.	107,5 Min./St.
= Variable Ferti-gungs- und Mate-rialgemeinkosten	10,75 €/St.	0,00 €/St.	1.399,99 €/St.	924,76 €/St.	486,60 €/St.
• Produktionsmenge	22.500 St.	0 St.	12.000 St.	16.500 St.	3.000 St.
= Variable Ferti-gungs- und Mate-rialgemeinkosten pro Produktart	0,24 Mio. €	0,00 Mio. €	16,08 Mio. €	15,26 Mio. €	1,46 Mio. €

Variable Fertigungs- und Materialgemeinkosten	63,81 Mio. €
Fixe Fertigungs- und Materialgemeinkosten	16,32 Mio. €
Fertigungsbudgetvorgabe	80,13 Mio. €

Tab. C.17: Fertigungs- und Materialgemeinkostenbudget
(vgl. *Eisenberg/Oldenburg-Tietjen, 2018, S. 621 f.*)

Das Bindeglied zwischen der Materialkostenplanung und der Beschaffungsplanung ist die **Bestandsplanung**. Für den Fall, dass der Materialzugang nicht fertigungssynchron erfolgt, sondern in Abhängigkeit von Bestellmengen oder Losgrößen stoßweise, können die geplanten Materialverbrauchsmengen von den benötigten Materialbeschaffungsmengen abweichen (vgl. *Ziegenbein, 2006, S. 216*). Ein geplanter Lageraufbau erhöht dabei die zu beschaffenden Mengen, während ein geplanter Lagerabbau die zu beschaffenden Mengen vermindert.

Während ein fertigungssynchroner Zugang im Hinblick auf Kapitalbindungskosten grundsätzlich vorteilhaft ist, liegen die **Motive für die Vorratshaltung** insbesondere

▶ in der Sicherstellung der Stabilität der Fertigung,

▶ in einer höheren Wirtschaftlichkeit, vor allem unter dem Aspekt stark schwankender Rohstoffpreise,

▶ in der Überbrückung langer Beschaffungszeiträume sowie

▶ in einkaufspolitischen Aspekten, z. B. im Hinblick auf eine gewünschte Lieferantenstreuung.

Methodisch lässt sich die **Bestandsplanung** beispielsweise über Heuristiken, die klassische Bestellpolitik oder Simulationsmodelle unterstützen. Faustformeln (*„Lagerbestand wie im Vorjahr korrigiert um x %* oder *Solllagerbestand = 2 • Monatsverbrauch"*) eignen sich dabei vor allem für C-Artikel.

Die klassische Bestellmengenformel ermittelt auf Basis eines angenommenen kontinuierlichen Lagerabgangs und gegenläufigen bestellfixen Kosten pro Bestellung und Lagerkosten eine optimale Bestellmenge (vgl. *Auerbach/Holtrup, 2018, S. 335 ff.*). Die Prämissen der klassischen Bestellmengenformel schränken deren Einsetzbarkeit in der Praxis jedoch deutlich ein. Simulationen eignen sich vor allem für A-Artikel. Auf Basis denkbarer Szenarien für die Absatzentwicklung wird über große Fallzahlen die jeweils günstigste Lagerpolitik ermittelt.

Für die **Beschaffungsplanung** lässt sich die einzukaufende Menge wiederum aus der folgenden Gleichung ableiten:

Endbestand = Anfangsbestand + Zugang - Abgang

Der Endbestand entspricht dem geplanten Bestand eines Materials am Ende der Planperiode. Er berechnet sich, indem zum Anfangsbestand der Periode die geplanten Materialeinkäufe addiert werden und die den Materialverbräuchen entsprechenden Abgänge subtrahiert werden. Wenn neben dem Anfangsbestand die geplanten Abgänge aus der Produktionsplanung und der in der Regel aus Vorgaben resultierende Sollendbestand festgelegt sind, dann ergibt sich der durch die Beschaffungsabteilung abzudeckende mengenmäßige Zugang durch Umstellung der Gleichung als

Zugang = Endbestand - Anfangsbestand + Abgang

Werden diese zu beschaffenden Mengen zudem mit Vorgaben für die zu erzielenden Einkaufspreise versehen, ergibt sich das Beschaffungsbudget.

Beispiel

Weiterführung des Beispiels von S. 104:

	Bauteile				
	Thermos-kanne	Glaskanne	Pumpe 15 bar	Pumpe 18 bar	Kunststoff-teile
Benötigte Bauteile für Produktion	1.050.000 St.	240.000 St.	202.800 St.	100.500 St.	1.177.665 St.
- Anfangsbestand	756.000 St.	16.800 St.	124.000 St.	78.000 St.	285.000 St.
+ Endbestand	63.000 St.	16.800 St.	5.070 St.	2.513 St.	82.437 St.
= Summe	357.000 St.	240.000 St.	83.870 St.	25.013 St.	975.102 St.
Bauteilpreis	2,66 €/St.	1,01 €/St.	52,41 €/St.	65,00 €/St.	0,66 €/St.
Bauteilbeschaf-fungsbudget	0,95 Mio. €	0,24 Mio. €	4,40 Mio. €	1,63 Mio. €	0,64 Mio. €

	Bauteile				
	Metall-bleche (kg)	Elektronik-bausatz I	Elektronik-bausatz II	Heizwendel groß	Heizwendel klein
Benötigte Bauteile für Produktion	1.542.045 St.	804.900 St.	384.000 St.	453.900 St.	801.900 St.
- Anfangsbestand	738.000 St.	45.000 St.	89.000 St.	127.600 St.	487.000 St.
+ Endbestand	92.523 St.	56.343 St.	26.880 St.	27.234 St.	48.114 St.
= Summe	896.568 St.	816.243 St.	321.880 St.	353.534 St.	363.014 St.
Bauteilpreis	0,57 €/St.	1,43 €/St.	1,66 €/St.	2,40 €/St.	1,35 €/St.
Bauteilbeschaf-fungsbudget	0,51 Mio. €	1,17 Mio. €	0,53 Mio. €	0,85 Mio. €	0,49 Mio. €

	Bauteile			
	Wärmplatte für Glaskanne	**Wärmplatte für Tassen**	**Standard-dichtring**	**Gummifüße**
Benötigte Bauteile für Produktion	240.000 St.	89.400 St.	6.123.600 St.	6.354.900 St.
- Anfangsbestand	248.000 St.	1.900 St.	1.850.000 St.	4.896.000 St.
+ Endbestand	14.400 St.	5.364 St.	306.180 St.	317.745 St.
= Summe	6.400 St.	92.864 St.	4.579.780 St.	1.776.645 St.
Bauteilpreis	0,56 €/St.	2,70 €/St.	0,10 €/St.	0,06 €/St.
Bauteilbeschaf-fungsbudget	0,00 Mio. €	0,25 Mio. €	0,46 Mio. €	0,11 Mio. €

Beschaffungsbudgetvorgabe: 12,33 Mio. €

Tab. C.18: Beschaffungsbudget
      (vgl. *Eisenberg/Oldenburg-Tietjen, 2018, S. 620*)

1.3.1.4 Planung sonstiger Einzel- und Gemeinkosten

Insbesondere in Industrieunternehmen ist mit Abschluss der Produktionskosten- und der Materialkostenplanung ein Großteil der Kosten geplant. Darüber hinaus können jedoch häufig noch weitere Kosten im Bereich der Fertigung und des Vertriebs als Einzelkosten kostenträgerbezogen geplant werden.

Unter den **Sondereinzelkosten der Fertigung** können Energiekosten, Kosten für Spezialwerkzeuge, Lizenzen sowie Entwicklungskosten (z. B. Kosten für Prototypen) zusammengefasst werden (vgl. *Peemöller, 2005, S. 285 ff.*).

► **Energiekosten:** Mit der zunehmenden Technisierung und Digitalisierung der Fertigungsprozesse sind immer mehr Unternehmen in der Lage, Energieverbräuche einzelnen Produktionsprozessen und somit auch einzelnen Produkten zuzuordnen. Sind die Voraussetzungen dafür geschaffen, ist eine Zuordnung der Energiekosten auf Kostenträgerebene sinnvoll und wünschenswert.

► **Kosten für Spezialwerkzeuge:** Fallen Kosten für Spezialwerkzeuge an, die sich einzelnen Kostenträgern direkt zuordnen lassen, dann sind die Gesamtkosten der Spezialwerkzeuge durch die Planerzeugnismengen des Kostenträgers zu dividieren, um einen Kostensatz je Ausbringungseinheit zu ermitteln.

► **Lizenzkosten:** Zu unterscheiden sind Quotenlizenzen und Pauschallizenzen. Während bei den Pauschallizenzen, wie bei den Kosten für Spezialwerkzeuge, ein Planverrechnungssatz ermittelt werden muss, können bei den Quotenlizenzen die Kosten proportional zur Nutzung den Kostenträgern zugeordnet werden.

► **Forschungs- und Entwicklungskosten:** Lassen sich Forschungs- und Entwicklungskosten einer einzelnen Produktart zuordnen, kann wieder analog ein Planverrechnungssatz je

Kostenträgereinheit ermittelt werden. Besteht kein Bezug zu einer Produktart, müssen die Kosten über Zuschläge auf Fertigungs- oder Herstellkosten verrechnet werden.

Als **Sondereinzelkosten des Vertriebs** können darüber hinaus häufig Verpackungsmaterialien, Vertreterprovisionen und Frachtkosten den Kostenträgern als Einzelkosten zugeordnet werden.

- **Verpackungsmaterialien:** Die Bestandteile aufwändiger Verpackungen werden in der Regel über Verpackungsstücklisten im ERP-System geführt. Die Planung und Zuordnung dieser Kosten zu den Kostenträgern erfolgt insofern analog oder sogar im Rahmen der Planung der Materialkosten.

- **Vertreterprovisionen:** Für den Fall, dass sich Vertreterprovisionen auf den Umsatz beziehen, orientiert sich die Kostenplanung an der vorgenommenen Absatz- und Umsatzplanung.

- **Frachtkosten:** Wurde im Rahmen der Umsatzplanung eine kundenbezogene Planung vorgenommen, dann lassen sich Frachtkosten als Einzelkosten zuordnen. Für diesen Fall werden häufig vergangenheitsorientiert Kostensätze für die jeweiligen Ausbringungseinheiten (Kilogramm, Stück, Volumen) ermittelt. Fehlt eine kundenbezogene Planung, dann können lediglich durchschnittliche Frachtkosten je Ausbringungseinheit berücksichtigt werden.

Grundsätzlich ist bei der Zuordnung der beschriebenen Sondereinzelkosten der Wesentlichkeitsgrundsatz zu beachten, d. h. der Aufwand, der bei der Zuordnung der Kosten als Einzelkosten entsteht, muss durch den daraus entstehenden Informationsnutzen gerechtfertigt sein.

In » Kapitel C.1.3.1.2 und » Kapitel C.1.3.1.3 ist bereits die Planung der Fertigungsgemeinkosten und die Planung der Materialgemeinkosten thematisiert worden. Und auch die in diesem Kapitel als Sondereinzelkosten erwähnten Kosten sind als Gemeinkosten zu planen, sofern der Kostenträgerbezug nicht hergestellt werden kann. Im Wesentlichen lassen sich darüber hinaus gehende Gemeinkosten den Bereichen Forschung und Entwicklung, Verwaltung und Vertrieb zuordnen.

- **F&E-Gemeinkosten:** Die Planung der F&E-Kosten bzw. -Budgets erfolgt oftmals auf Basis der in » Kapitel C.1.2.2.1 beschriebenen heuristischen Verfahren (zur konkreten Ausgestaltung vgl. » Kapitel D.2.3.3).

- **Verwaltungsgemeinkosten:** Im Rahmen der Planung der Verwaltungsgemeinkosten kommen oftmals Methoden des Kostenmanagements zum Einsatz, beispielsweise die in » Kapitel C.2.5.4 beschriebene Gemeinkostenwertanalyse.

Zu den Bestimmungsfaktoren angemessener Verwaltungsgemeinkosten gehören beispielsweise die Branche eines Unternehmens (Dienstleistungsunternehmen weisen in der Regel höhere Verwaltungsgemeinkosten als Industrieunternehmen auf), der Reifegrad bzw. das Alter eines Unternehmens (reifere Unternehmen haben häufig höhere Verwaltungsgemeinkosten) oder die Aufbauorganisation eines Unternehmens (dezentralisierte Unternehmen haben im Allgemeinen höhere Verwaltungsgemeinkosten als zentralisierte Unternehmen) (vgl. *Rachlin, 2001, S. 221*).

▸ **Vertriebsgemeinkosten:** Zu den Vertriebsgemeinkosten zählen zum einen die bereits im Rahmen der Umsatzplanung thematisierten Kosten für Werbung und Verkaufsförderung (vgl. ≫ Kapitel C.1.3.1.1). Darüber hinaus sind im Wesentlichen Personalkosten für den Vertriebsinnen- und -außendienst sowie die im Zusammenhang mit der Vertriebstätigkeit anfallenden Reisekosten zu planen.

Beispiel

Für das durchgängige Fallbeispiel werden die nachfolgend aufgeführten Gemeinkosten unterstellt:

Vertriebskostenbudget	5,680 Mio. €
Verwaltungskostenbudget	13,169 Mio. €
F&E-Kosten Budget	0,158 Mio. €

Tab. C.19: Gemeinkostenbudget
      (vgl. *Eisenberg/Oldenburg-Tietjen, 2008, S. 622*)

1.3.1.5 Investitionsplan

Im Investitionsplan werden die geplanten Sach-, Finanz- und immateriellen Investitionen der zu budgetierenden Periode zusammengestellt. Nach dem Anlass können dabei (erstmalige) Errichtungsinvestitionen, Ersatzinvestitionen, Erneuerungsinvestitionen und Rationalisierungsinvestitionen unterschieden werden.

Eine (Einzel-)Investition kann prozessorientiert in die drei Teilphasen der Investitionsplanung, Investitionsrealisation und Investitionskontrolle eingeteilt werden (vgl. *Schulte/Körner/Shalchi, 2018, S. 468 ff.*):

▸ Die **Investitionsplanung** beinhaltet die Definition der Problemstellung, die Suche nach Investitionsalternativen, die Beurteilung dieser Alternativen sowie letztlich die Entscheidung für eine oder mehrere der Investitionsalternativen.

▸ Dieser ersten Phase schließt sich die Phase der **Investitionsrealisation** an. Gegenstand bei der Realisation von Investitionen sind beispielsweise die Einleitung von Genehmigungsverfahren oder die Berücksichtigung zusätzlicher Spezifikationen der Projekte. Aufgabe der Investitionssteuerung im Rahmen der Investitionsrealisation ist die zeitliche Koordination der verschiedenen Tätigkeiten im Laufe eines Investitionsprojekts.

▸ Die Überprüfung von Abweichungen zwischen Soll- und Istzuständen ist schließlich Aufgabe der **Investitionskontrollphase**. Dabei sollen Abweichungen sowie deren Gründe und Ursachen aufgedeckt werden, damit diese in zukünftigen Investitionsprojekten vermieden werden können. Die Investitionskontrolle erfolgt in der Regel nicht nachgelagert, sondern prozessbegleitend, sodass bereits in frühen Phasen steuernd eingegriffen werden kann. Sie geht dabei über die ausschließliche Ergebniskontrolle hinweg. Vielmehr sind beispielsweise auch die dem Investitionsprojekt zugrunde gelegten Prämissen und die Anwendung bzw. Anwendungsprämissen der zur Beurteilung benutzten Modelle kritisch zu hinterfragen.

Im Rahmen der Budgetierung ist insbesondere die Teilphase der Investitionsplanung von Belang. Dabei werden in der sogenannten **Problemstellungsphase** zunächst Anregungsinformationen bezüglich identifizierter Mangellagen zu Investitionsideen verdichtet. Die Investitionsanlässe können sich z. B. für den Bereich der Sachinvestitionen in der Produktion aus der in >> Kapitel C.1.3.1.2 beschriebenen Kapazitätsplanung ergeben.

Auf Basis der Investitionsidee und möglicherweise vorhandener Investitionsziele werden in der Suchphase alternative Handlungsmöglichkeiten aufgezeigt sowie die Konsequenzen dieser Handlungsmöglichkeiten ermittelt. Zu diesem Zweck kann den betreffenden Abteilungen beispielsweise ein **Investitionsleitfaden** zur Hand gegeben werden, der Informationen zur Vorgehensweise bzw. erste Kriterien zur Beurteilung und Vorauswahl möglicher Investitionsalternativen liefert. Diese Leitfäden enthalten in der Regel auch Informationen darüber, wie und an welche Stellen die Investitionsvorschläge weitergeleitet werden sollen.

Größere Unternehmen haben häufig **Investitionsantragsverfahren** implementiert, in denen die Bereiche und Abteilungen Investitionsanträge formulieren können. In diesen Anträgen werden konkrete Angaben über den Antragsteller, die betroffenen Kostenstellen, über die Investitionsart, erste quantitative Einschätzungen sowie Begründungen für die Investition weitergegeben. Aufgabe des (Investitions-)Controllings ist es sodann, eine systematische Aufstellung der verschiedenen Investitionsalternativen vorzunehmen sowie Kriterien zur Beurteilung der Alternativen zu erheben, um – darauf aufbauend – eine Priorisierung vornehmen zu können.

In der **Beurteilungsphase** werden die relevanten Informationen in Modellen zur Bewertung der Investitionen zusammengefasst (vgl. >> Kapitel D.6.3). Hierbei ist anzumerken, dass sowohl quantitative Informationen als auch qualitative Informationen in das Beurteilungskalkül einfließen.

Anschließend wird in der **Entscheidungsphase** auf Basis der erhobenen Daten und des ausgewählten Modells eine Handlungsempfehlung aus den untersuchten Alternativen abgeleitet. Hinsichtlich der einzelnen Investitionsanträge ist eine Auswahl zu treffen. Die ausgewählten Einzelinvestitionen stellen das Investitionsprogramm bzw. den Investitionsplan dar.

Bei der **Bottom-up-Investitionsplanung** ergibt sich das Investitionsbudget auf die beschriebene Art und Weise als Investitionssumme aller als vorzugswürdig erachteten Investitionen. In der Praxis häufiger anzutreffen ist jedoch eine **Top-down-Investitionsplanung**. Dabei wird – häufig unter Zuhilfenahme der in >> Kapitel C.1.2.2.1 beschriebenen heuristischen Verfahren – zunächst ein Investitionsbudget festgelegt. Die grundsätzlich geeigneten Investitionsprojekte werden bei dieser Vorgehensweise anschließend in eine Reihenfolge gebracht und bis zum Erreichen der Budgetgrenze umgesetzt. Bei der Festlegung der Reihenfolge können neben wirtschaftlichen Aspekten auch strategische Fragestellungen und Risikoaspekte Berücksichtigung finden. Eine analoge Vorgehensweise findet sich auch bei den artverwandten F&E-Projekten (vgl. ≫ Kapitel D.2.2).

Neben dem Investitionsbudget ergeben sich aus der Investitionsplanung je nach Art der Umsetzung der Investition Abschreibungen oder Leasingaufwendungen für die Ergebnisrechnung und entsprechende Veränderungen der Bilanz.

1.3.1.6 Personalplan

Zur Erstellung des Personalplans werden die geplanten Personalveränderungen aus den vorgelagerten, isolierten Planungen zusammengefasst und abgestimmt. Ziel ist es, den **Personalbedarf** in qualitativer, quantitativer und zeitlicher Hinsicht zu koordinieren und die **Personalkosten** zu ermitteln.

Zur Ermittlung des Personalbedarfs wird der sogenannte Nettobedarf als Differenz zwischen Bestandsprognose (zukünftiges Ist) und dem sich aus den vorgelagerten Plänen ergebenden Planwert (Bruttobedarf) ermittelt (vgl. hierzu auch die in ≫ Kapitel C.1.3.1.2 beschriebene Kapazitätsplanung). In quantitativer Hinsicht müssen positive Bedarfe durch Personalbeschaffungsmaßnahmen in Form von Neueinstellungen oder den Bezug von Leiharbeit gedeckt werden. Auf negative Bedarfe kann mit Personalabbau oder eine Reduzierung von Leiharbeit reagiert werden. Qualitativen Bedarfen kann darüber hinaus auch durch Personalentwicklungsmaßnahmen begegnet werden. Im Ergebnis entsteht ein Stellenbesetzungs- und Nachfolgeplan, der mit konkreten Maßnahmen in zeitlicher Hinsicht zu versehen ist.

Bei den Personalkosten kann eine Unterteilung in die Personalbasiskosten, Personalzusatzkosten und variable Entlohnungsbestandteile vorgenommen werden (vgl. *Ziegenbein, 2006, S. 216 ff.*). Die **Personalbasiskosten** werden dabei häufig in einem zweistufigen Verfahren ermittelt. Zunächst werden die ermittelten Beschäftigtenzahlen mit dem Durchschnittsentgelt der laufenden Periode multipliziert. Darin enthalten sind die vereinbarten Bruttoentgelte, Zulagen oder Zuschläge für Mehr-, Schicht-, Nachtarbeit sowie für Arbeiten an Sonn- und Feiertagen. Die so ermittelten Kosten sind dann für die einer tariflichen Bindung unterliegenden Mitarbeiter um die für die Planperiode geltende Tarifsteigerungsrate zu korrigieren. Führungskräfte werden in der Regel außertariflich vergütet. Für diese Mitarbeiter sind die für die Planperiode vereinbarten Vergütungen entsprechend zu berücksichtigen.

Zu den **Personalzusatzkosten** zählen

- die gesetzlich verpflichtend vorgesehenen Arbeitgeberanteile zur Sozialversicherung (Rentenversicherung, Arbeitslosenversicherung, Krankenversicherung, Pflegeversicherung)
- etwaige Entgeltfortzahlungen im Krankheitsfall

► etwaige tariflich oder frei vereinbarte Sonderzahlungen (Urlaubsgeld, Weihnachtsgeld, vermögenswirksame Leistungen etc.) sowie

► Leistungen zur betrieblichen Altersvorsorge.

In zahlreichen Unternehmen werden über die Personalbasis- und -zusatzkosten hinaus **variable Entlohnungsbestandteile** als monetäre bzw. materielle Anreize gewährt.
Die materiellen Anreize lassen sich in monetäre und in nicht-monetäre Anreize gliedern:

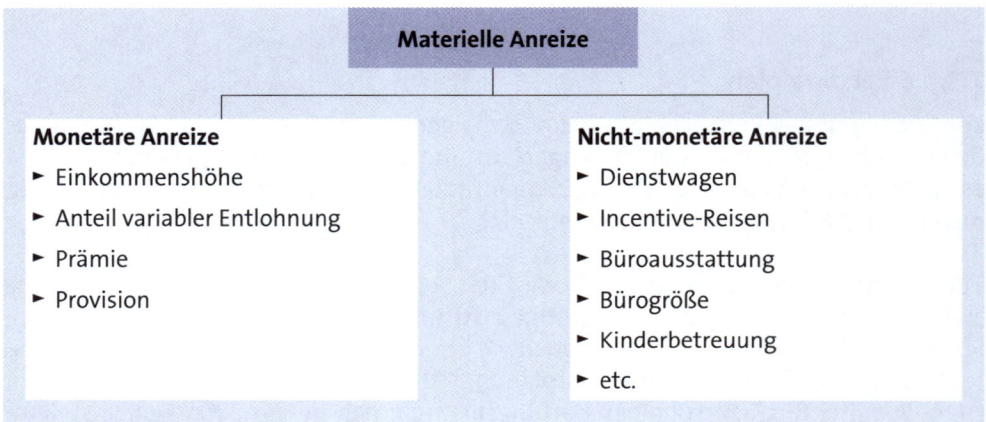

Abb. C.15: Materielle Anreizarten
(vgl. *Albers/Krafft, 2013, S. 192*)

Als wesentlicher materieller Anreiz ist neben der Einkommenshöhe der Anteil einer
variablen Vergütung der Mitarbeiter zu nennen. In vielen Fällen ist der variable Anteil
erfolgsorientiert gestaltet und soll dadurch eine anspornende Wirkung auf den Mitarbeiter haben.

Der Vorteil einer **fixen Vergütung** ist die gute Planbarkeit der Kosten und die einfachere
Abrechnung. Das Festgehalt bleibt über einen längeren Zeitraum konstant und muss
nicht monatlich aufgrund der erbrachten Leistung neu berechnet werden. Jedoch hat
diese Form der Vergütung fast keine Motivationseffekte, da das Gehalt unabhängig
von der Leistung bezahlt wird. Daher wird (vor allem im Außendienst) oftmals die tatsächlich erbrachte Leistung des Mitarbeiters bei dessen Bezahlung berücksichtigt.

Bei der **variablen Vergütung** werden auf Basis quantitativer oder qualitativer Erfolgsgrößen Prämien- oder Provisionszahlungen geleistet. Die variable Vergütungskompo-
nente verfolgt in erster Linie das Ziel der Motivation und des Anreizes, kann aber in
schlechteren Leistungsphasen auch eine Form der Bestrafung darstellen. In den meisten Fällen wird dem Mitarbeiter jedoch eine Kombination aus monatlichem Fixum
und variabler Komponente bezahlt.

Die **Provision** steht in Abhängigkeit zu einer Bezugsgröße, wie beispielweise dem Umsatz oder dem Deckungsbeitrag. Vor allem Außendienstlern wird ein gewisser Prozentsatz der durch sie generierten Umsätze oder Deckungsbeiträge ausgezahlt. Da der Mitarbeiter somit direkten Einfluss auf die Höhe seiner Provision hat, wird ein Leistungsanreiz geschaffen. Allerdings besteht die Gefahr, dass der Mitarbeiter den Kundennutzen aus dem Auge verliert und die Kundenzufriedenheit leidet. Des Weiteren besteht die Gefahr, dass sich der Mitarbeiter nur auf die Produkte fokussiert, die für ihn die höchste Provision bringen. Neuprodukte, die ggf. strategisch wichtig für das Unternehmen sind, werden dann nur unzureichend beim Kunden thematisiert. Dieses Problem kann durch die Einführung produktgruppenabhängiger Provisionssätze gelöst werden, über die Produkte, bei denen eine stärkere Fokussierung gewünscht ist, mit höheren Provisionssätzen versehen werden.

Das **Prämiensystem** richtet sich an verhaltensorientierte Bezugsgrößen oder an das Erreichen von Zielvorgaben, wie z. B. Prozessverbesserungen in der Fertigung, eine bestimmte Kundenzufriedenheit oder eine bestimmte Gewinngröße. Dazu werden im Rahmen der jährlichen Leistungsplanung Zielvorgaben vereinbart, an die ein Prämiensystem geknüpft ist. Diese Zielvereinbarungen können mitarbeiter-, aber auch gruppen-, abteilungs- oder unternehmensbezogen ausgehandelt werden. Zu unterscheiden sind Prämiensysteme, die nur bei vollständiger Erreichung des Ziels ausgezahlt werden, und gestaffelte Prämiensysteme, bei denen es bei einer Teilerreichung der Vorgabe auch zu einer Teilzahlung der Prämie kommt.

Die so ermittelten Kosten sind abschließend mit den betroffenen Abteilungen und den dort geplanten Kosten rückzukoppeln.

1.3.2 Integration der Einzelpläne und Ergebnisabstimmung

Hierbei werden im Folgenden behandelt:

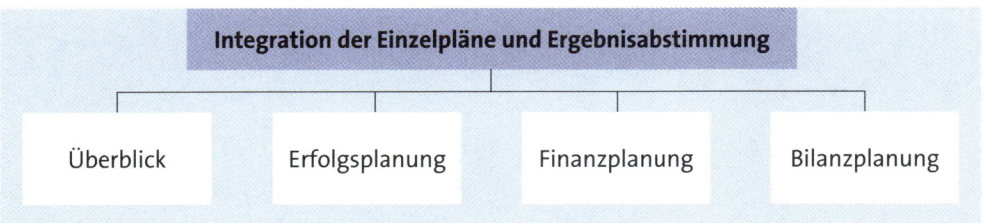

1.3.2.1 Überblick

Wie in >> Kapitel C.1.1.2 beschrieben dient die operative Planung in erster Linie dazu, die Schlüsselgrößen der Mehrjahresplanung sowie die daraus abgeleiteten Zielvorgaben der Geschäftsführung für die zu budgetierende Periode zu erreichen. Nach der sukzessiven Bearbeitung der Einzelplanungen gilt es im letzten Schritt des Planungsprozesses folglich, die Einzelpläne zu einem Gesamtplan zusammenzuführen, auf dessen Basis die Erreichung der übergeordneten Zielsetzungen überprüft werden kann. Unternehmerische Zielsysteme bilden dabei typischerweise die folgenden Teilaspekte ab:

- **Erfolgswirtschaftliche Zielsetzungen:** Es werden Zielsetzungen für absolute Gewinngrößen (Jahresüberschuss, EBIT) oder Rentabilitätsziele (Umsatzrendite, EBIT-Marge) formuliert. In wertorientiert gesteuerten Unternehmen können auch Ziel-EVAs oder -CVAs gesetzt werden.

- **Finanzwirtschaftliche Zielsetzungen:** Neben der jederzeitigen Sicherstellung der Zahlungsfähigkeit als zentraler Nebenbedingung fokussieren finanzwirtschaftliche Zielsetzungen häufig auf die Vermögens- und Kapitalstruktur. Ziele können beispielsweise die Reduzierung des Working Capitals oder die Erreichung bestimmter Kapitalquoten sein, die wiederum häufig Basis variabler Zinsvereinbarungen in Kreditverträgen (Covenants) sind.

Werden die vorgegebenen Eckwerte nicht erreicht, müssen die Pläne überarbeitet werden (vgl. » Kapitel C.1.1.2).

Bestandteile des Gesamtplans sind die Erfolgs-, Bilanz- und Finanzplanung. Im Sinne einer integrierten Betrachtung ist sicherzustellen, dass die drei Bestandteile aufeinander abgestimmt sind:

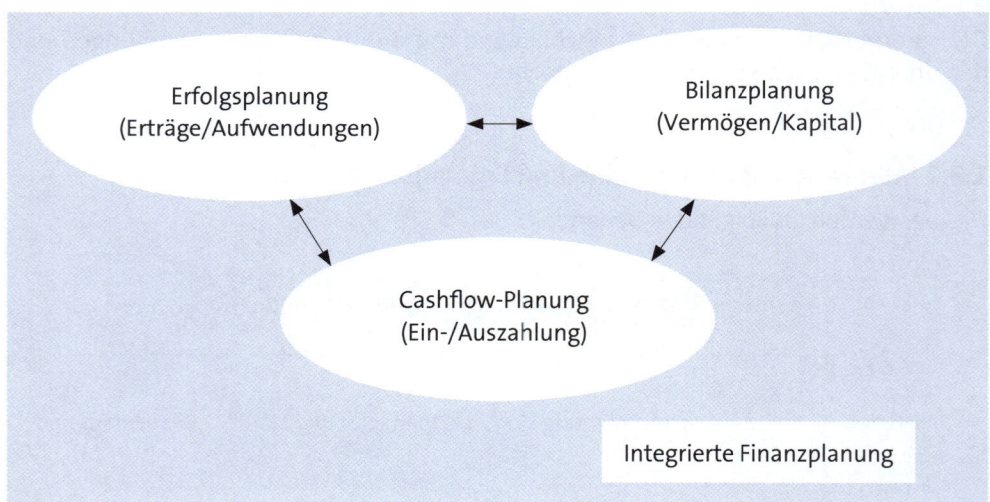

Abb. C.16: Abhängigkeiten zwischen den Teilplänen

1.3.2.2 Erfolgsplanung

In der Erfolgsplanung werden die in den Einzelplänen ermittelten Erträge und Aufwendungen bzw. Erlöse und Kosten zusammengeführt. Wurde auf Ebene von Erlösen und Kosten geplant, so muss die Betriebsergebnisrechnung in die Gewinn- und Verlustrechnung übergeleitet werden. Die GuV muss sich hinsichtlich der Ausgestaltung nicht zwingend an Vorgaben aus dem externen Rechnungswesen orientieren, sondern kann beispielsweise auch als kostenrechnerische Ergebnisrechnung als Voll- oder Teilkostenrechnung ausgestaltet werden (vgl. Tab. C.20).

Beispiel

Für das durchgängige Fallbeispiel ergibt sich die folgende Ergebnisrechnung:

	Consumer					
	Aroma Gold	Büro-genuss	Espresso	Student	Aroma DeLuxe	No. 1
Materialeinzelkosten	6,99 €/St.	11,25 €/St.	117,99 €/St.	4,99 €/St.	17,98 €/St.	4,74 €/St.
+ Fertigungskosten	15,00 €/St.	16,00 €/St.	32,00 €/St.	8,00 €/St.	26,00 €/St.	7,00 €/St.
+ Variable Fertigungskosten	6,01 €/St.	17,75 €/St.	322,01 €/St.	7,01 €/St.	28,02 €/St.	7,26 €/St.
= Variable Stückkosten	28,00 €/St.	45,00 €/St.	472,00 €/St.	20,00 €/St.	72,00 €/St.	19,00 €/St.

	Aroma Gold	Büro-genuss	Espresso	Student	Aroma DeLuxe	No. 1
Verkaufspreis	45,00 €/St.	60,00 €/St.	500,00 €/St.	30,00 €/St.	70,00 €/St.	20,00 €/St.
Verkaufsmenge	450.000 St.	300.000 St.	65.400 St.	240.000 St.	105.000 St.	90.000 St.
Verkaufserlöse	20,25 Mio. €	18,00 Mio. €	32,70 Mio. €	7,20 Mio. €	7,35 Mio. €	1,8 Mio. €
Variable Gesamtkosten	12,6 Mio. €	13,5 Mio. €	30,87 Mio. €	4,8 Mio. €	7,56 Mio. €	1,71 Mio. €
Deckungsbeiträge	7,65 Mio. €	4,5 Mio. €	1,83 Mio. €	2,4 Mio. €	-0,21 Mio. €	0,09 Mio. €

	Consumer			Gewerblich	
	Geysir	Kaffeepad	Café de Paris	Großk.	Einbauk.
Materialeinzelkosten	6,25 €/St.	0,00 €/St.	470,01 €/St.	330,24 €/St.	172,40 €/St.
+ Fertigungslöhne	8,00 €/St.	0,00 €/St.	70,00 €/St.	66,00 €/St.	43,00 €/St.
+ Variable Fertigungs- und Materialgemeinkosten	10,75 €/St.	0,00 €/St.	1.399,99 €/St.	924,76 €/St.	486,60 €/St.
= Variable Stückkosten	25,00 €/St.	0,00 €/St.	1.880,00 €/St.	1.321,00 €/St.	702,00 €/St.

	Geysir	Kaffeepad	Café de Paris	Großk.	Einbauk.
Verkaufspreis	30,00 €/St.	35,00 €/St.	2.000,00 €/St.	1.400,00 €/St.	700,00 €/St.
Verkaufsmenge	22.500 St.	0 St.	8.000 St.	16.500 St.	5.000 St.

Verkaufserlöse	0,68 Mio. €	0	16,00 Mio. €	23,10 Mio. €	3,50 Mio. €
Variable Gesamtkosten	0,56 Mio. €	0	15,04 Mio. €	21,80 Mio. €	3,51 Mio. €
Deckungsbeiträge	0,11 Mio. €	0	0,96 Mio. €	1,3 Mio. €	-0,01 Mio. €

Bruttogewinn (Summe der Deckungsbeiträge)	18,628 Mio. €
Fixe Fertigungs- und Materialgemeinkosten	16,320 Mio. €
Vertriebsgemeinkosten	5,680 Mio. €
Verwaltungsgemeinkosten	13,169 Mio. €
F&E-Kosten	0,158 Mio. €
Nettogewinn	**- 16,7 Mio. €**

Tab. C.20: Ergebnisrechnung
(vgl. *Eisenberg/Oldenburg-Tietjen, 2018, S. 624*)

1.3.2.3 Finanzplanung

Der Finanzplan stellt die Erreichung der finanzwirtschaftlichen Ziele eines Unternehmens sicher. In diesem Zusammenhang ist zunächst einmal die jederzeitige Zahlungsfähigkeit des Unternehmens zu nennen. Darüber hinaus sind der kurz-, mittel- und langfristige Kapitalbedarf zu ermitteln und das benötigte Kapitel zu beschaffen. Die Kapitalausstattung ist dabei so zu bemessen, dass eine größtmögliche finanzwirtschaftliche Rendite (z. B. als Eigen- oder Gesamtkapitalrendite) erzielt wird (vgl. *Peemöller, 2005, S. 318*).

Um eine valide Finanzplanung zu erstellen, sollten die folgenden **Grundsätze** Berücksichtigung finden:

► **Vollständigkeit:** Um einen aussagefähigen Finanzplan erstellen zu können, müssen alle Zahlungsströme der zu planenden Periode abgebildet werden.

► **Zeitpunktgenauigkeit:** Die Zahlungen der Planperiode müssen zu ihren voraussichtlichen Zeitpunkten erfasst werden. Die Umsatzerlöse in einem Unternehmen mit Saisongeschäft dürfen beispielsweise nicht als kontinuierliche Einzahlungen eingeplant werden. Die Genauigkeit der Zahlungsprognosen nimmt dabei mit zunehmendem Planungshorizont in der Regel ab.

► **Betragsgenauigkeit:** Die der Finanzplanung zugrunde liegenden Pläne müssen von realistischen Plansätzen ausgehen.

► **Bruttoausweis:** Ein- und Auszahlungen sollten unsaldiert in der Finanzplanung abgebildet werden, da ansonsten wichtige Informationen verloren gingen.

Bei der Erstellung der Finanzplanung können die direkte und die indirekte Methode unterschieden werden. Bei der **direkten Finanzplanung** wird eine unmittelbare liquiditätsorientierte Transformation der betrieblichen Teilpläne vorgenommen. Das heißt, die in den ≫ Kapiteln C.1.3.1.1 - Kapitel C.1.3.1.6 entwickelten Teilpläne werden in zahlungsorientierte Pläne überführt. Dazu sind die Kosten um auszahlungsunwirksame Kosten zu reduzieren und die tatsächlichen Zahlungszeitpunkte müssen berücksichtigt werden. Darüber hinaus müssen die rein finanzwirtschaftlichen Ströme im Unternehmen berücksichtigt werden (vgl. hierzu die folgenden Ausführungen zur indirekten Finanzplanung).

Die Vorgehensweise bei der **indirekten Finanzplanung** entspricht in Grundzügen der in ≫ Kapitel B.4.2.2 beschriebenen Cashflow-Ermittlung, ergänzt um den Cashflow aus Finanzierungstätigkeit.

	Jahresüberschuss
+/-	Abschreibungen/Zuschreibungen
+/-	Zuführung zu/Auflösung von Rückstellungen
=	**(1) Brutto-Cashflow**
-/+	Erhöhung/Verminderung Working Capital
=	**(2) Cashflow aus Veränderungen im Working Capital**
+/-	Desinvestitionen/Investitionen in Sachanlagen
=	**(3) Cashflow aus Investitionstätigkeit**
+/-	Zuführung/Tilgung von Finanzmitteln
=	**(4) Cashflow aus Finanzierungstätigkeit**
=	**Gesamt-Cashflow** (1) + (2) + (3) + (4)
+	Anfangsbestand an Finanzmitteln
=	**Endbestand an Finanzmitteln**

Durch die Übernahme des Jahresüberschusses aus der Plan-GuV als Ausgangspunkt in den **Brutto-Cashflow** wird zunächst von der Annahme ausgegangen, dass alle geplanten Erträge und Aufwendungen der Planperiode auch zu Ein- bzw. Auszahlungen führen werden. Dieser Jahresüberschuss wird dann in der Folge schrittweise um nicht zahlungswirksame Aufwendungen und Erträge sowie nicht erfolgswirksame Aus- und Einzahlungen korrigiert. Dazu werden im Brutto-Cashflow zunächst die Abschreibungen (nicht zahlungswirksamer Aufwand) und Zuschreibungen (nicht zahlungswirksame Erträge) korrigiert. Weiterhin wird der Cashflow um gebildete Rückstellungen (nicht zahlungswirksamer Aufwand) und in Anspruch genommene Rückstellungen (nicht erfolgswirksame Auszahlungen) berichtigt.

Im Brutto-Cashflow wird durch die Übernahme des Jahresüberschusses unterstellt, dass alle Umsatzerlöse zu Einzahlungen und alle Kosten (mit Ausnahme der beschriebenen Positionen) zu Auszahlungen führen. Im **Working Capital** wird nun dargestellt, welchen Einfluss Abweichungen von dieser Prämisse auf die Liquidität haben. Hinsichtlich der Umsatzerlöse zeigt beispielsweise eine Erhöhung der Forderungen an, dass weniger Einzahlungen aus Umsatzerlösen als tatsächliche Umsatzerlöse in der Periode zu verzeichnen sind. Eine Erhöhung der Forderungen belastet somit die Liquidität. Eine Verminderung der Forderungen führt hingegen zu einer Verbesserung der Liquidität; es wurden mehr Einzahlungen als Umsatzerlöse in der Periode generiert (positives Vorzeichen).

Analog werden im Working Capital weitere Positionen des Umlaufvermögens (Material- und Warenbestände, teilfertige und fertige Erzeugnisse, Forderungen gegenüber dem Finanzamt) sowie aus kurzfristigen Verbindlichkeiten (insbesondere gegenüber Lieferanten und dem Finanzamt) betrachtet. Eine Erhöhung von Positionen des Umlaufvermögens hat dabei immer einen negativen Einfluss auf die Liquidität; eine Erhöhung der Verbindlichkeiten hat dagegen immer einen positiven Einfluss auf die Liquidität (et vice versa).

Der **Cashflow aus Investitionstätigkeit** umfasst alle Einzahlungen aus dem Verkauf von Gegenständen des Anlagevermögens (Sachanlagen, Finanzanlgen, Wertpapiere, Ausleihungen) sowie alle Auszahlungen aus dem Kauf von Gegenständen des Anlagevermögens. Die Einzahlungen spiegeln dabei immer den Restbuchwert der veräußerten Vermögensgegenstände wider. Über die Restbuchwerte hinaus erzielte Veräußerungsgewinne sind als Erträge im Jahresüberschuss und somit im Brutto-Cashflow abgebildet. Werden dagegen geringere Verkaufserlöse als die jeweiligen Restbuchwerte erzielt, sind diese Verluste als zahlungsunwirksamer Aufwand ebenfalls im Brutto-Cashflow enthalten. Investitionen in Sach- oder Finanzanlagen oder die Gewährung langfristiger Darlehen führen hingegen zu Auszahlungen.

Im **Cashflow aus Finanzierungstätigkeit** werden schließlich alle Ein- und Auszahlungen abgebildet, die im Rahmen der Finanzierung eines Unternehmens mit Eigen- und Fremdkapital erbracht werden. Eine Erhöhung des Eigenkapitals durch Gesellschaftereinlagen, Kapitalerhöhungen o. Ä. führt dabei genauso zu Einzahlungen wie die Aufnahme langfristiger Bankkredite oder sonstiger langfristiger Darlehen. Zu Auszahlungen führt dagegen die Rückführung bzw. Tilgung von Kontokorrentkrediten oder langfristiger Darlehen. Auf Eigenkapitalseite sind Dividendenauszahlungen oder beispielsweise auch Kapitalherabsetzungen als Auszahlungen zu berücksichtigen.

Der **Gesamt-Cashflow** ergibt sich schließlich als Saldo der vier dargestellten Teil-Cashflows. Wird zu dieser Veränderung der Liquidität in der Planperiode der Anfangsbestand an liquiden Mitteln hinzuaddiert, ergibt sich der geplante Endbestand an liquiden Mitteln für die Planperiode. Weiterhin ergeben sich aus dem Finanzplan die für die Planperiode anzusetzenden Zinsaufwendungen.

Beispiel

Für das durchgängige Fallbeispiel liegen für die Finanzplanung folgende Informationen vor:

► Der Anfangsbestand an liquiden Mitteln beträgt 5,25 Mio. €.

► In den Gemeinkosten sind Abschreibungen i. H. v. 2,4 Mio. € enthalten.

► Es werden Pensionsrückstellungen i. H. v. 0,65 Mio. € gebildet (in den Verwaltungsgemeinkosten enthalten).

- Bauteile werden zu den Bezugskosten bewertet.
- Fertige Produkte werden zu variablen Herstellkosten bewertet.
- Forderungen aus Lieferung und Leistung erhöhen sich planmäßig um 1,5 Mio. €.
- Verbindlichkeiten aus Lieferung und Leistung erhöhen sich planmäßig um 2,0 Mio. €.
- Es werden langfristige Kredite im Umfang von 1,35 Mio. € getilgt.
- Investitionen fallen in Höhe von 2,2 Mio. € an, die wiederum zu 50 % durch einen langfristigen Kredit finanziert werden.

Es ergibt sich folgender Finanzplan:

	Nettogewinn (aus Ergebnisrechnung)	-16,70 Mio. €
+	Abschreibungen	2,40 Mio. €
+/-	Veränderung Rückstellungen	0,65 Mio. €
=	**Brutto-Cashflow**	**-13,65 Mio. €**
+/-	Veränderung Bestände	
	Rohstoffe/Bauteile	14,96 Mio. €
	Fertige Erzeugnisse	2,38 Mio. €
+/-	Veränderung Ford. LuL	-1,50 Mio. €
+/-	Veränderung Verb. LuL	2,00 Mio. €
=	**Cashflow aus Veränderungen im Working Capital**	**17,83 Mio. €**
-	Investitionen	-2,20 Mio. €
=	**Cashflow aus Investitionstätigkeit**	**-2,20 Mio. €**
+	Aufnahme von Krediten	1,10 Mio. €
+	Tilgung von Krediten	-1,35 Mio. €
=	**Cashflow aus Investitionstätigkeit**	**-0,25 Mio. €**
=	**Veränderung**	**1,73 Mio. €**
+	Anfangsbestand liquide Mittel	5,25 Mio. €
=	**Endbestand liquide Mittel**	**6,98 Mio. €**

1.3.2.4 Bilanzplanung

Die Bilanzplanung ist das aus der Erfolgs- und Cashflow-Planung resultierende Rechenwerk. Ausgehend von den geplanten Endbeständen der laufenden Periode sind bei der Planung des Anlagevermögens beispielsweise die Investitionen aus der Cashflow-Planung sowie die Abschreibungen und Zuschreibungen aus der Erfolgsplanung zu berücksichtigen. Im Umlaufvermögen spiegelt sich dagegen die geplante Entwicklung der Lagerbestände oder Forderungssalden wider. Auf der Eigenkapitalseite erfolgt die Darstellung des Stammkapitals bzw. des gezeichneten Kapitals sowie der Vorträge bzw. Rücklagen unter Berücksichtigung geplanter Kapitalmaßnahmen oder Dividendenausschüttungen. Bei den Rückstellungen sind die ebenfalls bereits geplanten Veränderungen bei Pensions- oder Steuerrückstellungen sowie bei sonstigen Rückstellungen abzubilden. Die Veränderung der Verbindlichkeiten ergibt sich schließlich ebenso aus der Cashflow-Planung. Die Planendbestände der sonstigen Bilanzpositionen ergeben sich analog.

Beispiel

Es ergibt sich für das Beispiel folgende Planbilanz:

	AB	EB
Aktiva		
Anlagevermögen	45,25 Mio. €	45,05 Mio. €
Umlaufvermögen	57,58 Mio. €	43,48 Mio. €
Roh-, Hilfs- und Betriebsstoffe	16,00 Mio. €	1,05 Mio. €
Fertige Erzeugnisse	10,32 Mio. €	7,95 Mio. €
Ford. LuL	26,00 Mio. €	27,50 Mio. €
Liquide Mittel	5,25 Mio. €	6,98 Mio. €
Summe Akitva	**102,83 Mio. €**	**88,53 Mio. €**
Passiva		
Eigenkapital	28,75 Mio. €	12,05 Mio. €
Stammkapital	5,00 Mio. €	5,00 Mio. €
Kapitalrücklage	23,75 Mio. €	23,75 Mio. €
Jahresüberschuss	0,00 Mio. €	-16,70 Mio. €
Rückstellungen	12,50 Mio. €	13,15 Mio. €
Verbindlichkeiten	61,58 Mio. €	63,33 Mio. €
Verb. LuL	45,75 Mio. €	47,75 Mio. €
Verb. ggü. Kreditinstituten	15,83 Mio. €	15,58 Mio. €
Summe Passiva	**102,83 Mio. €**	**88,53 Mio. €**

Aufgabe 7 > Seite 331

Aufgabe 8 > Seite 332

Aufgabe 9 > Seite 333

Aufgabe 10 > Seite 336

2. Kosten- und Leistungsrechnung

Im Rahmen der Kosten- und Leistungsrechnung wird Folgendes behandelt:

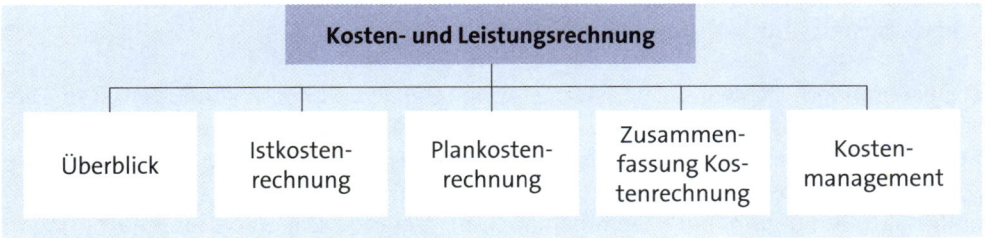

2.1 Überblick

Während das externe Rechnungswesen die Erfüllung sämtlicher Funktionen sicherzustellen hat, die der Gesetzgeber vorsieht (vgl. >> Kapitel A.7), ist die Kosten- und Leistungsrechnung (KLR) als Teilbereich des internen Rechnungswesens in der Regel keinen gesetzlichen Reglementierungen unterworfen. Ausnahmen gelten in bestimmten Branchen, wie z. B. der Telekommunikation, wo eine Regulierungsbehörde den Rahmen für die Kalkulation von Netzentgelten setzt. Es handelt sich bei der KLR somit in der Regel um eine freiwillige Rechnung, die der **Unterstützung der Unternehmensleitung** bei der Steuerung des Geschäftsverlaufs dient.

Die **Informationen der KLR** werden im Vergleich zum Jahresabschluss aus dem externen Rechnungswesen in deutlich kürzeren Abständen – in der Regel monatlich – erstellt. Externe Adressaten haben typischerweise keinen Zugang zu diesen Daten. Dabei werden in der KLR Kosten als der bewertete Verzehr von Produktionsfaktoren und Dienstleistungen betrachtet, der zur Erstellung und zum Absatz der betrieblichen Leistungen sowie zur Aufrechterhaltung der Betriebsbereitschaft (Kapazitäten) erforderlich ist. Im Gegensatz dazu wird im externen Rechnungswesen als Aufwand der gesamte Verzehr von Gütern, Leistungen und Werten betrachtet, nicht nur der betrieblich bedingte.

Typische Fragestellungen, die mit einer KLR beantwortet werden können, sind z. B.:

► Kontrolle von Kostenarten (z. B. Beratungskosten, Reisekosten)

► Kostenkontrolle von Abteilungen

► Benchmarking (Vergleich von Bereichen oder zwischen Unternehmen)

► Preispolitik für Produkte

► Festlegung von Verrechnungspreisen

► Bestimmung von Preisuntergrenzen

► Wahl zwischen Eigen- und Fremdfertigung

► Entscheidung über Zusatzaufträge

► Planung von Produktionsreihenfolgen.

Kostenrechnungssysteme lassen sich nach dem Sachumfang der zugeordneten Kosten in Voll- und Teilkostenrechnungen unterscheiden. Während im Rahmen der **Vollkostenrechnung** sowohl variable als auch fixe Kosten einem Bezugsobjekt zugeordnet werden, betrachtet die **Teilkostenrechnung** ausschließlich variable Kosten als entscheidungsrelevant.

Dabei verändern sich variable Kosten in Abhängigkeit von Kosteneinflussgrößen. Diese Kosteneinflussgrößen können z. B. die Kapazität, das Leistungsvermögen oder die Beschäftigung sein. Ein typisches Beispiel für variable Kosten sind Materialkosten, die bei der Produktion eines Produkts anfallen. Fixe Kosten sind hingegen von Kosteneinflussgrößen unabhängig. Sie fallen auch bei Veränderungen der Beschäftigung in derselben Höhe an. Beispielhaft sind hier Gehaltskosten für Verwaltungsmitarbeiter oder Mietkosten für Gebäude zu nennen. Da Fixkosten in der Regel kurzfristig nicht abbaubar sind, sind sie kurzfristig auch nicht entscheidungsrelevant. Daher werden sie in der Teilkostenrechnung nicht den Produkten zugerechnet.

Als zweite Dimension ist bei Kostenrechnungssystemen zudem der **Zeitbezug** zu beachten, also die Frage, ob Istkosten, Plankosten oder Normalkosten (aus Istkosten vergangener Perioden ermittelte Durchschnittskosten) betrachtet werden.

	Vergangenheit		Zukunft
	Istkosten	**Normalkosten**	**Plankosten**
Vollkosten-rechnung	Istkostenrechnung auf Vollkostenbasis	Normalkostenrechnung auf Vollkostenbasis	Plankostenrechnung auf Vollkostenbasis
Teilkosten-rechnung	Istkostenrechnung auf Teilkostenbasis	Normalkostenrechnung auf Teilkostenbasis	Plankostenrechnung auf Teilkostenbasis

Tab. C.21: Zeitbezug der Kostenrechnungssysteme

Die Plankostenrechnung ist dabei als Ergänzung zu den vergangenheitsorientierten Systemen und hier vor allem zur Istkostenrechnung zu sehen. So dienen die zuvor berechneten Planwerte (Plankosten) als betriebswirtschaftlicher Vergleichsmaßstab für die tatsächlich angefallenen (Ist-)Kosten.

Hinsichtlich der grundlegenden Begrifflichkeiten der KLR sind weiterhin Einzel- und Gemeinkosten zu differenzieren. **Einzelkosten** sind solche Kosten, die direkt Kostenobjekten (also z. B. einem Produkt) aufgrund von Abrechnungen oder Aufzeichnungen zugeordnet werden können. **Gemeinkosten** hingegen können nicht direkt einer Verrechnungseinheit zugeordnet werden. Die Zurechnung erfolgt z. B. in der Kostenstellenrechnung im Betriebsabrechnungsbogen anhand festzulegender Schlüsselungen.

Zu einer Kostenrechnung gehören immer die drei Teilbereiche **Kostenarten-, Kostenstellen-** und **Kostenträgerrechnung**. Zunächst werden alle Kosten in der Kostenartenrechnung erfasst, anschließend werden die (Kostenträger-)Gemeinkosten auf Kostenstellen (Abteilungen) verteilt. Abschließend werden in der Kostenträgerrechnung die Einzel- und Gemeinkosten den Kostenträgern (Produkte, Dienstleistungen) zugeordnet. Durch den Vergleich mit den Erlösen lässt sich nach diesem Schritt der Ergebnisbeitrag aller Produkte bzw. Dienstleistungen zum Unternehmensergebnis erkennen.

2.2 Istkostenrechnung

Unter die Istkostenrechnung fallen die

- **Vollkostenrechnung** und
- **Teilkostenrechnung**.

2.2.1 Vollkostenrechnung

Im Rahmen der Vollkostenrechnung werden dargestellt:

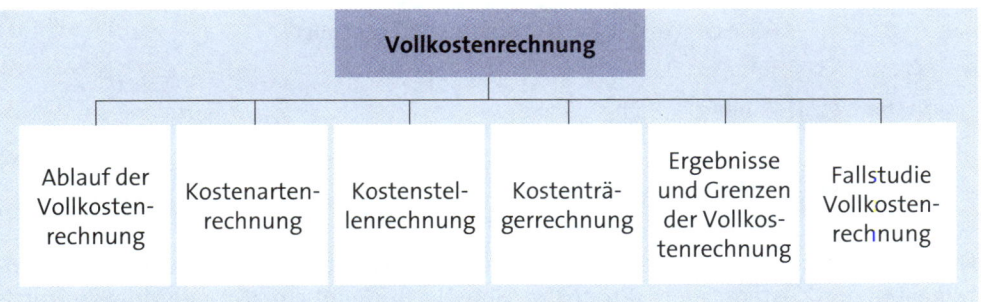

2.2.1.1 Ablauf der Vollkostenrechnung

Für den Ablauf der Vollkostenrechnung ist die Differenzierung der angefallenen Kosten in Einzel- und Gemeinkosten relevant (vgl. Abb. C.17).

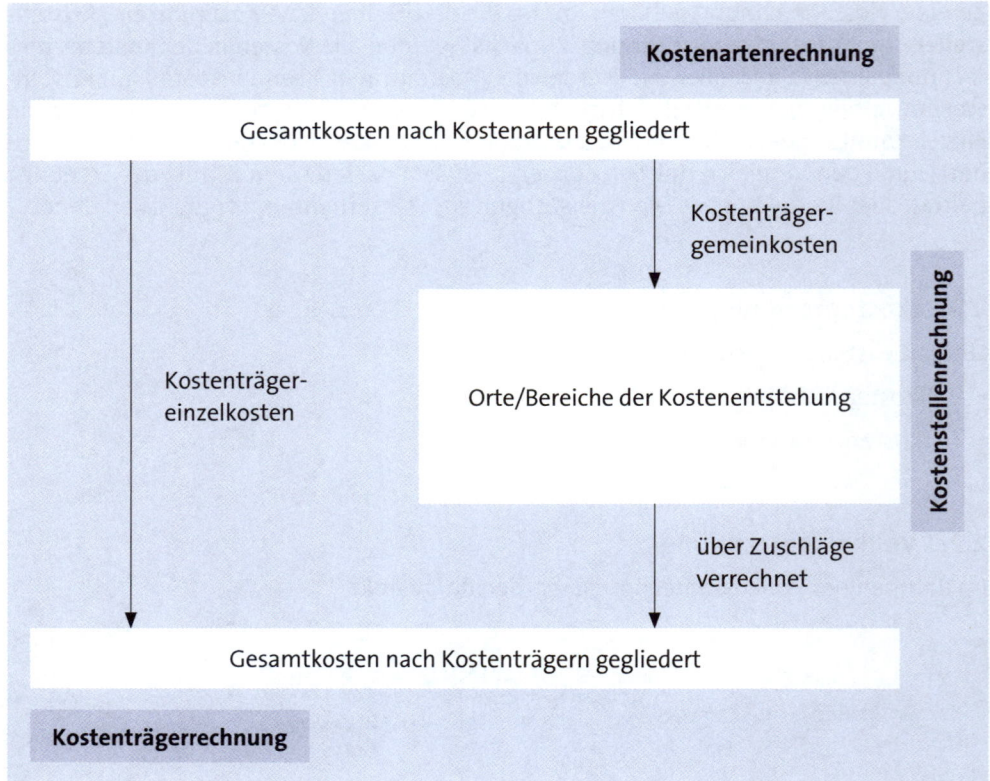

Abb. C.17: Ablauf der Vollkostenrechnung

Nach der Erfassung aller Kosten in der Kostenartenrechnung werden **Kostenträgereinzelkosten** den Kostenträgern (Produkte, Dienstleistungen) direkt zugeordnet. Beispielhaft hierfür sind Material- und Lohneinzelkosten zu nennen, die über Aufschreibungen, Stücklisten oder Arbeitspläne unmittelbar auf Produktebene erfasst werden. **Kostenträgergemeinkosten** hingegen werden auf Kostenstellen verteilt. Hier sind Kostenstelleneinzel- und Kostenstellengemeinkosten zu unterscheiden. **Kostenstelleneinzelkosten** können direkt einer Kostenstelle zugeordnet werden. Dies ist z. B. beim Gehalt von Mitarbeitern der Fall, die in einer Abteilung arbeiten. **Kostenstellengemeinkosten** erfordern hingegen eine Aufteilung. Diese ist beispielsweise bei Mietkosten erforderlich, wenn mehrere Abteilungen ein Gebäude gemeinsam nutzen. Die Mietkosten können dann über die genutzten Flächen auf die Abteilungen aufgeschlüsselt werden.

Nach Abschluss der Kostenstellenrechnung sind alle Kostenstellenkosten anteilig auf die Kostenträger zu verteilen. Auch hierzu sind wieder Schlüsselungen, z. B. über Zeitschlüssel (Stundensätze) oder prozentuale Zuschlagssätze erforderlich. Nach diesem Schritt sind dann alle Kosten auf alle Kostenträger eines Unternehmens verteilt und können mit den Erlösen verglichen werden, um Produktergebnisse zu bestimmen.

Da bei Kostenträgereinzelkosten eine direkte Zuordnung zu den Kostenträgern erfolgt, lässt sich in diesem Bereich in der Regel eine hohe Genauigkeit erreichen. Problematischer sind die Kostenträgergemeinkosten. Hier sind unter Umständen sogar mehrere Schlüsselungsschritte erforderlich, sodass die Güte des Ergebnisses stark von der Qualität der gewählten Schlüssel abhängt. Ein Unternehmen mit einem hohen Anteil an Kostenträgereinzelkosten kann somit leichter genauere Kostenrechnungsergebnisse erzielen als ein Unternehmen mit einem hohen Anteil an Kostenträgergemeinkosten.

2.2.1.2 Kostenartenrechnung

Die Kostenartenrechnung bildet die Basis für die nachfolgende Kostenstellen- und Kostenträgerrechnung (vgl. hierzu und im Folgenden *Coenenberg/Fischer/Günther, 2016, S. 69 ff.*). Aufgaben der Kostenartenrechnung sind die Ermittlung eines kurzfristigen **internen Periodenergebnisses** durch Gegenüberstellung von Erlösen und Kosten, die Darstellung der Struktur der Kosten- und Leistungsarten sowie die Ermöglichung der Weiterverrechnung der Kosten in der Kostenstellen- und Kostenträgerrechnung. Hinsichtlich der Struktur der Kosten- und Leistungsarten ist es Aufgabe der Kostenartenrechnung, alle in einer Periode angefallenen Kosten vollständig und überschneidungsfrei einzuteilen.

Im Vergleich zum externen Rechnungswesen ist die Einteilung in Kostenarten in der Regel differenzierter, sodass mithilfe der Kostenarten bereits Analysen zur Entwicklung von Kosten durchgeführt werden können. Auffälligkeiten können dabei sowohl anhand der absoluten Kosten als auch anhand der Entwicklung einzelner Kostenarten im Verhältnis zu den Gesamtkosten zu Tage treten.

Datenbasis der Kostenartenrechnung sind die Aufwendungen aus der Buchhaltung. Diese werden um **neutrale Aufwendungen** bereinigt. Dazu zählen

- betriebsfremde Aufwendungen (z. B. Spenden)

- außerordentliche Aufwendungen (z. B. für die Beseitigung von Hochwasserschäden) und

- periodenfremde Aufwendungen (z. B. Steuernachzahlungen für Vorjahre).

Ergänzt wird die Datenbasis ggf. um zusätzliche **kalkulatorische Kosten**, wie z. B. den kalkulatorischen Unternehmerlohn oder kalkulatorische Mieten. Ferner können Aufwendungen aus der Buchhaltung in der Kostenartenrechnung anders bewertet werden, z. B. Abschreibungen aufgrund unterschiedlicher Nutzungsdauern oder Abschreibungsausgangswerte. Neben kalkulatorischen Abschreibungen sind als **Anderskosten** auch kalkulatorische Zinsen (auf Eigen- und Fremdkapital) und kalkulatorische Wagnisse denkbar.

Die Nutzung kalkulatorischer Kosten ist dabei nicht zwingend, sondern im Einzelfall abzuwägen. Grundsätzlich ist zu hinterfragen, ob die bilanziellen Wertansätze den tatsächlichen Werteverzehr realistisch abbilden. Ist diese Frage zu bejahen, dann sind kalkulatorische Kosten verzichtbar. Machen andererseits z. B. Abschreibungen einen größeren Anteil der Gesamtkosten aus und werden die bilanziellen Nutzungsdauern in der Realität regelmäßig deutlich überschritten, so spricht viel für die Berechnung kalkulatorischer Abschreibungen auf Basis der längeren Nutzungsdauern.

Abb. C.18 zeigt die Überleitung des Gesamtaufwands zu den Gesamtkosten im Überblick. Die Überleitung der Erträge zu den Erlösen erfolgt analog.

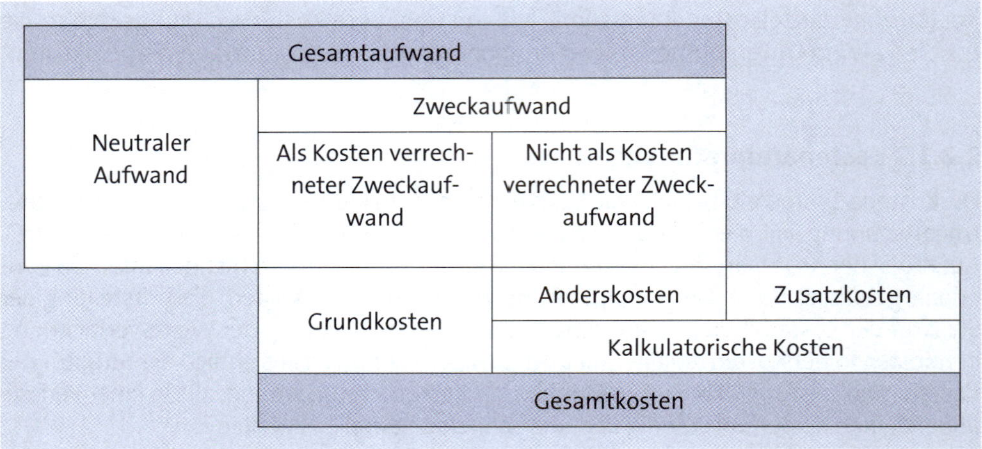

Gesamtaufwand			
Neutraler Aufwand	Zweckaufwand		
	Als Kosten verrechneter Zweckaufwand	Nicht als Kosten verrechneter Zweckaufwand	
	Grundkosten	Anderskosten	Zusatzkosten
		Kalkulatorische Kosten	
Gesamtkosten			

Abb. C.18: Überleitung des Gesamtaufwands zu den Gesamtkosten

Neben diesen inhaltlichen Anpassungen sind auch zeitliche Abgrenzungen erforderlich, um unregelmäßig anfallenden Aufwand auf die jeweilige Periode der Kostenrechnung, in der Regel Monate, zu verteilen. Beispiele für **jährlich anfallende Aufwendungen** sind:

- Versicherungsprämien
- Weihnachtsgeld
- Urlaubsgeld
- Boni.

Wird das Weihnachtsgeld beispielsweise im November ausgezahlt, so ist eine anteilige Verteilung auf alle Monate auf Basis von Prognosewerten sinnvoll, da die Zahlung für die Arbeitsleistung im Gesamtjahr geleistet wird. Die Bestimmung zeitlicher Abgrenzungen ist manchmal einfach (eine im Januar gezahlte Versicherungsprämie für das Gesamtjahr kann beispielsweise einfach durch zwölf Monate geteilt werden), manchmal aber auch mit schwierigen Schätzungen verbunden (z. B. Bestimmung am Jahresende gezahlter Boni). Für die Erlöse gilt das Gleiche wie für die Kosten. Auch hier sind kalkulatorische Wertansätze sowie zeitliche Abgrenzungen denkbar.

Insgesamt ist die Kostenartenrechnung damit eine kurzfristige (monatliche) Ergebnisrechnung für das Kerngeschäft eines Unternehmens. Ausgehend von der Kostenartenrechnung lassen sich Kostenträgereinzelkosten direkt den Kostenträgern zuordnen, während Kostenträgergemeinkosten in der Kostenstellenrechnung zunächst auf Kostenstellen verteilt werden.

Aufgabe 11 > Seite 337

2.2.1.3 Kostenstellenrechnung

Als **Kostenstellen** werden Abteilungen oder Teilbereiche eines Unternehmens bezeichnet, die selbstständig abgerechnet werden (vgl. hierzu und im Folgenden *Coenenberg/Fischer/Günther, 2016, 117 ff.*). Die Festlegung von Kostenstellen erfolgt z. B. nach Verantwortlichkeiten, betrieblichen Funktionen oder räumlichen Gesichtspunkten und wird in einem (unternehmensindividuellen) Kostenstellenplan dokumentiert. Die Anzahl der Gliederungsebenen kann dabei sehr unterschiedlich sein und hängt insbesondere von der Unternehmensgröße und der Unternehmenskomplexität ab.

Zu den Aufgaben der Kostenstellenrechnung gehört im ersten Schritt die Verteilung der **primären Kostenträgergemeinkosten** auf die Kostenstellen. Lassen sich die Kosten einer Kostenstelle direkt zuordnen, handelt es sich um **Kostenstelleneinzelkosten**; ist eine Schlüsselung zur Aufteilung der Kosten erforderlich, spricht man von **Kostenstellengemeinkosten**.

Bei den Kostenstellen unterscheidet man bezüglich der Abrechnung zwischen Vor- und Endkostenstellen. **Vorkostenstellen** erbringen Leistungen für andere Kostenstellen, **Endkostenstellen** Leistungen für die Kostenträger. Typische Endkostenstellen sind Fertigung und Vertrieb; Beispiele für interne Dienstleister (Vorkostenstellen) sind Instandhaltung, Fuhrpark oder Kantine.

Um wirtschaftliches Verhalten der internen Kunden zu erreichen, werden für die Leistungen der Vorkostenstellen Preise festgelegt. Im Rahmen der **innerbetrieblichen Leistungsverrechnung** entstehen so im zweiten Schritt **sekundäre Gemeinkosten**, indem Vorkostenstellen unter Zuhilfenahme verschiedener Abrechnungsmethoden (Anbauverfahren, Stufenleiterverfahren, simultanes Gleichungsverfahren, Iterationsverfahren) auf Endkostenstellen abgerechnet werden.

Das zentrale Instrument der Kostenstellenrechnung ist der **Betriebsabrechnungsbogen**.

Kostenarten	Vorkostenstellen		Endkostenstellen			
	Energie-erz.	Fuhrpark	Material-wirtsch.	Fertigung	Verwal-tung	Vertrieb
Materialkosten	1.500	200	400	350	50	80
Löhne	200	250	550	1.000	100	0
Gehälter	100	100	200	250	800	1.100
Kalk. Abschreibungen	250	20	120	80	140	20
...	...	...	...	...	...	...
Primäre Gemeinkosten	Σ	Σ	Σ	Σ	Σ	Σ
Umlage Energie						
Umlage Fuhrpark						
Summe Gemeinkosten	0	0	Σ	Σ	Σ	Σ

Tab. C.22: Betriebsabrechnungsbogen

Im Betriebsabrechnungsbogen (BAB) stehen in den Zeilen die Kostenarten, in den Spalten die Kostenstellen. Diese werden nach Vorkostenstellen und Endkostenstellen gegliedert. Zunächst werden alle primären Gemeinkosten auf die Kostenstellen verteilt; im zweiten Schritt werden dann die Gemeinkosten der Vorkostenstellen auf die Endkostenstellen verrechnet. Hierzu ist jeweils ein Schlüssel für die Verrechnung zu definieren; für die Energieerzeugung kann dies z. B. die Energiemenge, für den Fuhrpark die gefahrene Kilometerzahl sein. Unabhängig vom gewählten Verfahren strebt man in der Regel eine Abrechnung der Vorkostenstellen auf null an.

Zu den Aufgaben der Kostenstellenrechnung zählt weiterhin die **Vorbereitung der Kostenträgerrechnung**. Dazu werden die Endkostenstellen mittels Wertschlüsseln (z. B. Einzelkosten) oder Mengenschlüsseln (z. B. Maschinenstunden) auf die Kostenträger abgerechnet. Darüber hinaus dient die Kostenstellenrechnung der **Wirtschaftlichkeitsanalyse**, die sinnvollerweise allerdings eine Plankostenrechnung erfordert, da andernfalls lediglich Vergangenheitsdaten zum Vergleich herangezogen werden können. Entsprechende Soll-Ist-Vergleiche werden in der Regel monatlich erstellt, den Kostenstellenstellenverantwortlichen zur Verfügung gestellt und bei Bedarf – insbesondere bei Abweichungen – diskutiert (vgl. Tab. C.23).

Beispiel

| Kostenstelle: Marketing | | | | Kostenstellengruppe: Vertrieb | |
| Verantwortlich: Meier | | | | | |
Zeitraum: Januar - April				Werte in T€	
Kostenart	Soll	Ist	Abw.	Abw. %	Bemerkung
Gehälter	400	380	-20	-5 %	
Reisekosten	150	210	60	40 %	
Werbekosten	100	10	-90	-90 %	
Telekommunikation	80	72	-8	-10 %	
Beratungskosten	40	90	50	125 %	
Umlage Energiekosten	20	16	-4	-20 %	
Umlage Raumkosten	30	32	2	7 %	
Summe	820	810	-10	-1 %	

Tab. C.23: Wirtschaftlichkeitsanalyse mittels Soll-Ist-Vergleich

Aufgabe 12 > Seite 337

2.2.1.4 Kostenträgerrechnung

Die Kostenträgerrechnung wertet schließlich die Informationen aus Kostenarten- und Kostenstellenrechnung aus. **Kostenträger** sind dabei als Leistungen definiert, die für den Markt bestimmt sind. Grundsätzlich wird bei der Kostenträgerrechnung unterschieden zwischen der **Kostenträgerstückrechnung**, deren Ergebnis die Selbstkosten eines Produkts sind, und der **Kostenträgerzeitrechnung**, deren Ergebnis das kurzfristige Betriebsergebnis gegliedert nach Kostenträgern darstellt. In der Kostenträgerstückrechnung kommen verschiedene Kalkulationsverfahren zum Einsatz. Weite Verbreitung findet dabei die Zuschlagskalkulation. Ebenfalls zur Anwendung kommen Divisionskalkulation, Äquivalenzziffernkalkulation oder Kuppelkalkulation.

Nachfolgend wird ein Schema für die Zuschlagskalkulation wiedergegeben. In diesem Fall werden die Prozentsätze für alle Gemeinkostenpositionen im Betriebsabrechnungsbogen bestimmt. Dieses Schema kann beliebig differenziert und abgewandelt werden. Anstelle einer (Gesamt-)Fertigungskostenstelle kann beispielsweise mit jeweils einer Kostenstelle pro Fertigungsbereich gearbeitet werden; statt mit Prozentsätzen kann auch mit Stundensätzen oder Mengenschlüsseln kalkuliert werden. Dies führt in der Regel zu genaueren Ergebnissen.

1.	Materialeinzelkosten	
2.	Materialgemeinkosten	in Prozent von 1
3.	Materialkosten	1 + 2
4.	Fertigungseinzelkosten	
5.	Fertigungsgemeinkosten	in Prozent von 4
6.	Sondereinzelkosten der Fertigung	
7.	Fertigungskosten	4 + 5 + 6
8.	**Herstellkosten**	**3 + 7**
9.	Verwaltungsgemeinkosten	in Prozent von 8
10.	Vertriebsgemeinkosten	in Prozent von 8
11.	Sondereinzelkosten des Vertriebs	
12.	**Selbstkosten**	**8 + 9 + 10 + 11**

Nach der Ermittlung von Selbstkosten pro Stück werden anschließend in der **Kostenträgerzeitrechnung** Erlöse und Kosten für eine Periode, in der Regel monatlich, gegenübergestellt (vgl. Tab. C.24). Dadurch lässt sich der Ergebnisbeitrag jedes Kostenträgers in diesem Zeitraum ermitteln. Das Gesamtergebnis über alle Kostenträger hinweg muss dem Gesamtbetriebsergebnis aus der Kostenartenrechnung entsprechen.

Beispiel

Kostenträger (Werte in T€)	A	B	C	Summe
Umsatzerlöse	28.750	38.900	10.235	77.885
Materialeinzelkosten	10.200	16.400	3.200	29.800
Materialgemeinkosten	1.020	1.640	320	2.980
Fertigungseinzelkosten	2.800	5.400	1.160	9.360
Fertigungsgemeinkosten	4.200	8.100	1.740	14.040
Herstellkosten des Umsatzes	18.220	31.540	6.420	56.180
Verwaltungsgemeinkosten	1.822	3.154	642	5.618
Vertriebsgemeinkosten	3.644	6.308	1.284	11.236
Selbstkosten des Umsatzes	23.686	41.002	8.346	73.034
Betriebsergebnis	**5.064**	**-2.102**	**1.889**	**4.851**

Tab. C.24: Kostenträgerzeitrechnung

Die Kostenträgerrechnung leistet als Hauptaufgabe **Entscheidungsunterstützung** bezüglich der Preis- sowie Sortimentspolitik und liefert Stück- und Periodenergebnisse. Zudem ermöglicht sie Kostenvergleiche zwischen Werken, für verschiedene Auftragsgrößen oder für Make-or-Buy-Entscheidungen. Darüber hinaus übernimmt sie Bewertungsaufgaben bei der Bestimmung von Verrechnungspreisen für Lieferungen an andere Unternehmen eines Konzerns sowie bei der Bestandsbewertung von fertigen und unfertigen Erzeugnissen (in der Regel zu Herstellkosten).

2.2.1.5 Ergebnisse und Grenzen der Vollkostenrechnung

Die beschriebene Vorgehensweise der Vollkostenrechnung birgt sowohl Vor- als auch Nachteile. Kritisch ist dabei vor allem der Aspekt der Entscheidungsorientierung zu sehen. Aufgrund der fehlenden Unterscheidung der betrachteten Kosten in variable und fixe Kosten können Vollkostenergebnisse nicht für kurzfristige Produkt- bzw. Sortimentsentscheidungen genutzt werden. Dies gilt beispielsweise auch für Produkt B aus Tab. C.24. Dieses besitzt ein negatives Vollkostenergebnis. In den Gemeinkosten sind aber auch Fixkosten enthalten, die bei der Streichung des Produkts aus dem Sortiment kurzfristig nicht abbaubar wären. Stattdessen würden sie auf die verbleibenden Produkte verteilt, sodass sich deren Ergebnisse verschlechtern. Im schlimmsten Fall verschlechtert sich dadurch das Gesamtergebnis des Unternehmens. Zudem verändern sich die Gemeinkostenzuschlagssätze aus dem Betriebsabrechnungsbogen mit der Beschäftigung (Auslastung). Bei sinkender Auslastung werden die konstanten Fixkosten auf die verbliebenen Mengen verrechnet; dadurch steigen rechnerisch die Stückkosten der Produkte.

Gleichwohl stellt das Vollkostenergebnis bei langfristigen Entscheidungen unter der Prämisse, dass sich Fixkosten abbauen lassen, eine gute Basis dar. Vorteile bringt die Vollkostenrechnung vor allem im Bereich der Verrechnungspreise und der Bestandsbewertung von fertigen und unfertigen Erzeugnissen mit sich. Nicht zuletzt deshalb ist die Vollkostenrechnung in der Praxis weit verbreitet.

2.2.1.6 Fallstudie Vollkostenrechnung

Für eine kleine GmbH stehen nach dem Periodenabschluss des externen Rechnungswesens die Gewinn- und Verlustrechnung sowie eine Reihe von Zusatzinformationen zur Verfügung.

Gewinn- und Verlustrechnung (01.01. - 30.06.), Werte in Euro:

Erlöse	370.000
Materialaufwand	130.000
Personalaufwand	161.000
Abschreibungen	27.000
Sonstige betriebliche Aufwendungen	49.600
Ergebnis	**2.400**

Folgende Zusatzinformationen liegen zur **Kostenartenrechnung** vor:

► In den sonstigen betrieblichen Aufwendungen ist eine Steuernachzahlung in Höhe von 12.000 € enthalten.

► Im Gegensatz zu den bilanziellen Abschreibungen wird das Anlagevermögen kalkulatorisch linear auf zehn Jahre abgeschrieben. Die Anschaffungskosten betragen 400.000 €.

► Im November wird den Mitarbeitern Weihnachtsgeld gezahlt. Aktuell wird der dann zu zahlende Betrag auf 18.000 € geschätzt.

Die Zusatzinformationen sind wie folgt zu behandeln:

► Die Steuernachzahlung ist periodenfremd und wird daher aus der Kostenartenrechnung als neutrale Position eliminiert.

► Es werden kalkulatorische Abschreibungen gebildet. Diese betragen 40.000 €/Jahr (400.000 € : 10 Jahre). Auf den Zeitraum von sechs Monaten entfallen somit 20.000 €.

► Das Weihnachtsgeld wird für die Leistung der Mitarbeiter im Gesamtjahr gezahlt. Für die ersten sechs Monate wird daher die Hälfte des Gesamtbetrags, d. h. 9.000 €, zeitlich abgegrenzt.

Die Überleitung von der Gewinn- und Verlustrechnung zur Kostenartenrechnung sieht damit wie folgt aus (Werte in Euro):

	GuV	Neutrale Positionen	Kalkula-torische Positionen	Zeitliche Abgrenzun-gen	Betriebs-ergebnis
Erlöse	370.000				370.000
Materialaufwand	130.000				130.000
Personalaufwand	161.000			9.000	170.000
Abschreibungen	27.000		-7.000		20.000
Sonstige betriebli-che Aufwendungen	49.600	-12.000			37.600
Ergebnis	**2.400**				**12.400**

Tab. C.25: Kostenartenrechnung

An die Kostenartenrechnung schließt sich die **Kostenstellenrechnung** an. Die gesamten Materialkosten sind mittels Materialentnahmescheinen als Einzelkosten für Kostenträger erfasst worden. Der Kostenstellenplan sieht für das Unternehmen folgende Kostenstellen vor:

- Instandhaltung
- Fertigung
- Verwaltung und Vertrieb.

Tab. C.26 zeigt die Verteilung der Gemeinkosten auf diese Kostenstellen (Werte in Euro):

	Instandhaltung	Fertigung	Verwaltung und Vertrieb	Summe
Personalkosten	10.000	120.000	40.000	170.000
Kalkulatorische Abschreibungen	2.000	17.000	1.000	20.000
Sonstige Kosten	3.000	18.500	16.100	37.600
Summe primäre Gemeinkosten	**15.000**	**155.500**	**57.100**	**227.600**

Tab. C.26: Verteilung der Gemeinkosten

Folgende Zusatzinformationen liegen zur **Kostenstellenrechnung** vor:

- Als interner Dienstleister leistet die Hilfskostenstelle Instandhaltung 250 h für die Fertigung sowie 50 h für Verwaltung und Vertrieb.
- Die Fertigungsgemeinkosten sollen über den Schlüssel (Bezugsgröße) Fertigungsstunden auf die Kostenträger verteilt werden. Insgesamt wurden in der Fertigung im Gesamtzeitraum 2.800 h gearbeitet.

▸ Als Bezugsgröße für die Verteilung der Verwaltungs- und Vertriebsgemeinkosten dienen die Herstellkosten.

Diese Informationen werden wie folgt verarbeitet:

▸ Für die Instandhaltungskosten ergibt sich ein Stundensatz von 50 €/h (15.000 € : 300 h). An die Fertigung werden damit 12.500 € (250 h • 50 €/h) weiterverrechnet, an Verwaltung und Vertrieb analog 2.500 €. Die Summe der Gemeinkosten erhöht sich damit in der Fertigung auf 168.000 €, in Verwaltung und Vertrieb auf 59.600 €.

▸ Die Fertigungsgemeinkosten von 168.000 € werden durch die 2.800 h dividiert. Dadurch ergibt sich ein Stundensatz von 60 €/h.

▸ Zur Verrechnung der Verwaltungs- und Vertriebsgemeinkosten sind vorbereitend die Herstellkosten zu ermitteln. Diese setzen sich aus Materialeinzelkosten von 130.000 € (siehe Kostenartenrechnung) und Fertigungsgemeinkosten von 168.000 € zusammen. In Summe betragen die Herstellkosten damit 298.000 €. Die Verwaltungs- und Vertriebsgemeinkosten von 59.600 € werden durch diese Summe dividiert, sodass sich ein Zuschlagssatz von 20 % ergibt.

Tab. C.27 zeigt den resultierenden Betriebsabrechnungsbogen (Werte – sofern nicht anders angegeben – in Euro):

	Instandhaltung	Fertigung	Verwaltung und Vertrieb	Summe
Personalkosten	10.000	120.000	40.000	170.000
Kalkulatorische Abschreibungen	2.000	17.000	1.000	20.000
Sonstige Kosten	3.000	18.500	16.100	37.600
Summe primäre Gemeinkosten	**15.000**	**155.500**	**57.100**	**227.600**
Umlage Instand- haltung	-15.000	12.500	2.500	0
Summe Gemeinkosten	**0**	**168.000**	**59.600**	**227.600**
Bezugsgröße		Fertigungs- stunden	Herstellkosten	
Bezugsbasis		2.800 h	298.000	
Bezugssatz		**60 €/h**	**20 %**	

Tab. C.27: Betriebsabrechnungsbogen

Anschließend können diese Bezugssätze in der **Kostenträgerstückrechnung** verwendet werden. Im ersten Halbjahr wurden die beiden Produkte „Standard" und „Premium" hergestellt. Fertigungsstunden und Materialeinzelkosten wurden im ERP-System für die Produkte erfasst. Damit ergibt sich folgende Stückkalkulation:

	Standard	Premium
Fertigungsstunden	2 h/St.	4 h/St.
Materialeinzelkosten	100 €/St.	150 €/St.
Fertigungsgemeinkosten	2 h · 60 €/h = 120 €/St.	240 €/St.
Herstellkosten	100 + 120 = 220 €/St.	390 €/St.
Verwaltungs- und Vertriebsgemeinkosten	220 · 20 % = 44 €/St.	78 €/St.
Selbstkosten	**220 + 44 = 264 €/St.**	**468 €/St.**

Tab. C.28: Kostenträgerstückrechnung

Abschließend wird die **Kostenträgerzeitrechnung** durchgeführt. Hierzu werden den Erlösen die Selbstkosten des Umsatzes gegenübergestellt. Diese ergeben sich als Produkt aus der Stückzahl und den Selbstkosten aus der Kostenträgerstückrechnung:

	Standard	Premium	Summe
Absatz- und Produktionsmenge	1.000 St.	200 St.	
Verkaufspreis	250 €/St.	600 €/St.	
Erlöse	1.000 St. · 250 €/St. = 250.000 €	120.000 €	370.000 €
Selbstkosten des Umsatzes	1.000 St. · 264 €/St. = 264.000 €	93.600 €	357.600 €
Betriebsergebnis	**-14.000 €**	**26.400 €**	**12.400 €**

Tab. C.29: Kostenträgerzeitrechnung

Insgesamt ergibt sich nach diesem letzten Schritt ein Betriebsergebnis von 12.400 €. Dies entspricht dem Ergebnis der Kostenartenrechnung. An dieser Stelle wird aber zusätzlich der jeweilige Ergebnisbeitrag der Produkte deutlich. Problematisch ist hier das Produkt „Standard" mit seinem negativen Ergebnis. Da in den Vollkosten aber auch anteilige Fixkosten enthalten sind, kann hieraus nicht abgeleitet werden, dass das Sortiment um dieses Produkt zu bereinigen ist. Eine Aussage hierüber ist nur mittels Teilkostenrechnung möglich.

2.2.2 Teilkostenrechnung

Im Rahmen der Teilkostenrechnung werden dargestellt:

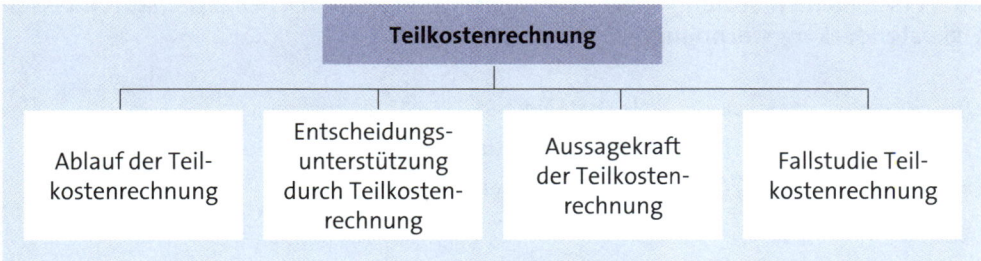

2.2.2.1 Ablauf der Teilkostenrechnung

Der Ablauf der Teilkostenrechnung entspricht grundsätzlich der Durchführung der Kostenarten-, Kostenstellen- und Kostenträgerrechnung (vgl. *Coenenberg/Fischer/ Günther, 2016, S. 207 ff.*). Allerdings erfolgt im Gegensatz zur Vollkostenrechnung auch eine **Unterscheidung der Kosten in fixe und variable Kosten**. Verrechnet werden auf die Kostenträger lediglich die variablen Kosten, sodass alle Kosten in diese beiden Kategorien aufzuteilen sind.

Nicht alle Kostenarten sind immer eindeutig fix oder variabel. Dies kann z. B. bei Energie- oder Instandhaltungskosten der Fall sein. Zur Kategorisierung der variablen und der fixen Kosten können verschiedene Methoden eingesetzt werden. Die am häufigsten angewandte Methode ist die buchtechnische Methode, bei der anhand von vorliegenden Informationen und Erfahrungen eine Kostenspaltung erfolgt. Alternativ kommen vor allem die mathematische (Differenzenquotient) und statistische Methode (Lineare Regression) infrage.

Kostenträgereinzelkosten sind dabei überwiegend variabel, wie z. B. die Materialkosten eines Produkts. Sie können aber auch fix sein, wenn beispielsweise Gehaltskosten eines Projektmitarbeiters zugeordnet werden können. Bei den Kostenträgergemeinkosten werden in der Kostenstellenrechnung lediglich die variablen Gemeinkosten betrachtet und auch nur variable Zuschlagssätze ermittelt. Die fixen Kosten verbleiben im Betriebsabrechnungsbogen und werden in der Kostenträgerrechnung nicht weiter berücksichtigt.

Innerhalb der Kostenträgerrechnung werden schließlich von den Erlösen die variablen Kosten subtrahiert, und als Ergebnis entsteht der sogenannte **Deckungsbeitrag** des Kostenträgers auf Stück- oder Periodenebene. Ein Produkt mit einem negativen Stückdeckungsbeitrag sollte bei ausschließlicher Berücksichtigung von Gewinnaspekten nicht weitergeführt werden.

Zur Ermittlung des Periodenergebnisses werden die Fixkosten bei der einstufigen Deckungsbeitragsrechnung en bloc vom Deckungsbeitrag subtrahiert; bei der mehrstufigen Deckungsbeitragsrechnung erfolgt eine differenzierte Zuordnung der Fixkosten
auf verschiedenen Stufen – siehe das nachfolgende Grundschema der **stufenweisen
Fixkostendeckungsrechnung**.

(Verkaufspreis pro Stück - variable Kosten pro Stück) • Absatzmenge
= Deckungsbeitrag 1 - Fixkosten der Produktgruppe
= Deckungsbeitrag 2 - Fixkosten des Produktbereichs
= Deckungsbeitrag 3 - Fixkosten der Sparte
= Deckungsbeitrag 4 - unternehmensfixe Kosten
= **Betriebsergebnis**

2.2.2.2 Entscheidungsunterstützung durch Teilkostenrechnung

Im Gegensatz zur Vollkostenrechnung lassen sich auf Basis der Teilkostenrechnung
unter Berücksichtigung strategischer Überlegungen und Verbundeffekte auch kurzfristige Produkt- und Sortimentsentscheidungen begründen. Da Fixkosten in der Regel
kurzfristig nicht abbaubar sind, sind diese grundsätzlich für kurzfristige Entscheidungen irrelevant.

Folgende Entscheidungssituationen können mittels Teilkosteninformationen beurteilt werden:

▸ **Break-even-Analyse**
Im Rahmen der Break-even-Analyse wird berechnet, welche Absatz- bzw. Produktionsmenge erforderlich ist, um die Gewinnschwelle (Break-even-Point) zu erreichen.
Dies ist der Fall, wenn Erlöse und Kosten die gleiche Höhe aufweisen. Anders ausgedrückt: Der Gesamtdeckungsbeitrag muss die gleiche Höhe besitzen wie die Fixkosten. Die Break-even-Menge ergibt sich damit aus der Division der Fixkosten durch
den Stückdeckungsbeitrag.

▸ **Programmoptimierung**
Kurzfristig lohnen sich alle Produkte mit positivem Deckungsbeitrag im Sortiment,
da diese einen Beitrag zur Deckung der Fixkosten leisten. Neben dieser Betrachtung
sind auch Verbundeffekte und strategische Aspekte zu berücksichtigen. Auch Zusatzaufträge lohnen sich für Unternehmen, wenn diese einen positiven Deckungsbeitrag erwirtschaften.

▸ **Programmoptimierung in Engpasssituationen**
In Situationen knapper Kapazitäten können nicht alle Produkte mit positivem Deckungsbeitrag gefertigt werden. In diesem Fall muss der Deckungsbeitrag in Relation zum Engpassfaktor betrachtet werden, der sogenannte relative Deckungsbeitrag
(vgl. auch ≫ Kapitel C.1.3.1.2). In einer Fertigung mit knapper Maschinenkapazität
ist dann der Deckungsbeitrag pro Fertigungsstunde ausschlaggebend, in der Land-
wirtschaft bei knappen Flächen der Deckungsbeitrag pro Hektar.

► **Make-or-Buy-Entscheidungen**

Da Fixkosten kurzfristig nicht abbaubar sind, spielen sie für kurzfristige Make-or-Buy-Entscheidungen keine Rolle. Es ist also ein Vergleich zwischen eigenen variablen Kosten mit den Preisen potenzieller Lieferanten erforderlich. Neben Kostengesichtspunkten spielen bei der Entscheidung über Fremdbezug auch andere Überlegungen eine Rolle, wie z. B.

- Qualitätsunterschiede
- Gefahr der Offenbarung von Betriebsgeheimnissen bei Neuentwicklungen
- Lieferanten können durch vertikale Diversifikation zur Konkurrenz werden.
- Langfristige Kapitalbindung bei Investitionen zum Aufbau der Eigenfertigung birgt potenzielle Risiken.
- Lieferantenwechsel flexibler als Umbau der Eigenfertigung bei Bedarfsänderungen

Diese Überlegungen sind zusätzlich zur Kostenanalyse anzustellen.

2.2.2.3 Aussagekraft der Teilkostenrechnung

In der Teilkostenrechnung wird die Problematik der Fixkostenschlüsselung der Vollkostenrechnung gelöst. Allerdings erfolgt noch eine Schlüsselung variabler Gemeinkosten, die in der Praxis in der Regel aber nur einen geringen Wertanteil besitzen.

Die Teilkostenrechnung liefert relevante Informationen für eine Reihe von (kurzfristigen) Unternehmensentscheidungen, wie z. B.:

► Programmoptimierung

► kurzfristige Preisuntergrenze

► Break-even-Analyse.

Allerdings ist das Betriebsergebnis eines Unternehmens nur dann positiv, wenn die Deckungsbeiträge zur Deckung der gesamten Fixkosten ausreichen.

2.2.2.4 Fallstudie Teilkostenrechnung

Die Fallstudie Vollkostenrechnung (vgl. ❯❯ Kapitel C.2.2.1.6) wird zu einer Teilkostenrechnung weiterentwickelt. Strukturen, Schlüssel etc. der Kostenrechnung bleiben ansonsten unverändert. Alle Kosten des Unternehmens werden mit Methoden zur Kostenauflösung daraufhin untersucht, ob sie fix oder variabel sind (vgl. Tab. C.30).

	Instandhaltung		Fertigung		Verwaltung und Vertrieb		Summe		
	fix	var.	fix	var.	fix	var.	fix	var.	gesamt
Personal-kosten	6.000	4.000	51.500	68.500	32.700	7.300	90.200	79.800	170.000
Kalkula-torische Abschrei-bung	2.000	0	17.000	0	1.000	0	20.000	0	20.000
Sonstige Kosten	1.000	2.000	8.000	10.500	13.700	2.400	22.700	14.900	37.600
Summe primärer Gemein-kosten	**9.000**	**6.000**	**76.500**	**79.000**	**47.400**	**9.700**	**132.900**	**94.700**	**227.600**

Tab. C.30: Verteilung der Gemeinkosten (alle Werte in Euro)

Neben den Einzelkosten sind die im Betriebsabrechnungsbogen dargestellten Gemeinkosten teilweise variabel. Als interner Dienstleister leistet die Hilfskostenstelle Instandhaltung 250 h für die Fertigung sowie 50 h für Verwaltung und Vertrieb.

Die **Kostenartenrechnung** bleibt im Vergleich zur Vollkostenrechnung unverändert. In der **Kostenstellenrechnung** werden konsequent nur die variablen Gemeinkosten weiterverrechnet:

► Für die variablen Instandhaltungskosten ergibt sich ein Stundensatz von 20 €/h (6.000 € : 300 h). An die Fertigung werden damit 5.000 € (250 h • 20 €/h) weiterverrechnet, an Verwaltung und Vertrieb analog 1.000 €. Die Summe der variablen Gemeinkosten erhöht sich damit in der Fertigung auf 84.000 €, in Verwaltung und Vertrieb auf 10.700 €.

► Die variablen Fertigungsgemeinkosten von 84.000 € werden durch die 2.800 Fertigungsstunden dividiert. Dadurch ergibt sich ein Stundensatz von 30 €/h.

► Als Bezugsgröße für die Verrechnung der Verwaltungs- und Vertriebsgemeinkosten dienten in der Vollkostenrechnung die Herstellkosten. In der Teilkostenrechnung sind jetzt analog die variablen Herstellkosten zu wählen. Diese setzen sich aus Materialeinzelkosten von 130.000 € (siehe Kostenartenrechnung) und variablen Fertigungsgemeinkosten von 84.000 € zusammen.

In Summe betragen die variablen Herstellkosten damit 214.000 €. Die variablen Verwaltungs- und Vertriebsgemeinkosten von 10.700 € werden durch diese Summe dividiert, sodass sich ein Zuschlagssatz von 5 % ergibt.

Tab. C.31 zeigt den resultierenden Betriebsabrechnungsbogen.

	Instandhaltung		Fertigung		Verwaltung und Vertrieb		Summe		
	fix	var.	fix	var.	fix	var.	fix	var.	gesamt
Personal-kosten	6.000	4.000	51.500	68.500	32.700	7.300	90.200	79.800	170.000
Kalkula-torische Abschrei-bungen	2.000	0	17.000	0	1.000	0	20.000	0	20.000
Sonstige Kosten	1.000	2.000	8.000	10.500	13.700	2.400	22.700	14.900	37.600
Summe primäre Gemein-kosten	**9.000**	**6.000**	**76.500**	**79.000**	**47.400**	**9.700**	**132.900**	**94.700**	**227.600**
Umlage variable Instand-haltungs-kosten		-6.000		5.000		1.000			0
Summe Gemein-kosten	**9.000**	**0**	**76.500**	**84.000**	**47.400**	**10.700**	**132.900**	**94.700**	**227.600**
Bezugs-größe			Fertig.-stun-den		Var. Herstell-kosten				
Bezugs-basis			2.800 h		214.000				
Variabler Bezugs-satz			**30 €/h**		**5 %**				

Tab. C.31: Betriebsabrechnungsbogen (alle Werte – sofern nicht anders angegeben – in Euro)

Anschließend können diese variablen Bezugssätze in der **Kostenträgerstückrechnung** verwendet werden. Im ersten Halbjahr wurden die beiden Produkte „Standard" und „Premium" hergestellt. Fertigungsstunden und Materialeinzelkosten wurden im ERP-System für die Produkte erfasst. Damit ergibt sich folgende Stückkalkulation:

	Standard	Premium
Fertigungsstunden	2 h/St.	4 h/St.
Materialeinzelkosten	100 €/St.	150 €/St.
Var. Fertigungsgemeinkosten	2 h · 30 €/h = 60 €/St.	120 €/St.
Var. Herstellkosten	100 + 60 = 160 €/St.	270 €/St.

	Standard	Premium
Var. Verwaltungs- und vertriebsgemeinkosten	160 · 5 % = 8 €/St.	13,50 €/St.
Var. Selbstkosten	**160 + 8 = 168 €/St.**	**283,50 €/St.**

Tab. C.32: Kostenträgerstückrechnung

Abschließend wird die **Kostenträgerzeitrechnung** durchgeführt. Hierzu werden den Erlösen die variablen Selbstkosten des Umsatzes gegenübergestellt. Diese ergeben sich als Produkt aus der Stückzahl und den variablen Selbstkosten aus der Kostenträgerstückrechnung. Als Differenz aus Erlösen und variablen Selbstkosten wird der Deckungsbeitrag pro Produkt errechnet. Von diesem werden die Fixkosten – diese können aus dem Betriebsabrechnungsbogen abgelesen werden – anschließend in Summe abgezogen.

	Standard	Premium	Summe
Absatz- und Produktionsmenge	1.000 St.	200 St.	
Verkaufspreis	250 €/St.	600 €/St.	
Erlöse	250.000 €	120.000 €	370.000 €
Variable Selbstkosten des Umsatzes	1.000 St. · 168 €/St. = 168.000 €	56.700 €	224.700 €
Deckungsbeitrag	**82.000 €**	**63.300 €**	**145.300 €**
Fixkosten			132.900 €
Betriebsergebnis			**12.400 €**

Tab. C.33: Kostenträgerzeitrechnung

Insgesamt findet sich nach diesem letzten Schritt das auch schon in der Vollkostenrechnung ermittelte Betriebsergebnis von 12.400 € wieder. Jetzt wird jedoch zusätzlich der jeweilige Deckungsbeitrag der Produkte sichtbar. In der Vollkostenrechnung besitzt das Produkt „Standard" ein negatives Ergebnis. Hier wird deutlich, dass beide Produkte einen klar positiven Deckungsbeitrag besitzen und somit zur Deckung der Fixkosten beitragen. Eine Sortimentsreduzierung wäre also nicht sinnvoll.

Voll- und Teilkostenrechnung unterscheiden sich in der Kostenartenrechnung nicht; Kostenstellen- und Kostenträgerrechnung finden in vergleichbaren Strukturen statt. Eine Erweiterung einer Voll- zu einer Teilkostenrechnung ist daher meistens mit vertretbarem Aufwand möglich. Voraussetzung hierfür ist die Spaltung der Kosten in fixe und variable Bestandteile. Dies ist sicherlich nicht immer einfach; in der Praxis sollte der Genauigkeitsanspruch hierbei nicht zu hoch gewählt werden. Die Kenntnis eines leicht ungenauen Deckungsbeitrags ist immer noch besser als völlige Unkenntnis über diese wichtige Steuerungsgröße. In der Praxis betreiben viele Unternehmen eine Teilkostenrechnung parallel zur Vollkostenrechnung.

Aufgabe 13 - 14 > Seite 338

2.3 Plankostenrechnung

Folgende Themen werden bei der Plankostenrechnung dargestellt:

► **Einordnung**
► **Systeme der Plankostenrechnung**
► **Abweichungsanalyse Einzelkosten**
► **Fallstudie zur Plankostenrechnung.**

2.3.1 Einordnung

Während in einer Istkostenrechnung lediglich Vergangenheitswerte zur Unternehmenssteuerung ermittelt werden, ermöglicht die Plankostenrechnung (PKR) einen Blick in die Zukunft. Auf Basis von geplanten Kosten und Erlösen können zukünftige Ergebnisse berechnet werden. Damit erhalten Unternehmen einerseits eine Prognose für die Zukunft, andererseits fungieren die Planwerte auch als Vorgabe für das Management. Planung erfordert immer eine anschließende Kontrolle, sodass im Rahmen einer Plankostenrechnung auch die Istkosten ermittelt und mit den Planvorgaben abgeglichen werden. Dadurch wird transparent, ob die Zielvorgaben im Unternehmen erreicht werden.

Plankosten und Erlöse werden in der Regel für ein Jahr im Voraus geplant. Die hierzu infrage kommenden Vorgehensweisen werden in ❯❯Kapitel C.2 dargestellt. Die grundsätzliche Strukturierung der Kostenrechnung in eine Kostenarten-, Kostenstellen- und eine Kostenträgerrechnung wird auch in der Plankostenrechnung beibehalten; die Planung erfolgt auf diesen Ebenen. Kostenträgereinzelkosten, z. B. Rohmaterialkosten, werden auf Kostenträgerebene geplant, Kostenträgergemeinkosten, z. B. die Kosten der Abteilung Vertrieb, auf Kostenstellenebene. In großen Unternehmen mit sehr vielen Kostenarten, -stellen und -trägern bietet sich ggf. auf allen drei Strukturebenen eine Zusammenfassung zu Gruppen an, um den Planungsaufwand auf ein vernünftiges Maß zu begrenzen.

Hinsichtlich der **Aufgaben der Plankostenrechnung** ist neben der Steuerung des Unternehmens in erster Linie die **Wirtschaftlichkeitskontrolle** zu nennen (vgl. *Däumler/ Grabe, 2014, S. 1*). Neben dem Zeitvergleich und dem zwischenbetrieblichen Vergleich stellen der Plan-Ist- und/oder der Soll-Ist-Vergleich Möglichkeiten dar, die Kontrollfunktion auszuüben. So werden beim Plan-Ist-Vergleich die zuvor geplanten Kosten (Plankosten) mit den effektiv angefallenen Kosten (Istkosten) verglichen und mögliche Abweichungsursachen analysiert.

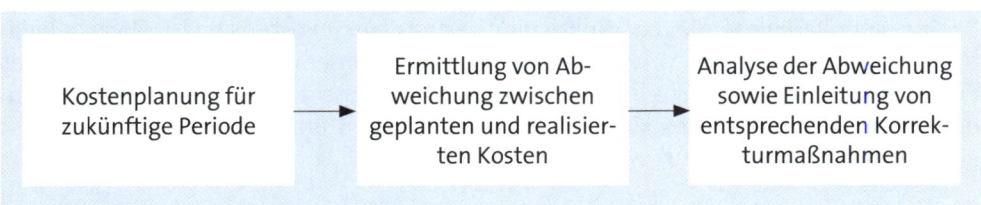

Abb. C.19: Planungs- und Kontrollprozess

Zur Durchführung der Plankostenrechnung stehen verschiedene Systeme zur Verfügung. Diese lassen sich danach unterscheiden, ob die zuvor geplanten Kosten an die **Istbeschäftigung** angepasst werden oder nicht (vgl. Abb. C.20; vgl. *Coenenberg/Fischer/Günther, 2016, S. 255*). Unter Beschäftigung versteht man die realisierte bzw. zu realisierende Leistung einer Periode. Ist die betrachtete Periode bereits abgelaufen, so spricht man von der Istbeschäftigung. Wird hingegen eine Beschäftigung für die Zukunft geplant, so handelt es sich um die Planbeschäftigung. Die Beschäftigung kann z. B. anhand der Stückzahl der erzeugten Produkte oder aber auch anhand der Anzahl geleisteter Fertigungsstunden gemessen werden.

So unterscheidet man bezüglich der (Plan-)Vollkostenrechnungssysteme zwischen der starren Plankostenrechnung und der flexiblen Plankostenrechnung auf Vollkostenbasis. Während die **starre Plankostenrechnung** eine konstante („starre") Beschäftigung unterstellt, wird diese im Zuge der **flexiblen Plankostenrechnung** an die Istsituation angepasst. Bei beiden Systemen werden jedoch sämtliche Kosten auf die Kostenträger verrechnet.

Werden hingegen nur die variablen Kosten von den Kostenstellen auf die Kostenträger verrechnet, so handelt es sich um eine flexible Plankostenrechnung auf Teilkostenbasis (**Grenzplankostenrechnung**).

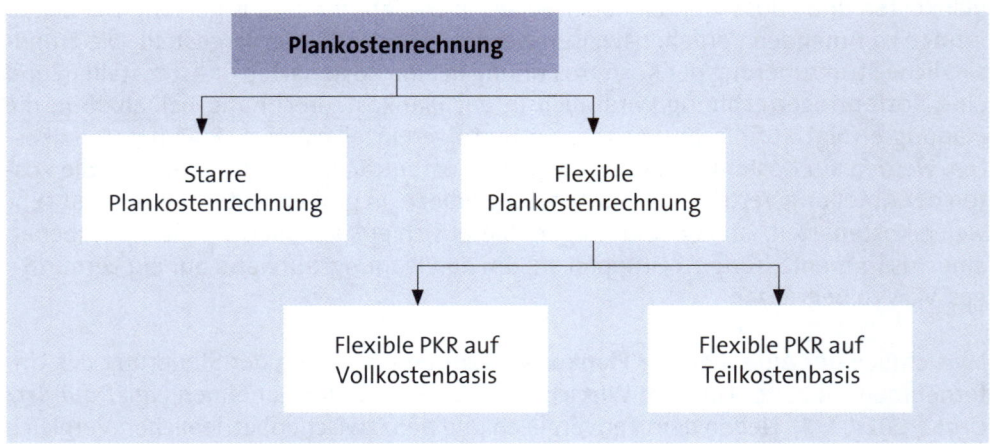

Abb. C.20: Systeme der Plankostenrechnung

Allen Systemen ist gemein, dass die Verrechnung der Gemeinkosten von den Kostenstellen auf die Kostenträger im Ist bewertet zum Plankostensatz erfolgt. Dies ist sinnvoll, da so Schwankungen vermieden werden und die Plankostensätze bereits vor Beginn einer Periode vorliegen. Wollte man den Istgemeinkostensatz für Nachkalkulationen von Kostenträgern verwenden, müsste man immer erst auf die Erstellung des Betriebsabrechnungsbogens im Rahmen des Monatsabschlusses warten. Bei Verwendung des Plankostensatzes können Nachkalkulationen unmittelbar nach Abschluss eines Auftrags durchgeführt werden.

2.3.2 Systeme der Plankostenrechnung

Hierbei werden unterschieden:

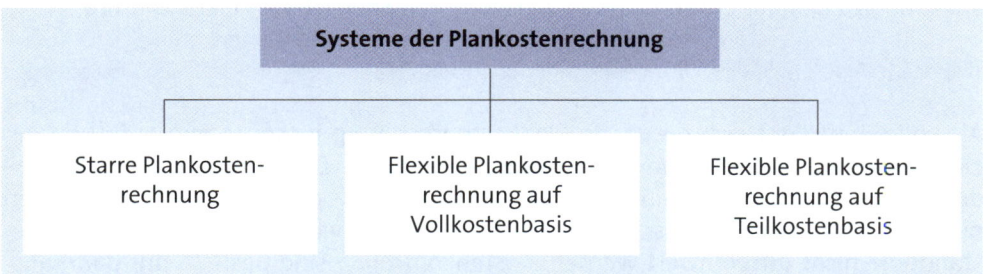

2.3.2.1 Starre Plankostenrechnung

Die starre Plankostenrechnung zeichnet sich dadurch aus, dass weder in der Kostenstellenrechnung noch im Rahmen der Verrechnung der Gemeinkosten auf die Kostenträger eine Trennung von fixen und variablen Kosten vollzogen wird. Dividiert man die gesamten (d. h. variablen und fixen) Plankosten durch die Planbeschäftigung, so erhält man den **Plankostensatz** einer Kostenstelle.

$$\text{Plankostensatz} = \frac{\text{Plankosten}}{\text{Planbeschäftigung}}$$

Durch die Multiplikation dieses Plankostensatzes mit der Istbeschäftigung erhält man die auf den Kostenträger verrechneten Plankosten:

Verrechnete Plankosten = Plankostensatz · Istbeschäftigung

Im Rahmen der Kontrolle der Gemeinkosten ist die Abweichung zwischen Istkosten und verrechneten Plankosten:

Gesamtabweichung = Istkosten - verrechnete Plankosten

Problematisch ist an dieser Stelle die im Rahmen der Ermittlung des Plankostensatzes vollzogene Proportionalisierung der fixen Kosten. Eine aussagekräftige Interpretation der Ursachen ist bei dieser Gesamtabweichung nicht möglich.

Beispiel

In einer Fertigungskostenstelle werden Plankosten von 30.000 € bei einer Planbeschäftigung von 1.000 h prognostiziert. Es ergibt sich ein Plankostensatz von 30 €/h (= 30.000 € : 1.000 h). Eine Nachfrageschwäche im Unternehmen führt zu einer geringeren Istbeschäftigung von nur noch 900 h und Istkosten von 29.500 €. Die verrechneten Plankosten betragen hier 27.000 € (= 900 h · 30 €/h), die Gesamtabweichung somit 2.500 € (= 29.500 € - 27.000 €). Diese Abweichung besitzt kaum Aussagekraft; Gleiches trifft auch für die ebenfalls ermittelbare Abweichung zwischen Ist- und Plankosten zu.

Als vorteilhaft lässt sich die starre Plankostenrechnung insbesondere aufgrund der einfachen und schnellen Durchführbarkeit bezeichnen. Der grundsätzliche Nachteil der starren Plankostenrechnung ist darin zu sehen, dass die zuvor geplanten Kosten nicht an die tatsächliche Beschäftigung angepasst und variable sowie fixe Kostenbestandteile **nicht differenziert** werden. Kostenkontrollen sind deshalb nur dann aussagefähig, wenn die Istbeschäftigung zufällig der Planbeschäftigung entspricht, was jedoch in der Realität selten der Fall sein dürfte.

Abschließend ist festzuhalten, dass die starre Plankostenrechnung einen ersten Schritt in Richtung einer zukunftsorientierten Kostenrechnung darstellen kann. Aufgrund der angesprochenen Mängel findet sie in der Praxis jedoch kaum Anwendung.

Aufgabe 15 > Seite 339

2.3.2.2 Flexible Plankostenrechnung auf Vollkostenbasis

Analog zur starren Plankostenrechnung werden bei der flexiblen Plankostenrechnung die Plankosten unter Berücksichtigung der geplanten Beschäftigung bestimmt. Zusätzlich wird eine **Spaltung der Gemeinkosten** in fixe und variable Bestandteile vorgenommen. Durch die Spaltung ergeben sich Kostenfunktionen für die Kostenstellen, die die Veränderung der Kosten in Abhängigkeit der Beschäftigung beschreiben. Diese an die Istbeschäftigung angepassten Kosten bezeichnet man als **Sollkosten**. Bei der flexiblen Plankostenrechnung auf Vollkostenbasis werden sämtliche Gemeinkosten (fixe und variable) auf den Kostenträger verrechnet. Die verrechneten Kosten haben also exakt die gleiche Höhe wie in der starren Plankostenrechnung.

Zur Ermittlung der Sollkosten der Kostenstellen ist zunächst die Trennung in fixe und variable Kosten notwendig. Anschließend werden die variablen Kosten der Kostenstellen durch die Planbeschäftigung dividiert. Man erhält den **variablen (Plan-)Verrechnungssatz**.

$$\text{variabler Verrechnungssatz} = \frac{\text{variable Plankosten}}{\text{Planbeschäftigung}}$$

Multipliziert man nun diesen variablen Verrechnungssatz mit der Istbeschäftigung und addiert die geplanten Fixkosten der entsprechenden Kostenstelle, so erhält man die **Sollkosten**.

> Sollkosten = fixe Plankosten + variabler Verrechnungssatz • Istbeschäftigung

Alternativ lassen sich die Sollkosten auch mithilfe des Beschäftigungsgrades bestimmen.

> Sollkosten = fixe Plankosten + variable Plankosten • Beschäftigungsgrad

Im Rahmen der Kostenträgerrechnung wird hingegen analog zur starren Plankostenrechnung mit den verrechneten Plankosten gerechnet. Es findet somit auf Kostenträgerebene weiterhin keine Trennung in fixe und variable Kostenbestandteile statt.

Auf Basis der Sollkosten kann die Gesamtabweichung im Gegensatz zur starren Plankostenrechnung weiter analysiert werden. So erhält man als Differenz zwischen Ist- und Sollkosten die sogenannte **Verbrauchsabweichung**.

> Verbrauchsabweichung = Istkosten - Sollkosten

Neben der Verbrauchsabweichung kann es außerdem durch die **Proportionalisierung der fixen Gemeinkosten** zu einer **Beschäftigungsabweichung** kommen. Sie ergibt sich aus der Differenz zwischen Sollkosten und verrechneten Plankosten.

> Beschäftigungsabweichung = Sollkosten - verrechnete Plankosten

Addiert man Verbrauchs- und Beschäftigungsabweichung, so erhält man die **Gesamtabweichung**.

> Gesamtabweichung = Verbrauchsabweichung + Beschäftigungsabweichung

Beispiel

Wie im Beispiel zur starren Plankostenrechnung werden in der Fertigungskostenstelle Plankosten von 30.000 € bei einer Planbeschäftigung von 1.000 h prognostiziert. Zusätzlich liegt jetzt die Information vor, dass die Plankosten sich aus 10.000 € Fixkosten und 20.000 € variablen Kosten zusammensetzen. Es wird nach wie vor der Vollkosten-Plankostensatz von 30 €/h (= 30.000 € : 1.000 h) zur Verrechnung auf die Kostenträger verwendet.

Bei analoger Istbeschäftigung von 900 h, Istkosten von 29.500 €, verrechneten Plankosten von 27.000 € (= 900 h • 30 €/h) bleibt die Gesamtabweichung mit 2.500 € (= 29.500 € - 27.000 €) auch unverändert. Der entscheidende Fortschritt entsteht durch die Ermittlung der Sollkosten. Die fixen Plankosten werden unverändert erwartet, aber die variablen Plankosten werden an die niedrigere Istbeschäftigung angepasst. Die Sollkosten betragen hier also 28.000 € (= 10.000 + 20.000 € · (900 h : 1.000 h)). Diese Sollkosten stellen eine geeignete Messlatte zur Beurteilung der Leistung von Kostenstellenverantwortlichen dar.

Liegen die Istkosten, wie hier im Beispiel, über den Sollkosten (Verbrauchsabweichung: 29.500 € - 28.000 € = 1.500 €), so wurde ineffizient gearbeitet. Zusätzlich kann die Beschäftigungsabweichung als Differenz zwischen Sollkosten und verrechneten Kosten ermittelt werden: 28.000 € - 27.000 € = 1.000 €. Diese ist als Unterverrechnung von Fixkosten zu interpretieren und entsteht durch die geringere Istbeschäftigung. Im Vergleich zur Planung ist die Kostenstelle nur zu 90 % ausgelastet. Dadurch werden auch nur 90 % der geplanten Fixkosten an die Kostenträger weiterverrechnet; die Kostenstelle bleibt also auf 10 % der Planfixkosten „sitzen".

Vorteilhaft an der flexiblen Plankostenrechnung auf Vollkostenbasis ist die Möglichkeit der **leistungsfähigen Kostenkontrolle**. So ist durch die Ergänzung der Sollkosten, welche eine Trennung von fixen und variablen Kosten auf Kostenstellenebene voraussetzt, eine systematische Analyse möglich. Den Kostenstellenverantwortlichen können so überprüfbare Richtwerte hinsichtlich der zu erreichenden Kosten vorgegeben werden.

Der größte Nachteil der flexiblen Plankostenrechnung auf Vollkostenbasis besteht wie bei der starren Plankostenrechnung in der Proportionalisierung der fixen Gemeinkosten während der Verrechnung auf die Kostenträger. Das heißt, auch hier werden Fixkosten trotz des Verstoßes gegen das Verursachungsprinzip auf die Kostenträger verrechnet. Von geringerer Bedeutung ist in der Praxis hingegen der zusätzliche Aufwand für die Ermittlung der Sollkosten.

Aufgabe 16 - 17 > Seite 339

2.3.2.3 Flexible Plankostenrechnung auf Teilkostenbasis

Der Hauptkritikpunkt an der flexiblen Plankostenrechnung auf Vollkostenbasis besteht in der undifferenzierten Verrechnung von variablen und fixen Gemeinkosten von den Kostenstellen auf die Kostenträger. Im Rahmen der flexiblen Plankostenrechnung auf Teilkostenbasis werden **ausschließlich die variablen Kosten** auf die Kostenträger weiterverrechnet. So findet im Gegensatz zur flexiblen Plankostenrechnung auf Vollkostenbasis eine Trennung der fixen und variablen Kosten sowohl in der Kostenstellen- als auch in der Kostenträgerrechnung statt. Der Plankostensatz ist somit identisch mit dem variablen Verrechnungssatz aus der flexiblen Plankostenrechnung auf Vollkostenbasis. Da die Kostenträger folglich nicht ihre gesamten Selbstkosten tragen, erfolgt die Berechnung des Betriebsergebnisses durch eine ein- oder mehrstufige **Deckungsbeitragsrechnung**.

Die **verrechneten variablen Plankosten** ergeben sich durch Multiplikation der Istbeschäftigung mit dem variablen Plankostensatz:

> verrechnete variable Plankosten = variabler Plankostensatz • Istbeschäftigung

Auf dieser Basis kann die **Verbrauchsabweichung** wie folgt ermittelt werden:

> Verbrauchsabweichung = variable Istkosten - verrechnete variable Plankosten

Diese Verbrauchsabweichung ist analog zur flexiblen Plankostenrechnung auf Vollkostenbasis zu interpretieren. Eine Beschäftigungsabweichung kann hingegen nicht auftreten, da hier keine Verrechnung von Fixkosten stattfindet.

Beispiel

Wie in den Beispielen zu den anderen Systemen werden in der Fertigungskostenstelle Plankosten von 30.000 € (10.000 € fix, 20.000 variabel) bei einer Planbeschäftigung von 1.000 h prognostiziert. Es wird jetzt der Teilkosten-Plankostensatz von 20 €/h (= 20.000 € : 1.000 h) zur Verrechnung auf die Kostenträger verwendet.

Bei einer Istbeschäftigung von 900 h und Istkosten von 29.500 € (10.000 € fix, 19.500 € variabel) betragen die verrechneten variablen Plankosten jetzt 18.000 € (= 900 h • 20 €/h). Als Verbrauchsabweichung ergeben sich 1.500 € (= 19.500 € - 18.000 €). Dieser Wert entspricht der analogen Abweichung in der flexiblen Plankostenrechnung auf Vollkostenbasis; die Aussagekraft bei der Beurteilung der Leistung von Kostenstellenverantwortlichen ist also vergleichbar hoch.

Der größte Vorteil der flexiblen Plankostenrechnung auf Teilkostenbasis besteht darin, dass diese nicht nur für Kontrollzwecke im Rahmen der Kostenstellenrechnung eingesetzt werden kann, sondern auch nützliche Informationen im Zuge der Kostenträgerrechnung liefert. Dies ist auf die strikte Trennung von fixen und variablen Kosten zurückzuführen. So ermittelt die flexible Plankostenrechnung auf Teilkostenbasis variable Stückkosten und Deckungsbeiträge der Kostenträger und kann somit kurzfristige Entscheidungsprobleme lösen. Denn kurzfristig ist nicht die Kapazität (die für die Höhe der Fixkosten verantwortlich ist), sondern nur die Beschäftigung (die die variablen Kosten verursacht) beeinflussbar. Die flexible Plankostenrechnung auf Teilkostenbasis ist folglich ein sehr empfehlenswertes System.

Die beschriebene Vorgehensweise bringt allerdings mit sich, dass aufgrund der fehlenden Zuordnung von Fixkosten **keine Selbstkosten der Kostenträger** kalkuliert werden können. Dies kann insbesondere im Zusammenhang mit langfristigen Entscheidungen, wie etwa der langfristigen Preisgestaltung, von Bedeutung sein. Außerdem ist zu kritisieren, dass sich die flexible Plankostenrechnung auf Teilkostenbasis primär auf den Fertigungsbereich konzentriert, in welchem die Trennung von fixen und variablen Kosten verhältnismäßig einfach ist. Für Kostenstellen mit hohem Fixkostenanteil (z. B. die Verwaltung) ist die flexible Plankostenrechnung auf Teilkostenbasis weniger geeignet.

Kriterium	Starre PKR	Flexible PKR	
		VK	TK
Laufende Anpassung an aktuelle Beschäftigung (Sollkosten)	nein	ja	ja
Trennung von fixen und variablen Kosten in der Kostenstellenrechnung	nein	ja	ja
Ermittlung von Verbrauchsabweichungen	nein	ja	ja
Ermittlung von Beschäftigungsabweichungen	nein	ja	nein
Eignung für Kostenkontrolle	nein	ja	ja
Trennung von fixen und variablen Kosten in der Kostenträgerrechnung	nein	nein	ja
Verrechnung der fixen Gemeinkosten auf den Kostenträger	ja	ja	nein
Eignung der Kalkulationsergebnisse als Dispositionshilfe	nein	nein	ja

Tab. C.34: Merkmale der Plankostenrechnungssysteme

Aufgabe 18 > Seite 340
Aufgabe 19 > Seite 341

2.3.3 Abweichungsanalyse Einzelkosten

Nachdem die Systeme der Plankostenrechnung zur Verrechnung der Gemeinkosten im vorangegangenen Teil erläutert wurden, wird nun die Vorgehensweise bei der Abweichungsanalyse von Einzelkosten am Beispiel von Materialeinzelkosten beschrieben.

Die **Materialeinzelkosten** für einen Kostenträger können im Ist von den geplanten Kosten abweichen. Die Ursache hierfür können veränderte Einkaufspreise sein, die zu einer Preisabweichung führen, oder eine veränderte Verbrauchsmenge, die zu einer Mengenabweichung führt. Als Hintergrund für eine veränderte Verbrauchsmenge kommen einerseits Ineffizienzen im Produktionsprozess (Ausschuss, Verschnitt etc.) infrage. Diese führen zu einer Verbrauchsabweichung. Andererseits verursacht auch eine höhere Produktionsmenge – hervorgerufen beispielsweise durch eine gestiegene Nachfrage – eine höhere Materialverbrauchsmenge. Die dadurch entstehende Abweichung wird als Beschäftigungsabweichung bezeichnet.

Eine Übersicht über die einzelnen Abweichungen liefert die folgende Tabelle.

Abweichungen	Berechnung
Gesamtabweichung	Istkosten - Plankosten
Preisabweichung	(Istpreis - Planpreis) • Planmenge
Mengenabweichung	(Istmenge - Planmenge) • Planpreis
Restabweichung	(Istmenge - Planmenge) • (Istpreis - Planpreis)
Beschäftigungsabweichung	(Sollmenge - Planmenge) • Planpreis
Verbrauchsabweichung	(Istmenge - Sollmenge) • Planpreis

Tab. C.35: Berechnung der Abweichungskomponenten

Beispiel

Für ein Fertigprodukt wird ein bestimmtes Rohmaterial verwendet. Während im Plan von der Produktion von 50 Stück des Fertigprodukts ausgegangen wurde, werden im Ist aufgrund gestiegener Nachfrage tatsächlich 52 Stück hergestellt. Für das eingesetzte Rohmaterial werden folgende Verbrauchswerte ermittelt:

	Verbrauchsmenge	Preis
Plan	100 kg	20 €/kg
Ist	120 kg	30 €/kg

Tab. C.36: Materialverbrauch und -preise

Im ersten Schritt lässt sich die Gesamtabweichung berechnen:

► Gesamtabweichung: 120 kg • 30 €/kg - 100 kg • 20 €/kg = 1.600 €

Diese lässt sich in einen Preis- und einen Mengeneffekt aufteilen. Hierzu wird jeweils die Differenz mit dem jeweiligen Planwert multipliziert:

► Preisabweichung: (30 - 20) €/kg • 100 kg = 1.000 €

► Mengenabweichung: (120 - 100) kg • 20 €/kg = 400 €

Diese beiden erklären zusammen noch nicht die Gesamtabweichung, wie Abb. C.21 veranschaulicht:

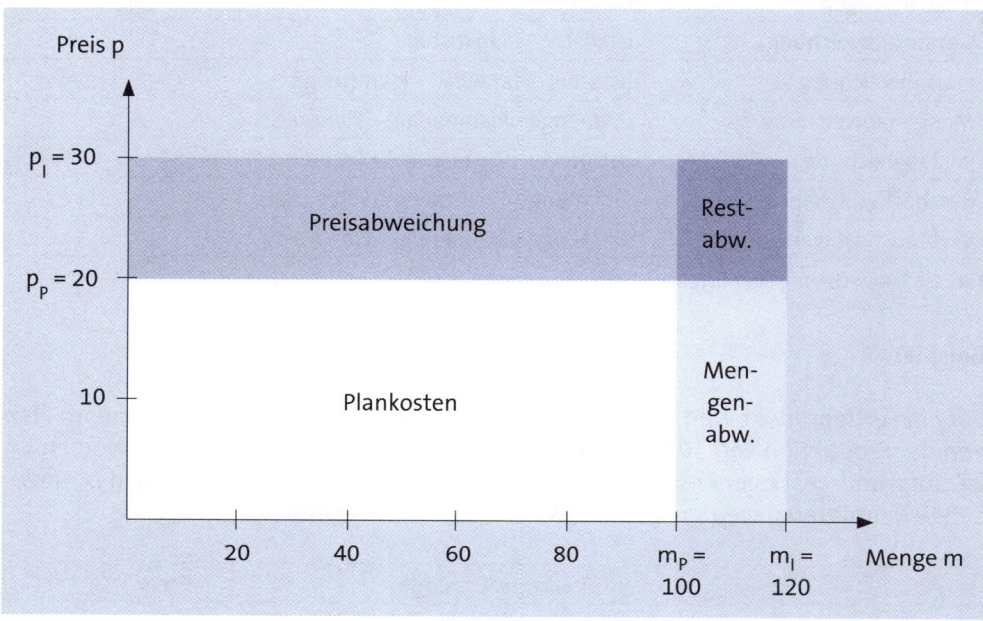

Abb. C.21: Aufteilung der Gesamtabweichung

Das innere Rechteck zeigt die Plankosten, das äußere die Istkosten. Durch die jeweilige Multiplikation der Differenz mit dem Planwert ergeben sich Preis- und Mengenabweichung. Der Vollständigkeit halber ist also noch die Restabweichung zu berücksichtigen:

▸ Restabweichung: (30 - 20) €/kg · (120 - 100) kg = 200 €

Damit wird die Gesamtabweichung vollständig erklärt. Für die Mengenabweichung gibt es zwei Ursachen: die gestiegene Nachfrage nach dem Fertigprodukt sowie Ineffizienzen in der Produktion. Der Schlüssel für die weitere Analyse ist die Sollmenge. In der Planung wurde der Verbrauch von 100 kg prognostiziert. Bei einer Nachfragesteigerung auf 52 Stück ist also eine Sollmenge von 100 kg · 52 St. : 50 St. = 104 kg zu erwarten. Auf dieser Basis kann die Mengenabweichung somit wie folgt aufgeteilt werden:

▸ Verbrauchsabweichung: (120 - 104) kg · 20 €/kg = 320 €

▸ Beschäftigungsabweichung: (104 - 100) kg · 20 €/kg = 80 €

Insgesamt ergibt sich die in Abb. C.22 dargestellte Abweichungshierarchie.

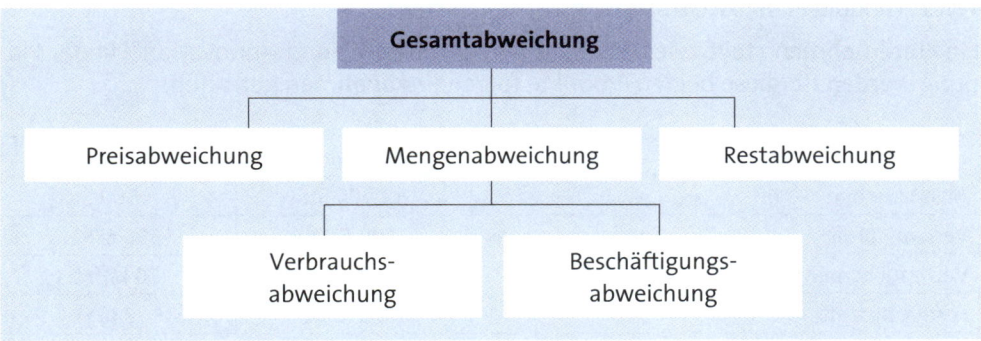

Abb. C.22: Abweichungshierarchie

Die Zahlen liefern die Basis für die anschließende Interpretation. Mehrkosten bedingt durch den Einkaufspreis liegen in der Regel in der Verantwortung der Einkaufsabteilung; die Verbrauchsabweichung ist von der Fertigungsleitung zu verantworten. Hintergrund der Beschäftigungsabweichung ist die gestiegene Nachfrage. Die Verantwortung hierfür kann im Vertrieb gesehen werden; Mehrkosten für höhere Absatzmengen sind aber sicherlich nicht per se schlecht, sondern sollten im Zusammenhang mit der entsprechenden Abweichung bei den Erlösen gesehen werden. Diese Art der Abweichungsanalyse liefert also eine gute Grundlage zur Steuerung einzelner Verantwortungsbereiche.

Ähnlich zur Abweichungsanalyse der Einzelkosten funktioniert auch die Kontrolle der verrechneten Gemeinkosten auf Kostenträgerebene. Die Verrechnung der Gemeinkosten auf Kostenträger erfolgt auch im Ist **zu Plankostensätzen** (vgl. >> Kapitel C.2.3.2). Daher existiert an dieser Stelle weder eine Preisabweichung noch eine Restabweichung.

Abweichungen	Berechnung:
Gesamtabweichung	Verrechnete Plankosten - Plankosten
Beschäftigungsabweichung	(Sollmenge - Planmenge) • Plankostensatz
Verbrauchsabweichung	(Istmenge - Sollmenge) • Plankostensatz

Tab. C.37: Berechnung der Abweichungskomponenten auf Kostenträgerebene

Aufgabe 20 > Seite 341

2.3.4 Fallstudie zur Plankostenrechnung

Teil 1: Flexible Plankostenrechnung auf Vollkostenbasis

Ein Unternehmen stellt zwei Produkte her: „Ambiente" und „Innovation". In der Planung werden für diese beiden Produkte folgende Annahmen getroffen:

	Ambiente	Innovation
Absatzmenge	1.000 St.	500 St.
Verkaufspreis	400 €/St.	550 €/St.
Verbrauchsmenge Rohmaterial	8 kg/St.	10 kg/St.
Fertigungszeit	6 h/St.	8 h/St.
Aufträge	550 St.	200 St.

Tab. C.38: Kostenträger (Plan)

Für das in beiden Produkten eingesetzte Rohmaterial wird ein Einkaufspreis von 20 €/kg prognostiziert. Das Unternehmen ist als Kleinbetrieb in die zwei Kostenstellen „Fertigung" und „Verwaltung und Vertrieb" aufgeteilt. Die Gemeinkostenplanung dieser beiden Kostenstellen zeigt folgende Tabelle:

Kostenstelle	Fertigung	Verwaltung und Vertrieb
Fixkosten	80.000 €	150.000 €
Variable Kosten	100.000 €	0 €

Tab. C.39: Gemeinkosten (Plan)

Die Fertigungsgemeinkosten werden mit der Bezugsgröße „Fertigungsstunde" auf die beiden Produkte verrechnet, die Verwaltungs- und Vertriebsgemeinkosten prozessorientiert anhand des Kostentreibers „Anzahl Aufträge".

Im ersten Schritt ist das Planergebnis des Unternehmens zu ermitteln. Hierzu werden zunächst die Plankostensätze der beiden Kostenstellen berechnet.

Als Basis zur Umlage der Fertigungsgemeinkosten dienen die Fertigungsstunden:
- Ambiente: 1.000 St. • 6 h/St. = 6.000 h
- Innovation: 500 St. • 8 h/St. = 4.000 h

Der Plankostensatz der Fertigungsgemeinkosten beträgt demnach 18 €/h (= 180.000 € : 10.000 h).

Für die Umlage der Verwaltungs- und Vertriebsgemeinkosten ist weiterhin die Anzahl an Aufträgen zu ermitteln; aufaddiert sind dies 750 Aufträge. Der Plankostensatz der Verwaltungs- und Vertriebsgemeinkosten beträgt somit 200 €/Auftrag (= 150.000 € : 750 Aufträge).

Insgesamt ergibt sich damit folgende Ergebnissituation in der Planung:

	Ambiente	Innovation	Summe
Erlöse	1.000 St. • 400 €/St. = 400.000 €	275.000 €	675.000 €
Materialeinzelkosten	1.000 St. • 8 kg/St. • 20 €/kg = 160.000 €	100.000 €	260.000 €
Fertigungsgemein-kosten	6.000 h • 18 € /h = 108.000 €	72.000 €	180.000 €
Verwaltungs- und Ver-triebsgemeinkosten	550 A. • 200 €/A. = 110.000 €	40.000 €	150.000 €
Betriebsergebnis	**22.000 €**	**63.000 €**	**85.000 €**

Tab. C.40: Planergebnisrechnung

Im Ist werden folgende Daten für die Produkte bzw. für die Kostenstellen ermittelt:

	Ambiente	Innovation
Absatzmenge	1.100 St.	520 St.
Verkaufspreis	420 €/St.	540 €/St.
Verbrauchsmenge	9.100 kg	5.300 kg
Fertigungszeit	6.900 h	3.950 h
Aufträge	570 St.	205 St.

Tab. C.41: Kostenträger (Ist)

Aufgrund allgemeiner Preissteigerungen auf dem Beschaffungsmarkt musste für das Rohmaterial ein Einkaufspreis von 25 €/kg gezahlt werden. Für die Gemeinkosten ergeben sich folgende Werte:

Kostenstelle	Fertigung	Verwaltung und Vertrieb
Fixkosten	87.000 €	148.000 €
Variable Kosten	96.000 €	-

Tab. C.42: Gemeinkosten (Ist)

Bei der Ermittlung des Istergebnisses werden die Fertigungsgemeinkosten und die Verwaltungs- und Vertriebsgemeinkosten zu den Plankostensätzen (18 €/h und 200 €/Auftrag) verrechnet. Die sich aus dieser Vorgehensweise ergebenden Differenzen zu den Istwerten werden unten in der Ergebnisrechnung ohne Bezug zu den Produkten ausgewiesen.

	Ambiente	Innovation	Summe
Erlöse	1.100 St. • 420 €/St. = 462.000 €	280.800 €	742.800 €
Materialeinzelkosten	9.100 kg • 25 €/kg = 227.500 €	132.500 €	360.000 €
Verrechnete Ferti-gungsgemeinkosten	6.900 h • 18 €/h = 124.200 €	71.100 €	195.300 €

	Ambiente	Innovation	Summe
Verrechnete Verwaltungs- und Vertriebsgemeinkosten	570 A. • 200 €/A. = 114.000 €	41.000 €	155.000 €
Kostenträgerergebnis	**-3.700 €**	**36.200 €**	**32.500 €**
Gesamtabweichung Fertigungsgemeinkosten			183.000 - 195.300 = -12.300 €
Gesamtabweichung Verwaltungs- und Vertriebsgemeinkosten			148.000 - 155.000 = -7.000 €
Betriebsergebnis			**51.800 €**

Tab. C.43: Istergebnisrechnung

Das Istergebnis weicht in allen einzelnen Positionen mehr oder weniger stark von den Planwerten ab. Im nächsten Schritt können diese Abweichungen weiter analysiert werden. Dies erfolgt im Weiteren von oben nach unten und auf Kostenträgerebene exemplarisch für das Produkt „Ambiente".

Kontrolle der Erlöse auf Kostenträgerebene

Abweichungen	Berechnung
Gesamtabweichung	Isterlöse - Planerlöse = 462.000 € - 400.000 € = 62.000 €
Preisabweichung	(Istpreis - Planpreis) • Planmenge = (420 - 400) €/St. • 1.000 St. = 20.000 €
Mengenabweichung	(Istmenge - Planmenge) • Planpreis = (1.100 - 1.000) St. • 400 €/St. = 40.000 €
Restabweichung	(Istmenge - Planmenge) • (Istpreis - Planpreis) = (420 - 400) €/St. • (1.100 - 1.000) St. = 2.000 €

Tab. C.44: Abweichungskomponenten Erlöse „Ambiente"

Kontrolle der Einzelkosten auf Kostenträgerebene

Hier kann die Mengenabweichung weiter in Beschäftigungs- und der Verbrauchsabweichung unterteilt werden. Dazu wird zunächst der Sollverbrauch ermittelt, indem der Planverbrauch (8.000 kg) an die Istbeschäftigung angepasst wird:

Sollverbrauch = 8.000 kg • 1.100 St. : 1.000 St. = 8.800 kg

Damit ergeben sich folgende Abweichungen:

Abweichungen	Berechnung
Gesamtabweichung	Istkosten - Plankosten = 227.500 € - 160.000 € = 67.500 €
Preisabweichung	(Istpreis - Planpreis) • Planmenge = (25 - 20) €/kg • 8.000 kg = 40.000 €
Mengenabweichung	(Istmenge - Planmenge) • Planpreis = (9.100 - 8.000) kg • 20 €/kg = 22.000 €
Restabweichung	(Istmenge - Planmenge) • (Istpreis - Planpreis) = (25 - 20) €/kg • (9.100 - 8.000) kg = 5.500 €
Beschäftigungsabweichung	(Sollmenge - Planmenge) • Planpreis = (8.800 - 8.000) kg • 20 €/kg = 16.000 €
Verbrauchsabweichung	(Istmenge - Sollmenge) • Planpreis = (9.100 - 8.800) kg • 20 €/kg = 6.000 €

Tab. C.45: Abweichungskomponenten Materialeinzelkosten „Ambiente"

Kontrolle der verrechneten Gemeinkosten auf Kostenträgerebene

Zur Verrechnung der Gemeinkosten wird im Ist der Plankostensatz verwendet. Daher sind an dieser Stelle Preis- und Restabweichungen ausgeschlossen; die Gesamtabweichung ist mit der Mengenabweichung identisch. Der Sollverbrauch an Fertigungsstunden beträgt für „Ambiente":

6.000 h • 1.100 St. : 1.000 St. = 6.600 h.

Abweichungen	Berechnung
Gesamtabweichung	Verrechnete Plankosten - Plankosten = 124.200 € - 108.000 € = 16.200 €
Beschäftigungsabweichung	(Sollmenge - Planmenge) • Plankostensatz = (6.600 - 6.000) h • 18 €/h = 10.800 €
Verbrauchsabweichung	(Istmenge - Sollmenge) • Plankostensatz = (6.900 - 6.600) h • 18 €/h = 5.400 €

Tab. C.46: Abweichungskomponenten Fertigungsgemeinkosten „Ambiente"

Analog ergeben sich für die verrechneten Verwaltungs- und Vertriebsgemeinkosten bei einem Sollverbrauch für 605 Aufträge (= 550 Aufträge • 1.100 St. : 1.000 St.) folgende Ergebnisse:

Abweichungen	Berechnung
Gesamtabweichung	Verrechnete Plankosten - Plankosten = 114.000 € - 110.000 € = 4.000 €
Beschäftigungsabweichung	(Sollmenge - Planmenge) · Plankostensatz = (605 - 550) Aufträge · 200 €/A. = 11.000 €
Verbrauchsabweichung	(Istmenge - Sollmenge) · Plankostensatz = (570 - 605) Aufträge · 200 €/A. = -7.000 €

Tab. C.47: Abweichungskomponenten Verwaltungs- und Vertriebsgemeinkosten „Ambiente"

Kontrolle der Abweichungen in der Kostenstellenrechnung (vgl. ≫ Kapitel C.2.3.2.2)
Als Basis für die Berechnung von der Beschäftigungs- und Verbrauchsabweichung sind die Sollkosten zu bestimmen:

Sollkosten = fixe Plankosten + variable Plankosten · Beschäftigungsgrad

= 80.000 € + 100.000 € · 10.850 h : 10.000 h = 188.500 €

Abweichungen	Berechnung
Gesamtabweichung	-12.300 € (siehe Istergebnisrechnung)
Beschäftigungsabweichung	Sollkosten - verrechnete Plankosten = 188.500 € - 195.300 € = -6.800 €
Verbrauchsabweichung	Istkosten - Sollkosten = 183.000 € - 188.500 € = -5.500 €

Tab. C.48: Berechnung der Abweichungskomponenten für die Kostenstelle Fertigung

Während die Verantwortung für die Verbrauchsabweichung bei der Kostenstellenleitung zu suchen ist, ergibt sich die Beschäftigungsabweichung aus der Überverrechnung der Fixkosten bedingt durch die höhere Istbeschäftigung.

Für die Kostenstelle Verwaltung und Vertrieb wurden ausschließlich fixe Kosten geplant; diese entsprechen somit den Sollkosten. Hiermit ergeben sich analog eine Verbrauchsabweichung von -2.000 € (= 148.000 € - 150.000 €) und eine Beschäftigungsabweichung von -5.000 € (= 150.000 € - 155.000 €).

Teil 2: Flexible Plankostenrechnung auf Teilkostenbasis

Die flexible Plankostenrechnung auf Vollkostenbasis wird nun im Folgenden zur **Grenzplankostenrechnung** weiterentwickelt.

Zur Umlage der variablen Fertigungsgemeinkosten ergibt sich auf Basis der Fertigungsstunden (10.000 h) der variable Plankostensatz von 10 €/h (= 100.000 € : 10.000 h). Variable Verwaltungs- und Vertriebsgemeinkosten existieren nicht. Erlöse und Materialeinzelkosten bleiben unverändert.

Auf dieser Grundlage ergeben sich die folgenden Plandeckungsbeiträge und nach Abzug der Fixkosten das Planbetriebsergebnis.

	Ambiente	Innovation	Summe
Erlöse	400.000 €	275.000 €	675.000 €
Materialeinzelkosten	160.000 €	100.000 €	260.000 €
Variable Fertigungs-gemeinkosten	6.000 h • 10 €/h = 60.000 €	40.000 €	100.000 €
Deckungsbeitrag	**180.000 €**	**135.000 €**	**315.000 €**
Fixkosten Fertigung			80.000 €
Fixkosten Verwaltung und Vertrieb			150.000 €
Betriebsergebnis			**85.000 €**

Tab. C.49: Planergebnisrechnung

Bei der Ermittlung des Istergebnisses werden die variablen Fertigungsgemeinkosten wiederum zum Plankostensatz (10 €/h) verrechnet. Die sich aus dieser Vorgehensweise ergebende Differenz zum Istwert wird ohne Aufteilung auf die Kostenträger unten in der Ergebnisrechnung ausgewiesen.

	Ambiente	Innovation	Summe
Erlöse	462.000 €	280.800 €	742.800 €
Materialeinzelkosten	227.500 €	132.500 €	360.000 €
Verrechnete variable Fertigungsgemeinkosten	6.900 h • 10 €/h = 69.000 €	39.500 €	108.500 €
Deckungsbeitrag	**165.500 €**	**108.800 €**	**274.300 €**
Fixkosten Fertigung			87.000 €
Fixkosten Verwaltung und Vertrieb			148.000 €
Verbrauchsabweichung variable Fertigungsgemeinkosten			-12.500 €
Betriebsergebnis			**51.800 €**

Tab. C.50: Istergebnisrechnung

Auch hier weichen alle Werte im Ist von den Planansätzen ab, sodass nun eine Analyse der Abweichungen vorgenommen werden kann. Dabei ergeben sich im Vergleich zur flexiblen Plankostenrechnung auf Vollkostenbasis Unterschiede bei der Kontrolle der verrechneten Gemeinkosten auf Kostenträgerebene und bei der Kontrolle der Abweichungen in der Kostenstellenrechnung. Die Abweichungsanalyse bei den Erlösen sowie den Einzelkosten bleibt unverändert.

Kontrolle der verrechneten Gemeinkosten auf Kostenträgerebene

Aufgrund der Vorgehensweise, den Plankostensatz aus der Kostenstellenrechnung (10 €/h) auch im Ist zu verwenden, entfallen auch bei der Grenzplankostenrechnung Preis- und Restabweichung.

Abweichungen	Berechnung
Gesamtabweichung	Verrechnete variable Plankosten - variable Plankosten = 69.000 € - 60.000 € = 9.000 €
Beschäftigungs-abweichung	(Sollmenge - Planmenge) • Plankostensatz = (6.600 - 6.000) h • 10 €/h = 6.000 €
Verbrauchsabweichung	(Istmenge - Sollmenge) • Plankostensatz = (6.900 - 6.600) h • 10 €/h = 3.000 €

Tab. C.51: Abweichungskomponenten variable Fertigungsgemeinkosten „Ambiente"

Der Sollverbrauch wird analog zur flexiblen Plankostenrechnung auf Vollkostenbasis ermittelt. Ebenso deutet die Verbrauchsabweichung auf eine ineffiziente Produktion hin, die durch die Kostenstellenleitung zu verantworten ist, während die Beschäftigungsabweichung durch die höhere Nachfrage bedingt ist.

Kontrolle der Abweichungen in der Kostenstellenrechnung (vgl. ≫ Kapitel C.2.3.2.3)

Bei der Kontrolle der Abweichungen in der Kostenstellenrechnung wird auf Ebene der variablen Kosten allein die Verbrauchsabweichung bestimmt. Darüber hinaus kann kostenstellenweise eine Gesamtabweichung bei den Fixkosten ermittelt werden.

Abweichungen	Berechnung
Verbrauchsabweichung	Variable Istkosten - verrechnete variable Kosten = 96.000 € - 108.500 € = - 12.500 € (siehe Ergebnisrechnung)
Gesamtabweichung (fix)	Istkosten - Plankosten = 87.000 € - 80.000 € = 7.000 €

Tab. C.52: Abweichungskomponenten für die Kostenstelle Fertigung

Für die Kostenstelle Verwaltung und Vertrieb lässt sich lediglich die Gesamtabweichung bei den Fixkosten in Höhe von 148.000 € - 150.000 € = -2.000 € errechnen. Die Beschäftigungsabweichung entfällt bei der Grenzplankostenrechnung.

Insgesamt zeigen die Fallstudien, dass der Übergang von der Voll- zur Teilkostenrechnung auch in der Plankostenrechnung leicht möglich ist, da die Strukturen ähnlich sind. Generell liefern die Plankostenrechnungssysteme mit ihrem Blick in die Zukunft sowie den anschließenden Abweichungsanalysen eine ausgezeichnete Basis für die Unternehmenssteuerung.

2.4 Zusammenfassung Kostenrechnung

Die Kostenrechnung ist ein altes Instrument im Controlling; es ist für die Praxis jedoch nach wie vor ausgesprochen wichtig und stellt die Basis für das operative Controlling dar. Um ein Unternehmen zielorientiert zu steuern, benötigt ein Management Informationen, welche Kosten in welchen Unternehmensbereichen anfallen. Durch die Gegenüberstellung von Erlösen und Kosten wird in der Kostenträgerrechnung transparent, welche Produkte oder Dienstleistungen profitabel sind und welche nicht.

Grundsätzlich besteht die Möglichkeit, eine Kostenrechnung als Ist- oder Plankostenrechnung sowie als Voll- oder Teilkostenrechnung auszugestalten. In den vorhergehenden Abschnitten wurden generelle Methoden vorgestellt; im Detail gibt es noch einige Themen und alternative Vorgehensweisen mehr. Hierzu sei auf die umfangreiche und spezielle Literatur zum Thema Kostenrechnung verwiesen.

Für die Praxis ist in der Kostenrechnung immer eine Abwägung von Aufwand und Nutzen vorzunehmen. Eine besonders feine Untergliederung von Kostenarten, -stellen und -trägern liefert zwar besonders viele Informationen, verursacht aber auch einen hohen Erfassungsaufwand. Hier gilt es, einen angemessenen Mittelweg zu finden. Abb. C.23 zeigt die Verbreitung unterschiedlicher Kostenrechnungssysteme in der Praxis.

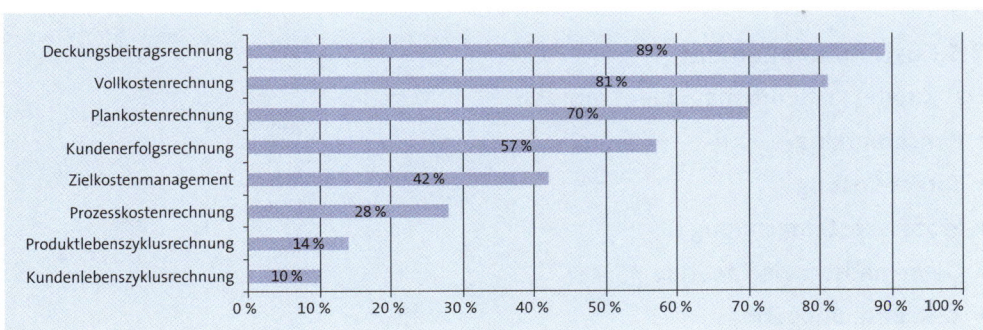

Abb. C.23: Verbreitung verschiedener Kostenrechnungssysteme
(vgl. *Weber/Janke, 2013, S. 55*)

Ganz vorne liegt die **Deckungsbeitragsrechnung**, dicht gefolgt von der **Vollkostenrechnung**. Dies zeigt auch, dass viele Unternehmen sich nicht entweder für eine Voll- oder eine Teilkostenrechnung entscheiden, sondern dass beide häufig gleichzeitig genutzt werden. Während Vollkosteninformationen beispielsweise für Angebotskalkulationen von Interesse sein können, werden Teilkosteninformationen für kurzfristige Sortimentsentscheidungen benötigt. Der Aufwand einer Überleitung von einer Voll- in eine Teilkostenrechnung ist in der Regel überschaubar, da die grundlegenden Strukturen gleichbleiben (vgl. ≫ Kapitel C.2.2.2). Erforderlich für die Teilkostenrechnung ist die Aufteilung der Kosten in fix und variabel. Auch hier geht es nicht um die größte Genauigkeit, die dann mit einem enormen Aufwand einhergeht. Selbst die Kenntnis eines ungefähren Deckungsbeitrags ist besser als völlige Unkenntnis über diese Steuerungsgröße.

Der Aufwand für eine **Istkostenrechnung** ist in der Regel relativ überschaubar, da die Datenbasis aus der Buchhaltung entnommen werden kann. Diese Daten werden strukturiert, ergänzt und weiterverarbeitet. Der Aufwand für eine **Plankostenrechnung** ist hingegen deutlich höher, da hier keine Datenbasis vorhanden ist. Stattdessen ist ein beträchtlicher Aufwand zur Erstellung einer Planung erforderlich (vgl. ≫ Kapitel C.2). Dennoch setzen viele Unternehmen die Plankostenrechnung ein; offensichtlich beurteilen sie den zusätzlichen Informationsnutzen höher als den Planungsaufwand. Zum einen erlaubt die Plankostenrechnung einen Blick in die Zukunft, zum anderen lassen sich aussagekräftige Abweichungsanalysen erstellen.

Kundenerfolgsrechnungen basieren auf der **Kostenträgerrechnung**. Während Kostenträger häufig Produkte, Aufträge oder Dienstleistungen darstellen, deren Ergebnisse ermittelt werden, ist es in Unternehmen natürlich auch von Interesse, welche Ergebnisse mit Kunden erzielt werden, die mehrere unterschiedliche Produkte oder Dienstleistungen beziehen. Neben Kundenergebnissen können auch die Ergebnisse verschiedener Vertriebsorganisationen, -mitarbeiter etc. interessieren. Über entsprechende Merkmale ist dann die Kostenträgerrechnung entsprechend auszuwerten. Die weiteren in Abb. C.23 dargestellten Verfahren werden im folgenden ≫ Kapitel C.2.5 beschrieben; ihre Bedeutung für die Praxis ist aber geringer als die der klassischen Kostenrechnungsmethoden.

2.5 Kostenmanagement

Das Kapitel Kostenmanagement umfasst:

- **Benchmarking**
- **Target Costing**
- **Prozesskostenrechnung**
- **Gemeinkostenwertanalyse**
- **Zero Base Budgeting**
- **Lebenszykluskostenrechnung**
- **Bewertung der Methoden zum Kostenmanagement.**

2.5.1 Benchmarking

Beim Benchmarking wird angestrebt, durch den unternehmensinternen oder -externen Vergleich von Produkten oder Prozessen eine Verbesserung zu erreichen. Aus der Analyse von Unterschieden werden Optimierungsmaßnahmen abgeleitet. Um eine möglichst große Verbesserung zu erreichen, wird eine Orientierung am Besten (Best of Class, Best Practice) empfohlen. Bestandteile des **Benchmarking-Prozesses** sind:

- Vergleich: Analyse mit dem Ziel, Leistungsunterschiede festzustellen
- Informationssammlung und -verarbeitung: Analyse der Ursachen der Leistungsunterschiede
- Veränderung: Optimierung von Prozessen und Produkten.

Abb. C.24 zeigt die Vorgehensweise im Detail:

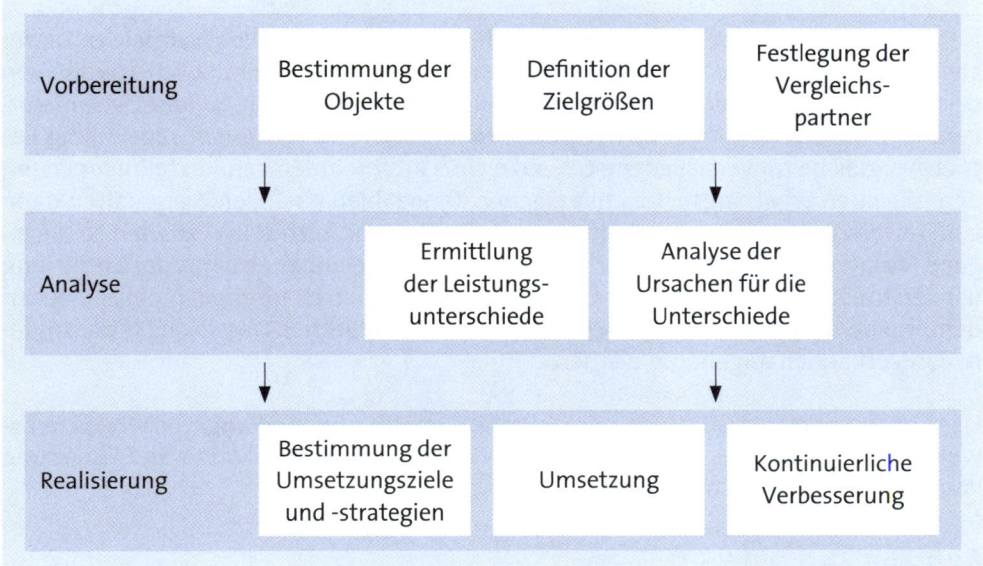

Abb. C.24: Vorgehensweise beim Benchmarking

In der Vorbereitungsphase werden zunächst die zu optimierenden Objekte bestimmt; dies können Produkte oder Prozesse sein. Ebenfalls ist zu klären, welche Ziele mit dem Projekt verfolgt werden. Neben Kostenzielen sind auch Zeit-, Qualitäts- oder sonstige Ziele möglich. Ein besonders schwieriger Schritt ist die Auswahl geeigneter Vergleichspartner. Grundsätzlich kommen folgende Möglichkeiten infrage:

- ► unternehmensinterner Vergleich
- ► Vergleich mit Wettbewerbern
- ► Vergleich mit branchenfremden Unternehmen.

Bei einem **konzern-** oder **unternehmensinternen Vergleich** ist sicherlich die Datenbeschaffung am einfachsten. Allerdings stellt sich hier die Frage, ob intern ein Best Practice zu finden ist. Die **Orientierung an Wettbewerbern** ist grundsätzlich sehr sinnvoll; hier ist hingegen die Informationsbeschaffung in der Regel besonders schwierig. **Branchenfremde Unternehmen** kommen infrage, wenn z. B. ein Industrieunternehmen seinen Logistikbereich optimieren möchte. Dann kann die Zusammenarbeit mit einem Logistikspezialisten sinnvoll sein. Alle Varianten besitzen somit Vor- und Nachteile, die abzuwägen sind.

In der zweiten Phase werden **Leistungsunterschiede analysiert**. Um diese messbar zu machen, sind Kennzahlen (vgl. ➤➤ Kapitel C.3.1) einzusetzen. Dies setzt wiederum einheitliche Kennzahlendefinitionen voraus, da nur dann vergleichbare Ergebnisse erzielt werden. Nach der zahlenbasierten Ermittlung der Unterschiede werden die **Ursachen für die Unterschiede** analysiert. Dies setzt in der Regel die Zusammenarbeit mit dem

Benchmarking-Partner sowie einen entsprechenden „Blick hinter die Kulissen" voraus. In Phase drei erfolgt dann die **Umsetzung von Optimierungsmaßnahmen**.

Neben dem Benchmarking existiert auch die Methode des **Betriebsvergleichs**. Dieser stellt eine abgespeckte Variante des Benchmarkings dar und wird beispielsweise von den Handwerkskammern für Handwerksbetriebe angeboten. Die *Landes-Gewerbeförderungsstelle des nordrhein-westfälischen Handwerks e. V. (LGH)* legt regelmäßig Betriebsvergleiche für verschiedene Gewerke vor. Unternehmen können teilnehmen, indem sie einen Erhebungsbogen mit eigenen Kennzahlen ausfüllen. Sie erhalten dann eine Auswertung mit Durchschnittswerten der Branche zurück und können so die eigene Situation im Vergleich einschätzen. Die Methode endet also mit der Ermittlung der Leistungsunterschiede; eine Ursachenanalyse ist nicht fundiert möglich. Neben dem Handwerk existieren weitere Branchen, in denen Betriebsvergleiche insbesondere von Verbänden angeboten werden.

Das Benchmarking stellt durch seine relativ einfache, aber wirkungsvolle Vorgehensweise ein in der Praxis weit verbreitetes Werkzeug zur Identifikation und Einleitung von Optimierungsmaßnahmen dar.

Aufgabe 21 > Seite 342

2.5.2 Target Costing

Ein technisch perfektes Produkt herauszubringen, garantiert einem Unternehmen noch keinen Markterfolg. Bietet ein Produkt Leistungen, die von den Kunden nicht erwartet oder – noch gravierender – nicht benötigt bzw. nachgefragt werden, liegt ein „Overengineering" vor. Dabei werden die Kosten des Produkts durch Funktionen in die Höhe getrieben, für die beim Kunden keine Zahlungsbereitschaft besteht. Ein solches Produkt ist somit „an den Marktbedürfnissen vorbei" entwickelt worden.

Hinsichtlich der wirtschaftlichen Erfolgschancen eines Produkts ist es daher von entscheidender Bedeutung, sich in der Forschung und Entwicklung an den aktuellen und zukünftigen Bedürfnissen des Markts zu orientieren. Die zentralen Fragen dabei sind daher, **welche Funktionen** ein Produkt in **welcher Qualität** aufweisen soll und **wie viel** ein derartig gestaltetes Produkt am Markt **kosten** darf, damit es erfolgreich wird. Aus dieser Denkweise heraus wurde das Instrument des Target Costing entwickelt.

Beim Target Costing wird von der Frage ausgegangen, wie viel ein Produkt am Markt kosten darf, um dort konkurrenzfähig zu sein. Aus dem so ermittelten Preis werden dann die **„erlaubten" Kosten** abgeleitet. Das Target Costing stellt dabei eine Ergänzung der klassischen Kostenrechnung dar, da zum Zwecke der Planung, Steuerung und Kontrolle weiterhin die Informationen aus der traditionellen Kostenrechnung benötigt werden (vgl. *Eisenberg/Oldenburg-Tietjen, 2018, S. 627 f.*).

Beim Target Costing handelt es sich um einen dreistufigen Prozess, der aus den Phasen

▸ der **Zielkostenbestimmung** („Wie viel darf das Produkt kosten?")

▸ der **Zielkostenspaltung** („Wie verteilen sich die Funktionen und Kosten des Produkts auf die einzelnen Komponenten?") und

▸ der **Zielkostenerreichung** („Wie kann der Ressourceneinsatz für die einzelnen Komponenten optimiert werden?")

besteht.

In der ersten Phase sind die Gesamtkosten des zu entwickelnden Produkts zu bestimmen, die in der späteren Produktion anfallen dürfen. In der Literatur werden fünf Herangehensweisen zur Bestimmung der Zielkosten unterschieden:

▸ Bei den Verfahren **Out of Standard Costs** und **Out of Company** werden die Zielkosten primär aus dem Unternehmen heraus abgeleitet. So stellen beim Verfahren Out of Standard Costs die Plankosten des Unternehmens (Standard Costs) und beim Verfahren Out of Company die technischen und betriebswirtschaftlichen Fähigkeiten, Erfahrungen und Potenziale des Unternehmens die Bezugspunkte dar.

▸ Die Verfahren **Market into Company** und **Out of Competitor** sind hingegen eher außenorientiert. Ersteres betrachtet die am Markt erzielbaren Preise, Letzteres die Kosten konkurrierender Unternehmen für vergleichbare Produkte.

▸ Das Verfahren **Into and out of Company** kombiniert die Herangehensweisen von Market into Company und Out of Company und ist damit sowohl außen- als auch innenorientiert.

Da das Verfahren **Market into Company** die **Grundform des Target Costing** darstellt und darüber hinaus für Produkte mit innovativem Charakter – wie sie Gegenstand von F&E-Prozessen sind – gut geeignet ist, soll allein dieses Verfahren im Folgenden näher behandelt werden (vgl. *Eisenberg/Oldenburg-Tietjen, 2018, S. 631*).

Beim Market into Company-Verfahren wird die Subtraktionsmethode angewandt; vom **Verkaufspreis**, der am Markt erzielbar ist, wird die **geplante Gewinnmarge** abgezogen, um die **„erlaubten" Kosten** zu bestimmen. Diesen Allowable Costs werden die **prognostizierten Standardkosten** (Drifting Costs) bzw. Plankosten des neuen Produkts gegenübergestellt. Dabei gilt der Vollkostengedanke, d. h. es werden alle für das Produkt anfallenden Kosten (Einzelkosten und zu tragender Gemeinkostenanteil) berücksichtigt. Besteht zwischen Allowable Costs und Drifting Costs eine Differenz, dann weist dies auf notwendige Kostensenkungen hin, die in der Produktentwicklungsphase zu realisieren sind.

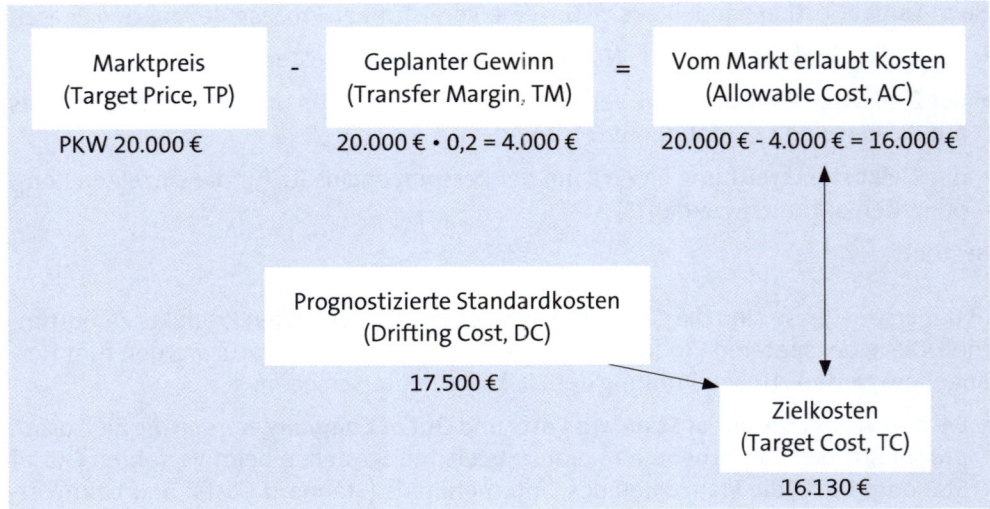

Abb. C.25: Zusammenhang zwischen geplantem Gewinn und Target Cost

Die tatsächlichen Zielkosten (Target Costs) werden in der Regel zwischen den Drifting Costs und den Allowable Costs festgelegt. Denn die zu setzenden Zielkosten sollen motivieren und müssen realistisch und erreichbar sein. Je höher jedoch die Wettbewerbsintensität und somit der Kostendruck sind, desto näher sollten die Target Costs an den Allowable Costs liegen. Auch eine zeitliche Staffelung der Zielkosten ist denkbar. Aufgrund von Erfahrungskurveneffekten kann ein degressiver Verlauf der Target Costs vorgegeben werden.

Im nächsten Schritt sind die Zielkosten des Gesamtprodukts auf die einzelnen Komponenten bzw. Funktionen des Produkts zu verteilen, um eine detaillierte Kostensteuerung zu ermöglichen. Bei diesem – als **Zielkostenspaltung** bezeichneten – Vorgang werden zwei Perspektiven berücksichtigt: Der Sichtweise des Kunden entsprechend wird das Produkt als eine Bedarfslösung betrachtet, die verschiedene Funktionalitäten aufweist. Aus Sicht des Unternehmens setzt sich das Produkt aus verschiedenen Komponenten zusammen, die in unterschiedlichem Maße zur Erfüllung dieser Funktionen beitragen.

Um den Kunden ein für ihre Bedürfnisse optimales Produkt (als Leistungsbündel der verschiedenen Funktionalitäten) zu bieten, sollen die Zielkosten im Folgenden gemäß ihrem Funktionsanteil auf die verschiedenen Komponenten verteilt werden (**Funktionsmethode**). Zu diesem Zweck wird eine **Funktionen-Komponenten-Matrix** aufgestellt, in der die komponentenbezogene Zuordnung des Funktionsnutzens erfolgt.

Beispiel

Anzahl Funktion am Gesamtnutzen ↓	Nutzenanteil der Komponenten der Funktion									
		↓		↓		↓		↓		↓
Funktion		Kompo-nente A		Kompo-nente B		Kompo-nente C		Kompo-nente D		Kompo-nente E	Σ
20 %	Qualität	20 %	4,0 %	50 %	10,0 %	10 %	2,0 %	15 %	3,0 %	5 %	1,0 %	100 %
11 %	Kom-fort	30 %	3,3 %	5 %	0,6 %	5 %	0,6 %	20 %	2,2 %	40 %	4,4 %	100 %
12 %	Um-welt-freundl.	10 %	1,2 %	20 %	2,4 %	20 %	2,4 %	25 %	3,0 %	25 %	3,0 %	100 %
14 %	Design	35 %	4,9 %	10 %	1,4 %	10 %	1,4 %	15 %	2,1 %	30 %	4,2 %	100 %
20 %	Bedie-nung	15 %	3,0 %	10 %	2,0 %	30 %	6,0 %	20 %	4,0 %	25 %	5,0 %	100 %
8 %	...	5 %	0,4 %	15 %	1,2 %	35 %	2,8 %	25 %	2,0 %	20 %	1,6 %	100 %
15 %	...	18 %	2,7 %	32 %	4,8 %	22 %	3,3 %	15 %	2,3 %	13 %	2,0 %	100 %
100 %	Σ		19,5 %		22,4 %		18,5 %		18,6 %		21,2 %	

↑ ↑ ↑ ↑ ↑

Nutzenanteil der Komponenten am Gesamtnutzen

Tab. C.53: Beispiel einer Funktionen-Komponenten-Matrix

Die Ermittlung der Nutzenanteile der einzelnen Funktionen aus Kundensicht ist durch Marktforschung vorzunehmen. Ein dabei häufig zum Einsatz kommendes Instrument ist die **Conjoint-Analyse**, ein aus der Psychologie stammendes und im Marketing häufig Anwendung findendes multivariates Analyseverfahren. Die Befragung (der Kunden) bezieht sich hierbei zunächst auf die Wertschätzung verschiedener (alternativer) ganzheitlicher Produktzusammensetzungen. In der Auswertung werden dann die Produktzusammensetzungen hinsichtlich der einzelnen Merkmale und deren Ausprägungen zerlegt, um die ganzheitliche Bewertung entsprechend den Einflussgrößen umzurechnen. Hier ergibt sich für das F&E-Controlling eine Schnittstelle zur Marketingabteilung oder ggf. zu externen Marktforschungsinstituten, die mit einer entsprechenden Analyse beauftragt werden können.

Die Bestimmung der Nutzenanteile der Komponenten an den verschiedenen Funktionen des Produkts ist durch interne Untersuchungen und Befragungen herauszuarbeiten. Dabei sollten neben den für die verschiedenen Komponenten verantwortlichen Fachabteilungen auch Vertreter aus Marktforschung und Vertrieb eingebunden werden.

Ist nach Gewinnung der notwendigen Informationen die Funktionen-Komponenten-Matrix aufgestellt worden, kann der Nutzenanteil der einzelnen Komponenten am Gesamtnutzen des Produkts bestimmt werden. Hierfür werden jeweils Funktions-nutzen und Nutzenanteil der jeweiligen Komponente multipliziert. In Tab. C.53 ergibt sich so beispielsweise ein Teilnutzen der Komponente A auf den (wahrgenommenen) Komfort des Produkts in Höhe von 3,3 % (30 % Anteil der Komponente A am 11 %-igen Funktionsnutzenanteil des Komforts). Die Summe der Teilnutzenwerte einer Komponente ergibt dann den Anteil der Komponente am Gesamtnutzen des Produkts (z. B. 19,5 % für Komponente A). Entsprechend sollten ca. 19,5 % der gesamten Produktkosten durch Komponente A bedingt sein.

Alternativ zur oben geschilderten Funktionsmethode kann für die Zielkostenspaltung grundsätzlich auch die sogenannte **Komponentenmethode** genutzt werden. Hierbei wird vereinfachend davon ausgegangen, dass jeweils eine 1 : 1-Beziehung zwischen Komponente und Funktion besteht. Sie berücksichtigt daher nicht explizit die Kundeneinschätzungen, sondern schreibt bestehende Kosten- und Prozessstrukturen fort. Daher eignet sich diese Methode auch nicht für innovative Produkte in F&E-Prozessen und wird entsprechend im Folgenden nicht weiter thematisiert.

Im dritten Schritt ist nun zu überprüfen, ob sich Kosten- und Nutzenanteile der Produktkomponenten hinreichend entsprechen oder aber nicht akzeptable Abweichungen vorliegen. Für die Überprüfung und Visualisierung der Zielkostenerreichung kommen **Zielkostenindizes** und das **Zielkostenkontrolldiagramm** (vgl. Abb. C.26) zur Anwendung.

Die Zielkostenindizes (ZKI) der verschiedenen Komponenten werden berechnet, indem der vom Kunden empfundene Nutzenanteil einer Komponente durch den (sich nach Standard- bzw. Plankosten des Unternehmens ergebenden) aktuellen Kostenanteil am Gesamtprodukt dividiert wird. Im Idealfall entsprechen sich Nutzen- und Kostenanteil; der Zielkostenindex ist in diesem Fall 1. Ist der Zielkostenindex kleiner 1, dann sind die Kosten der Komponente im Verhältnis zum vom Kunden empfundenen Nutzen zu hoch und bedürfen unter Umständen einer Reduzierung. Ist der Wert größer 1, sind die Kosten im Verhältnis zum empfundenen Nutzen zu gering. In diesem Fall ist die Komponente evtl. gemessen an den Kundenbedürfnissen zu einfach gestaltet und sollte unter Umständen aufgewertet werden.

Da in der Praxis die „Punktlandung" mit einem Zielkostenindex von 1 unwahrscheinlich ist, stellt sich jedoch die Frage, welche Abweichungen vom Optimum wirtschaftlich gesehen noch akzeptabel sind und welche nicht. Dabei ist zu bedenken, dass Verfehlungen der Zielkosten bei Komponenten mit niedrigem Kosten- und Nutzenanteil tendenziell akzeptabler sind als bei solchen mit hohem Kosten- und Nutzenanteil. Die reine Betrachtung der Zielkostenindizes allein als Zahlenwerte ist daher nur begrenzt zielführend und bei Produkten mit einer Vielzahl von zu betrachtenden Komponenten zudem schnell unübersichtlich.

Daher ist es sinnvoll, den Zusammenhang von Kosten- und Nutzenanteilen mithilfe eines **Zielkostenkontrolldiagramms** zu visualisieren, in dem auch ein Toleranzbereich (**Zielkostenzone**) für akzeptable Zielkostenverfehlungen festgelegt werden kann (vgl. im Folgenden *Eisenberg/Oldenburg-Tietjen, 2018, S. 642*).

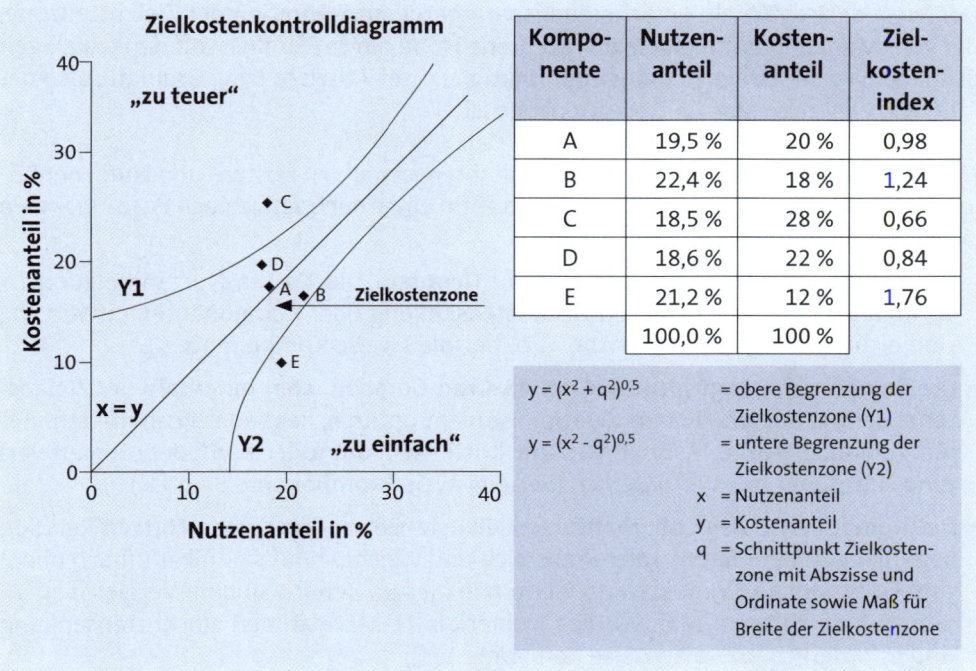

Abb. C.26: Zielkostenkontrolldiagramm und Zielkostenindizes
(vgl. *Eisenberg/Oldenburg-Tietjen, 2018, S. 642*)

Die Nutzenanteile werden dabei auf der Abszisse (X-Achse), die Kostenanteile auf der Ordinate (Y-Achse) abgetragen. Alle idealen Kombinationen von Kosten- und Nutzenanteilen liegen in diesem Diagramm auf einer 45-Grad-Ursprungsgeraden mit der Form

$$f(x) = x$$

Die Zielkostenzone wird üblicherweise durch zwei Exponentialfunktionen mit

$$y = (x^2 + q^2)^{0,5}$$

für die obere Begrenzung und

$$y = (x^2 + q^2)^{0,5}$$

für die untere Begrenzung festgelegt.

Der Wert q ist dabei ein Entscheidungsparameter zur Definition der Zielkostenzone, der vom Management festgelegt wird. Seine Höhe nimmt Einfluss auf den jeweiligen Schnittpunkt der beiden Exponentialfunktionen mit Abszisse bzw. Ordinate, also darauf, wie weit oder eng die Zielkostenzone ist.

Nun werden die Produktkomponenten mit ihren jeweiligen Kosten- und Nutzenanteilen als Koordinaten in das Zielkostendiagramm eingezeichnet. Je nach Position lassen sich daraus folgende Schlüsse ziehen:

- **Die Komponente liegt auf der 45-Grad-Geraden:** Die Kosten-Nutzen-Relation ist optimal (ZKI ≈ 1). Maßnahmen zur Kostensenkung oder Komponentenaufwertung sind nicht erforderlich (wie in Abb. C.26 beispielsweise Komponente A).

- **Die Komponente liegt nicht auf der 45-Grad-Geraden, aber innerhalb der Zielkostenzone:** Die Kosten-Nutzen-Relation ist nicht optimal, liegt aber noch im definierten Toleranzbereich. Maßnahmen zur Kostensenkung oder Komponentenaufwertung sind daher nicht erforderlich (beispielsweise Komponente B und D).

- **Die Komponente liegt oberhalb der Zielkostenzone:** Die Kosten-Nutzen-Relation liegt nicht im definierten Toleranzbereich und weicht somit signifikant (nach oben) vom Optimum ab. Produktkomponenten in diesem Bereich sind im Vergleich zu ihrem Nutzen zu teuer (ZKI deutlich kleiner als 1). Maßnahmen zur Kostensenkung sind erforderlich (beispielsweise Komponente C).

- **Die Komponente liegt unterhalb der Zielkostenzone:** Die Kosten-Nutzen-Relation liegt nicht im definierten Toleranzbereich und weicht somit signifikant (nach unten) vom Optimum ab. Die Produktkomponenten sind in diesem Fall nicht zu teuer, sondern in Anbetracht ihres Nutzenanteils zu billig, also zu einfach gestaltet (ZKI deutlich größer als 1). Maßnahmen zur Komponentenaufwertung sind zu diskutieren (beispielsweise Komponente E).

Die Ausrichtung der Forschungs- und Entwicklungsbemühungen eines Unternehmens auf die Marktbedürfnisse und -wünsche ist ein kritischer Faktor für den Markterfolg von Produkten. Das **Target Costing** stellt dabei ein wertvolles Instrument dar, dessen zentraler Inhalt die marktgerechte Planung, Steuerung und Kontrolle des Kostenniveaus für neu zu entwickelnde Produkte ist (vgl. *Eisenberg/Oldenburg-Tietjen, 2018, S. 656*). Es handelt sich dabei um einen **interaktiven Planungsprozess**, der über ein Bündel von Maßnahmen bereits in den frühen Entwicklungsphasen die Kostenstrukturen transparent macht und die Kostenbeeinflussung thematisiert. Er ersetzt somit nicht die Kostenrechnung, sondern ergänzt diese um weitere Perspektiven. Target Costing soll auch das Verhalten der Mitarbeiter beeinflussen, da Kostenvorgaben nachvollziehbar aus Marktdaten abgeleitet werden und somit nicht zur Disposition stehen.

In der Praxis trifft das Target Costing jedoch typischerweise auf verschiedene Hürden, die die Umsetzung erschweren. So ist die Erhebung valider Marktdaten nicht nur sehr aufwändig, sondern auch fehleranfällig. Bereits geringe Ungenauigkeiten hinsichtlich der vermuteten Kundenpräferenzen können einen Einfluss auf die Zielgenauigkeit der F&E-Bemühungen und somit den Markterfolg nehmen. Darüber hinaus stellt das Target Costing anspruchsvolle Forderungen an das Unternehmen, indem es z. B. eine hohe Transparenz interner Prozesse, eine klare strategische Ausrichtung, die ständige Bereitschaft zum Reengineering und das geeignete Personal für die Zusammenstellung interdisziplinärer Projektteams verlangt. Dadurch wird die Nutzbarkeit für kleinere Unternehmen stark eingeschränkt.

Aufgabe 22 > Seite 342

2.5.3 Prozesskostenrechnung

Die Prozesskostenrechnung basiert auf dem in den USA entwickelten **Activity Based Costing**. Beide Ansätze sind sehr ähnlich, wobei der Fokus bei der Prozesskostenrechnung vor allem außerhalb der Produktion liegt. Typische Einsatzgebiete können Bereiche wie Verwaltung, Vertrieb oder Materialwirtschaft sein. In der traditionellen Vollkostenrechnung (vgl. >> Kapitel C.2.2.1) werden alle Gemeinkosten auf Kostenträger geschlüsselt. Die Schlüsselung erfolgt jeweils über Bezugsgrößen, wie Leistungsmengen (z. B. Stunden, Kilometer, Quadratmeter), Zuschlagssätze oder Maschinenstundensätze. Diese Schlüsselungen sind häufig nicht verursachungsgerecht.

In einer einfachen Form der Zuschlagskalkulation werden die Vertriebsgemeinkosten als prozentualer Zuschlag auf die Herstellkosten geschlüsselt (vgl. >> Kapitel C.2.2.1.4). Dies bedeutet beispielsweise für einen Auftrag mit großer Auftragsmenge, dass er recht hohe Herstellkosten besitzt. Durch den prozentualen Zuschlagssatz werden anteilig dann auch hohe Vertriebsgemeinkosten auf diesen Auftrag verrechnet. Andererseits führt eine geringe Auftragsmenge über die niedrigen Herstellkosten zu einer geringen Verrechnung anteiliger Vertriebsgemeinkosten.

Dies wäre gerechtfertigt, wenn der Großauftrag tatsächlich einen höheren Aufwand verursacht. In der Praxis ist dies oft nicht der Fall, ggf. ist die Auftragsabwicklung im Vertrieb ein standardisierter Prozess, unabhängig von der gelieferten Stückzahl. Der prozentuale Zuschlagssatz führt dann zu einer ungerechten Belastung der Aufträge und Produkte mit Vertriebsgemeinkosten. In der Prozesskostenrechnung wird für diesen Fall ein (Standard-)Prozesskostensatz für eine einmalige Prozessdurchführung bestimmt. Beide Aufträge werden dann mit den gleichen Vertriebs-(prozess-)gemeinkosten belastet. Pro Stück hat das Produkt mit den niedrigeren Stückzahlen damit mehr Vertriebsgemeinkosten zu tragen. Die Kostenverrechnung ist damit genauer und verursachungsgerechter.

Zielsetzungen der Prozesskostenrechnung sind (vgl. *Friedl/Hoffmann/Pedell, 2017, S. 442*):

► Erhöhung der Genauigkeit der Kostenrechnung

- verursachungsgerechtere Schlüsselung von Gemeinkosten

► Steuerung des Ressourceneinsatzes

- Identifikation von Kosteneinflussgrößen (Kostentreiber)

► Identifikation von Rationalisierungspotenzialen

- Prozessoptimierung.

Der Ansatz der Prozesskostenrechnung besteht also in einer prozessorientierten Betrachtung (Ablauforganisation). Im Fall einer Einzelfertigung stark unterschiedlicher Produkte mit sehr kundenindividueller Abwicklung kommt eine Prozesskostenrechnung nicht infrage. Sie eignet sich nur dann, wenn die Prozesse zumindest weitgehend standardisiert ablaufen, d. h. die Prozessdurchführung häufig und immer wieder ähnlich stattfindet (vgl. Abb. C.27).

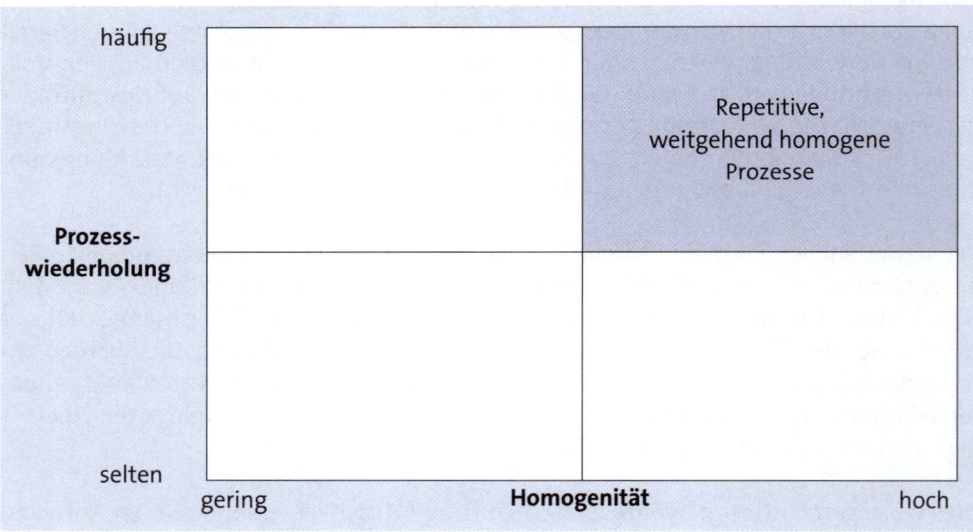

Abb. C.27: Einsatzbereiche der Prozesskostenrechnung

Typische Geschäftsprozesse, für die eine Prozesskostenrechnung infrage kommt, sind z. B.:

► Auftragsabwicklungsprozess

► Bestellprozess

► Reklamationsprozess.

Die Prozesskostenrechnung erfolgt in **acht Schritten**, die im Folgenden anhand eines Beispiels erläutert werden:

1. Festlegung des Untersuchungsbereichs
2. Grobstrukturierung der Prozesshierarchie
3. Ermittlung von Teilprozessen und Kostentreibern in Kostenstellen
4. Ermittlung von Zeiten der Teilprozesse
5. Ermittlung von Kosten und Kostensätzen der Teilprozesse
6. Zuordnung der Teilprozesse zu Hauptprozessen
7. Kalkulation mit Prozesskostensätzen
8. Prozessoptimierung.

Im ersten Schritt findet die Auswahl der **Hauptprozesse** und der beteiligten Kostenstellen statt. Im Folgenden wird beispielhaft ein Beschaffungsprozess betrachtet. Daran beteiligt sind die Abteilungen (Kostenstellen) Disposition, Einkauf, Wareneingang, Lager und Buchhaltung. Die Gesamtkosten dieser Bereiche sowie die Personalkapazität sind zu ermitteln. Die Kosten jeder Kostenstelle können dem Betriebsabrechnungsbogen entnommen werden (vgl. » Kapitel C.2.2.1.3). Die Personalkapazität wird sinnvollerweise in Vollzeitäquivalenten statt in Kopfzahlen gemessen. Eine Teilzeitkraft mit einer 50 %-Stelle wird dann als 0,5 Vollzeitäquivalente berücksichtigt.

Im zweiten Schritt erfolgt eine Aufteilung des Hauptprozesses in **Teilprozesse**:

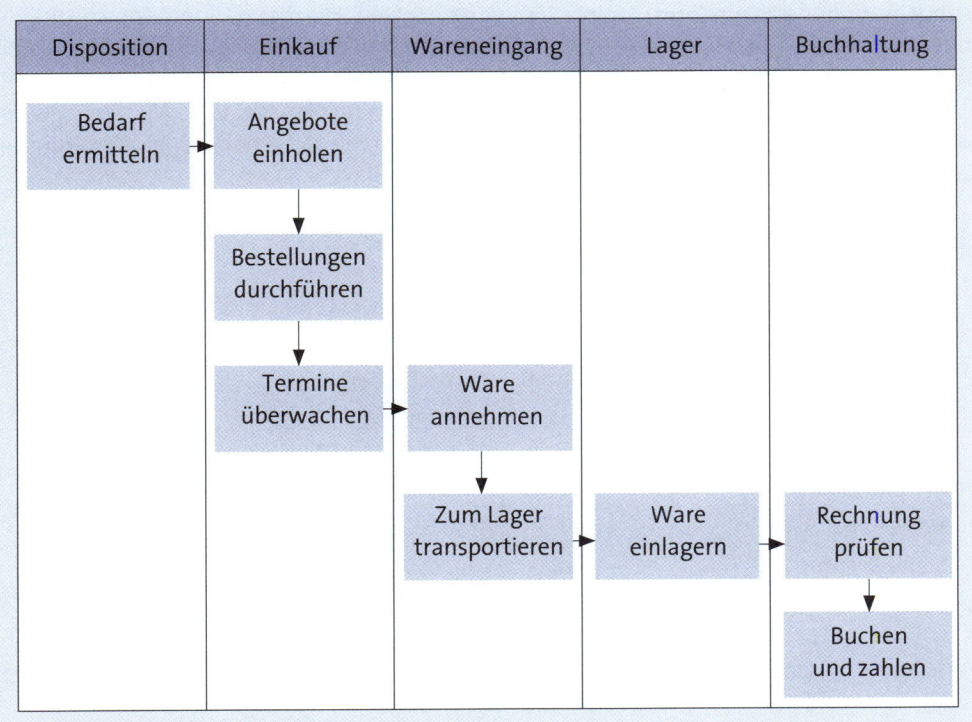

Abb. C.28: Zerlegung Hauptprozess in Teilprozesse

Der Hauptprozess beginnt mit der Bedarfsermittlung in der Dispositionsabteilung und endet mit der Zahlung der Rechnung in der Buchhaltung. Gegebenenfalls erfolgt eine weitere Aufteilung der Teilprozesse in Aktivitäten. Bei der Definition von Teilprozessen und Aktivitäten ist eine Abwägung von Aufwand und Nutzen vorzunehmen. Eine sehr detaillierte Zerlegung verursacht einen hohen Aufwand; eine sehr grobe Aufteilung ist evtl. zu ungenau. Typisch für einen Hauptprozess ist, dass er wie in Abb. C.28 abteilungsübergreifend abläuft. Die Gesamtkosten der Abteilungen werden jeweils in der Kostenstellenrechnung ermittelt; die Ermittlung von Kostensätzen für die Teilprozesse ist noch zu leisten.

Im dritten Schritt werden für jeden Teilprozess **Kostentreiber** festgelegt. Dies sind die Leistungsgrößen, die den Aufwand für einen Teilprozessschritt maßgeblich beeinflussen. Je mehr Bestellungen durchgeführt werden, desto höher ist sicherlich der Aufwand für die Bestellabwicklung. Somit kommt die Anzahl an Bestellungen als Kostentreiber infrage. Eine Bestellung kann allerdings sowohl nur aus einer Bestellposition bestehen als auch mehrere Positionen umfassen, wenn in einer Bestellung mehrere Artikel geordert werden. Eine Bestellung mit z. B. zehn Positionen verursacht in der Regel einen höheren Aufwand als eine Bestellung mit nur einer Position. Somit kommt alternativ zur Anzahl der Bestellungen auch die Anzahl der Bestellpositionen als Kostentreiber infrage. Bei der Auswahl von Kostentreibern ist neben der inhaltlichen Eignung auch auf den Aufwand zur Ermittlung zu achten.

Lässt sich für einen Teilprozess die Leistung konkret messen und somit ein Kostentreiber finden, so wird dieser Teilprozess als **leistungsmengeninduziert (lmi)** bezeichnet. Neben leistungsmengeninduzierten Teilprozessen sind in Unternehmen auch **leistungsmengenneutrale (lmn)** Teilprozesse anzutreffen. Hierbei handelt es sich um Tätigkeiten unabhängig von konkreten Leistungsgrößen, wie z. B. die Leitung einer Abteilung. Da es sich bei der Prozesskostenrechnung um eine Vollkostenrechnung handelt, werden die Kosten der lmn-Prozesse auf die lmi-Prozesse umgelegt. Mangels geeigneter Kostentreiber für lmn-Tätigkeiten wird häufig die Mitarbeiterzahl als Schlüssel verwendet.

Beispiel

Tab. C.54 zeigt beispielhaft die Teilprozesse der Kostenstelle Einkauf.

Teilprozess	Prozessart	Kostentreiber	Prozessmenge (p. a.)
Angebote einholen	lmi	Anzahl Angebote	1.500
Bestellungen durchführen	lmi	Anzahl Bestellpositionen	20.000
Termine überwachen	lmi	Anzahl Bestellungen	5.000
Abteilung leiten	lmn	-	-

Tab. C.54: Kostentreiber der Kostenstelle Einkauf

Zusätzlich zu den in Tab. C.54 ersichtlichen lmi-Teilprozessen wird die Abteilungsleitung als lmn-Teilprozess abgebildet. Daher besitzt dieser Teilprozess keinen Kostentreiber. Ferner werden zu den Kostentreibern die **(Prozess-)Mengen** erfasst. Hierbei werden in der Praxis oft Jahreswerte verwendet, um Schwankungen auszugleichen. Falls die Prozesskostenrechnung zur monatlichen Kostenermittlung genutzt werden soll, kann analog auch mit monatlichen Werten gerechnet werden.

In der Praxis ist der Aufwand zur Erfassung der Prozessmengen zu beachten. Idealerweise können dazu Daten aus ERP-Systemen mehr oder weniger automatisch herangezogen werden; die Führung von Strichlisten hingegen ist zumindest längerfristig wenig effizient.

Als Basis für die Verteilung der Kosten werden in Schritt vier **Zeiten für die Teilprozesse** ermittelt. Auch dies gestaltet sich in der Praxis häufig schwierig. In einer Einkaufskostenstelle beispielsweise wird die Organisation nicht so aussehen, dass einzelne Mitarbeiter ausschließlich für einen Teilprozess verantwortlich sind. Stattdessen werden alle Mitarbeiter – außer der Abteilungsleitung – an allen Teilprozessen beteiligt sein.

Durch eine Mitarbeiterbefragung kann dann zumindest grob festgestellt werden, welchen Teil ihrer Arbeitszeit die Mitarbeiter mit den einzelnen Teilprozessen verbringen. Wenn die Ungenauigkeit bei einer Befragung zu hoch erscheint, sind auch Selbstaufschreibungen über einen bestimmten Zeitraum zur Zeitenermittlung möglich. Der Einsatz von Stoppuhren ist vor allem im Fertigungsbereich üblich; in manchen Fällen können auch IT-Systeme Daten liefern. Die Eingabe einer Bestellung ist im ERP-System auch zeitlich nachvollziehbar, das Telefonat mit einem Lieferanten bezüglich eines Angebots allerdings nicht. Von daher birgt dieser Schritt in der Regel die Gefahr einer gewissen Ungenauigkeit.

Tab. C.55 zeigt beispielhaft die Verteilung der Zeiten in der Kostenstelle Einkauf.

Beispiel

Teilprozess	Mitarbeiterjahre
Angebote einholen	3
Bestellungen durchführen	5
Termine überwachen	2
Abteilung leiten	2
Summe	**12**

Tab. C.55: Zeiten der Teilprozesse in der Kostenstelle Einkauf

Die Summe von zwölf Mitarbeiterjahren bedeutet, dass zwölf Vollzeitmitarbeiter (Vollzeitäquivalente) im gesamten Jahr in der Einkaufsabteilung beschäftigt sind. Die Zeiten können selbstverständlich auch in Stunden oder in einer anderen Zeiteinheit ausgedrückt werden.

Auf Basis dieser Zeiten werden im nächsten Schritt die **Kosten auf die Teilprozesse geschlüsselt**:

Teilprozess	Prozesskosten lmi	Umlage lmn-Kosten	Gesamtprozess- kosten	Gesamt- kostensatz
Angebote einholen	300.000	60.000	360.000	240
Bestellungen durchführen	500.000	100.000	600.000	30
Termine über- wachen	200.000	40.000	240.000	48
Abteilung leiten	200.000	-200.000	0	

Tab. C.56: Kosten und Kostensätze der Teilprozesse

Der erste Teilprozess trägt geschlüsselt über die Mitarbeiterzahl 3/12 der Gesamtkosten von 1.200.000 €, also 300.000 €. Analog erfolgt die Aufteilung auf die anderen Teilprozesse. Der lmn-Prozess „Abteilung leiten" bekommt so 200.000 € zugerechnet, die im nächsten Schritt weiter zu verteilen sind. Die Schlüsselung erfolgt wiederum über die Mitarbeiterzahl. Diesmal werden 60.000 € (= 3/10 · 200.000 €) an den ersten Teilprozess weiterverrechnet, da an den lmi-Prozessen insgesamt zehn Mitarbeiter beteiligt sind.

Die Gesamtprozesskosten ergeben sich dann aus der Addition der lmi-Prozesskosten und der lmn-Umlage. Abschließend wird dieser Betrag durch die Prozessmenge dividiert. Für den ersten Teilprozess bedeutet dies 240 €/Angebot (= 360.000 € : 1.500 Angebote). Damit liegen am Ende dieses Schrittes Prozesskostensätze für alle Teilprozesse vor. Mit diesen ist eine Kostenträgerkalkulation denkbar. Allerdings sind dann pro Kostenträger Mengen zu jedem Kostentreiber zu erfassen, was in der Praxis häufig zu aufwändig ist.

Im sechsten Schritt erfolgt daher oft eine **Zuordnung der Teil- zu Hauptprozessen**. Innerhalb einer Kostenstelle können Teilprozesse zu unterschiedlichen Hauptprozessen gehören. Die Buchhaltung verbucht beispielsweise nicht nur Lieferantenrechnungen im Rahmen des Beschaffungsprozesses, sondern auch Kundenrechnungen als Bestandteil des Auftragsabwicklungsprozesses.

Beispiel

Im konkreten Beispiel des Hauptprozesses Beschaffung ergeben sich die folgenden Kostensätze pro Teilprozess:

Teilprozess	Kostenstelle	Kostentreiber	Prozesskosten	Kostensatz
Bedarf ermitteln	Disposition	Einkaufsteile	200.000	5
Angebote einholen	Einkauf	Angebote	360.000	240
Bestellungen durchführen	Einkauf	Bestell-positionen	600.000	30
Termine über-wachen	Einkauf	Bestellungen	240.000	48
Ware annehmen	Wareneingang	Bestell-positionen	160.000	8
Transport zum Lager	Wareneingang	Bestellungen	50.000	10
Ware einlagern	Lager	Bestell-positionen	180.000	9
Rechnung prüfen	Buchhaltung	Bestell-positionen	240.000	12
Rechnung zahlen	Buchhaltung	Bestellungen	40.000	8
Summe			**2.070.000**	

Tab. C.57: Kosten und Kostensätze aller Teilprozesse

Zur Verdichtung auf den Hauptprozess wird ein (Haupt-)Kostentreiber für den Hauptprozess ausgewählt, z. B. die Anzahl Bestellungen. Diese Auswahl ist in der Regel weder einfach noch eindeutig. Inhaltliche Erwägungen sollten ebenso eine Rolle spielen wie der Erfassungsaufwand. Anschließend werden die Gesamtkosten von 2.070.000 € durch die Prozessmenge des Kostentreibers (5.000 Bestellungen) dividiert; hierdurch ergibt sich im Beispiel ein Prozesskostensatz von 414 €/Bestellung.

Im siebten Schritt erfolgt die **Kalkulation auf Basis der Teil- oder Hauptprozesskostensätze**.

Beispiel

Bei Verwendung des Hauptprozesskostensatzes ist im Beispiel für einen Kostenträger lediglich die Anzahl an Bestellungen zu ermitteln; diese wird dann in der Kalkulation mit dem Hauptprozesskostensatz multipliziert. Bei zehn Bestellungen würden somit 4.140 € (= 10 Bestellungen · 414 €/Bestellung) Beschaffungsgemeinkosten verrechnet.

Im achten und letzten Schritt können die **Kosteninformationen zur Prozessoptimierung genutzt** werden. Eine wichtige Einflussgröße sind dabei die Kostentreiber. Mit der Anzahl Bestellungen sinkt auch der Aufwand für den Bestellprozess.

Technisch gesehen ist die Prozesskostenrechnung nichts anderes als eine differenzierte Zuschlagskalkulation (vgl. **>>** Kapitel C.2.2.1.4). Ein Kostentreiber wird in der traditionellen Kostenrechnung als Bezugsgröße bezeichnet; Teilprozesse können als Unterkostenstellen betrachtet werden. Interessant ist aber die Orientierung an der Ablauforganisation, die bei standardisierten Prozessen zu einer verursachungsgerechteren Verteilung der Gemeinkosten führt. Dem gegenüber steht der erhöhte Aufwand im Vergleich zu den klassischen Ansätzen. Schwierig sind dabei nicht die Rechenschritte, sondern die angemessene Strukturierung der Prozesse, die Erfassung der Zeiten für die Teilprozesse sowie die Auswahl geeigneter, möglichst leicht zu ermittelnder Kostentreiber.

In der Praxis wird die Prozesskostenrechnung in einigen Unternehmen eingesetzt; der Verbreitungsgrad ist aber geringer als bei den klassischen Ansätzen (vgl. Abb. C.23). Dabei erfolgt der Einsatz vor allem fallweise bei Bedarf in Projekten und weniger als regelmäßige, monatliche Form der Kostenrechnung.

Mit der Prozesskostenrechnung kann transparent gemacht werden, dass kleine Stückzahlen, C-Kunden, C-Materialien etc. häufig die größten Problembereiche darstellen. Bei diesen sind die Prozesskosten in Relation zu den Erlösen hoch. Gleiches gilt auch für die Komplexitätskosten bei Produktvarianten (vgl. **>>** Kapitel D.4.2). Verlangt ein wichtiger Kunde eine geringfügig veränderte Variante eines Standardprodukts, so wird die klassische Zuschlagskalkulation nahezu unveränderte Selbstkosten ermitteln. Tatsächlich sind aber zusätzliche Prozessschritte erforderlich; in der Fertigung sinken die Losgrößen. Mittels Prozesskostenrechnung kann dies transparent gemacht werden.

Aufgabe 23 - 24 > Seite 343

2.5.4 Gemeinkostenwertanalyse

Die Gemeinkostenwertanalyse (**Overhead Value Analysis**) stellt ebenfalls eine Methode zur Senkung der Gemeinkosten dar. Sie wurde ursprünglich durch die Unternehmensberatung *McKinsey* eingeführt. Im Rahmen der Methode wird das Verhältnis von Kosten und Nutzen jeder Leistung der Gemeinkostenbereiche untersucht. Ziel ist es, die erforderlichen Leistungen zu den niedrigsten Kosten bei gleicher Qualität zu erbringen (vgl. *Küpper et al., 2013, S. 449 ff.*).

Häufig wird eine starke Kostensenkung, z. B. um 30 - 40 %, angestrebt. Ein derart hoher Zielwert birgt natürlich die Gefahr, dass er unrealistisch ist und dann eher zu Demotivation führt. Anderseits werden bei niedriger Zielsetzung eventuell auch nur geringfügige Einsparungen erreicht. Es erfolgt eine systematische Prüfung, ob Leistungen überhaupt erforderlich sind oder kostengünstiger erbracht werden können.

Die Vorgehensweise umfasst die folgenden **vier Phasen**:

1. Vorbereitungsphase
2. Erstellung eines Maßnahmenkatalogs
3. Umsetzung der Maßnahmen
4. Maßnahmenkontrolle.

In der **Vorbereitungsphase** werden die Projektorganisation festgelegt und die Projektbeteiligten bestimmt. Ein derartiges Projekt kann für ein gesamtes Unternehmen ebenso wie für ausgewählte Bereiche durchgeführt werden. Zu den Projektbeteiligten gehören die Führungskräfte der Gemeinkostenbereiche (Mittleres Management) einschließlich der Nutzer der Leistungen aus diesen Bereichen. Ist beispielsweise der Produktionsbereich vom Projekt ausgenommen, so wird er dennoch zu den empfangenen Leistungen aus anderen Bereichen, z. B. dem Produktionsreporting aus der Controllingabteilung, befragt.

Eine Moderation und Koordination des Projekts ist zwingend erforderlich. Sie kann durch externe Berater oder interne Spezialisten erfolgen – sofern diese zur Verfügung stehen. Interne Mitarbeiter haben den Vorteil, dass sie das Unternehmen schon kennen, und sie sind in der Regel die deutlich kostengünstigere Lösung. Externe Berater hingegen sind nicht „betriebsblind" und besitzen im besten Fall schon Erfahrungen bei der Durchführung von Gemeinkostenwertanalysen. Da ein derartiges Projekt immer auch politisch heikel ist – das Ziel massiver Einsparungen führt zu Ängsten vor Arbeitsplatzverlusten bei den Mitarbeitern –, spricht trotz der Kosten einiges für den Einsatz externer Berater. Im Rahmen der Projektplanung ist auch ein Terminplan zu erstellen.

In der zweiten Phase erfolgt die **Erstellung eines Maßnahmenkatalogs**. Hierzu werden alle Leistungen und Kosten strukturiert. Die Kostenstellenleitungen bekommen die Aufgabe, eine Übersicht aller erbrachten Leistungen sowie eine Aufwandsschätzung für jede Leistung zu erstellen. Diese Aufgabe fällt auch erfahrenen Führungskräften häufig nicht leicht. Zudem muss verhindert werden, dass aus politischen Gründen falsche Angaben gemacht werden. Anschließend werden **Einsparungsideen** gesucht, die zu einem verbesserten Kosten-Nutzen-Verhältnis führen. Es wird untersucht, ob eine Rationalisierung, die Verminderung oder der Entfall von Leistungen möglich ist. Diese Ideensuche erfolgt im Rahmen von moderierten Workshops. Jeweils nach einem Workshop werden die Ideen nach den folgenden Kriterien bewertet:

► Einsparungshöhe bzw. Wirtschaftlichkeit

► Umsetzungsdauer

► Umsetzungsrisiko.

Sind zur Erzielung von Einsparungen Investitionen, z. B. in eine neue Software, erforderlich, dann ist die Wirtschaftlichkeit der Investition mittels Investitionsrechnung zu ermitteln (vgl. >> Kapitel D.6). Stellt sich nach der Bewertung der Einsparungsideen eines Workshops heraus, dass noch eine Lücke zum angestrebten Einsparziel besteht, so werden weitere Workshops angesetzt. Es handelt sich also um einen iterativen Prozess. Anschließend erfolgt die Priorisierung der Ideen nach den Bewertungskriterien. Bevorzugt werden Projekte mit hohen Einsparungen, kurzer Umsetzungsdauer und niedrigem Umsetzungsrisiko.

Danach werden alle als umsetzbar eingeschätzten Ideen konkretisiert. Es entsteht ein **Einsparkatalog** mit folgenden Bestandteilen:

► Termin für die Umsetzung

► Umsetzungsverantwortlicher

► erwartete Einsparung

► evtl. erforderliche Investition.

Der Einsparkatalog wird mit dem Management abgestimmt; anschließend werden die erforderlichen Maßnahmen verabschiedet.

Im nächsten Schritt erfolgt die **Umsetzung der Maßnahmen** durch die festgelegten Verantwortlichen. In der Regel haben hier die Kostenstellenleiter einen Großteil der Arbeit zu erledigen. Maßnahmen können

► Änderungen der Aufbau- oder Ablauforganisation

► Personalmaßnahmen

► Investitionen

► Schulungen oder

► sonstige Maßnahmen

umfassen.

Abschließend ist eine **Maßnahmenkontrolle** erforderlich. Im Rahmen einer laufenden Überprüfung des Umsetzungsprozesses fallen folgende Kontrollaufgaben an:

► Terminkontrolle

► Ergebniskontrolle

  - Investitionen, Einsparungen

► Prämissenkontrolle

► Verhaltenskontrolle.

Während die Terminkontrolle noch eine recht einfache Aufgabe darstellt, ist die Ergebniskontrolle schon schwieriger, da zwischen projektbedingten Kosteneinsparungen und sonstigen Kostenveränderungen zu unterscheiden ist. Auch die Prämissen sind zu beobachten. Wurden Maßnahmen beispielsweise in Erwartung eines stabilen Markts und damit einer konstanten Auslastung beschlossen, so sind bei einer plötzlich stark zu- oder abnehmenden Nachfrage Anpassungen erforderlich.

Ein wichtiger Aspekt ist auch die Verhaltenskontrolle. Hat beispielsweise eine Füh-rungskraft unter dem Druck von Beratern in der zweiten Phase noch einer Maßnahme zugestimmt, so muss sie Wochen oder Monate später nicht mehr unbedingt gewillt sein, diese auch umzusetzen. Dies gilt es zu beobachten; dieser Punkt spricht auch für eine Begleitung aller Projektphasen durch externe Berater.

Die Gemeinkostenwertanalyse stellt eine strukturierte Methode zur Senkung von Ge-meinkosten dar, die sich in der Praxis durchaus bewährt hat und mit der auch nen-nenswerte Einsparungen erzielt werden können. Allerdings gibt es auch Nebenwir-kungen. Ein hohes Einsparziel führt immer zu Ängsten in der Belegschaft. Da in der Regel die Personalkosten einen erheblichen Teil der Gemeinkosten ausmachen, zieht ein solches Projekt häufig auch einen deutlichen Personalabbau nach sich. Mitarbeiter machen sich also gerechtfertigte Sorgen um ihren Arbeitsplatz, und es entsteht viel Unruhe.

Zudem ist die Durchführung einer Gemeinkostenwertanalyse sehr aufwändig und verursacht insbesondere beim Einsatz externer Berater zunächst erhebliche Kosten. Auch dadurch eignet sich die Methode vor allem für größere Unternehmen.

2.5.5 Zero Base Budgeting

Auch mit dem Zero Base Budgeting wird das Ziel der Gemeinkostenreduzierung ver-folgt. Häufig werden im Rahmen einer Planung Vergangenheitswerte fortgeschrie-ben; der Blick in die Zukunft orientiert sich an der Historie (vgl. >> Kapitel C.1.2). Dies kann dann dazu führen, dass auch Unwirtschaftlichkeiten in der Zukunft Bestand haben, was durch Zero Base Budgeting verhindert werden soll. Es wird gedanklich so getan, als ob das Geschäft eines Unternehmens von Null an auf der „grünen Wiese" neu gestartet wird (vgl. *Weber/Schäffer, 2016, S. 334*). Dadurch soll die Fortschreibung von Vergangenheitsdaten verhindert werden. Die Aufgaben von Abteilungen werden so im Planungsprozess hinterfragt und ggf. neu festgelegt. Für diese Aufgaben werden dann die erforderlichen Budgetmittel definiert.

Die Vorgehensweise umfasst die folgenden **drei Schritte**:

- Bildung von Entscheidungseinheiten
- Bildung von Entscheidungspaketen
- Bildung von Prioritäten.

Im ersten Schritt erfolgt die **Bildung von Entscheidungseinheiten**. Ebenso wie eine Ge-meinkostenwertanalyse stellt ein Zero Base Budgeting ein umfangreiches und auf-wändiges Projekt dar, das unter Umständen durch externe Berater unterstützt werden sollte. Ansonsten erfolgt die Durchführung – auch dies analog zur Gemeinkostenwert-analyse – im Wesentlichen durch Kostenstellenverantwortliche.

Das Projekt kann sowohl für ein gesamtes Unternehmen als auch für einzelne Abteilungen (Kostenstellen) durchgeführt werden. Diese Auswahl wird als Bildung von Entscheidungseinheiten bezeichnet. Für diese Entscheidungseinheiten werden die erbrachten Leistungen analysiert. Die Notwendigkeit einer Leistung und der Leistungsumfang werden infrage gestellt. Darüber hinaus werden Alternativen für die Leistungserstellung (z. B. Outsourcing), aber auch zusätzliche Leistungen diskutiert.

Im zweiten Schritt findet die **Bildung von Entscheidungspaketen** statt. In dieser Phase werden Vorschläge für das zukünftige Leistungsniveau von Abteilungen erarbeitet. Oft werden dabei drei Stufen definiert (Minimal-, Normal-, Verbesserungsniveau), es können aber auch mehr oder weniger Stufen sein. Ein Minimalniveau für eine Einkaufsabteilung könnte darin bestehen, dass diese die benötigten Waren für ein Unternehmen beschafft. Auf dem Normalniveau würde eine gezielte Auswahl qualifizierter, preisgünstiger Lieferanten erfolgen, auf dem Verbesserungsniveau z. B. ein globales Beschaffungsmarketing. Es liegt auf der Hand, dass für diese unterschiedlichen Niveaus auch eine unterschiedliche Ausstattung der Einkaufsabteilung – vor allem mit Mitarbeitern – erforderlich ist. Somit können unterschiedliche Kosten (Budgets) für diese Niveaus bestimmt werden. Eine Beschreibung des Leistungsumfangs, der Kosten und ggf. erforderlicher Investitionen eines Niveaus pro Abteilung bildet die Entscheidungsvorlage für das Management.

Abschließend erfolgt die **Bildung von Prioritäten**. Zunächst legt das Management ein Gesamtbudget für das Unternehmen bzw. alle betrachteten Bereiche als Zielgröße für alle Leistungen fest. Danach wird in Workshops mit den Beteiligten eine Prioritätenliste aller Entscheidungspakete gebildet. Die höchste Priorität innerhalb eines Entscheidungspakets hat immer das niedrigste Leistungsniveau, da auf die betreffende Leistung nicht komplett verzichtet werden kann. Die Differenz zwischen dem Gesamtbudget und der Summe der Kosten der niedrigsten Leistungsniveaus stellt den Gestaltungsspielraum dar. Hier ist abzuwägen, in welchen Bereichen höhere Leistungsniveaus am sinnvollsten sind.

Auch das Zero Base Budgeting stellt eine wirkungsvolle, aber aufwändige Methode zur Senkung von Gemeinkosten dar. Die Grundidee, dass nicht vergangenheitsorientiert geplant werden soll, ist dabei sehr nachvollziehbar. Die Durchführung ist allerdings nicht ganz einfach. Soll eine Abteilungsleitung verschiedene Niveaustufen für den eigenen Bereich definieren, so dürfte es häufig passieren, dass der aktuelle Zustand als Minimalniveau deklariert wird. Höhere Niveaus hingegen kann sich jeder problemlos vorstellen. Auch die Prioritätenvergabe in Gruppendiskussionen ist schwierig, da sachliche Erwägungen von politischen Überlegungen überlagert werden können.

Diese möglichen Probleme sprechen stark für den Einsatz externer Berater, die Erfahrung bei der Anwendung der Methode besitzen und Neutralität in das Projekt einbringen. Auch aufgrund des hohen Aufwands kommt das Zero Base Budgeting vor allem für größere Unternehmen als Methode zur Kostensenkung infrage.

2.5.6 Lebenszykluskostenrechnung

In der Lebenszykluskostenrechnung findet eine kostenrechnerische Betrachtung des Gesamtlebenszyklus von Produkten statt. Dies ist insbesondere bei komplexen technischen Produkten, wie z. B. Autos, sinnvoll. Die Neuentwicklung eines Automodells dauert viele Monate und verursacht sehr hohe Kosten; das Modell wird anschließend einige Jahre gebaut und vertrieben, nach dem Erwerb von Kunden in der Regel weit über zehn Jahre genutzt und abschließend entsorgt. In all diesen Phasen fallen relevante Kosten und Erlöse an; Abb. C.29 gibt einen groben Überblick über beispielhafte Kosten in verschiedenen Phasen.

Vorlaufkosten	Begleitende Kosten	Folgekosten
Forschung	Herstellung	Gewährleistung
Entwicklung	Vertrieb	Instandhaltung
Marketing	...	Entsorgung
...		...

Abb. C.29: Vorlaufkosten, begleitende Kosten und Folgekosten

In der klassischen Kostenrechnung (vgl. ≫ Kapitel C.3.2) werden die Kosten periodenbezogen erfasst; die Ermittlung von Herstell- und Selbstkosten in der mittleren Phase der Produktion und des Vertriebs kann in den bewährten Strukturen erfolgen. Der Gesamterfolg – beispielsweise eines neuen Automodells – kann aber nur beurteilt werden, wenn auch die vor- und nachgelagerten Phasen mit in die Betrachtung einbezogen werden. In diesen Phasen können u. a. folgende Kosten und Erlöse relevant sein (vgl. *Kremin-Buch, 2007, S. 182*):

► Vorlaufkosten:
  - technologische Vorlaufkosten
    · Forschung
    · Produktentwicklung
    · Verfahrensentwicklung
  - vertriebliche Vorlaufkosten
    · Marktforschung
    · Markterschließung
  - sonstige Vorlaufkosten
    · Organisation
    · Logistik
  - Anpassungs-/Änderungskosten
    · Produktverbesserung
    · Verfahrensverbesserung

- ► Vorlauferlöse:
  - Subventionen
- ► Folgekosten:
  - Wartungskosten
  - Reparaturkosten
  - Garantiekosten
  - Kulanzkosten
  - Ersatzteilhaltung
  - Entsorgungskosten
  - Produkthaftungskosten
- ► Folgeerlöse:
  - Wartungserlöse
  - Reparaturerlöse
  - Ersatzteilerlöse
  - Lizenzerlöse.

Auch durch den tendenziellen Anstieg solcher Vorlauf- und Nachlaufkosten bei kürzeren Produktlebenszyklen ergibt sich die verstärkte Notwendigkeit einer periodenübergreifenden Sicht. Hierbei bestehen natürlich teilweise erhebliche Prognoseprobleme. Die Abschätzung von Entsorgungskosten, die beispielsweise in mehr als 20 Jahren anfallen, dürfte sehr schwierig sein.

Bei langen Zeiträumen ist eine dynamische Betrachtung mit entsprechender Diskontierung auf Basis von Zahlungsreihen (Ein- und Auszahlungen) sinnvoll. Methodisch können hier die Verfahren zur dynamischen Investitionsrechnung, wie Kapitalwertmethode oder Interne Zinsfuß-Methode, genutzt werden (vgl. ≫ Kapitel D.6.3.2, vgl. analog auch die Berechnung des Customer-Lifetime-Values im Rahmen des Kundencontrollings in ≫ Kapitel D.5.2). Bei kurzen Zeiträumen ist auch eine statische Betrachtung auf Grundlage von Durchschnittskosten und -erlösen möglich.

Aufgabe 25 > Seite 344

2.5.7 Bewertung der Methoden zum Kostenmanagement

Abb. C.30 gibt einen Überblick über die Verbreitung von Kostenmanagementansätzen in der Praxis:

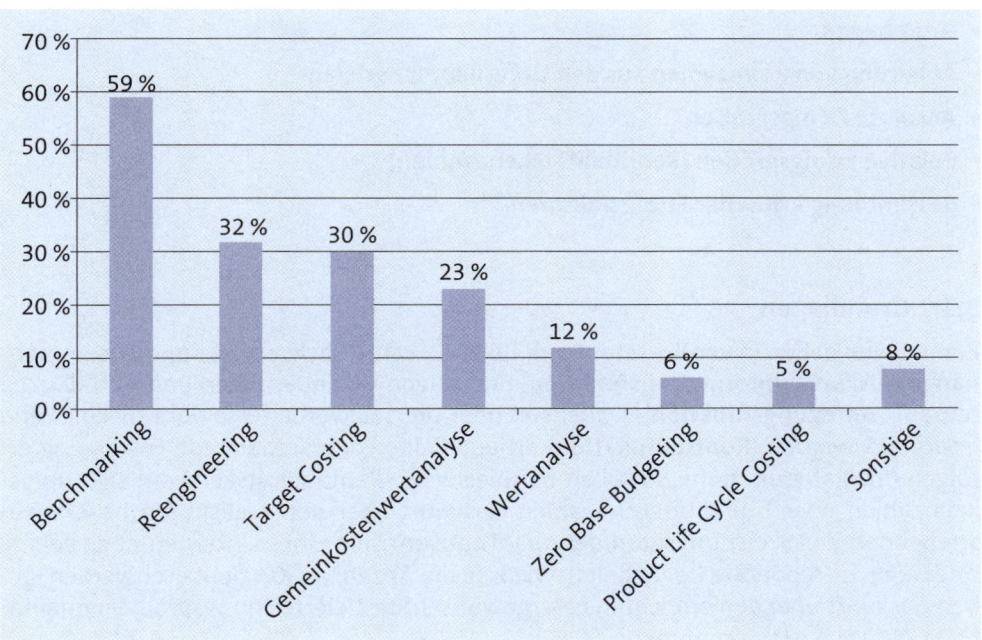

Abb. C.30: Kostenmanagement in der Praxis
(vgl. *Himme, 2009, S. 405*)

Von den in >> Kapitel C.2.5.3 vorgestellten Methoden fehlt hier die Prozesskostenrechnung, deren Praxisrelevanz in Abb. C.23 ersichtlich wird. Die Rangliste wird vom Benchmarking angeführt, das auch aufgrund der recht einfach anwendbaren Vorgehensweise eine hohe Praxisrelevanz besitzt. Beim Reengineering handelt es sich um einen Ansatz aus der Organisationstheorie zur Optimierung von Prozessen (Business Process Reengineering), bei der Wertanalyse (Value Engineering, Value Analysis) um einen ingenieurwissenschaftlichen Ansatz zur Kostensenkung. Beide werden in diesem Buch nicht dargestellt, da sie nicht zum Controlling i. e. S. gehören.

Neben dem Benchmarking werden vor allem Target Costing und Gemeinkostenwertanalyse in der Praxis genutzt; Zero Base Budgeting und Lebenszykluskostenrechnung folgen mit recht großem Abstand. Alle Methoden dienen zwar dem Ziel der Kostensenkung, Einsatzbereiche und Vorgehensweisen unterscheiden sich allerdings deutlich, sodass in der Praxis jeweils eine individuelle Auswahl zu treffen ist.

3. Kennzahlen, Kennzahlensysteme und Reporting

3.1 Kennzahlen

Es werden folgende Themenbereiche behandelt:

- **Grundlagen**
- **Ableitung von Kennzahlen aus den Unternehmenszielen**
- **Absolute Erfolgsgrößen**
- **Relative Erfolgsgrößen (Rentabilitätskennzahlen)**
- **Bestimmung kritischer Erfolgsfaktoren.**

3.1.1 Grundlagen

Kennzahlen geben in **verdichteter Form** über relevante Sachverhalte und Zusammenhänge Auskunft (**Informationsfunktion**) und zeigen Veränderungen und Auffälligkeiten auf (**Anregungsfunktion**). Dabei soll über die Sachverhalte sowohl rückblickend informiert werden (**Kontrollfunktion**) als auch eine vorausschauende Festlegung erfolgen (**Vorgabefunktion**). So sollen beispielsweise Rentabilitätskennzahlen, Erfolgskennzahlen oder Liquiditätskennzahlen Auskunft über den realisierten bzw. anzustrebenden Zielerreichungsgrad der quantitativen Ziele eines Unternehmens geben. Andere nicht-monetäre Kennzahlen, wie z. B. die Anzahl an Kundenbeschwerden, geben Auskunft über den erreichten bzw. gewünschten Zielerreichungsgrad der qualitativen Ziele eines Unternehmens.

Es bedarf zur Entscheidungsunterstützung einer zielgerichteten Auswahl der Kennzahlen, auf die sich letztendlich Entscheidungen stützen können. Vor diesem Hintergrund ist das Einsatzgebiet von Kennzahlen breit gefächert. Im Hinblick auf die Objekte des Bereichscontrollings (vgl. >> Kapitel D.) kann ein Einsatz in allen Bereichen konstatiert werden. Zu bedenken ist allerdings, dass Kennzahlen nur dann eine Steuerungsfunktion ausüben, wenn sie sowohl geplant als auch kontrolliert werden.

Tab. C.58 gibt einen Überblick über Systematisierungsmerkmale bei Kennzahlen:

Systematisierungsmerkmal	Ausprägungen
Betriebswirtschaftliche Funktion	Beschaffung, Lager, Produktion, Marketing, Personal etc.
Statistisch-mathematische Gesichtspunkte	Absolute Zahlen: Einzelzahlen, Summen, Differenzen, Mittelwerte
	Verhältniszahlen: Beziehungszahlen, Gliederungszahlen, Indexzahlen
Quantitative Struktur	Gesamtgrößen, Teilgrößen
Zeitliche Struktur	Zeitpunktgrößen, Zeitraumgrößen
Inhaltliche Struktur	Wertgrößen, Mengengrößen

Systematisierungsmerkmal	Ausprägungen
Datenquellen	Bilanz, Kostenrechnung, Statistik etc.
Planungsgesichtspunkte	Sollkennzahlen (zukunftsorientiert), Ist-kennzahlen
Beteiligte Unternehmen	Einzelbetrieblich, konzernweit, branchenweit

Tab. C.58: Systematisierungsmerkmale bei Kennzahlen
(vgl. *Meyer, 2011, S. 23*)

Allgemein lässt sich eine Klassifizierung von Kennzahlenarten aufgrund ihrer **statistischen Form** nach Grundzahlen (absolute Kennzahlen) sowie Verhältniszahlen (relative Kennzahlen) vornehmen. **Absolute Kennzahlen** sind absolute Mengen- und Wertgrößen. Dazu zählen Einzelzahlen, Summen, Differenzen und Durchschnitte. Sie erhalten erst bei einem Vergleich mit anderen absoluten Zahlen eine Bedeutung. Als **Vergleichsmaßstab** werden üblicherweise Plan- oder Sollgrößen, Zeitreihen sowie Branchendaten herangezogen.

Verhältniszahlen sind relative Zahlen und werden aus mindestens zwei (absoluten) Kennzahlen gebildet, die zusammenhörige Sachverhalte in Beziehung setzen. Durch die Verdichtung besitzen Verhältniszahlen für sich genommen einen höheren Aussagegehalt als absolute Kennzahlen.

Aufgrund ihrer sachlogischen Beziehungsart lassen sich relative Kennzahlen in Gliederungs-, Beziehungs- und Mess-/Indexzahlen unterteilen. Bei den **Gliederungszahlen** wird der Anteil einer Teilgröße an der Gesamtgröße dargestellt (z. B. Materialkostenanteil an den Gesamtkosten). Nenner und Zähler der Kennzahlen besitzen die gleiche Dimension und stehen in einem sachlogischen Zusammenhang. **Beziehungskennzahlen** zeigen Zusammenhänge von Einzelwerten untereinander auf und können je nach Analyseziel frei gewählt werden (z. B. Umsatz je Mitarbeiter). **Indexzahlen** stellen zeitliche Veränderungen gleichartiger Größen dar (z. B. Mengen- oder Preisindex).

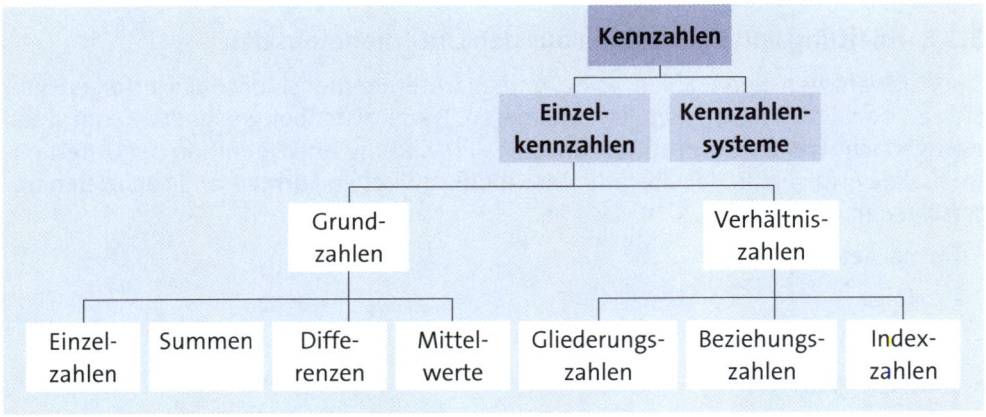

Abb. C.31: Arten von Kennzahlen

185

Für ein einheitliches Verständnis und um eine mögliche Manipulation der Kennzahlen auszuschließen, ist es erforderlich, sie genau zu definieren. Dies ist besonders wichtig, wenn Kennzahlen nicht nur einzelbetrieblich genutzt werden sollen, sondern auch konzern- oder branchenweite Vergleiche angestrebt werden. Selbst einfach klingende Kennzahlen, wie z. B. die Anzahl der Mitarbeiter, bedürfen einer entsprechenden Definition. So ist z. B. festzulegen, wie der Umgang mit Teilzeitkräften, Werkstudenten, Praktikanten, Leiharbeitern, Altersteilzeit, Dauerkranken, Mutterschutz oder Elternzeit bei der Berechnung der Mitarbeiterzahl erfolgen soll.

In der Praxis haben sich zu diesem Zweck **Kennzahlendefinitionsblätter** etabliert, auf denen z. B. Kennzahlennummer, Kennzahlenbezeichnung, Berechnungsformel, Basisdaten, Quellenangaben, Kennzahleninterpretation, Erhebungszeitpunkte, Vergleichsmöglichkeiten, Empfänger und Darstellungsart festgehalten werden.

Neben dem Begriff Kennzahlen sind auch noch die Begriffe Indikator und kritischer Erfolgsfaktor relevant. Ein **Indikator** ist eine Größe, deren Ausprägung oder Veränderung den Schluss auf die Ausprägung oder Veränderung einer anderen als wichtig erachteten Größe zulässt. Klassisches Beispiel hierfür ist der Auftragseingang eines Unternehmens. Bei einem langfristig fertigenden Anlagenbauer beispielsweise lässt der Auftragseingang Rückschlüsse auf zukünftige Umsatzerlöse sowie Ergebnisse zu. Aus Controllingsicht sind solche (Früh-)Indikatoren sehr dienlich, da sie eindeutig im Ist erfasst werden können, aber dennoch den Blick in die Zukunft unterstützen.

Ein **kritischer Erfolgsfaktor** ist allgemein ein wichtiger Einflussfaktor auf den Unternehmenserfolg. Diese Definition ist zwar schwammig, der Begriff spielt aber bei der Auswahl berichtsrelevanter Kennzahlen eine große Rolle. Das Management sollte sich auf die wichtigsten Sachverhalte konzentrieren. Die Begriffe **Key Performance Indikator (KPI)** bzw. **Werttreiber** (im Rahmen der wertorientierten Unternehmensführung) bedeuten im Kern das Gleiche; auch hier geht es um Größen, die einen hohen Einfluss auf Unternehmenserfolg bzw. -wert besitzen.

3.1.2 Ableitung von Kennzahlen aus den Unternehmenszielen

Die Auswahl von Kennzahlen sollte immer unternehmensindividuell erfolgen und sich an den Unternehmenszielen orientieren. Bevor also über geeignete Kennzahlen nachgedacht werden kann, muss zunächst eine Klärung und Definition der Unternehmensziele erfolgen. In der Literatur wird häufig zwischen **Formal-** und **Sachzielen** unterschieden (vgl. *Gladen, 2014, S. 43 f.*):

- ► Formalziele (Wie?):
  - Erfolg
  - Liquidität
- ► Sachziele (Was?):
  - Prozessergebnis, z. B. Produktqualität
    - Prozessbeherrschung, z. B. Durchlaufzeit
    - Innovation, z. B. Neuentwicklungen.

Während Erfolgs- und Liquiditätsziele für alle Unternehmen relevant und monetär messbar sind, unterscheiden sich die Sachziele je nach Unternehmen und Branche deutlich und sind oft nicht-monetär. Sie sind aber nicht weniger wichtig. Unternehmen werden nicht durch Erfolgsmessung erfolgreich, sondern nur dann, wenn sie auch bezüglich der Sachziele die richtigen Entscheidungen treffen. Kennzahlen sollten demnach sowohl bezüglich der Formal- als auch der Sachziele eingesetzt werden.

Zur Vermeidung einer Kennzahlenflut sollten nur die wesentlichen Sachverhalte dargestellt werden. Überdies sollten Kennzahlen aktuell und flexibel sowie die Kennzahlenerhebung wirtschaftlich sein. Bei der Interpretation von Kennzahlen ist zu beachten, dass Kennzahlen häufig nicht unabhängig voneinander auftreten bzw. gegenläufige Tendenzen aufweisen. So wäre es in einem Produktionsbetrieb beispielsweise denkbar, dass zum einen eine Minimierung der Bestände und zum anderen eine Maximierung der Lieferfähigkeit angestrebt wird. Wahrscheinlich ist jedoch, dass ab einem gewissen Grad eine Verringerung der Bestände negative Auswirkungen auf die Lieferfähigkeit besitzt. Ferner ist durch die Verdichtung von Informationen immer auch die Gefahr des Informationsverlusts gegeben, da Einzelheiten durch die Verdichtung verloren gehen.

3.1.3 Absolute Erfolgsgrößen

Zur Erfolgsmessung kommen im Unternehmen sowohl klassische als auch wertorientierte Kennzahlen infrage. Zwischen wesentlichen klassischen Größen gibt es die folgenden Zusammenhänge:

Jahresüberschuss (Ertrag - Aufwand)
+ Steuern vom Einkommen und Ertrag
= **Earnings Before Taxes (EBT)**
+ Zinsen
= **Earnings Before Interest and Taxes (EBIT)**
+ Abschreibungen auf immaterielle Vermögenswerte einschließlich der Geschäfts- und Firmenwerte
= **Earnings Before Interest, Taxes and Amortization (EBITA)**
+ Abschreibungen auf Sachanlagen
= **Earnings Before Interest, Taxes, Depreciation and Amortization (EBITDA)**

Alternativ kommt auch das Betriebsergebnis der Kostenrechnung als absolute Steuerungsgröße infrage. Auch wenn sich diese Kennzahlen durch den direkten Zusammenhang alle recht leicht berechnen lassen, sollte im Unternehmen geklärt werden, welche Größe im Vordergrund steht. Wenn in einer Konzerngesellschaft das lokale Management kaum Einfluss auf die Höhe von Zinsen und Steuern hat, weil die relevanten Entscheidungen zu diesen Themen von der Konzernmutter getroffen werden, so spricht viel dafür, das Management am erzielten EBIT zu messen.

Der Jahresüberschuss kann stark durch bilanzpolitische Entscheidungen beeinflusst werden; dies ist beim EBITDA wesentlich weniger der Fall. Allerdings besteht beim EBITDA die Gefahr des „Schönrechnens", da wesentliche Aufwandspositionen ausgeklammert werden. Die Kennzahlen besitzen also jeweils Vor- und Nachteile, die es abzuwägen gilt.

3.1.4 Relative Erfolgsgrößen (Rentabilitätskennzahlen)

Analog zu den absoluten Erfolgsgrößen gibt es auch hier klassische Kennzahlen neben den wert-orientierten Ansätzen. Eine einfach zu ermittelnde Größe ist die **Umsatzrendite**:

$$\text{Umsatzrendite} = \frac{\text{Jahresüberschuss}}{\text{Umsatz}}$$

Problematisch ist hier wie bei allen klassischen Größen, dass der Jahresüberschuss durch bilanzpolitische Entscheidungen beeinflussbar ist. Zudem spielt das eingesetzte Kapital keine Rolle. Innerhalb einer Branche kann ein Vergleich von Umsatzrenditen sinnvoll sein, branchenübergreifend jedoch nicht. Vorteilhaft ist die einfache Berechnung.

Eine Alternative stellt die **Eigenkapitalrendite** dar:

$$\text{Eigenkapitalrendite} = \frac{\text{Jahresüberschuss}}{\text{Eigenkapital}}$$

Hier wird das eingesetzte Kapital explizit berücksichtigt. Problematisch sind Verzerrungen durch die Finanzierungsstruktur (**Leverage-Effekt**). Insbesondere bei geringem Eigenkapital kann es zu großen Ausschlägen kommen. Dieses Problem gibt es bei der **Gesamtkapitalrendite** nicht; hier kommen zwei alternative Definitionen infrage:

$$\text{Gesamtkapitalrendite} = \frac{\text{Jahresüberschuss} + \text{Fremdkapitalzinsen}}{\text{Gesamtkapital}}$$

$$\text{Return on Investment} = \frac{\text{Jahresüberschuss}}{\text{Gesamtkapital}}$$

Der Unterschied besteht in der Addition der Fremdkapitalzinsen im Zähler bei der ersten Variante. Das Gesamtkapital im Nenner besteht aus Eigen- und Fremdkapital. Den Eigenkapitalgebern steht der Jahresüberschuss zu; die Fremdkapitalgeber erhalten entsprechend die Fremdkapitalzinsen. Der Leverage-Effekt spielt keine Rolle, allerdings sind Verzerrungen, z. B. durch die Altersstruktur des Anlagevermögens oder die Abschreibungsmethodik, möglich. Gehören beispielsweise einem Konzern zwei Werke, ein neues und ein sehr altes, so kann das alte rechnerisch leichter eine hohe Gesamtkapitalrendite ausweisen. Zum einen wird der Jahresüberschuss im Zähler nicht so stark durch Abschreibungen belastet, zum anderen ist der Nenner kleiner, da das Anlagevermögen stark abgeschrieben ist (Gesamtkapital = Gesamtvermögen = Anlagevermögen + Umlaufvermögen). Zudem ist der Umgang mit unverzinslichem Fremdkapital (z. B. Verbindlichkeiten aus Lieferungen und Leistungen) diskutabel. Hierfür fallen keine Fremdkapitalzinsen an, sodass das entsprechende Fremdkapital auch im Nenner herausgerechnet werden kann.

Eine modernere Variante der Rentabilitätskennzahlen stellt der **Return on Capital Employed (ROCE)** dar:

$$\text{Return on Capital Employed} = \frac{\text{EBIT}}{\text{Capital Employed}}$$

Dabei wird das Capital Employed (betriebsnotwendiges Kapital) über das betriebsnotwendige Vermögen bestimmt. Dieses umfasst das Anlage- und Umlaufvermögen ohne Finanzanlagen, sonstige Forderungen und Finanzmittel. Diese relative Kennzahl bietet sich an, wenn das EBIT als absolute Steuerungsgröße genutzt wird.

Bei der Verwendung der relativen Ergebniskennzahlen gibt es Gestaltungsmöglichkeiten. Im Zähler muss nicht zwingend der Jahresüberschuss oder EBIT stehen; auch das Betriebsergebnis der Kostenrechnung oder eine andere absolute Ergebnisgröße ist denkbar. Im Nenner wird beim Kapital bzw. Vermögen häufig mit Durchschnittswerten gerechnet. Dies ist sinnvoll, um Schwankungen auszugleichen. Aber auch hier sind Alternativen, wie z. B. das Rechnen mit Endbeständen, denkbar.

An den hier und im vorangegangenen Unterkapitel beschriebenen absoluten und relativen Ergebnisgrößen lassen sich folgende Punkte kritisieren:

▶ Vergangenheitsorientierung

▶ Einperiodenbetrachtung

▶ Bewertungsspielräume bei der Gewinnermittlung

▶ kein Bezug zur Wertentwicklung am Kapitalmarkt.

Daher gibt es zumindest für größere Unternehmen einen Trend zu wertorientierten Kennzahlen, wie z. B. Discounted Cashflow, Cashflow Return on Investment oder Economic Value Added (vgl. ➤➤ Kapitel B.4.2.1). Diese bieten inhaltliche Vorteile, sind aber schwieriger zu berechnen und damit auch schwieriger zu interpretieren. In der Praxis sind diese Vor- und Nachteile abzuwägen.

3.1.5 Bestimmung kritischer Erfolgsfaktoren

Neben der Erfolgsmessung sind auch Kennzahlen in Richtung Liquidität, wie z. B. Cashflow, sowie zur Messung der wichtigsten Sachziele erforderlich. In Praxis und Literatur existieren sehr viele Vorschläge für Kennzahlen. Die Auswahl muss dabei immer individuell ausgerichtet an den Unternehmenszielen erfolgen. Eine Orientierung an Anregungen z. B. aus der Literatur, von Verbänden etc. kann hilfreich sein. Auch in diesem Buch finden sich gängige Kennzahlen in den Abschnitten zum Bereichscontrolling (vgl. >> Kapitel D.).

Um eine Beschränkung auf das Wesentliche zu erreichen, ist eine Identifikation besonders wichtiger Ziele und Kennzahlen (**kritische Erfolgsfaktoren**) erforderlich. In der Regel gibt es für Unternehmen eine überschaubare Anzahl von Schlüsselfaktoren.

Um diese bzw. den Informationsbedarf im Unternehmen zu ermitteln, kommen laut *Taschner* verschiedene Methoden infrage (vgl. *Taschner, 2013, S. 81*):

- **induktive Methoden** (Analyse der tatsächlichen Gegebenheiten)
  - Befragung
  - Beobachtung
  - experimentelles Vorgehen
  - Dokumentenanalyse
  - Berichtsmethode
- **deduktive Methoden** (logisch-systematische Ableitung aus Zielen und Aufgaben)
  - kritische Erfolgsfaktoren
  - Informationskataloge
  - Organisations- und Aufgabenanalyse
  - Wertkettenproblem-Methode.

Diese Methoden sind in vielen Fällen nur bedingt praxistauglich; empfehlenswert ist häufig eine deduktiv-logische Ableitung der kritischen Erfolgsfaktoren aus den Zielen mit einer Strukturierung der Ziele in einer Zielhierarchie. Ein Beispiel zeigt Abb. C.32.

Beispiel

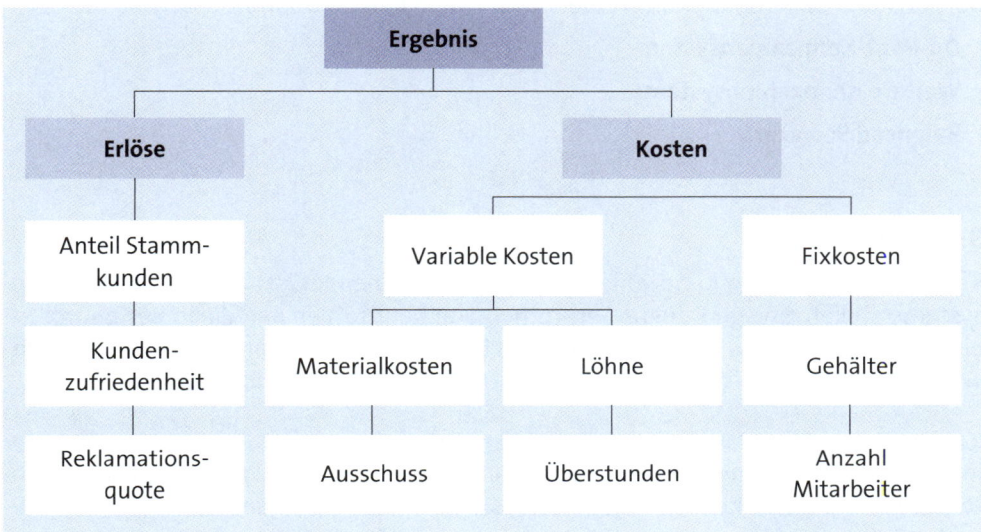

Abb. C.32: Deduktiv-logische Analyse

Zunächst wird das Oberziel der Ergebnis-(Gewinn-)maximierung rechnerisch in Erlöse und Kosten zerlegt; bei den Kosten wird weiter nach variablen und fixen Kosten differenziert. Dann stellt sich die Frage nach den Haupteinflussgrößen auf Erlöse bzw. Kosten. Im obigen Beispiel besitzt das Unternehmen eine hohe Abhängigkeit von Stammkunden. Diese können nur bei entsprechender Kundenzufriedenheit an das Unternehmen gebunden werden. Hier stellt sich die Frage der Messbarkeit. Neben der indirekten Messung über die Reklamationsquote wäre auch eine direkte Messung durch Kundenbefragung denkbar. Auf der Kostenseite werden auch die wesentlichen Kostenblöcke sowie die wichtigsten Einflussgrößen hierauf identifiziert. Dabei ist zu beachten, dass die Faktoren wirtschaftlich bedeutend sowie beeinflussbar sind. Machen beispielsweise Reisekosten 0,7 % der Gesamtkosten eines Unternehmens aus, so sind sie ganz sicher kein kritischer Erfolgsfaktor. Ist die Höhe der Gehälter von Mitarbeitern kurzfristig nicht oder kaum beeinflussbar, so ist diese Kennzahl ebenfalls nicht berichtenswert.

3.2 Kennzahlensysteme

Bei den Kennzahlensystemen werden nach einem kurzen Überblick dargestellt:

- ▶ **Du-Pont-Kennzahlensystem**
- ▶ **Weitere Kennzahlensysteme**
- ▶ **Balanced Scorecard.**

3.2.1 Überblick

Kennzahlen können in Kennzahlensystemen zusammengefasst werden. Kennzahlensysteme stellen eine geordnete Gesamtheit von Kennzahlen dar, die in Beziehung zueinander stehen und als Gesamtheit durch Ergänzung und Erklärung über einen Sachverhalt vollständig informieren (vgl. *Horváth/Gleich/Seiter, 2015, S. 288 f.*).

Kennzahlensysteme lassen sich anhand der Beziehungen der Kennzahlen zueinander in **Rechen- und Ordnungssysteme** sowie in Mischformen aus beiden Systemen einteilen. Ein typisches Rechensystem ist das Du-Pont-Kennzahlensystem (vgl. ≫ Kapitel C.3.2.2). Im Gegensatz zu Rechensystemen bestehen in Ordnungssystemen in der Regel keine mathematischen Beziehungen der Kennzahlen zueinander. Das wohl bekannteste Ordnungssystem stellt die Balanced Scorecard (BSC) dar (vgl. ≫ Kapitel C.3.2.4). Solche Ordnungssysteme zeichnen sich durch eine hohe Gestaltungsfreiheit und Flexibilität aus und ermöglichen eine Gesamtbetrachtung der relevanten kritischen Erfolgsgrößen. Gleichwohl besteht aufgrund der Fokussierung auf ausgewählte Aspekte immer auch die Gefahr, dass andere wichtige Sachverhalte nicht betrachtet und gesteuert werden. In der Literatur finden sich nahezu für alle Teilbereiche des Leistungssystems mehr oder weniger differenzierte Kennzahlenordnungssysteme.

3.2.2 Du-Pont-Kennzahlensystem

Das Du-Pont-Kennzahlensystem wurde bereits 1919 entwickelt. Im System wird die **Spitzenkennzahl Return on Investment (ROI)** als Produkt aus Umsatzrentabilität und Kapitalumschlag ermittelt. Diese Größen lassen sich ebenfalls wieder mathematisch aus anderen Kennzahlen bestimmen. Durch den so entstehenden pyramidenförmigen Aufbau lassen sich Gründe für Veränderungen der Spitzenkennzahl relativ gut nachvollziehen.

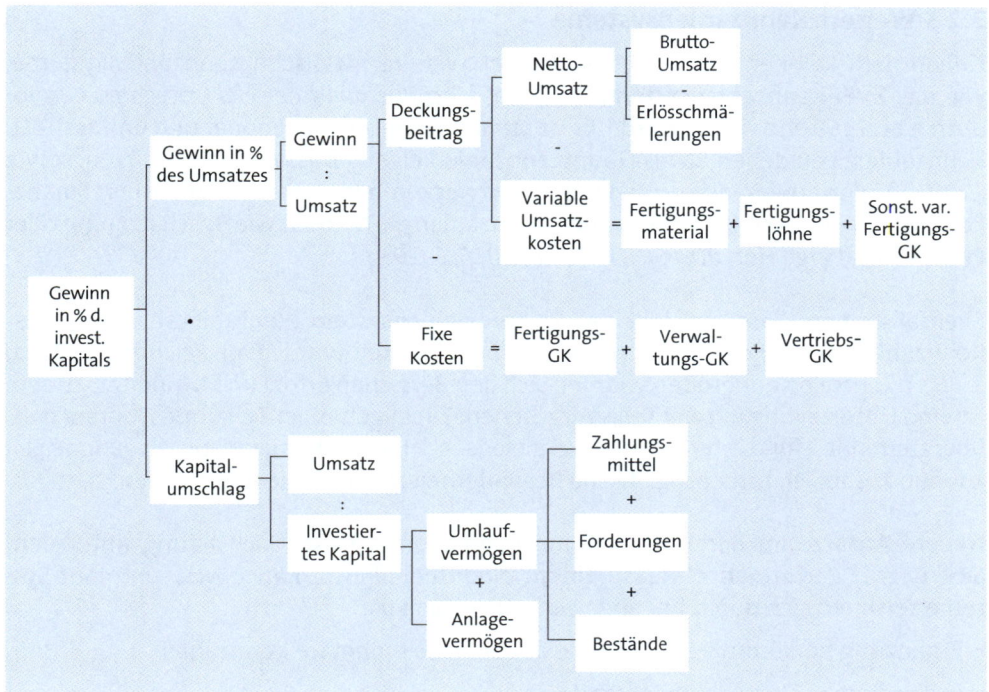

Abb. C.33: ROI-Kennzahlensystem

Der Aufbau kann an die Bedürfnisse im Unternehmen angepasst werden. Spielen beispielsweise Bestände eine sehr große Rolle im Umlaufvermögen, so ist eine weitere Aufgliederung sinnvoll und problemlos möglich. Das System kann für Gesamtunternehmen, aber auch für Profit Center genutzt werden; zudem sind Vergleiche sowohl im Zeitablauf als auch mit Planwerten möglich. Kommt es im Zeitablauf zu einer Verschlechterung des ROI, so kann innerhalb des Kennzahlenbaums nach den Ursachen gesucht werden. Andererseits ist es natürlich auch möglich, zu analysieren, welche Auswirkung eine Veränderung in den Ästen des Systems (z. B. Senkung der Bestände um 10 %) auf die Spitzenkennzahl besitzt.

Finanzielle Zusammenhänge werden durch das System deutlich; eine echte Ursachenanalyse ist aber durch das Fehlen von Kennzahlen zu Sachzielen erschwert. Kennzahlenbäume wie das ROI-Kennzahlensystem finden aktuell wieder verstärkt im Rahmen einer sogenannten treiberbasierten Unternehmensplanung Anwendung.

3.2.3 Weitere Kennzahlensysteme

Neben dem ROI-Kennzahlensystem gibt es weitere klassische Kennzahlensysteme, wie das **ZVEI-Kennzahlensystem**, das vom *Zentralverband der elektrotechnischen Industrie* ab 1969 entwickelt wurde. Es ist branchenneutral anwendbar und umfasst 210 Kennzahlen, von denen 88 als Hauptkennzahlen eigene Aussagekraft besitzen, sowie 122 Hilfskennzahlen, die zu Verknüpfungszwecken benötigt werden. Neben Finanzkennzahlen umfasst das System auch Kennzahlen zu Themen wie Beschäftigung oder Produktivität (vgl. *Horváth/Gleich/Seiter, 2015, S. 293 f.*).

Ebenfalls einen Klassiker stellt das **RL-Kennzahlensystem** (Rentabilitäts-Liquiditäts-Kennzahlensystem) dar, das von *Reichmann* entwickelt wurde (vgl. *Reichmann, 2011, S. 35 f.*). Zentrale Kenngrößen widmen sich den Bereichen Erfolg und Liquidität. Zudem ist eine Unterteilung in zwei Teile vorgesehen: Ein allgemeiner Teil umfasst branchenübergreifende, für Unternehmensvergleiche geeignete Kennzahlen; im Sonderteil können zusätzlich firmenspezifische Besonderheiten berücksichtigt werden.

Neuere Ansätze im Bereich der Kennzahlensysteme lassen sich häufig unter dem Oberbegriff **Performance Measurement** einordnen. Performance Measurement-Systeme zeichnen sich durch folgende Eigenschaften aus:

► Ergänzung herkömmlicher Systeme durch nicht-monetäre Kennzahlen

► Integration in Unternehmensstrategie

► Berücksichtigung aller Interessengruppen (Stakeholder)

► Messung der Auswirkungen kontinuierlicher Verbesserungsprozesse.

Das bekannteste System aus diesem Bereich ist die Balanced Scorecard, die im Folgenden beschrieben wird.

3.2.4 Balanced Scorecard

Die Balanced Scorecard (**BSC**) wurde um 1990 von *Kaplan* und *Norton* entwickelt. Als Instrument zur Strategieumsetzung übersetzt sie die Unternehmensstrategie in operationale Ziele. Damit handelt es sich um ein Instrument an der Schnittstelle zwischen strategischem und operativem Controlling. Die Balanced Scorecard strebt eine ausgewogene Darstellung sowohl quantitativer als auch qualitativer Größen in vier sogenannten Perspektiven (Finanz-, Kunden-, Prozess- und Mitarbeiterperspektive) an. In den Perspektiven werden die folgenden Fragen gestellt (vgl. *Kaplan/Norton, 1997, S. 9*):

► **finanzielle Perspektive:**

  - z. B.: *„Wie sollen wir gegenüber Teilhabern auftreten, um finanziellen Erfolg zu haben?"*

► **Kundenperspektive:**

  - z. B.: *„Wie sollen wir gegenüber unseren Kunden auftreten, um unsere Vision zu verwirklichen?"*

► **interne Prozessperspektive:**

- z. B.: *„In welchen Geschäftsprozessen müssen wir die Besten sein, um unsere Teilhaber und Kunden zu befriedigen?"*

► **Lern- und Entwicklungsperspektive:**

- z. B.: *„Wie können wir unsere Veränderungs- und Wachstumspotenziale fördern, um unsere Vision zu verwirklichen?"*

Den grundsätzlichen Aufbau einer BSC zeigt Abb. C.34.

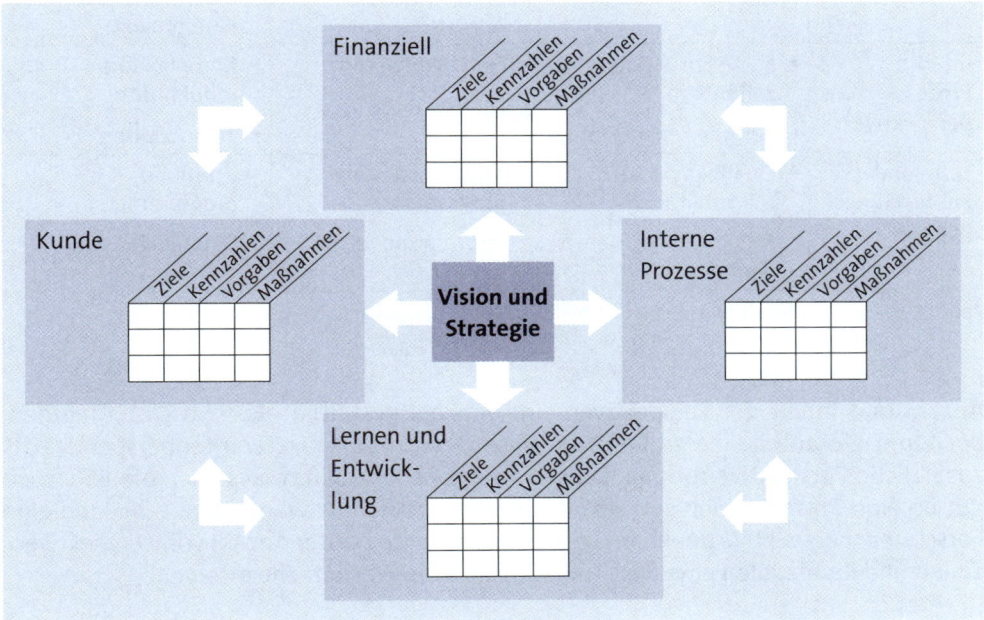

Abb. C.34: Aufbau einer Balanced Scorecard
         (vgl. *Kaplan/Norton, 1997, S. 9*)

Innerhalb einer Perspektive sind jeweils Ziele, Kennzahlen, Vorgaben und Maßnahmen zu definieren. In der Finanzperspektive kann die Renditesteigerung ein Ziel sein; als Kennzahl zur Messung der Zielerreichung kommt dann beispielsweise die Umsatzrendite infrage. Im Rahmen der Planung könnte eine Umsatzrendite von mindestens 3 % als Vorgabe definiert werden, als Maßnahme ein Kostensenkungsprogramm. In der Kundenperspektive kann die Kundenzufriedenheit ein Ziel darstellen, das durch die Reklamationsquote indirekt gemessen wird. Zur Erreichung der Vorgabe von 0,5 % wird das Qualitätsmanagementsystem optimiert.

Tab. C.59 zeigt mögliche Ziele, Kennzahlen (Messgrößen) sowie Maßnahmen (strategische Initiativen) in den vier Perspektiven.

Perspektive	Strategische Ziele	Messgrößen	Strategische Initiativen
Finanzielle Perspektive	► Profitabilität ► Steigerung Cashflow ► Erwartungen der Anteilseigner übertreffen	► ROCE ► Cashflow ► Umsatzwachstum	► Erschließung neuer Ertragsquellen ► Unternehmensakquisitionen
Kundenperspektive	► Kundenerwartungen übertreffen ► Marktanteil steigern	► Umsatz/Kunde ► Marktanteils-/Marktwachstums-Analyse	► Marktpenetrationsprogramm ► Kundenzufriedenheitsprojekt
Interne Prozessperspektive	► kurze Entwicklungszeiten ► geringe Fehlerquote	► Durchlaufzeiten ► Fehlerquote	► Komplexitätsreduktion ► Teambildung
Lern- und Entwicklungsperspektive	► Qualifikation der Mitarbeiter ► Mitarbeiterzufriedenheit	► Anzahl Schulungsprogramme ► Informationstechnologie	► Schulungsprogramme ► IT-Projekte

Tab. C.59: Mögliche Ziele, Kennzahlen und Maßnahmen in den Perspektiven der BSC
(vgl. *Peemöller, 2005, S. 197*)

Anzahl und Inhalt der Perspektiven sind flexibel gestaltbar. Für ein Unternehmen, bei dem Lieferanten eine große Rolle spielen, kommt eine Lieferantenperspektive als zusätzliche Perspektive infrage. Durch ihre große Flexibilität lässt sich die BSC auch gut im Non-Profit-Bereich einsetzen. Für eine Hochschule wären eine Lehr- und eine Forschungsperspektive denkbar. Grundsätzlich sollte bei der Anzahl von Perspektiven, Zielen und Kennzahlen eine Beschränkung auf das Wesentliche erfolgen.

Die Beziehungen der Kennzahlen zueinander sind sachlogischer Art. In sogenannten Ursache-Wirkungs-Beziehungen wird z. B. davon ausgegangen, dass durch gut ausgebildete und motivierte Mitarbeiter die Prozessqualität in den Kernprozessen steigt, dadurch die Kundenzufriedenheit zunimmt und in letzter Konsequenz auch die finanziellen Ziele eines Unternehmens erreicht werden. Für eine Hochschule ist eine gute Finanzausstattung hingegen Voraussetzung für erfolgreiche Forschung sowie qualitativ hochwertige Lehre.

Zur Entwicklung einer BSC werden in der Literatur verschiedene Modelle vorgeschlagen, die sich mehr oder weniger stark unterscheiden. Häufig eignet sich das von *Horváth & Partner* vorgeschlagene Modell:

Organisatorischen Rahmen schaffen	Strategische Grundlagen klären	BSC entwickeln	Organisation strategieorientiert ausrichten	Kontinuierlichen BSC-Einsatz sicherstellen
► BSC-Architektur bestimmen ► Projektorganisation festlegen ► Projektablauf gestalten ► Information, Kommunikation und Partizipation sicherstellen ► Methoden und Inhalte standardisieren und kommunizieren ► kritische Erfolgsfaktoren berücksichtigen	► strategische Voraussetzungen überprüfen ► strategische Stoßrichtungen festlegen ► BSC in Strategie-Entwicklung integrieren	► strategische Ziele ableiten ► Strategy Map aufbauen ► Messgrößen auswählen ► Zielwerte festlegen ► strategische Aktionen bestimmen	► Struktur der Kaskadierung festlegen ► BSC auf nachgelagerte Einheiten herunterbrechen ► BSCs zwischen den Einheiten abstimmen	► BSC in Management- und Steuerungssysteme, das Planungssowie das Berichtssystem integrieren ► Mitarbeiter mithilfe der BSC führen ► BSC mit Wertmanagement verknüpfen ► EFQM und BSC abgestimmt einsetzen ► BSC mit Risikomanagement verbinden

Tab. C.60: Phasen zur Implementierung einer BSC
(vgl. *Horváth & Partner, 2007, S. 74*)

In der ersten Phase wird die **Entwicklung der BSC vorbereitet**. Dies geschieht sinnvollerweise durch die Einrichtung einer Projektorganisation. Zur Bestimmung der BSC-Architektur gehört auch die Festlegung der Perspektiven. Besonders wichtig sind Information, Kommunikation und Partizipation in Richtung der betroffenen Mitarbeiter, da dadurch die spätere Akzeptanz maßgeblich gefördert werden kann.

In der zweiten Phase sind die **strategischen Voraussetzungen** zu klären. Idealerweise liegt bereits eine ausgearbeitete Unternehmensstrategie vor – falls nicht, sollte die Strategieentwicklung zu diesem Zeitpunkt nachgeholt werden. Nur wenn die langfristige Stoßrichtung eines Unternehmens geklärt ist, kann eine sinnvolle operative Steuerung erfolgen.

Phase drei ist der Kern der **Entwicklungsarbeit**. Hier werden die Perspektiven mit Leben gefüllt. Vier der genannten Punkte entsprechen den Spalten innerhalb der Perspektiven aus Abb. C.34. Zusätzlich werden die Ursache-Wirkungs-Beziehungen zwischen den Zielen untersucht. Die Darstellung von Ursache-Wirkungs-Beziehungen wird als **Strategy Map** bezeichnet. Hier sind sowohl positive Wirkungszusammenhänge als auch Zielkonflikte denkbar. Es geht dabei nicht um eine Quantifizierung der Einflüsse, sondern um eine Analyse der logischen Zusammenhänge.

In Phase vier findet die eigentliche **Umsetzung** statt. Dabei ist zu klären, ob eine einzige BSC für ein Unternehmen ausreicht, oder ob auf mehreren unterschiedlichen Ebenen jeweils eine BSC eingeführt wird. Denkbar wäre das Herunterbrechen einer übergeordneten Unternehmens-BSC auf die wesentlichen Unternehmensbereiche. Alternativ kann auch zunächst in einem Pilotprojekt eine BSC für einen Bereich entwickelt werden, die nach erfolgreicher Erprobung dann auf andere Bereiche übertragen wird. Beide Vorgehensweisen haben Vor- und Nachteile.

Zu diskutieren ist dabei auch die Gliederungstiefe. Im Extremfall ist eine BSC pro Mitarbeiter vorstellbar; der Aufwand hierfür steht aber in den meisten Fällen in keinem gesunden Verhältnis zum Nutzen. Für Non-Profit-Organisationen gilt Vergleichbares. Eine Hochschul-BSC kann auf die Fachbereiche heruntergebrochen werden. Als nächste Ebene kommt eine BSC pro Studiengang infrage.

In Phase fünf geht es dann um den **kontinuierlichen Einsatz**. Die Vorgabewerte einer BSC besitzen den gleichen Charakter wie Planwerte, die im Rahmen der operativen Planung erarbeitet werden, von daher ist eine inhaltliche und zeitliche Verknüpfung sinnvoll. Gleiches gilt für das Reporting sowie die hierzu eingesetzte IT.

Insgesamt stellt die BSC einen modernen, sehr praxisrelevanten Ansatz an der Schnittstelle zwischen strategischem und operativem Controlling im Bereich Kennzahlensysteme dar. Auch wenn der Ansatz nicht die einzige Möglichkeit zur Konzeption eines Kennzahlensystems ist, so vereint er viele positive Eigenschaften, wie z. B.:

► Verknüpfung von Strategie und operativer Steuerung

► hohe Flexibilität (z. B. bei der Auswahl der Perspektiven)

► Ausgewogenheit durch Berücksichtigung von Formal- und Sachzielen, Früh- und Spätindikatoren

► Beschränkung auf das Wesentliche (begrenzte Anzahl an Zielen und Kennzahlen)

► Handlungsorientierung (Maßnahmen zur Zielerreichung).

Aufgabe 26 - 27 > Seite 344

3.3 Reporting

Während die bisher genannten Instrumente zur Informationsversorgung allesamt das Ziel verfolgen, entscheidungsrelevante Informationen zu generieren, liegt der Fokus des **Berichtswesens** auf der **systematischen Übermittlung von Informationen** (vgl. *Weber/Schäffer, 2016, 237 ff.*). Das heißt, Informationen aus dem externen Rechnungswesen, der Kostenrechnung, Kennzahlen und Kennzahlensysteme oder sonstige Informationen werden durch das Berichtswesen den Entscheidungsträgern zur Verfügung gestellt. Das Berichtswesen (Reporting) gehört zu den Kerninstrumenten des Controllings und findet daher auch im Bereichscontrolling objektübergreifend Anwendung. Im Folgenden werden zunächst der Informationsversorgungsprozess sowie anschließend die Gestaltungsbereiche des Berichtswesens beschrieben.

Reporting bezieht sich im Folgenden auf:

- **Informationsversorgungsprozess**
- **Gestaltungsbereiche des Berichtswesens**
- **Nutzung des Berichtswesens zur Unternehmenssteuerung.**

3.3.1 Informationsversorgungsprozess

Stellt man die Informationsversorgung der Führungsebene als Prozess dar, bestehend aus der Datenbeschaffung und -verwaltung, der Informationserzeugung, der Informationsübermittlung und der Informationsnutzung, dann deckt das Berichtswesen in einer engeren Auslegung lediglich die Teilprozesse der Informationserzeugung und Informationsübermittlung ab (vgl. Abb. C.35).

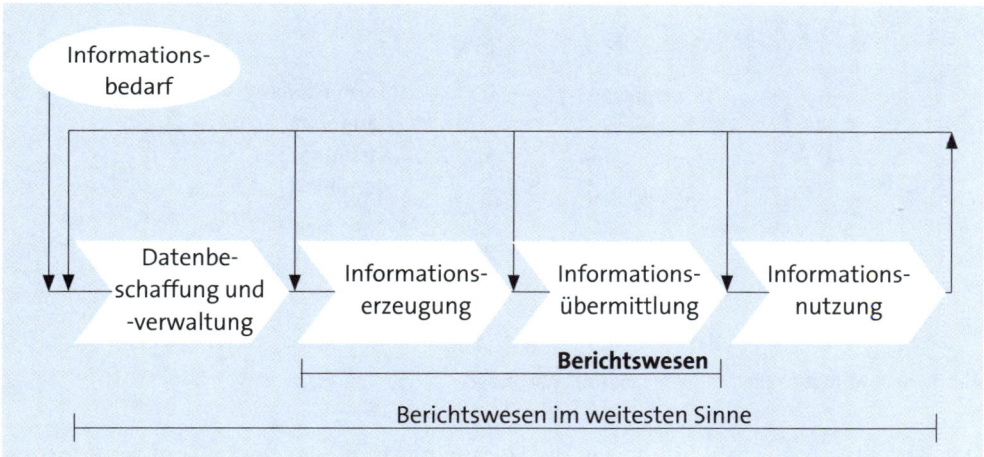

Abb. C.35: Informationsversorgungsprozess

Ausgangspunkt des Informationsversorgungsprozesses ist das Vorhandensein eines **Informationsbedarfs**. Der objektive Informationsbedarf leitet sich aus den Aufgaben und Verantwortlichkeiten der Berichtsempfänger sowie aus den übergeordneten Unternehmenszielen ab und ist personenunabhängig (vgl. *Weber/Schäffer, 2016, S. 93 ff.*). Der subjektive Informationsbedarf hingegen berücksichtigt die individuellen personellen Fähigkeiten und Einstellungen der jeweiligen Person und lässt sich im Wesentlichen mit der **Informationsnachfrage** gleichsetzten. Der objektive und der subjektive Informationsbedarf sind in der Regel nicht deckungsgleich. Dies hat zur Folge, dass das Controlling den tatsächlichen Informationsbedarf durch kontinuierlichen Austausch und durch Beobachtungen einschätzen sollte, um einem möglichen Auseinanderfallen entgegenzuwirken.

Der Informationsbedarf stellt darüber hinaus keine konstante Größe dar. Er unterliegt Veränderungen, z. B. aufgrund sich verändernder Unternehmensziele oder externer Einflüsse, wie z. B. Gesetzesänderungen. Das **Informationsangebot** setzt sich schließlich aus der Art, Menge und Qualität der Informationen zusammen, die zu einem bestimmten Zeitpunkt zur Verfügung stehen bzw. durch das Controlling zur Verfügung gestellt werden.

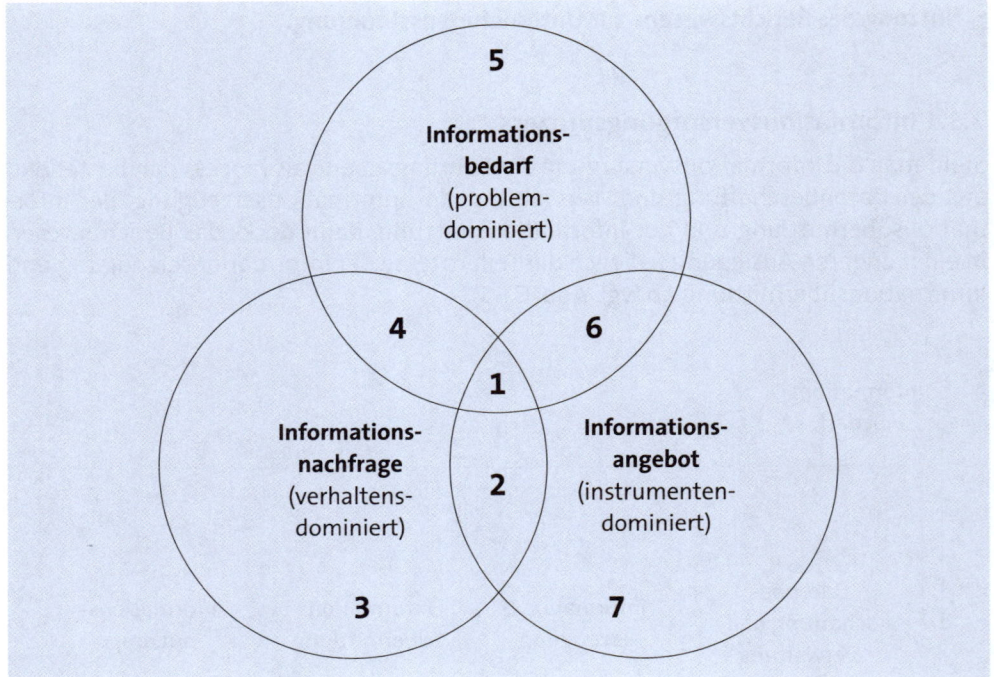

Abb. C.36: Informationsbedarf, -angebot und -nachfrage

Das Berichtswesen steht hierbei vor der Herausforderung der Gestaltung des Informationsangebots im **Spannungsfeld** zwischen Informationsnachfrage und -bedarf. Diese drei Aspekte sollten so koordiniert werden, dass eine möglichst große Schnittmenge erreicht wird (vgl. Abb. C.36). Das heißt, das Controlling sollte ausschließlich Informationen zur Verfügung stellen, die auch tatsächlich benötigt und nachgefragt werden. In diesem Fall liefert das Controlling benutzer- und problemadäquate Informationen. Fallen Informationsbedarf, -nachfrage und -angebot auseinander (Fälle 2 - 7), sind entsprechende Maßnahmen zu ergreifen, um eine # sicherzustellen (vgl. *Weber/Schäffer, 2016, S. 93 f.*).

Nach der Ermittlung des Informationsbedarfs müssen die benötigten **Informationen beschafft und verwaltet** werden. Informationen können sowohl intern als auch extern generiert werden. Die interne Beschaffung wertmäßiger Informationen findet durch das externe Rechnungswesen und durch die Kostenrechnung statt. Ebenso werden durch verschiedenste Betriebsdatenerfassungssysteme Mengen-, Zeit- und Qualitätsinformationen erfasst. Externe Informationen können darüber hinaus beispielsweise Daten aus Markt- und Konkurrenzstudien enthalten (vgl. *Reichmann, 2011, S. 11 f.*). Die genannten Daten werden zur Weiterverarbeitung im Berichtswesen idealerweise in einem **Data Warehouse** vereinheitlicht und normiert abgelegt.

Das Dilemma der Informationsbeschaffung besteht allerdings darin, dass es häufig schwierig im Vorfeld zu bestimmen ist, welche Informationen zu späteren Zeitpunkten in welchem Detaillierungsgrad benötigt werden. Da nur solche Informationen ausgewertet werden können, die zuvor auch erfasst worden sind, neigen viele Unternehmen dazu, möglichst viele Informationen zu sammeln und abzuspeichern. Hinsichtlich der Informationserzeugung muss das Controlling in der Lage sein, die verschiedenen Informationen richtig zu analysieren und ggf. zu kombinieren.

Bei der **Informationsübermittlung** wird zwischen drei verschiedenen Berichtsformen differenziert. Während **Standardberichte** zu einem bestimmten Zeitpunkt erstellt werden, erfolgt die Übermittlung von **Abweichungsberichten** an die Berichtsempfänger nur dann, wenn Abweichungen definierte Schwellenwerte überschreiten. **Bedarfsberichte** werden dagegen nur fallweise und anlassbezogen auf den Empfänger und seine subjektiven Informationsbedürfnisse zugeschnitten (vgl. *Reichmann, 2011, S. 12*). Hinsichtlich der Form des Versands der Berichte können die Informationen dem Nutzer in **Managementinformationssystemen** zur Verfügung gestellt werden. Weitere Möglichkeiten sind die Übermittlung per Mail oder in Papierform.

Die Art der Aufbereitung und Übermittlung von Informationen ist schließlich auch noch auf die **Nutzung der Informationen** abzustimmen. Dabei tragen Informationen bei der instrumentellen Nutzung zur direkten Meinungsbildung der Berichtsempfänger bei und können ein direktes Handeln herbeiführen. Die konzeptionelle Nutzung von Informationen fördert das allgemeine Verständnis des Geschäfts und der Situation, in der sich der Manager befindet. Bei einer symbolischen Nutzung von Informationen sind Entscheidungen bereits getroffen worden und die Informationen dienen der Argumentation der Entscheidung (vgl. *Weber/Schäffer, 2016, S. 83 ff.*).

3.3.2 Gestaltungsbereiche des Berichtswesens

Hinsichtlich der **Informationserzeugung** werden mit dem Berichtszweck, dem Berichtsinhalt, der Berichtsgestaltung, dem Berichtsempfänger und -sender sowie dem Berichtszeitpunkt insgesamt fünf Gestaltungsbereiche im Berichtswesen unterschieden (vgl. hierzu und im Folgenden *Küpper et al., 2013, S. 235 ff.*).

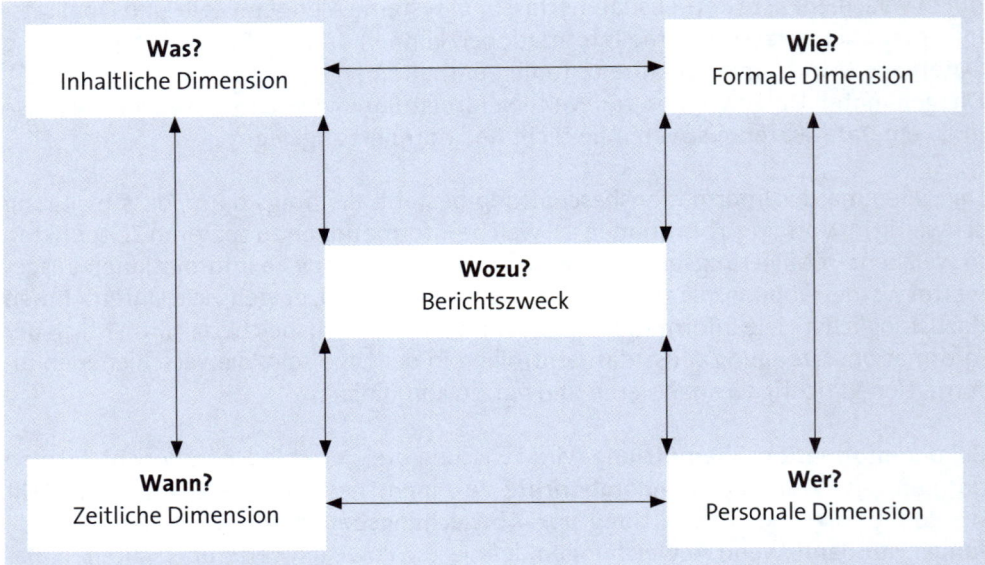

Abb. C.37: Gestaltungsbereiche des Berichtswesens

Im Folgenden werden die in Abb. C.37 dargestellten Gestaltungsbereiche des Berichtswesens behandelt.

3.3.2.1 Berichtszweck

Der Berichtszweck bildet den **Ausgangspunkt des Aufbaus** der vier weiteren Gestaltungsbereiche des Berichtswesens, vor allem der Darstellung des Berichtsinhalts und der Berichtsgestaltung. Da das Berichtswesen die Ergebnisse aus dem externen Rechnungswesen und der KLR transportiert, erfüllt es insofern ebenfalls

► Dokumentations-

► Informations-

► Planungs- und

► Kontrollfunktionen.

Neben den sich aus dem externen Rechnungswesen ergebenden gesetzlichen Verpflichtungen zur Dokumentation ist die Dokumentation von Daten für die interne Planung und Kontrolle unverzichtbar.

Waniczek nennt folgende Top-3-Anforderungen des Managements an das Reporting (vgl. *Waniczek, 2009, S. 33 f.*):

► Überblick bekommen und Priorisierungen vornehmen können

► Entscheidungen unterstützen und Aktionen einleiten können

► sich selbst informieren können.

3.3.2.2 Berichtsinhalt

Die **Gestaltungsdimension Berichtsinhalt** leitet sich aus dem Berichtszweck ab und behandelt Aspekte der Informationsstruktur, des Informationsgegenstands und des Informationsbezugs. Die Informationsstruktur ist abhängig vom Umfang der Berichterstattung. Ist der Bericht als Nachschlagewerk konzipiert, werden umfassende Informationen an das Management geliefert. Kurzberichte fokussieren dagegen auf das Wesentliche. Große Umfänge sind dabei tendenziell unübersichtlicher. Zudem besteht die Gefahr des Information Overload. Jeder Auswahlprozess von Informationen beinhaltet dagegen die Gefahr von Subjektivität.

Hinsichtlich des Umfangs stellt sich insofern die Frage, ob dem Bericht aufgrund des Umfangs ein Inhaltsverzeichnis vorangestellt wird oder ob es sich lediglich um einen sehr kurzen bzw. einen sogenannten „One-Page-Only"-Bericht handelt. Abhängig von Umfang und Adressatenkreis kann außerdem eine Zusammenfassung der für den Adressaten relevantesten Informationen in einer Management Summary sinnvoll sein.

Um die jeweiligen Informationen hinsichtlich ihrer Allgemeingültigkeit bzw. ihrer Spezifikation unterscheiden zu können, bietet sich für die Strukturierung der Daten eine Trichterstruktur an. Bei dieser Darstellungsform lassen sich die Informationen beispielsweise nach Überblicks- und Detailinformationen trennen. Eine klar und kontinuierlich gewählte Strukturierung der Berichtsinhalte erhöht die Verständlichkeit und somit das intuitive Verständnis des Berichts.

Der Aspekt des **Informationsgegenstands** gibt an, worüber berichtet wird. Hier ist zwischen monetären und nicht-monetären Informationen zu unterscheiden. Während **monetäre Informationen** in der Regel verdichtet in Form von Kennzahlen transportiert werden, können **nicht-monetäre Informationen** auch in Form qualitativer Aussagen dargestellt werden.

Da eine einzelne Kennzahl für sich genommen häufig noch keine Aussagekraft besitzt, müssen Daten zueinander in Beziehung gesetzt und relativiert werden. Bezugsgrößen können u. a. auf zeitlicher Ebene gewählt werden. Zu den in der Praxis vorherrschenden Bezugsgrößen auf der Zeitachse zählen Vergangenheits-, Plan-, und Prognosedaten. Auf sachlicher Ebene können z. B. Vergleiche zwischen internen Abteilungen und Geschäftseinheiten oder aber auch ein Vergleich des eigenen Umsatzes mit dem allgemeinen Marktwachstum sinnvoll sein.

3.3.2.3 Formale Gestaltung

Die Verständlichkeit eines Berichts wird neben den inhaltlichen Berichtsmerkmalen zusätzlich durch seine **formalen Berichtsmerkmale** bestimmt. Formale Merkmale beziehen sich insbesondere auf die Gestaltung in Bezug auf Übersichtlichkeit, Darstellungsform sowie Aufmachung von Berichten. Die Übersichtlichkeit von Berichten lässt sich durch eine einheitliche Gestaltung des Berichtskopfs, eine einheitliche Anordnung von Einzeldaten und Summen sowie durch übereinstimmende Gliederungsprinzipien erhöhen. In dieser Weise übersichtlich gestaltete Berichte erleichtern dem Berichtsempfänger die Informationsaufnahme.

Die **Darstellungsform** als zweites Gestaltungsmerkmal hat sowohl Einfluss auf die Verständlichkeit als auch auf die Akzeptanz der Berichtsinhalte. Zu den wichtigsten Darstellungsformen gehören **Tabellen, Grafiken und Kommentare**. Tabellen eignen sich für eine übersichtliche Wiedergabe größerer Datenmengen. Grafiken können hingegen die enthaltenden Aussagen besonders anschaulich darstellen und so die Verständlichkeit erhöhen.

Gestaltung von Grafiken

Grafiken besitzen einige Vorteile gegenüber Tabellen: Sie können deutlich schneller interpretiert werden, da z. B. Trends leichter erkennbar sind. Zudem prägen sich Grafiken bei Berichtsempfängern besser ein, und Berichte mit Grafiken wirken ansprechender als reine „Zahlenfriedhöfe".

Um den Sachzusammenhang bestmöglich grafisch zu unterstützen, ist auf die richtige Auswahl der Diagrammart zu achten. Im Standardberichtswesen sind Säulen-, Balken-, Kreis-, Linien- und Punktdiagramme in der Regel ausreichend. Für spezielle Fragestellungen können gleichwohl auch andere Darstellungsformen gewählt werden (s. den folgenden Hinweis auf das Visual Vocabulary der Financial Times).

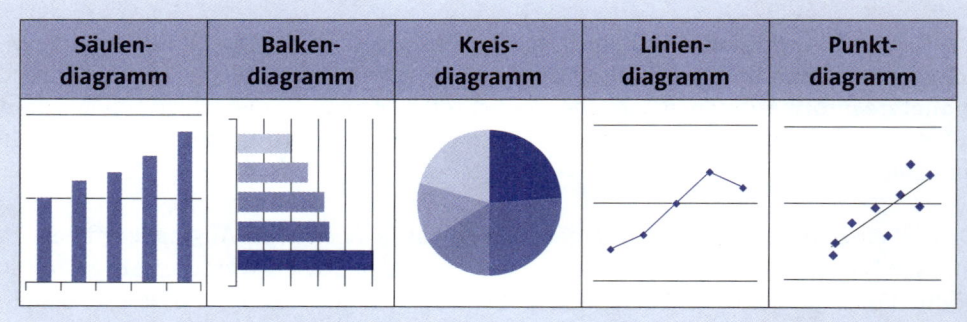

Abb. C.38: Grundformen für Controllinggrafiken
(vgl. *Zelazny, 2015, S. 21*)

Die Schritte der Grafikerstellung sind:

► Festlegung der Aussage

► Wahl des Vergleichs

► Benutzung resultierender Grafikform.

 MEDIEN

Das Visual Vocabulary der Financial Times empfiehlt beispielsweise je nach Analysefokus bzw. zugrunde liegenden Daten die Wahl bestimmter Darstellungsformen. Eine umfangreiche Darstellung des Visual Vocabulary können Sie unter folgendem Link bzw. QR-Code abrufen:

 **www.ft.com/vocabulary**

Beispiel

Tab. C.61 zeigt beispielhaft eine Umsatzentwicklung im Zeitablauf nach Regionen differenziert. Auf dieser Datenbasis können unterschiedliche Aussagen getroffen und somit auch auf verschiedene Weise in Grafiken umgesetzt werden (vgl. Abb. C.39).

Jahr	Europa	USA	Asien	Summe
2011	170	90	60	**320**
2012	180	101	88	**369**
2013	184	104	102	**390**
2014	181	103	98	**382**
2015	185	112	124	**421**
Summe	**900**	**510**	**472**	**1.882**

Tab. C.61: Beispiel Umsatzentwicklung (in Mio. €)

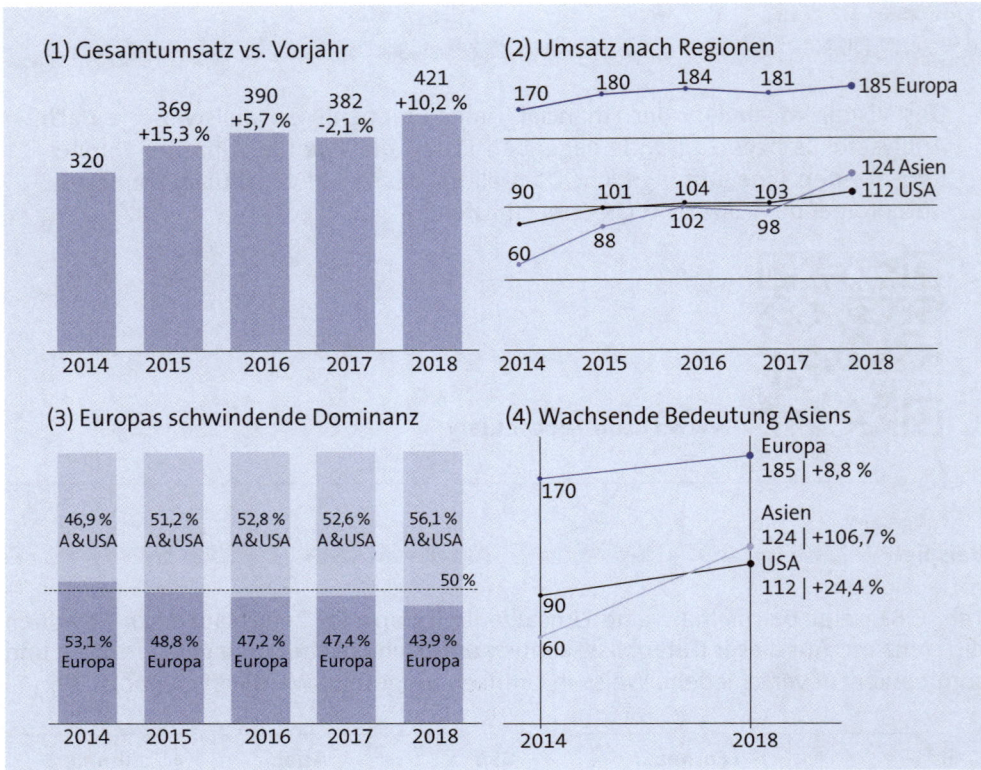

Abb. C.39: Mögliche Aussagen und Darstellungsformen

Die Darstellungsform ergibt sich also nicht bereits aus den Daten, sondern erst aus der getroffenen Aussage. Bei der Grafikerstellung sollten zudem folgende Hinweise beachtet werden:

► Achsen
  - Beschriftung mit runden Werten, möglichst ohne Nachkommastellen
  - angemessene Reichweite der Achsenskalen, Ausnutzung der zur Verfügung stehenden Fläche
  - Beginn der Y-Achse in der Regel bei 0, um Verzerrungen bzw. optische Manipulationen zu vermeiden
► Beschriftung
  - Titel mit zentraler Aussage der Grafik
  - einheitliche Schriftart, wenig unterschiedliche Schriftgrößen
► Hintergrund
  - erfüllt keine eigene Aufgabe, sollte nicht von Information ablenken

▸ Farbeinsatz

- zum Hervorheben, Wiedererkennen und Differenzieren, z. B. Darstellung negativer Zahlen in rot

- Ampeln: positive Abweichungen werden häufig grün, stark negative rot dargestellt; Festlegung der Grenzen problematisch; Achtung: Rot-Grün-Schwäche weit verbreitet, besser: blau/rot

▸ 2-D oder 3-D

- optischer Vergleich bei 3-D erschwert; die Höhe einer Säule ist hier schlechter erkennbar, daher besser nicht

▸ Sonstiges

- Grafiken sollten ohne viele Erklärungen verständlich sein

- keine zu hohe Komplexität, aber auch nicht zu trivial.

Gestaltung von Tabellen

Wie bei der Grafikgestaltung so sind auch bei der Tabellengestaltung formale Fehler zu vermeiden.

Tab. C.62 zeigt mit einer Gegenüberstellung von Plan- und Istumsätzen ein Beispiel für eine **misslungene Gestaltung**.

Beispiel

Kundennr.	Kunde	Monat 11		
	Name	Umsatz	Budget	Abweichung
		(in €)	(in €)	(in €)
121344523	Meier	68.714	75.000	-6.286
179797363	Schneider	174.651	160.000	14.651
214493249	Anfang	124.936	130.000	-5.064
347943024	Müller	342.188	350.000	-7.812
397013834	Wimmer	78.452	85.000	-6.548
421497914	Frese	187.312	200.000	-12.688

Tab. C.62: Negativbeispiel Tabellengestaltung

Auf die Kundennummer kann bei einem Management Report sicherlich verzichtet werden. In den Spaltenüberschriften ist ebenfalls eine Bereinigung möglich. Auch die Stellenanzahl bei der Formatierung der Zahlen kann auf das Wesentliche begrenzt werden, für die Beurteilung der Planerreichung sind einzelne Euro – noch schlimmer wären Centbeträge – irrelevant.

Zudem sollten Zahlen immer rechtsbündig formatiert werden; große Zahlen lassen sich dann bei einheitlicher Formatierung optisch leicht von kleinen Zahlen unterscheiden.

Zudem sollte die Sortierung geändert werden. Statt der Sortierung nach Kunden-nummer käme eine alphabetische Sortierung infrage. Noch besser ist allerdings eine inhaltlich orientierte Reihenfolge. So wären eine Sortierung nach Umsatz oder auch nach Abweichungshöhe möglich, falls der Fokus auf den Abweichungen liegen soll. Zudem fehlt eine Summenzeile und damit der Überblick über das Gesamtergebnis. Tab. C.63 zeigt eine verbesserte Variante.

Umsatz November in T€			
Kunde	**Ist**	**Plan**	**Abweichung**
Müller	342	350	-8
Frese	187	200	-13
Schneider	175	160	15
Anfang	125	130	-5
Wimmer	78	85	-7
Meier	69	75	-6
Summe	**976**	**1.000**	**-24**

Tab. C.63: Beispiel Tabellengestaltung

Folgende Hinweise sollten bei der Tabellengestaltung beachtet werden:

► Zahlen
  - immer rechtsbündig formatieren
  - Beschränkung auf die notwendigen Stellen
  - einheitliche Stellenzahl
► Struktur
  - möglichst inhaltliche Sortierung, ansonsten alphabetisch
  - zusammengehörende Werte können durch Schattierungen, Linien o. Ä. kenntlich gemacht werden
► Beschriftung
  - Summenzeilen und Überschriften besitzen Fettdruck oder eine Schattierung
► Hintergrund
  - homogene Farbfläche, sollte nicht von Information ablenken
► Form
  - ausreichende Abstände zwischen Rahmen und Zahlen
  - Zellenhöhen und -breiten sowie -abstände möglichst gleichmäßig
  - wenig unterschiedliche Rahmenarten.

Gestaltung von Kommentaren

Kommentare können qualitative Sachverhalte am besten beschreiben und für nicht-formalisierte Zusatzinformationen sehr hilfreich sein. Sie können zudem flexibel eingesetzt werden und so eine Überfrachtung der Berichte verhindern. Beim Einsatz von Kommentaren sollte jedoch auf die Verwendung einer verständlichen und klaren Sprache geachtet werden. Zusätzlich können Kommentare zur Dokumentation von Maßnahmen dienen.

Allgemeine Gestaltungshinweise

Hinsichtlich der Aufmachung von Berichten ist auf einen sinnvollen Einsatz von Farben sowie ein zweckmäßiges Layout zu achten, um den Bericht nicht zu überladen und die Informationsaufnahme nicht zu erschweren. Die Berichtsgestaltung sollte kundenorientiert erfolgen. Der Informationsbedarf von Managern kann selbst bei gleicher Aufgabenstellung unterschiedlich sein; Tabellenliebhaber muss das Controlling zwar nicht mit Grafiken „zwangsbeglücken", aber zweckmäßige grafische Darstellungen ermöglichen u. U. Einblicke, die aus einfachen Tabellen nicht ersichtlich sind. Das Controlling sollte zudem die Kundenzufriedenheit im Auge behalten und die Informationsnutzung durch das Management analysieren. Moderne, serverbasierte Reportingtools lassen in diesem Zusammenhang beispielsweise die Auswertung von Zugriffszahlen zu.

Die Lesbarkeit von Berichten wird durch eine einheitliche Gestaltung erhöht. Die durchgängige Gestaltung von Berichtsköpfen, wiederkehrende Reihenfolgen, einheitliche Grafikgestaltungen etc. sind hilfreich. Zudem ist immer eine Relativierung durch Vergleichsgrößen erforderlich. Beispielsweise ist die absolute Höhe von Personalkosten wenig aussagekräftig. Zur Einordung kann die Personalkostenquote, ein Vergleich zum Plan oder zu Vorperioden dienen. Wichtig insbesondere bei umfangreichen Berichten ist auch die Trennung von Überblick und Detail. Die wichtigsten Informationen gehören an den Anfang eines Berichts.

Die Befolgung der Regeln zur formalen Gestaltung ist wichtig. Durch eine fehlerhafte Gestaltung kann es ansonsten passieren, dass relevante Informationen vom Empfänger nicht oder falsch wahrgenommen werden. Dies gilt natürlich für Präsentationen ebenso wie für Berichte.

Aufgabe 28 > Seite 344

Aufgabe 29 > Seite 345

3.3.2.4 Berichtsempfänger und -sender

Berichtsempfänger und -sender beschreiben die **personelle Ausgestaltung des Berichtswesens**. Zu den potenziellen Berichtsempfängern im Controlling gehören üblicherweise nur interne Mitarbeiter. Externe Interessengruppen erhalten die Daten des Berichtswesens in der Regel nicht. Der Hauptadressatenkreis der aufbereiteten Informationen ist das Management. Eine genaue Abgrenzung der Zielgruppen ist jedoch abhängig vom jeweiligen Berichtszweck zu gestalten. So kann der Adressatenkreis von Berichten sowohl hierarchisch (z. B. auf Vorstandsmitglieder) als auch funktional (z. B. auf den Personalleiter) beschränkt werden.

Ein heterogener Adressatenkreis hinsichtlich Hierarchiestufen und Aufgaben zwingt zu differenzierter, empfänger- und bedarfsorientierter Berichterstattung. Hierbei sollte die Wirtschaftlichkeit beachtet werden, da eine starke Differenzierung auch einen hohen Aufwand mit sich bringt. Bei der **hierarchischen Gestaltung** ist darauf zu achten, dass eine Informationsverdichtung über die hierarchischen Ebenen hinweg erfolgt (vgl. Abb. C.40). Ein Konzernvorstand benötigt zur Erfüllung seiner Aufgaben sicherlich keine detaillierten Kostenstellenberichte.

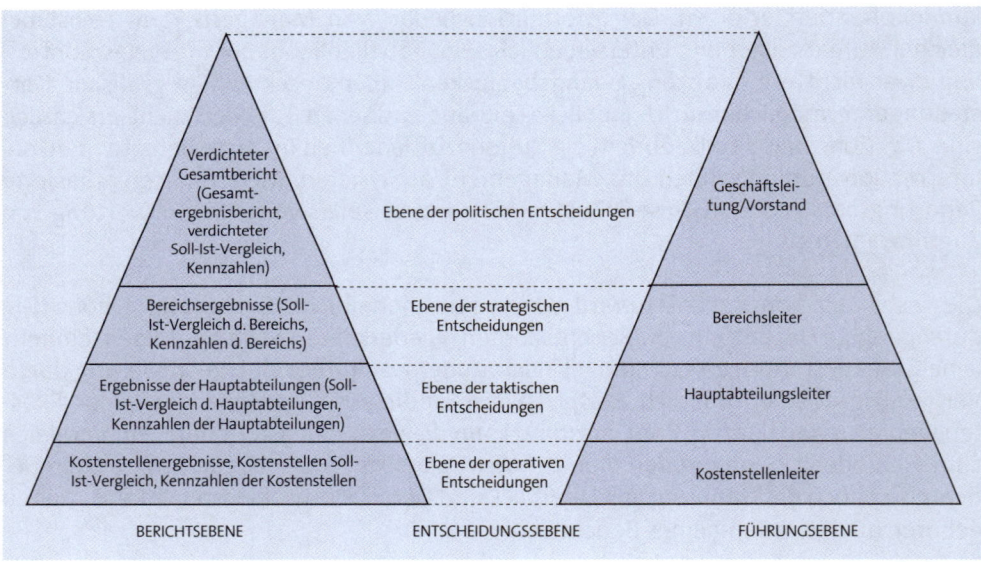

Abb. C.40: Berichtshierarchie
(vgl. *Preißler, 2014, S. 92*)

Die Berichtssender sind in der Unternehmenspraxis hauptsächlich die Controller. Diese binden teilweise weitere Bereiche in die Berichterstattung ein, um dem Management gebündelte Informationen aus einer Hand zukommen lassen zu können.

3.3.2.5 Zeitliche Gestaltung

Die zeitliche Gestaltung des Berichtswesens betrachtet Berichtszeiträume und Berichtstermine. Der **Berichtszeitraum** gibt an, für welche Periode die im Bericht enthaltenen Daten gelten. Unterschieden werden hier z. B. Wochen-, Monats-, Quartals- und Jahresberichte. In der Praxis dominieren im Controlling Monatsberichte.

Der **Berichtstermin** betrachtet zum einen die Frage, wann der Bericht erscheinen soll. Dabei gibt es regelmäßige und unregelmäßige Erscheinungstermine. Unregelmäßige Erscheinungstermine betreffen häufig Bedarfs- oder Abweichungsberichte; Standardberichte über einen Berichtszeitraum erscheinen dagegen regelmäßig. Dabei gilt, dass eine schnelle Erstellung des Berichts nach dem Ende des Berichtszeitraums wünschenswert ist. Ein in der Praxis häufig benutzter Berichtstermin eines Monatsberichts ist z. B. der achte Arbeitstag des Folgemonats. Bezüglich der Festlegung des Berichtstermins ist hierbei zwischen gewünschter Aktualität, Genauigkeit und Aufwand bei der Berichterstellung abzuwägen.

Neben dem Berichtszeitraum sind auch **Vergleichszeiträume** zu bestimmen, um die aktuellen Ergebnisse einordnen zu können. Für einen monatlichen Ergebnisbericht kommen beispielsweise folgende Vergleichszeiträume infrage:

- monatliche Zeitreihe (in der Regel die bisherigen Monate des Kalenderjahres)
- Plan-Ist-Vergleich (kumulierte Werte Jahr bis heute)
- Vorjahr-Ist-Vergleich (kumulierte Werte Jahr bis heute)
- Plan-Forecast-Vergleich (Jahreswerte)
- Vorjahr-Forecast-Vergleich (Jahreswerte).

Auch wenn jeder dieser Vergleiche sinnvoll sein kann, würde ein Reporting für alle fünf Alternativen schnell zu einer Informationsüberflutung führen. Von daher muss eine Auswahl getroffen werden. Aus Controllingsicht ist in der Regel ein Planvergleich sinnvoller als ein Vergleich mit Vorjahresdaten, da der Plan die Zielvorgaben des Unternehmens widerspiegelt.

3.3.3 Nutzung des Berichtswesens zur Unternehmenssteuerung

Mit der Erstellung eines Berichtswesens ist die Arbeit noch nicht abgeschlossen; ohne eine Nutzung der Informationen für Entscheidungen bleibt es wertlos. Im ersten Schritt werden die Informationen vom Controlling zur Verfügung gestellt. Diese bilden die Basis für weitere Analysen. Hierfür ist das Management verantwortlich, das beispielsweise Abweichungen von den im Rahmen der Planung gesetzten Zielen zu erklären hat. Vom Controlling kann diese Ursachenanalyse unterstützt werden. Damit wird zunächst die Vergangenheit analysiert, um dann im nächsten Schritt geeignete Maßnahmen für die Zukunft zu entwickeln. Auch hierbei besitzt das Management die Hauptverantwortung, um beispielsweise Kostensenkungsmaßnahmen zu entwickeln. Ein qualifiziertes Controlling nimmt dabei eine beratende Rolle ein. Im letzten Schritt ist es dann wieder Aufgabe des Controllings, zu kontrollieren, ob die vereinbarten Maßnahmen umgesetzt werden und wirken. Hier gilt es dann, z. B. festzustellen, ob die angestrebte Kostensenkung tatsächlich erreicht wird.

Aufgabe 30 > Seite 345

D. Bereichscontrolling

Die Darstellung des Bereichscontrollings umfasst im Folgenden:

Bereichscontrolling	Grundlagen des Bereichscontrollings
	F&E-Controlling und Projektcontrolling
	Beschaffungs-, Logistik- und Supply Chain-Controlling
	Produktionscontrolling
	Marketing- und Vertriebscontrolling
	Investitionscontrolling
	Personalcontrolling
	Risikocontrolling
	Beteiligungscontrolling

1. Grundlagen des Bereichscontrollings

Zu den Grundlagen werden behandelt:

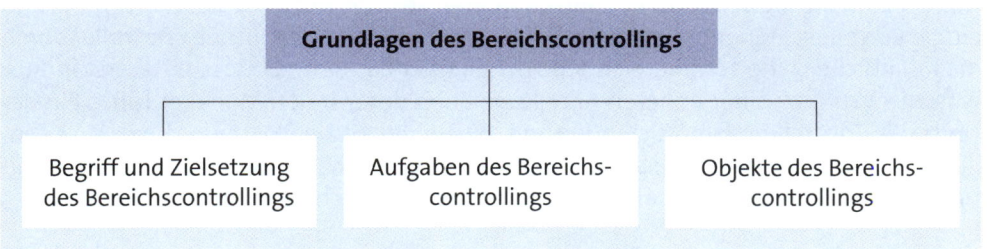

1.1 Begriff und Zielsetzung des Bereichscontrollings

Während die obigen Ausführungen in >> Kapitel A.1 Ziele und Aufgaben des Controllings als Teil des Führungssystems beschrieben haben, erfolgt im Rahmen des Bereichscontrollings eine **Ausweitung und Übertragung des Controllings** auf das Leistungssystem eines Unternehmens. Als Bereichscontrolling i. e. S. wird dabei im Folgenden die Übertragung der Controllingfunktion auf Leistungs- oder auf Teileinheiten eines Unternehmens bezeichnet. Bereichscontrolling i. w. S. betrachtet darüber hinaus charakteristische Controllingaufgaben in Wirtschaftszweigen oder Institutionen (vgl. *Küpper et al., 2013, S. 563 ff.*).

Die Notwendigkeit des Bereichscontrollings i. e. S. ist dabei als Folge der **Dezentralisierung** von Organisationsstrukturen zu sehen, die wiederum das Ergebnis der Entwicklungen ist, mit denen sich Unternehmen seit den 1970er-Jahren konfrontiert sehen (vgl. hierzu und im Folgenden *Sieber, 2008, S. 16 ff.*):

- Veränderung des Käuferverhaltens aufgrund steigender Kundenanforderungen
- breiteres Leistungsangebot sowie zusätzliche Qualitäts- und Serviceaspekte
- gestiegene Anzahl an Wettbewerbern
- Globalisierung der Weltwirtschaft
- Geschwindigkeit technologischer Änderungen führt zu einer Verkürzung der Produktlebenszyklen.

Dezentrale Strukturen entlasten das Top-Management, indem sie Komplexität durch Delegation von Aufgaben und Entscheidungskompetenzen an nachgeordnete Einheiten (z. B. Funktionsbereiche und Sparten) mindern und gleichzeitig Flexibilität erhöhen. Die gestiegene Flexibilität drückt sich dabei vor allem in einer höheren Markt- und Kundennähe verbunden mit einer höheren Motivation und Innovationskraft in den einzelnen Einheiten des Unternehmens aus. Im Ergebnis kann bzw. soll eine höhere Qualität wichtiger Entscheidungen erzielt werden.

Aus der **Einrichtung dezentraler Controllerbereiche** lassen sich vor diesem Hintergrund einige Vorteile generieren (vgl. auch Abb. D.1). So verfügen dezentrale Controller durch die inhaltliche Nähe zum Bereich tendenziell über ein tieferes Geschäftsverständnis, was wiederum zu einer höheren Akzeptanz beim dezentralen Manager führt. Ein dezentrales Controlling kann sich aufgrund des hohen lokalen Wissens durch eine fundierte, ursachenbezogene Analyse und höhere Problemnähe auszeichnen und bewältigt somit Sprach- und Mentalitätsbarrieren grundsätzlich leichter.

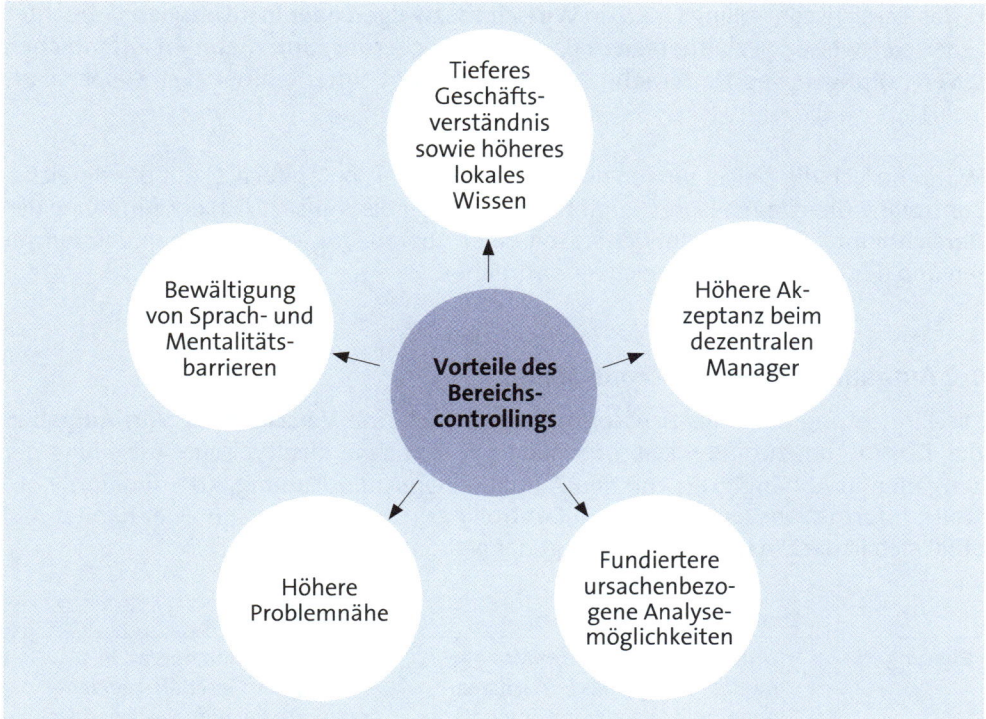

Abb. D.1: Vorteile des Bereichscontrollings

Unter dem Begriff Bereichscontrolling werden verschiedene Ausgestaltungsformen subsumiert:

▸ Dem Bereichscontrolling als Controlling von **Leistungseinheiten** eines Unternehmens liegt eine funktional gegliederte Unternehmensorganisation in die einzelnen Elemente der Wertschöpfungskette zugrunde. Ausprägungsformen des Bereichscontrollings im Hinblick auf das Leistungssystem sind beispielsweise das F&E-, das Beschaffungs-, das Produktions- und Logistik- sowie das Marketing- und Vertriebscontrolling.

▸ Bezieht sich das Bereichscontrolling auf das Controlling von **Teileinheiten**, ist die Unternehmensorganisation divisional oder objektorientiert gegliedert. Gegenstand des Bereichscontrollings sind dann beispielsweise Produktgruppen, Märkte oder Regionen bzw. rechtlich selbstständige Einheiten, die die entsprechenden Bereiche abdecken.

Die beiden Ausprägungsformen des Bereichscontrollings schließen sich dabei in einem Unternehmen nicht aus. In der Regel finden sich in (größeren) Unternehmen sowohl funktional orientierte Controllingspezialisten (z. B. der Beschaffungscontroller im zentralen Einkauf) als auch objektorientierte Projekt-, Werks- oder Beteiligungscontroller.

- Das Bereichscontrolling i. w. S. in **Wirtschaftszweigen oder Institutionen** betrachtet beispielsweise Spezialthemen in Banken, Versicherungsunternehmen, öffentlichen Verwaltungen, Sportunternehmen oder Non-Profit-Unternehmen (vgl. *Küpper et al., 2013, S. 564*).

Während sich die Zielsetzungen des Controllings (vgl. >> Kapitel A.1) auf das Bereichscontrolling übertragen lassen, ergibt sich im Folgenden hinsichtlich der Aufgaben des Bereichscontrollings die Notwendigkeit einer Abgrenzung von Aufgaben des zentralen und des dezentralen (Bereichs-)Controllings.

1.2 Aufgaben des Bereichscontrollings

Die Einrichtung eines Bereichscontrollings bringt eine **Verschiebung von Aufgaben** des Zentral- hin zum Bereichscontrolling mit sich. Eine idealtypische Aufteilung der Aufgaben in Abhängigkeit von den Aufgabenbereichen Planung, Koordination, Kontrolle, Informationsversorgung und Controllingsystemgestaltung (vgl. >> Kapitel A.3) stellt sich in der Praxis häufig wie folgt dar (vgl. *Sieber, 2008, S. 22 ff.*):

	Zentralcontrolling	**Bereichscontrolling**
Planung	► Unterstützung des Top-Managements und ggf. des Bereichsmanagements bei der unternehmensweiten (Ziel-)Planung (strategisch/operativ) ► Entwicklung und Bereitstellung des Planungssystems ► Bereitstellung von Planungsprämissen und Planungslogik ► Konsolidierung und Abstimmung der Bereichs- mit der Unternehmensplanung ► Abstimmung der strategischen mit der operativen Planung ► Beratungstätigkeiten für das Top- und Bereichsmanagement ► bereichsübergreifende und bereichsspezifische Sonderanalysen	► strategische und operative Planung der Geschäftsbereiche innerhalb der vorgegebenen Planungseckpunkte und generellen Zielplanung ► Unterstützung der Geschäftsbereichsleitung bzw. des dezentralen Managements ► Beratungstätigkeiten für die Geschäftsbereichsleitung im Rahmen von Geschäftsanalysen und strategischen Themenstellungen

	Zentralcontrolling	Bereichscontrolling
Koordination	► Koordination von Zielsetzung und Strategie auf Unternehmensebene ► Ausrichtung der einzelnen Geschäftsbereiche auf das Gesamtunternehmen ► Abstimmung und Schlichtung zwischen den Geschäftsbereichen ► Koordination der Controllerorganisation im Unternehmen	► Koordination innerhalb des Bereichs
Kontrolle	► Kontrolle der Umsetzung und Kontrolle der Erreichung der Planung auf Unternehmensebene sowie ggf. auf Bereichsebene	► Kontrolle der Geschäftsbereichs-Performance ► Kontrolle der Zielerreichung gegenüber der Bereichsplanung ► Durchführung detaillierter Abweichungsanalysen
Informations-versorgung	► Bereitstellung relevanter Informationen gegenüber der Gesamtunternehmensleitung ► Aufbau und Betrieb des Informationsversorgungssystems für das Gesamtunternehmen	► Informationsversorgung der Geschäftsbereichsleitung mit bereichsbezogenen und bereichsübergreifenden Informationen
Controlling-system-gestaltung	► Entwicklung und Weiterentwicklung von Tools und Methoden sowie Begleitung der Einführung im Unternehmen ► Sicherstellung einer einheitlichen Anwendung von vorgegebenen Methoden und Instrumenten	► Entwicklung von Tools und Methoden für den Geschäftsbereich ► Betrieb und Pflege der im Geschäftsbereich implementierten Informations- und Planungssysteme

Tab. D.1: Abgrenzung der Aufgaben von Zentral- und Bereichscontrolling

Zusammenfassend lässt sich festhalten, dass das Zentralcontrolling bei Einrichtung eines Bereichscontrollings von **operativen Aufgaben entlastet** wird. Während das Zentralcontrolling vornehmlich Aufgaben wahrnimmt, die das Gesamtunternehmen betreffen, obliegen dem Bereichscontrolling bereichsspezifische Aufgaben. Überdies findet im Zentralcontrolling tendenziell eine Aufgabenkonzentration hin zu Koordinations-, Kontroll- und Beratungsaufgaben statt, wohingegen das Bereichscontrolling für Aufgaben im Bereich der Informationsversorgung und Planung zuständig ist. Grundlage der Aufgabenverteilung sollte dabei eine **klare Abgrenzung** der Zuständigkeiten sein, um Ineffizienzen aufgrund von Doppelarbeiten oder Zuständigkeitskonflikten zu vermeiden.

Aufgabe 31 > Seite 346

1.3 Objekte des Bereichscontrollings

Objekte des Bereichscontrollings sind:

- ► **Teilbereiche des Leistungssystems**
- ► **Teileinheiten des Unternehmens**
- ► **Wirtschaftszweige.**

1.3.1 Teilbereiche des Leistungssystems

Eine Gliederung der Teilbereiche des Leistungssystems und somit der Zuschnitt der verschiedenen Bereichscontrolling-Disziplinen wird im Folgenden auf Basis der Porterschen Wertschöpfungskette vorgenommen (vgl. hierzu auch ›› Kapitel B.2).

Abb. D.2: Wertschöpfungskette nach *Porter*

Betrachtet man zunächst die primären Aktivitäten einer Unternehmung, dann bezieht sich die **Eingangslogistik** auf die Annahme, Lagerung und Distribution von Inputfaktoren. Zu den in diesem Zusammenhang anfallenden Tätigkeiten zählen beispielsweise Materialtransport, Lagerhaltung, Warenbestandskontrolle, Fahrzeugterminierung oder Warenrücksendungen zum Lieferanten. Analog vollziehen sich diese Tätigkeiten auf der Kundenseite im Rahmen der **Ausgangslogistik**, d. h. hier werden die Aktivitäten der Lagerung und Auslieferung von fertigen Produkten an Kunden betrachtet. Eingangs- und Ausgangslogistik (sowie zusätzlich die innerbetriebliche **Produktionslogistik**) sind Gegenstandsbereich des **Logistikcontrollings** (vgl. ›› Kapitel D.3.2).

Bei Ausweitung der Betrachtungsweise über die Unternehmensgrenzen hinaus von der „Source of Supply" bis zum „Point of Consumption" wird aus dem Logistikcontrolling ein **Supply Chain-Controlling** (vgl. ›› Kapitel D.3.3). Das Logistikcontrolling unterstützt die Logistikführung bei ihren Planungs-, Steuerungs- und Kontrollaufgaben und trägt dazu bei, die Wirtschaftlichkeit der Logistikaktivitäten sicherzustellen. Dazu werden Material- und Warenflüsse auf Effektivität und insbesondere auf Effizienz ausgerichtet. Ziel ist es, mögliche Rationalisierungs- bzw. Kostensenkungspotenziale zu identifizieren und auszuschöpfen, um so die geforderten Logistikleistungen zu minimalen Kosten zu erbringen. Die sich aus dieser Zielsetzung ergebenen Aufgaben lassen sich in Aufgaben des koordinationsbezogenen, des flussbezogenen, des unternehmensübergreifenden und des kosten- und erlösorientierten Logistikcontrollings gliedern.

Gegenstand des **Produktionscontrollings** (vgl. >> Kapitel D.4) sind die Aktivitäten zur Herstellung des fertigen Produkts wie Bearbeitung, Fertigung, Montage und Verpackung. Das Produktionscontrolling unterstützt das Produktionsmanagement bei der Koordination sämtlicher Führungsaktivitäten mit Bezug zur Erzeugung von Gütern und Dienstleistungen und stellt die Wirtschaftlichkeit im Produktionsbereich sicher. Konkrete Aufgaben bestehen insofern in der Abstimmung von Produktionsplanung, -steuerung und -kontrolle. Das Produktionscontrolling stellt dazu die erforderlichen Informationen zur Verfügung.

Die Wertschöpfungskette umfasst im Bereich **Marketing und Vertrieb** zum einen Informationsaktivitäten, die den Käufer zum Kauf bewegen sollen, wie z. B. Werbung, Vertrieb, Angebote und Preisgestaltung. Zum anderen zählt auch die Organisation des Außendiensts dazu. Im Hinblick auf Gegenstandsbereich, Ziele und Aufgaben des Marketingcontrollings lässt sich zusätzlich der Kundendienst, definiert als alle technischen und kaufmännischen Zusatzleistungen, die den Wert des Endprodukts erhalten oder verbessern, dem Marketing- und Vertriebsbereich zuordnen.

Die Zielsetzung des **Marketing- und Vertriebscontrollings** (vgl. >> Kapitel D.5) liegt in der Gewährleistung der Effektivität und Effizienz des Marketing- und Vertriebsbereichs. Dazu erfolgen Planung und Kontrolle des Marketing-Mix sowie das Aufdecken von Schwachstellen der Organisation und der Anreizsysteme. Überdies erfolgen die Informationsversorgung der am Marketing- und Verkaufsprozess Beteiligten sowie eine Abstimmung der Marketingziele mit den übergeordneten Unternehmenszielen.

Das Konzept der Wertschöpfungskette nach *Porter* betrachtet im Rahmen der unterstützenden Aktivitäten zunächst die Beschaffung. Hierunter fällt der Einkauf der benötigten Inputfaktoren wie Vorprodukte, Maschinen, Dienstleistungen sowie sonstiges Anlagevermögen. Je nach Beschaffungsobjekt lassen sich zwei Ausprägungsformen des Bereichscontrollings unterscheiden. Zur Sicherstellung von Effektivität und Effizienz der Beschaffung der im Unternehmen benötigten materiellen Güter (direkte und indirekte Güter) sowie der dazugehörigen Dienstleistungen erfolgen Planung und Kontrolle der relevanten Betriebs- und Geschäftsprozesse durch das **Beschaffungscontrolling** (vgl. >> Kapitel D.3.1). In diesem Zusammenhang stellt es dem Beschaffungsmanagement die benötigten Informationen zur Entscheidungsfindung zur Verfügung und stimmt die Beschaffungsziele mit den übergeordneten Unternehmenszielen ab.

Richten sich die Controllingaktivitäten dagegen auf die Beschaffung von Investitionsgütern, dann werden diese Aktivitäten als **Investitionscontrolling** (vgl. >>Kapitel D.6) bezeichnet. Hierbei stehen die sach- und erfolgszielorientierte Ausrichtung der Investitionsaktivitäten im Fokus. Dazu erfolgen Planung, Realisation und Kontrolle von Einzelinvestitionen, die Koordination von Einzelinvestitionen mit Investitionsprogrammen, die Berücksichtigung anlagenwirtschaftlicher Aspekte während der Nutzungsdauer sowie die Sicherstellung der Informationsversorgung der Entscheidungsträger im Investitionsprozess.

Als Spezialfall des Investitionscontrollings kann das **IT-Controlling** aufgefasst werden. Gegenstandsbereich des IT-Controllings sind sowohl die physischen Komponenten einer IT-Architektur, wie z. B. Server und Clients, als auch Software-Komponenten wie Datenbanken oder E-Mail-Clients (vgl. *Hess/Müller, 2005, S. 329*).

Als weitere unterstützende Tätigkeit betrachtet die Technologieentwicklung neue Produkte und Verfahren bzw. Produkt- und Verfahrensverbesserungen. Sie richtet sich dabei auf alle Wertschöpfungsmaßnahmen aus, deren Verrichtung eine bestimmte Form von Know-how, spezielle Prozesse oder Herstellungsverfahren erfordern. Während das **Innovationscontrolling** in diesem Kontext ganzheitlich Innovationsprozesse von der Erarbeitung der Innovationsstrategie, die Ideengenerierung, die Ideenbewertung, die Forschung & Entwicklung, die (Markt-)Einführung bis hin zur laufenden Verwertung betrachtet, fokussiert das **F&E-Controlling** (vgl. ≫ Kapitel D.2) allein auf die Phase der Forschung & Entwicklung. Zur Sicherstellung von Effektivität und Effizienz des F&E-Bereichs unterstützt das F&E-Controlling mit Planung und Kontrolle bei der Erarbeitung und Umsetzung der F&E-Strategie sowie in einzelnen F&E-Projekten. Kernaufgabe ist hier die Bewertung von F&E-Vorhaben, die F&E-Budgetierung sowie die Informationsversorgung der Entscheidungsträger im F&E-Prozess.

Nach *Porter* werden im Bereich der Personalwirtschaft die mitarbeiterbezogenen Aktivitäten der primären und der unterstützenden Bereiche betrachtet. Dazu zählen beispielsweise Personalbeschaffung, Aus- und Weiterbildung sowie die Tätigkeiten im Lohnbüro. Das **Personalcontrolling** (vgl. ≫ Kapitel D.7) verfolgt hier als Zielsetzung eine Integration der Personalarbeit in die Unternehmenssteuerung und somit die Sicherstellung von Effektivität und Effizienz durch prozessbegleitende und erfolgsorientierte Unterstützung von Planung und Kontrolle. Zudem werden auch durch das Personalcontrolling entsprechende Informationssysteme bereitgestellt und die Informationsversorgung gesichert.

Als letzte unterstützende Aktivität umfasst die Unternehmensinfrastruktur diejenigen Aktivitäten, die sich auf die gesamte Wertkette des Unternehmens beziehen. Dazu zählen beispielsweise Rechnungswesen und (Zentral-)Controlling, Geschäftsführung, Qualitäts- und Umweltmanagement. Gegenstand des **Finanzcontrollings** sind die Zahlungsströme eines Unternehmens. Es unterstützt bei der Sicherstellung einer jederzeitigen Liquidität (Cash-Controlling) und einer ausgeglichenen strukturellen Finanzierungs- und Kapitalstruktur. Planung und Kontrolle beziehen sich auf die Liquiditätsbereitstellung und Optimierung der Finanzierungskosten im Rahmen unternehmensweiter Finanzpläne. Informationsversorgungsaufgaben übernimmt das Finanzcontrolling im Rahmen der internen und externen Finanzberichterstattung.

Die Notwendigkeit eines **Schnittstellencontrollings** ergibt sich überwiegend in klassisch funktional organisierten Unternehmen. Zielsetzung des Schnittstellcontrollings ist die Ausrichtung der autonomen Bereiche im Hinblick auf die Erreichung der angestrebten Unternehmensziele und somit die Sicherstellung von Effektivität und

Effizienz. Die Ausrichtung erfolgt in diesem Zusammenhang insbesondere durch Unterstützung der Funktionsbereichsleitungen bei Planung und Kontrolle der funktionsbereichsübergreifenden Fragestellungen sowie durch eine zielorientierte Informationsversorgung.

Aufgabenbereich des **Risikocontrollings** (vgl. ≫ Kapitel D.8) innerhalb des Risikomanagementprozesses ist die Überwachung und Steuerung von Unternehmensrisiken. Dazu stößt es die Durchführung bzw. Aktualisierung der Risikoanalyse und der Risikobehandlung nach Bedarf an. Es stellt weiterhin auf Basis eines Risiko- bzw. Maßnahmenplans die Umsetzung der beschlossenen Maßnahmen sicher. Das Risikocontrolling überprüft zudem Indikatoren für Risiken im Sinne eines Frühwarnsystems.

Eine zunehmend stärkere Bedeutung erfahren im Rahmen der Wertschöpfungsprozesse von Unternehmen Umwelt- und Nachhaltigkeitsaspekte. Während ein **Umweltcontrolling** (Green Controlling) vor allem ökologische Aspekte in das Unternehmenscontrolling integriert, hat das **Nachhaltigkeitscontrolling** neben der Sicherstellung der ökologischen Nachhaltigkeit außerdem die ökonomische und soziale Nachhaltigkeit im Fokus. Besonderen Fokus auf die Qualität der erstellten Güter und Leistungen und die Prozesse zur Sicherstellung dieser Qualität legt das **Qualitätscontrolling**.

1.3.2 Teileinheiten des Unternehmens

Über **Projekte** bekommen bestimmte Vorhaben in Unternehmen eine eigene, spezifische Organisationsstruktur und damit verbunden eigene Ziele und eigene Ressourcen in zeitlicher, finanzieller, personeller oder anderer Art. Die *DIN 69901 (1989)* definiert als ein Projekt ein *„Vorhaben, das im Wesentlichen durch die Einmaligkeit aber auch Konstante der Bedingungen in ihrer Gesamtheit gekennzeichnet ist, wie z. B. Zielvorgabe, zeitliche, finanzielle, personelle oder andere Begrenzungen, Abgrenzung gegenüber anderen Vorhaben, projektspezifische Organisation"*.

Projekte lassen sich nach dem Inhalt beispielsweise funktionsorientiert in Forschungs- und Entwicklungsprojekte, Logistik- oder Marketingprojekte sowie funktionsübergreifend in (IT-)Investitionsprojekte oder Innovationsprojekte unterscheiden. Hinsichtlich der Verortung von Projekten lassen sich grundsätzlich interne und externe (Kunden-)Projekte unterscheiden. Weitere wesentliche Determinanten eines Projekts sind die Projektgröße und die Frage, ob es sich um Pionier- oder Routineprojekte handelt.

Das **Projektcontrolling** (vgl. ≫ Kapitel D.2.3) dient der Sicherstellung von Effektivität und Effizienz der Projektarbeit. Dazu erfolgen die projektbezogene Planung und Kontrolle zur koordinierten Projektsteuerung und Entscheidungsunterstützung sowie das Betreiben eines systematischen Informationsmanagements. Während die Projektleitung dem Projektleiter obliegt, fungiert der Projektcontroller insbesondere in größeren Projekten als Ansprechpartner für die Projektleitung und für das auftragsgebende Top-Management.

In Großunternehmen mit dezentralen Produktionsstandorten (Werken) existiert häufig ein **Werkscontrolling**. In einer engen Auslegung entspricht das Werkscontrolling lediglich dem Produktionscontrolling am dezentralen Standort. Eine weitergehende Auffassung von Werkscontrolling betrachtet dagegen alle wertschöpfenden Prozesse des Werks sowie darüber hinaus beispielsweise auch Fragen der Kapazitätsentwicklung und Investitionstätigkeit im Werk. Das Werkscontrolling übernimmt für den Bereich die anfallenden Planungs- und Kontrollaufgaben und stellt der Werksleitung entsprechende Informationen zur Entscheidungsfindung zur Verfügung. Konkret ist es z. B. verantwortlich für die Vorgabe von Rahmendaten für die Planung der Werke sowie die Zusammenführung der Werksplanungen. Weiterhin übernimmt es die Formulierung und Pflege von Richtlinien, die in den Werken beim Planungs- und Berichtsprozess zu beachten sind, wie z. B. die Bestimmung verursachungsgerechter Verrechnungsschlüssel, die Formulierung von Investitionsanträgen und Entwicklungsvorhaben sowie die Bestimmung interner Verrechnungspreise. Darüber hinaus ist das Werkscontrolling für die Informationsversorgung der Zentrale verantwortlich.

Sowohl Konzern- als auch Beteiligungscontrolling setzen Beziehungen eines herrschenden Unternehmens (Muttergesellschaft) zu einem abhängigen Unternehmen (Tochtergesellschaft) voraus. Das **Konzerncontrolling** kann in diesem Zusammenhang als Spezialfall des Beteiligungscontrollings bezeichnet werden, da es Unternehmensverbindungen in Form eines Konzerns gemäß AktG voraussetzt. Maßgebend für das Vorhandensein eines Konzerns ist zum einen, dass die zum Konzern gehörenden Unternehmen unter einheitlicher Leitung zusammengefasst sind, und zum anderen die wirtschaftliche Einheit der zum Konzern gehörenden Unternehmen.

Gegenstand des **Beteiligungscontrollings** (vgl. >> Kapitel D.9) sind dagegen auch Unternehmensbeteiligungen außerhalb eines Konzerns. Hier kann von Beteiligungscontrolling i. e. S. gesprochen werden, wenn es sich um rechtlich selbstständige Tochtergesellschaften handelt. In einer weiten Fassung des Begriffs werden zusätzlich auch alle anderen juristisch nicht erfassten, real existierenden Formen von Unternehmensverbindungen, wie z. B. Joint Ventures, Gemeinschaftsunternehmen und strategische Allianzen sowie Engagements auf Basis nicht kapitalmäßiger Verflechtungen, betrachtet.

Als Spezialfall eines solchen Beteiligungscontrollings i. w. S. kann das **Kooperationscontrolling** bezeichnet werden. Zur Sicherstellung von Effektivität und Effizienz der Unternehmensverbindungen liegen die Aufgabenbereiche von Konzern-, Beteiligungs- und Kooperationscontrolling zum einen wiederum in Planung und Kontrolle der in den Unternehmensverbindungen durchgeführten Betriebs- und Geschäftsprozesse. Zum anderen umfassen sie die Informationsversorgung der Entscheidungsträger in Mutter- und Tochtergesellschaft bzw. bei den Kooperationspartnern. Der Detaillierungsgrad der Controllinginformationen nimmt dabei im Vergleich zum „normalen" Unternehmenscontrolling eher ab, da Planung und Kontrolle zum Zwecke der Steuerung ganzer Unternehmen – und nicht etwa zur Steuerung einzelner Leistungs- oder Teileinheiten – vorgenommen werden.

1.3.3 Wirtschaftszweige

Vor dem Hintergrund der beschriebenen Kontextfaktoren des Controllings (vgl. >> Kapitel A.6) hat sich in Theorie und Praxis eine ausführliche Diskussion eines **Controllings für kleine und mittelgroße Unternehmen (KMU)** entwickelt. Nach einer Definition des *Instituts für Mittelstandsforschung* in Bonn beschäftigen KMU weniger als 499 Mitarbeiter und erzielen einen Jahresumsatz von weniger als 50 Mio. €.

Über diese quantitativen Merkmale hinaus ist als wesentliches qualitatives Merkmal von KMU die rechtliche und wirtschaftliche Selbstständigkeit der Unternehmen in Verbindung mit einer Einheit von Haftung und Risiko zu nennen. Während in großen (börsennotierten) Unternehmen eine Trennung von Eigentum, Leitung und wirtschaftlichem Risiko in die Organe Vorstand, Aufsichtsrat und Hauptversammlung bzw. Aktionäre vorliegt, werden in KMU üblicherweise alle drei Bereiche von einer Person getragen. Aus der Funktionshäufung beim Unternehmer resultiert eine stark personengeprägte Unternehmensstruktur und -kultur. Dies geht nicht selten mit einem autokratischen Führungsstil einher und kann sich in geringerer Mitarbeiterpartizipation und Entscheidungsdelegation äußern. In der Einheit von Eigentümer und Geschäftsführer besteht zudem die Gefahr der Verflechtung von persönlichen und geschäftlichen Interessen. In Konstellation mit fehlender betriebswirtschaftlicher Ausbildung können so Defizite in der Unternehmensführung entstehen.

Eine weitere Besonderheit von KMU ergibt sich aus der geringen Unternehmensgröße, die einen engen informellen Kontakt zwischen den Mitarbeitern und der Unternehmensführung ermöglicht. Die Hierarchien sind entsprechend flach und Weisungen erfolgen meist persönlich. Im Vergleich zu Großunternehmen liegen die Vorteile einer solchen Organisation in der guten Überschaubarkeit, einer hohen Motivation der Mitarbeiter sowie kürzeren Entscheidungswegen, was zu einer flexibleren Reaktionsfähigkeit der KMU führt. Wenn hingegen ein hohes Maß an Kontrolle und Beobachtung vorherrscht, kann der enge Kontakt gleichzeitig zu einem erheblichen Druck auf die Mitarbeiter führen. Hinzu kommt die stärkere Anfälligkeit der informellen Kommunikation für Missverständnisse und Fehlinterpretationen.

KMU sind zudem häufig mit personellen Kapazitätsrestriktionen konfrontiert, da zum einen Großunternehmen als Arbeitgeber attraktiver erscheinen und zum anderen die Personalbudgets verhältnismäßig gering sind. In KMU finden sich daher vorwiegend gut ausgebildete Fachkräfte mit ausgeprägtem Fachwissen, aber eine vergleichsweise geringe Anzahl von Akademikern.

Hinsichtlich der Gestaltung des Controllings in KMU führen die oben genannten Charakteristika von KMU zu erheblichem **Anpassungsbedarf** der auf Großunternehmen zugeschnittenen Controllingsysteme. Auf funktionaler Ebene unterscheiden sich die operativen Planungs- und Kontrollsysteme in KMU sowohl im geringeren sachlichen und zeitlichen Umfang als auch in einem niedrigeren Detaillierungsgrad signifikant von denen in Großunternehmen. Deutlich weniger KMU verfügen über differenzierte Planungsinstrumente oder führen eine systematische strategische Planung durch. Die Gründe dafür sind auf die mangelnden personellen, zeitlichen und finanziellen

Ressourcen in KMU zurückzuführen. In der Folge erscheinen Ex post-Kontrollen aufgestellter Pläne und getätigter Investitionen häufig als am ehesten verzichtbar. In solchen Fällen beruht die Einschätzung der Unternehmensentwicklung mitunter auf der Intuition des Unternehmers und auf bereits vorhandenen Daten des externen Rechnungswesens, die entsprechend aufbereitet werden.

Auch die in KMU verwendeten Controllinginstrumente unterscheiden sich deutlich von denen in Großunternehmen. So führen das Generalistentum, die personellen und technischen Ressourcenbeschränkungen häufig zur Anwendung von **weniger komplexen Controllinginstrumenten**. In der Unternehmenspraxis von KMU dominieren daher tendenziell die operativen Controllinginstrumente, während strategische Instrumente unterrepräsentiert sind. Aufgrund der relativen Einfachheit der Controllinginstrumente und der geringen Ausführungstiefe der Controllingfunktion rechnet sich im Hinblick auf die institutionelle Ausgestaltung des Controllings die Einrichtung einer eigenen Controllingstelle für KMU unter Umständen nicht. Daher wird die Controllingfunktion mitunter auch von externen Institutionen übernommen. Für die externe Trägerschaft der Controllingfunktion stellen Unternehmensberatungen, Kreditinstitute, Wirtschaftsprüfer, Verbände und Kammern oder auf Controllingdienstleistungen spezialisierte Shared Service Center mögliche Institutionen dar.

Als eine Klammer für die Betrachtung des Controllings in unterschiedlichen Wirtschaftszweigen bietet sich der Begriff der **Dienstleistung** an. Dienstleistungen bedürfen einer besonderen Betrachtung durch das Controlling.

- ► Sie sind nicht lagerfähig, weshalb eine permanente Aufrechterhaltung der Leistungsfähigkeit von Dienstleistungsunternehmen mit der Folge hoher Fixkostenanteile notwendig ist.
- ► Zur Erstellung von Dienstleistungen bedarf es eines externen Faktors (in der Regel des Kunden), ohne den die Dienstleitung nicht stattfindet. Der externe Faktor schränkt die Möglichkeit der Automatisierung ein, was zu hoher Personalintensität führt.
- ► Dienstleistungen sind immaterielle Güter, die sich nicht immer objektiv bewerten lassen und insofern hohe Anforderungen an das Qualitätsmanagement stellen.

Ein **Dienstleistungscontrolling** hat folglich in besonderem Maße die genannten Bereiche zu adressieren. Zur Sicherstellung von Effektivität und Effizienz sind Planung und Kontrolle sowie die Informationsversorgung des Managements schwerpunktmäßig auf ein Gemein- bzw. Fixkostencontrolling, ein Personalcontrolling sowie ein Qualitätscontrolling auszurichten (vgl. *Bruhn/Stauss, 2006, S. 5 f.*). Zu den Dienstleistungsunternehmen zählen beispielsweise Banken, Versicherungsgesellschaften, Krankenhäuser oder auch Sportunternehmen. Über die reinen Dienstleister hinaus ergänzen auch Industrieunternehmen in zunehmendem Maße ihre Kernprodukte um begleitende Dienstleistungen (hybride Wertschöpfung).

Wesentliche Anliegen eines **Bankencontrollings** lassen sich in der Koordination der verschiedenen Geschäftssegmente einschließlich einer umfassenden, zweckgerichteten und zeitnahen internen und externen Informationsbereitstellung an Management und Bankenaufsicht erkennen. In diesem Zusammenhang sind insbesondere Informationen zur Risikosituation der Bank bereitzustellen. Vergleichbar streng reglementiert wie Banken und ebenfalls einem zunehmenden Wettbewerbsdruck ausgesetzt stellt sich die Situation für Versicherungen dar. Die Aufgaben des Bankcontrollings lassen insofern auch analog für das **Versicherungscontrolling** spiegeln.

Das **Krankenhauscontrolling** beschäftigt sich mit der betriebswirtschaftlichen Planung, Steuerung und Kontrolle sowie mit der Informationsversorgung der Entscheidungsträger im Krankenhaus. Die besondere Herausforderung für das Krankenhauscontrolling liegt dabei zum einen in den sich verändernden (Finanzierungs-) Rahmenbedingungen für Krankenhäuser. Zu den Kernaufgaben des Krankenhauscontrollings gehören insofern das Kosten- und Leistungscontrolling (Anzahl Patienten, Liegedauer etc.). Zum anderen wird die Arbeit der Krankenhauscontroller häufig dadurch erschwert, dass im Krankenhaus in der Regel eine Zuarbeit zu fachfremdem (medizinischem) Leitungspersonal erfolgt, was unter Umständen zu Verständnis- oder Akzeptanzproblemen führen kann.

Hinsichtlich der Gestaltung, Lenkung und Entwicklung effektiver und effizienter Sportorganisationen kommt dem Controlling eine entscheidende Bedeutung zu, das – auch in Sportunternehmen zunehmend institutionalisiert – das Management bei der Planung und Kontrolle zum Zwecke der Steuerung der Betriebs- und Geschäftsprozesse unterstützen soll. In grundlegenden Forschungsarbeiten zum Controlling im professionellen Fußball wurden beispielsweise Anforderungen, konzeptionelle Rahmen sowie erste allgemeine Gestaltungsvorschläge für das **Controlling in Sport- bzw. Fußballunternehmen** entwickelt und parallel in der Praxis umgesetzt.

Als Ausprägungsformen eines Controllings in Bedarfswirtschaften (vgl. im Folgenden *Ossadnik, 2009, S. 550 f.*) lassen sich das Verwaltungscontrolling und das Hochschulcontrolling bezeichnen. **Bedarfswirtschaften** zeichnen sich durch die folgenden charakteristischen Merkmale aus:

- ► Sie dienen einer auf Bedarfsdeckung und -lenkung abzielenden Zwecksetzung unter Beachtung monetär definierter Restriktionen.

- ► Komplexer werdende Umweltbedingungen haben zu der Erkenntnis geführt, dass eine verstärkt wirtschaftliche und strategische Führung von Nöten ist.

- ► Hierbei unterstützt in zunehmendem Maße das Controlling, wenngleich der Druck, Controlling zu implementieren, aufgrund der Monopolstellung vom Staat oder aufgrund finanzieller Garantieerklärungen eines Trägers geringer ausfällt.

Das **Verwaltungscontrolling** übernimmt vor diesem Hintergrund Koordinations- und Servicefunktionen in öffentlichen Verwaltungen. Die Hauptzielsetzung des Verwaltungscontrollings liegt effektivitätsorientiert in der Unterstützung der Leitung einer öffentlichen Verwaltung bei der Realisierung der Verwaltungsziele. Dazu erfolgen durch das Controlling die Koordination des Planungs- und Kontrollsystems mit dem Organisations- und dem Personalführungssystem sowie die strategische und operative Koordination innerhalb der Führungssysteme. Überdies sind verwaltungsadäquate Controllinginstrumente bereitzustellen, z. B. hinsichtlich geeigneter Kennzahlensysteme oder Wirtschaftlichkeitsrechnungen, und ein geeignetes Informationsversorgungssystem zu betreiben (vgl. *Ossadnik, 2009, S. 552 ff.*).

Spezifische Aufgaben eines **Hochschulcontrollings** liegen insbesondere in einer zielorientierten Koordination und Ausrichtung der Informationssysteme von Hochschulen. Die zentrale Herausforderung besteht dabei darin, die unterschiedlichen Informationsbedarfe auf Hochschul- und Fakultätsebene zu berücksichtigen sowie Studenteninformationssysteme zu integrieren und somit Transparenz zu schaffen. Transparenz ist die notwendige Bedingung für eine weitere spezifische Aufgabe eines Hochschulcontrollings. Die anreizwirksame Gestaltung der Steuerungssysteme von Hochschulen hat sich vor dem Hintergrund einer dynamischen Umwelt zu einem zentralen Erfolgsfaktor entwickelt. Anreize sind dabei insbesondere im Rahmen der Verteilung von Ressourcen zu sehen. Das Controlling hat in diesem Zusammenhang beispielsweise geeignete Instrumente zur Stellen-, Raum- oder Investitionsplanung zu entwickeln.

2. F&E-Controlling und Projektcontrolling

In diesem Kapitel werden behandelt:

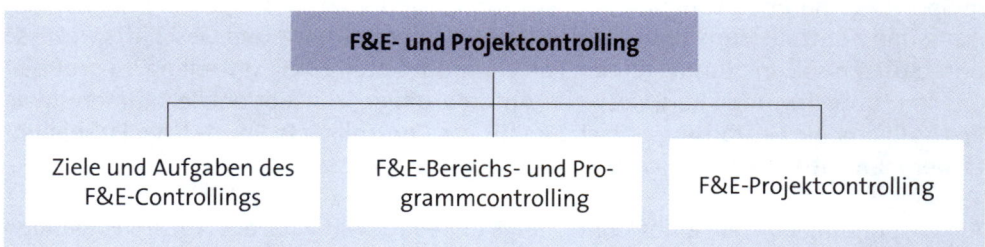

2.1 Ziele und Aufgaben des F&E-Controllings

Gegenstand des F&E-Controllings ist die Ausrichtung sämtlicher Forschungs- und Entwicklungsbemühungen eines Unternehmens auf die Anforderungen des Markts. Der Begriff des F&E-Controllings wird im allgemeinen Sprachgebrauch oftmals synonym zu jenem des Innovationscontrollings verwendet. Tatsächlich ist jedoch das Betrachtungsfeld des Innovationscontrollings wesentlich weiter, da es die Steuerung, Planung und Bewertung von Innovationen über den gesamten Innovationsprozess hinweg betrachtet. Dies beinhaltet über die marktorientierte Planung der F&E-Aktivitäten eines Unternehmens hinaus (funktionsübergreifend) auch explizit die Produktion und Vermarktung von Innovationen sowie Aspekte des Einkaufs und der Verwaltung. Sowohl in der wissenschaftlichen Diskussion als auch der Praxis gelingt hierbei nicht immer eine trennscharfe Differenzierung der Aufgabenfelder von F&E- und Innovationscontrolling, da sich diese teilweise überlappen. Im Kern stellt das F&E-Controlling nur einen Teilbereich des Innovationscontrollings dar, der auf die Phase der Forschung und Entwicklung i. e. S. fokussiert.

Hinsichtlich der zu übernehmenden Aufgaben unterstützt das F&E-Controlling als Bereichscontrolling das Innovations- und Projektmanagement bei Aufgaben mit Bezug zu Forschung und Entwicklung. Folgende **Aufgaben** können identifiziert werden (vgl. *Lechner/Völker, 1999, S. 23*):

► Unterstützung bei der Planung des F&E-Programms und der Projekte in diesem Bereich

► Durchführung der Kontrolle der F&E

► Informationsversorgung der Entscheidungsträger

► Unterstützung bei der Integration sämtlicher betrieblicher Funktionen im Rahmen des Innovationsprozesses

► Konzeption, Einführung und kontinuierliche Weiterentwicklung des Planungs- und Kontrollsystems.

Die Ziele des F&E-Controllings sind fest in das Zielsystem des Unternehmens eingebunden. Während sich das Zielsystem des F&E-Managements an der Umsetzung der für den F&E-Bereich relevanten Unternehmensziele ausrichtet, bestehen die Ziele des F&E-Controllings insbesondere darin, die Erreichung dieser Ziele bestmöglich zu unterstützen. Dies gelingt durch die Bereitstellung von Regeln und Steuerungsinstrumenten, mit deren Unterstützung Forschung und Entwicklung effektiv und effizient durchgeführt werden können. Es gilt, für die F&E-Aktivitäten ein möglichst hohes Maß an Transparenz hinsichtlich der Kosten, Zielerreichungsgrade und Planabweichungen (Zeit, Qualität, Ressourcenverbrauch etc.) zu gewährleisten. In Bezug auf die Ziele des F&E-Controllings steht somit die Servicefunktion für das F&E-Management im Vordergrund, den Entscheidungsträgern die für fundierte Entscheidungen notwendigen steuerungsrelevanten Informationen bereitzustellen (vgl. auch *Steinbauer, 2006, S. 131*). *Specht et al.* (vgl. *2002, S. 448*) sprechen in diesem Sinne von einer „Informationslogistik", die die Auswahl, Messung und Verteilung geeigneter Steuerungsinformationen zu gewährleisten hat.

2.2 F&E-Bereichs- und Programmcontrolling

Die verschiedenen F&E-Projekte eines Unternehmens sind nicht unabhängig voneinander. So greifen die Projekte typischerweise auf einen gemeinsamen Ressourcenpool (Personal, Ausstattung, finanzielle Mittel) zurück, wodurch höhere Kapazitätsbeanspruchungen oder Terminverschiebungen in einem Projekt Auswirkungen auf die planmäßige Realisierbarkeit anderer Projekte haben. Die rein isolierte Steuerung einzelner F&E-Projekte ist daher problematisch und macht eine projektübergreifende Abstimmung (im Sinne eines Multiprojektcontrollings) notwendig.

Dabei ist ein F&E-Programm zusammenzustellen, das die begrenzten Budgets (zur Budgetfestlegung vgl. **»** Kapitel C.1.3.1.5) und Ressourcen eines Unternehmens zielgerichtet auf die verschiedenen F&E-Projekte verteilt. Dafür ist es zunächst notwendig, eine situationsgerechte Projektbewertung, -auswahl und -priorisierung durchzuführen, um einerseits alle angestrebten Ziele durch entsprechende Projekte abzudecken und andererseits bei der Wahl verschiedener Projektalternativen jeweils dem „besten" Projekt die knappen Mittel zur Verfügung zu stellen.

Während das F&E-Bereichscontrolling die Planung und Überwachung der nicht projektgebundenen (bzw. projektübergreifenden) Leistungen und Kosten abdeckt, zielt das F&E-Programmcontrolling durch entsprechende Unterstützung der Programmplanung auf die Abstimmung von strategischem und operativem F&E-Controlling ab.

Zu den Kernaufgaben des F&E-Programmcontrollings gehören die Projektauswahl und Programmzusammenstellung. Hierbei werden üblicherweise die Stufen der **Projektideen** und der **Projektkonzepte** getrennt betrachtet (vgl. im Folgenden *Specht et al., 2002, S. 224 ff.*).

Auf der Ebene der **Projektideen** geht es darum, auf Basis relativ weniger Informationen zu hinterfragen, ob eine Idee grundsätzlich Chancen auf technische Realisierung und wirtschaftlichen Erfolg am Markt hat. Es wird somit eine Art Filter angewandt, um interessante Projektideen zu identifizieren, die einen höheren Informationsbeschaffungs- und Planungsaufwand rechtfertigen. Die Projektplanung auf dieser Ebene umfasst sechs Schritte, die iterativ zu durchlaufen sind (vgl. Abb. D.3). Zur Identifizierung geeigneter Projekte kommen dabei verschiedene Instrumente zur Anwendung.

Sammlung von Projektideen	(Grob-) Bewertung von Projektideen	Auswahl von Projektideen	Definition des Projekttyps	Ressourcenbedarf für die Planung	Priorisierung und Timing
Kreativitätstechniken Betriebliches Vorschlagwesen Ideenmanagement	Checklisten Scoring-Modelle Monetäre Bewertungsverfahren	Auswahl erfolgt sukzessive im Rahmen der Bewertung	Strategische Neuentwicklungen Weiterentwicklungsprojekte Kosteneinsparungsprojekte	Managementkapazität für die Produkt- bzw. Technologieplanung zur Erstellung eines Projektkonzepts	Auf Basis der Bewertung F&E-Projektportfolios

Abb. D.3: Projektplanung auf Ebene der Projektideen

Die für die detailliertere Planung freigegebenen und zu Projektkonzepten weiterentwickelten Ideen werden nun auf der Ebene der **Projektkonzepte** weiterverfolgt. Hier erfolgt eine eingehendere Bewertung, in der aber auch weiterhin sukzessiv Konzepte verworfen, auf die Ebene der Projektideen zurückgegeben oder als attraktiv ausgewählt und weiterverfolgt werden. Die Projektplanung auf dieser Ebene umfasst die folgenden fünf Schritte, die wiederum iterativ zu durchlaufen sind:

Bewertung der Projektkonzepte	Grobauswahl der Projektkonzepte	Vorläufige Positionierung der Konzepte im Projektprogrammplan	Strukturanalyse des Projektprogrammplans	Schrittweise Optimierung des F&E-Projektmix
Prüfung, ob Planungsaktivitäten vollständig, ausreichend gründlich und objektiv nachvollziehbar durchgeführt wurden	Auswahl erfolgt sukzessive im Rahmen der Bewertung (analog zur Phase der Projektideen)	Erfassung der einzelnen Projekte im Projektprogrammplan (PPP) nach Projekttyp und jeweils benötigten personellen Ressourcen	Identifikation kapazitativer Engpässe oder Leerzeiten (z. B. grafische Auslastungsprofile)	Auf Basis PPP Weiterentwicklung hinsichtlich eines Gesamtoptimums des F&E-Programms
Projektantrag			Prüfung des Projektmix (Stimmigkeit, Ausgewogenheit, Strategiekonformität)	► Projekte streichen
Nutzwertanalyse				► Projekte initiieren
Investitionsrechnung			Risikobetrachtung	► Projekte modifizieren
			F&E-Projektportfolios	► Kooperationen
				► Projekte verschieben

Abb. D.4: Projektplanung auf Ebene der Projektkonzepte

Die Aufgaben des F&E-Controllings im Rahmen dieses Planungsprozesses liegen insbesondere in der Informationsversorgung, methodischen Unterstützung und direkten Mitwirkung (z. B. in Form der Durchführung von Investitionsrechnungen) sowie in der Dokumentation der Programmplanung. In der späteren Projektrealisierung hat das F&E-Controlling als Träger der Kontrollaufgaben auf Basis dieser Planungsergebnisse etwaige Soll-Ist-Abweichungen zu erfassen und zu analysieren sowie daraus abzuleitende Steuerungsimpulse zu geben.

Von den in Abb. D.3 und Abb. D.4 genannten Instrumenten wird an dieser Stelle exemplarisch das **F&E-Projektportfolio nach *Arthur D. Little*** vorgestellt, das im Rahmen begrenzter Ressourcen eines Unternehmens auf strategischer Ebene eine **Optimierung des Projektmix** hinsichtlich der Chancen und Risiken sowie des Wachstums und der Stabilität fördern soll. Die Abstimmung des Projektportfolios mit der Unternehmensstrategie erfolgt dabei in zwei Stufen:

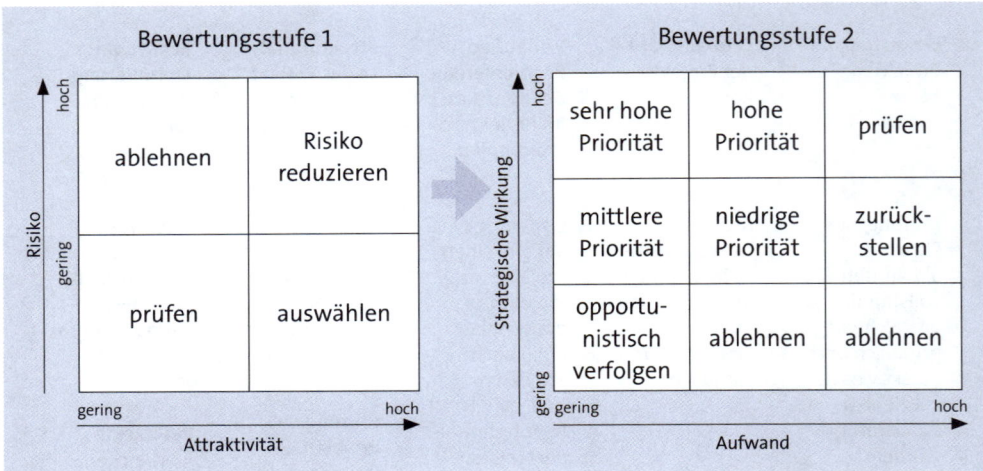

Abb. D.5: F&E-Projektportfolio nach *Arthur D. Little*
(vgl. *Specht et al., 2002, S. 221*)

Auf der Bewertungsstufe 1 werden für die Bewertung und den Vergleich der Projekte die Dimensionen „Risiko" und „Attraktivität" berücksichtigt. Dabei bezieht sich die **Risikodimension** auf technische und ökonomische Unsicherheiten sowie Schadenspotenziale. Mit der **Attraktivitätsdimension** werden Wettbewerbsposition und -intensität, Wachstumspotenzial, strategischer „Fit", Umsatz- und Ertragspotenzial, Dauerhaftigkeit des Wettbewerbsvorsprungs etc. angesprochen.

Je nach Positionierung eines F&E-Projekts ergeben sich verschiedene Normstrategien. Projekte mit hoher Attraktivität und geringem Risiko sollten ausgewählt, Projekte mit geringer Attraktivität und hohem Risiko entsprechend abgelehnt werden.

Auf der Bewertungsstufe 2 erfolgt die Priorisierung der Projekte innerhalb des Projektprogrammplans. Die betrachteten Dimensionen sind hier „strategische Wirkung" und „Aufwand". So sind Projekte, die mit geringem Aufwand eine hohe strategische Wirkung entfalten, mit hoher Priorität zu versehen, wohingegen mit niedrigem Aufwand verbundene Projekte mit geringer strategischer Wirkung eher opportunistisch im Fall freier Kapazitäten umgesetzt werden sollten.

Das **Risiko-Attraktivitäts-Portfolio** aus Bewertungsstufe 1 kann aber auch für die regelmäßige Bewertung des bestehenden F&E-Projektmix genutzt werden, da sich im Zeitablauf durch verbesserte Informationen die Einschätzung hinsichtlich der Vorteilhaftigkeit von Projekten verändern kann. Zudem kann die Ausgewogenheit des Mix überwacht werden.

Beispiel

In Abbildung D.6 sind beispielhaft mehrere F&E-Projekte in das Portfolio eingefügt, wobei der Kreisdurchmesser die Budgethöhe des jeweiligen F&E-Projekts darstellt:

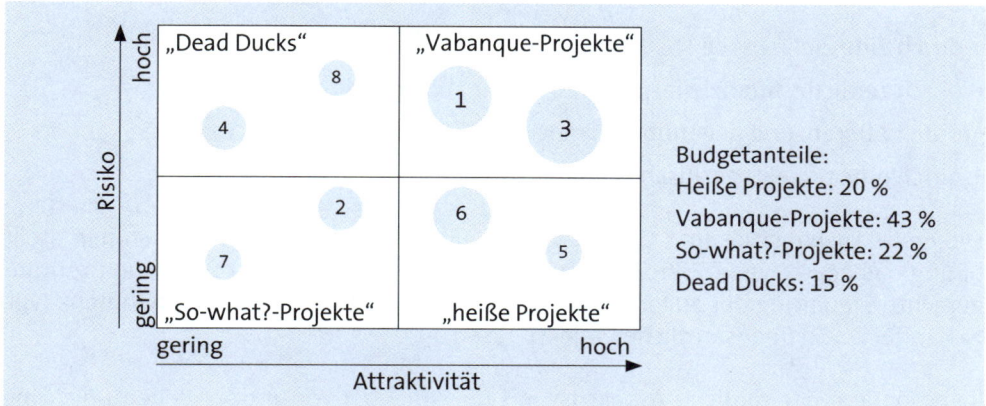

Abb. D.6: F&E-Risiko-Attraktivitäts-Portfolio

Das Portfolio in Abb. D.6 weist auf ein Ungleichgewicht bzw. eine ungünstige Verteilung des F&E-Mix hin. So werden zwei Projekte (Projekt 4 und 8) aufgrund niedriger Attraktivität und hohen Risikos (mittlerweile) als unvorteilhaft bewertet, beanspruchen jedoch noch immer 15 % des gesamten F&E-Budgets. Möglicherweise sollte hier (je nach Projektfortschritt) über einen Projektabbruch nachgedacht werden. Ferner ist der Budgetanteil der Projekte, die zwar sehr attraktiv, aber auch sehr riskant sind (Projekte 1 und 3), mit 43 % sehr hoch. Hier ist zu überprüfen, ob eine Risikoreduktion möglich ist. Zudem sollte derzeit die Aufnahme weiterer hochriskanter F&E-Projekte in das Portfolio vermieden werden.

Aufgabe 32 > Seite 346

Aufgabe 33 > Seite 347

2.3 F&E-Projektcontrolling

Es werden im Folgenden dargestellt:

- **Gegenstand des F&E-Projektcontrollings**
- **Struktur-, Aufgaben-, Ablauf- und Terminplanung**
- **Ressourcen- und Kostenplanung**
- **Projektkontrolle.**

2.3.1 Gegenstand des F&E-Projektcontrollings

Innovationen stellen ihrer Natur nach Projekte dar, da sie entsprechend der *DIN 69901 (Deutsches Institut für Normung, 1989)* Vorhaben beschreiben, die im Wesentlichen durch die Einmaligkeit der Bedingungen in ihrer Gesamtheit gekennzeichnet sind, wie z. B.

- durch eine Zielvorgabe
- durch zeitliche, finanzielle, personelle oder andere Begrenzungen
- durch Abgrenzung gegenüber anderen Vorhaben und
- durch eine projektspezifische Organisation.

Die erste Ausbaustufe und Grundlage des F&E-Controllings in Unternehmen stellt häufig das operative F&E-Projektcontrolling dar. Es zielt auf die kosten- und termingerechte Steuerung der zuvor ausgewählten F&E-Projekte eines Unternehmens (vgl. >> Kapitel D.6.2) über sämtliche Projektphasen ab.

Insbesondere der zeitliche Aspekt ist in F&E-Projekten von großer Bedeutung. Eine kürzere Entwicklungszeit ermöglicht einen **früheren Markteintritt**, was tendenziell eine positive Wirkung auf Umsatz und Marktanteil des neuen Produkts hat. Daraus resultieren wiederum aufgrund stärkerer **Erfahrungskurveneffekte** niedrigere Produktionskosten. Darüber hinaus bedeuten kürzere Entwicklungszeiten auch eine zeitlich kürzere Bindung von Kapazitäten und Ressourcen sowie kürzere und somit – im Sinne der Risikominimierung – besser überschaubare Prognosehorizonte der Produktplanung. Insofern können „Economies of Speed" wirken, da durch eventuelle Zeiteinsparungen gleichzeitig Kosteneinsparungen und Qualitätsverbesserungen möglich sind (vgl. *Schmelzer, 1992, S. 49; Specht et al., 2002, S. 449 f.*).

Ausgangspunkt für das Wirken des F&E-Controllings im Rahmen von Projekten ist die methodische Unterstützung des Projektmanagements in der Planungsphase, durch die die Grundlagen für die Informationsversorgung, die Projektkontrolle und die Koordination mit anderen Projekten geschaffen werden. Die Projektplanung lässt sich in mehrere Teilaufgaben, nämlich die Strukturplanung, Aufgaben-, Ablauf- und Terminplanung, Ressourcen- sowie Kosten- und Budgetplanung unterteilen.

2.3.2 Struktur-, Aufgaben-, Ablauf- und Terminplanung

Die **Strukturplanung** stellt den ersten und zentralen Schritt der operativen Projektplanung dar (vgl. im Folgenden auch *Fietz, 2010, S. 40*), deren Gegenstand die inhaltliche, aufgabenmäßige und kaufmännische Strukturierung des Projekts durch Zerlegung in überschau-, plan-, kontrollier- und steuerbare Teilaufgaben ist. Es ergeben sich im Wesentlichen zwei Strukturpläne, deren jeweilige Gliederung auf unterschiedlichen Betrachtungsperspektiven beruht: die Produktstruktur und die Projektstruktur.

Die technische Gliederung eines zu entwickelnden Produkts wird **Produktstruktur** genannt. Der **Produktstrukturplan** bildet alle Komponenten des erwarteten sachlichen

Projektergebnisses (Produkt) hierarchisch strukturiert ab und dient der sachgerechten Projektabwicklung (vgl. *Keim/Littkemann, 2005, S. 101*). Bei F&E-Projekten ist in der Regel jedoch noch gar nicht absehbar, wie das zu entwickelnde Produkt am Ende aussehen wird. Es konkretisiert sich vielmehr erst im Laufe eines iterativen Entwicklungsprozesses. Entsprechend stellt sich auch die Erstellung des Produktstrukturplans als ständiger Entwicklungsprozess dar.

Die **Projektstruktur** stellt die Gliederung der einzelnen Aufgaben im Projekt dar und wird durch den auf dem Produktstrukturplan bzw. dem Lastenheft basierenden **Projektstrukturplan (PSP)** abgebildet. In diesem erfolgt eine vollständige, hierarchisch strukturierte Aufstellung sämtlicher Projektaufgaben, die in sogenannte Arbeitspakete untergliedert werden. Dabei lassen sich drei **Strukturierungsvarianten** unterscheiden:

► Der **objektorientierte Projektstrukturplan** definiert die Aufgabenpakete nach der technischen Struktur des zu entwickelnden Produkts (Produktkomponenten) und ähnelt somit sehr dem Produktstrukturplan.

► Der **funktionsorientierte Projektstrukturplan** gliedert die durchzuführenden Arbeitspakete nach den projektrelevanten Funktionsbereichen (Entwurf, Konstruktion etc.).

► Der **ablauf- bzw. verrichtungsorientierte Projektstrukturplan** strukturiert die Arbeitspakete bereits nach den verschiedenen Phasen des Projekts (Planung, Entwicklung, Produktion) und kombiniert daher die Struktur-, Aufgaben- und Ablaufplanung.

In der Praxis treten häufig Kombinationen der zuvor beschriebenen Gliederungsprinzipien auf (vgl. *Keim/Littkemann, 2005, S. 102 ff.*). Aufgabe des F&E-Controllings ist es, die Konsistenz, Folgerichtigkeit und Vollständigkeit des Projektstrukturplans zu überprüfen (vgl. *Specht et al., 2002, S. 472*).

In der Aufgaben-, Ablauf- und Terminplanung werden die zu erledigenden Teilaufgaben des Projekts zeitlich aufeinander abgestimmt und übersichtlich und kontrollfähig zusammengefasst.

Die **Aufgabenplanung** knüpft unmittelbar an die Projektstrukturplanung und die dort erfolgte Zerlegung der Projektaufgaben in Arbeitspakete an. In ihr werden

► die Arbeitspakete vollständig aufgelistet

► den einzelnen Arbeitspaketen dafür verantwortliche Mitarbeiter zugeordnet

► der (Zeit-)Aufwand für die einzelnen Arbeitspakete ermittelt und

► die logischen Abhängigkeiten zwischen den Arbeitspaketen bestimmt.

Durch die **Ablaufplanung** sind darauf aufbauend die Arbeitspakete in eine sachlogische Reihenfolge zu bringen. Dabei werden aus den Arbeitspaketen Vorgänge, also Ablaufelemente mit definiertem Anfang und Ende. Die Ablaufplanung orientiert sich an einem auf den jeweiligen F&E-Projekttyp anzupassenden Standard-Prozessplan des Unternehmens.

Im Rahmen der **Terminplanung** gilt es dann, mithilfe des in der Aufgabenplanung ermittelten Zeitaufwands Anfangs- und Endtermine für die einzelnen Arbeitspakete innerhalb des sachlogischen Projektablaufs zu bestimmen. Darüber hinaus werden für die spätere Projektsteuerung und -kontrolle relevante Meilensteine festgelegt.

Typische Instrumente zur Unterstützung der Ablauf- und Terminplanung – auch hinsichtlich der späteren Steuer- und Kontrollierbarkeit – stellen Balkenpläne und Netzpläne dar. Standard-Netzpläne und standardisierte Balkendiagramme sind ebenso wie Standard-Strukturpläne oder Standard-Prozesspläne und Checklisten durch das F&E-Controlling zu entwickeln und bereitzustellen (vgl. *Specht et al., 2002, S. 472*).

- Mit **Balkenplänen** können die geplanten Zeitaufwände bzw. Dauern der einzelnen Arbeitspakete z. B. als personen- oder als aufgabenbezogener Balkenplan grafisch dargestellt werden. Aufgrund seiner Übersichtlichkeit und einfachen Erstellbarkeit ist der Balkenplan ein Grundwerkzeug der Terminplanung. Balkenpläne gibt es in vielen verschiedenen Formen und Varianten.

- Durch die Erstellung von **Netzplänen** können zeitkritische Abfolgen von Arbeitspaketen innerhalb der teilweise eng voneinander abhängigen Teilaufgaben identifiziert werden. Unter Netzplänen werden alle Verfahren zur Analyse, Beschreibung, Planung, Steuerung und Überwachung verstanden, die auf der Grundlage der Graphentheorie arbeiten (vgl. im Folgenden *Keim/Littkemann, 2005, S. 110 ff.*; *Burghardt, 2007, S. 116 ff.*). Dabei können Zeit, Kosten, Einsatzmittel und weitere Einflussgrößen berücksichtigt werden.

  Im Netzplan wird der Ablauf eines Projekts durch Überführung der Arbeitspakete aus dem PSP in sog. Vorgänge und Ereignisse dargestellt. Unter Vorgängen versteht man zeitraumbezogene Ablaufelemente, die ein definiertes Ende und einen definierten Anfang besitzen. Der Zeitpunkt des Eintretens eines bestimmten Projektzustands wird als Ereignis bezeichnet. Je nach Netzplantyp stellen die Anordnungsbeziehungen (AOB) personelle, fachliche und terminliche Abhängigkeiten zwischen den einzelnen Vorgängen her.

Das Ergebnis der Aufgaben-, Ablauf- und Terminplanung bildet später die Grundlage für die Ressourcen- und Kostenplanung.

2.3.3 Ressourcen- und Kostenplanung

Im Rahmen der Ressourcenplanung erfolgt die Planung der notwendigen Personal- und Sachmittel, die für die Projektdurchführung benötigt werden (vgl. im Folgenden *Fietz, 2010, S. 42 ff.*). Aufgabe der Ressourcenplanung ist es, den Bedarf an Arbeitskräften, Maschinen und Materialien mit den verfügbaren Ressourcen in quantitativer und qualitativer Hinsicht abzugleichen und Letztere auslastungsoptimal auf die Projektaufgaben zu verteilen. Dabei ist zu bedenken, dass Engpässe und Ressourcenkonflikte nicht nur den Projektplan in zeitlicher Hinsicht gefährden, sondern auch das ganze Projekt zum Scheitern bringen können.

Die Ressourcenplanung lässt sich auch im F&E-Kontext in die im Rahmen der Produktionsplanung beschriebenen grundsätzlichen Schritte

- ▶ Ermittlung der vorhandenen Kapazität bzw. des Vorrats
- ▶ Bestimmung der benötigten Kapazität (Bedarf)
- ▶ Kapazitäts-Soll-Ist-Vergleich und
- ▶ Ausgleich der Kapazitätsengpässe

unterteilen (vgl. ≫ Kapitel C.1.3.1.2).

Von herausragender Bedeutung ist in Projekten insbesondere die **Planung der personellen Ressourcen bzw. des Personaleinsatzes**. Denn zum einen ist die menschliche Kreativität und Innovationskraft als entscheidender Erfolgsfaktor bei der Durchführung eines Projekts anzusehen. Zum anderen stellen die Personalkosten in F&E-Projekten in der Regel einen sehr großen Teil der Projektkosten dar (vgl. *Bürgel et al., 1996, S. 140*). Gerade der Personalbedarf (vor allem in qualitativer Hinsicht) ist aber aufgrund der heterogenen und sich wandelnden Aufgabenstellungen innerhalb des Projekts a priori schwer zu bestimmen. Spezifisches Fachwissen kann üblicherweise nicht durch spontane Qualifizierungsmaßnahmen erworben werden, sodass eine zeit- und kostenintensive externe Personalakquise notwendig wird.

Ebenso wie für die Personal- und Sachressourcen bedarf es auf der Projektebene auch einer Planung der einzusetzenden **finanziellen Mittel**. Die Kostenplanung hat alle im Zusammenhang mit der Projektfertigstellung voraussichtlich anfallenden Kosten zu ermitteln und ein für das Projekt zur Verfügung stehendes bzw. benötigtes Budget zu bestimmen. Es gibt dem Projektteam zwar die ökonomische Zielkomponente vor, ansonsten erlaubt es zur Erreichung der Projektziele jedoch weitgehend Handlungsautonomie. Auch auf Projektebene kann die Budgetierung „Bottom-up", „Top-down" oder im Gegenstromverfahren erfolgen (vgl. ≫ Kapitel C.1.1.1).

Aufgaben des F&E-Controllings sind im Rahmen der Ressourcen- und Kostenplanung insbesondere die Informationsversorgung und die Unterstützung mit Methodenkompetenz bzw. die Bereitstellung von Instrumenten zur Aufwands- bzw. Kostenschätzung. Aufgrund der mit der Innovation einhergehenden Unsicherheit kommen zur Kostenschätzung durch die Entwickler überwiegend qualitative Prognoseverfahren (vgl. ≫ Kapitel C.1.2.1) zum Einsatz.

Zur Unterstützung bei der Festlegung von Planvorgaben können darüber hinaus auch analytische Schätzmethoden hinzugezogen werden. Diese lassen sich nach *Burghardt* (vgl. im Folgenden *Burghardt, 2007, S. 87 ff.*) grundsätzlich in algorithmische Methoden, Vergleichsmethoden und Kennzahlenmethoden unterteilen.

Bei den **algorithmischen Methoden** dient eine Formel bzw. ein Formelgebilde der Ergebnisermittlung, deren bzw. dessen Struktur und Konstanten auf Basis empirischer Untersuchungen und mithilfe mathematischer Methoden (z. B. einer Regressionsanalyse) bestimmt wurden. **Vergleichsmethoden** hingegen versuchen anhand von Vergleichskriterien Erfahrungswerte vergangener Projekte auf das zu planende Projekt zu übertragen. Auch die **Kennzahlenmethoden** bauen auf den Erfahrungswerten abgeschlossener Entwicklungsvorhaben auf. Jedoch werden hier aus den systematisch gesammelten Messdaten aussagekräftige Kennzahlen abgeleitet, mit deren Hilfe Schätzgrößen geplanter Entwicklungsprojekte bewertet werden.

Das in der Ressourcen- und Kostenplanung konkretisierte Budget stellt eine zwingende Voraussetzung für ein ergebniszielorientiertes F&E-Controlling in der Projektkontrolle dar.

2.3.4 Projektkontrolle

In der Realisierungsphase eines Projekts rückt für das F&E-Controlling die Projektkontrolle in den Vordergrund. Im Wesentlichen sind hierbei die Prämissen- und die Fortschrittskontrolle zu unterscheiden.

Die in den vorhergehenden Abschnitten beschriebenen Planungen hinsichtlich der Struktur, des Ablaufs, der Termine, der Kosten und der Ressourcen eines Projekts werden stets vor dem Hintergrund bestimmter zu treffender **Annahmen** formuliert. Diese Prämissen sind regelmäßig daraufhin zu prüfen, ob sie immer noch Gültigkeit besitzen. Dies gilt insbesondere für die dem **Lasten- und Pflichtenheft** zugrunde liegenden Annahmen – z. B. bezüglich der Kundenwünsche und des Nachfrageverhaltens –, da von ihnen eine große Hebelwirkung auf den Erfolg des F&E-Projekts ausgeht. Verändern sich die Rahmenbedingungen, könnte es sonst passieren, dass man zwar im Sinne der (ursprünglichen) Planung effizient (wirtschaftlich) arbeitet, die Planung an sich aber nicht mehr effektiv (zielorientiert) ist.

Bei **Veränderung der Entscheidungsgrundlage** ist in der Regel eine Neuplanung oder zumindest eine Plananpassung erforderlich. Dies gilt auch hinsichtlich der projektexternen bzw. globalen Rahmenbedingungen, etwa einer Veränderung der Wettbewerbssituation oder rechtlicher Vorgaben. An dieser Stelle besteht dann auch wiederum ein Anknüpfungspunkt zur Projektprogrammplanung bzw. zum Projektprogrammcontrolling (vgl. >> Kapitel D.2.2), in dem die laufenden F&E-Projekte immer wieder hinsichtlich ihrer Erfolgsaussichten und ihres Nutzens für das Unternehmen evaluiert werden (vgl. *Specht et al., 2002, S. 473*).

Wesentliches Element der operativen Projektsteuerung ist die **Projektfortschrittskontrolle**. In dieser werden auf Grundlage der entsprechenden Planungen im Ablauf des Projekts regelmäßig die **Erfüllungsgrade** von Leistungs-, Qualitäts-, Zeit-, Termin- und Kostenzielen erfasst. Werden dabei **Abweichungen** zwischen geplantem und realisiertem Projektverlauf festgestellt, sind die Ursachen der Abweichungen zu ermitteln und seitens des F&E-Controllings ggf. entsprechende Gegenmaßnahmen (z. B. Intensivierung der Kommunikation, quantitative oder qualitative Verbesserung der Ressourcen) anzuraten.

Das Veranlassen von Korrekturmaßnahmen liegt in der Verantwortung der Projektleitung. Je nach Ursache und Ausmaß der Abweichung kann jedoch auch hier eine Neuplanung bzw. eine Plananpassung hinsichtlich der noch realisierbaren Termine, Kosten,

Ergebnisse etc. oder aber die Entscheidung zum Projektabbruch notwendig werden (vgl. *Specht et al., 2002, S. 474 ff.*). Die Projektfortschrittskontrolle umfasst zweckmäßigerweise eine termin-, kosten- und kapazitätsmäßige Überwachung, aus der dann in Gesamtbetrachtung eine ergebnisorientierte Überwachung abgeleitet wird.

Wie bereits zuvor beschrieben (vgl. **»** Kapitel D.2.3.1), ist der zeitliche Aspekt in F&E-Projekten von großer Bedeutung, da er nicht nur auf die Projektkosten, sondern auch auf die späteren Erlöspotenziale großen Einfluss nimmt. Die Überwachung der zeitlichen Aspekte des Projektfortschritts ist Gegenstand der **terminorientierten Projektfortschrittskontrolle**. Dafür ist z. B. anhand der aufgestellten Netzpläne regelmäßig der aktuelle Projektstatus zu ermitteln:

► Welche Tätigkeiten sind bereits abgeschlossen?
► Welche Tätigkeiten sind angefangen bzw. in Arbeit?
► Wann können die folgenden Tätigkeiten begonnen werden?

Auch hierbei kommen Balkenpläne – wie das in Abb. D.7 exemplarisch dargestellte Diagramm mit Fertigstellungsgraden für einzelne Arbeitspakete – zum Einsatz. In To-do-Listen können noch zu erledigende Restarbeiten der Arbeitspakete erfasst und hinsichtlich ihres voraussichtlichen Zeitaufwands bewertet werden.

Beispiel

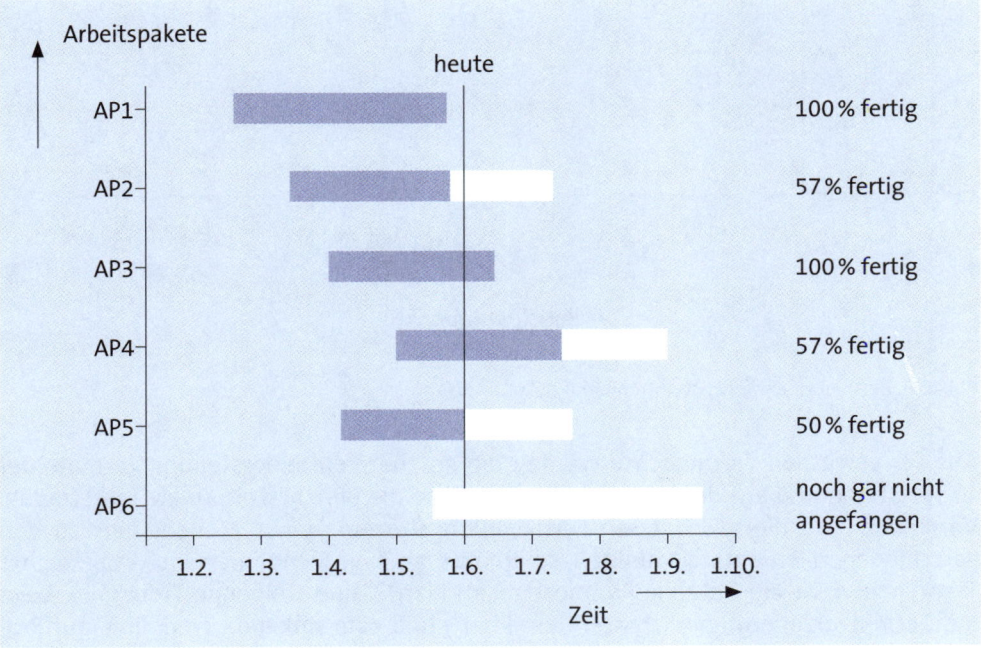

Abb. D.7: Kombiniertes Balkendiagramm mit Fertigstellungsgrad
  (vgl. *Burghardt, 1993, S. 208 f.*)

Im Anschluss daran ist zu analysieren, welche Auswirkungen der derzeitige Projektstatus auf den weiteren Fortgang des Projekts hat. Für die Überwachung von Terminen und Teilergebnissen stellen die zuvor definierten Meilensteine unerlässliche Bezugspunkte dar. Wichtiges Instrument ist in diesem Zusammenhang die **Meilensteintrendanalyse**, die zur Terminverfolgung und -prognose dient. In ihr werden die erwarteten Fertigstellungstermine der Meilensteine erfasst und zu regelmäßigen Berichtszeitpunkten fortgeschrieben, wodurch Termintrends visualisiert werden:

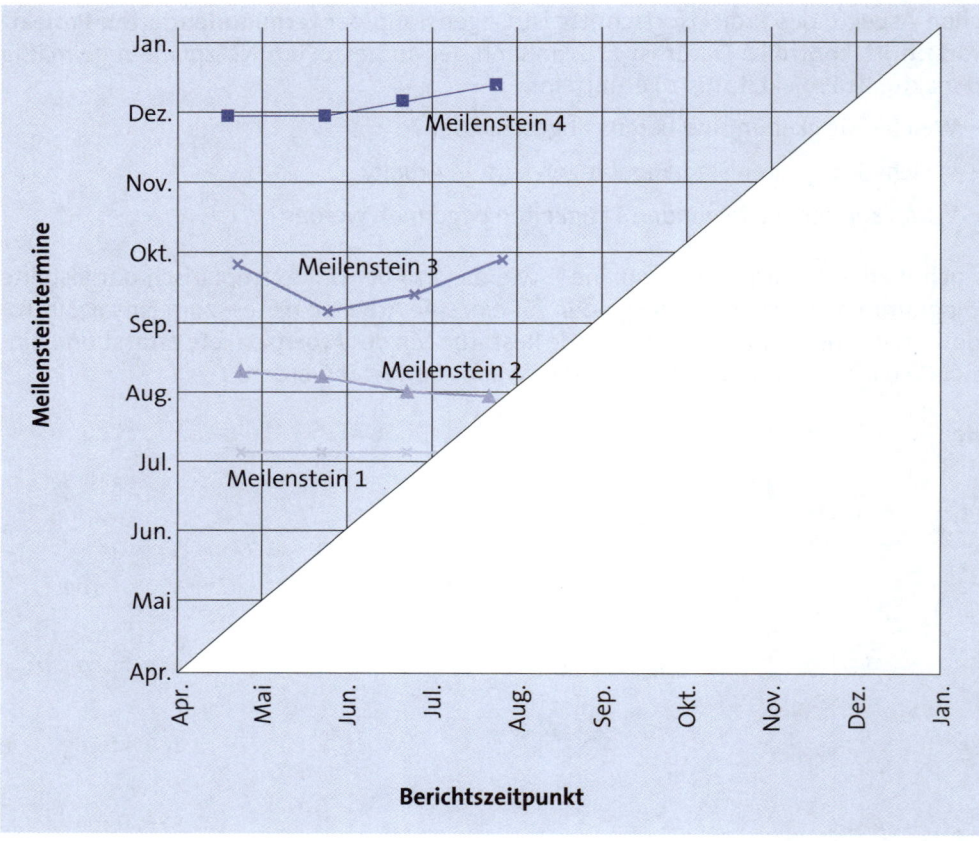

Abb. D.8: Beispiel einer Meilensteintrendanalyse

Auf der vertikalen Terminachse werden die geschätzten Fertigstellungstermine der Meilensteine und auf der horizontalen Zeitachse die Berichtszeitpunkte abgetragen. Verbindet man die geschätzten Fertigstellungstermine eines Meilensteins zu den verschiedenen Berichtszeitpunkten, so erhält man eine Trendlinie. Eine waagerechte Trendlinie visualisiert stabile Prognosen („im Plan"), eine steigende Trendlinie weist auf Terminverzögerungen („hinter dem Plan") und eine sinkende Trendlinie auf Projektbeschleunigungen („vor dem Plan") hin.

Zur Messung und Darstellung zeitlicher Aspekte des Projektverlaufs werden in der Praxis regelmäßig auch Kennzahlen eingesetzt. Typische Beispiele sind in der nachfolgenden Tabelle aufgeführt.

Absolute Kennzahlen	Verhältniskennzahlen
Durchlaufzeit: Zeit von Umsetzungsbeginn bis Umsetzungsende je Projektphase oder Arbeitspaket in Tagen	**Termintreue:** Relativer Grad der Erreichung von Terminzielen (Plandauer des AP : Istdauer des AP) • 100
„Time to complete": Erwartete Durchlaufzeit bzw. Aufwand in Mitarbeitertagen bis zum Abschluss einer Projektphase oder eines Arbeitspakets	**Fertigstellungsgrad:** Arbeitsfortschritt gesamt bzw. im Berichtszeitraum (erledigter Arbeitsumfang : gesamter Arbeitsumfang) • 100

Tab. D.2: Kennzahlen zur Terminüberwachung

Beim Einsatz derartiger Kennzahlen ist jedoch stets zu beachten, dass diese nur einen Teilaspekt des Projektfortschritts abdecken. So ist z. B. der (zeitliche) Fertigstellungsgrad immer im Zusammenhang mit dem Grad der Ausschöpfung der projektspezifischen Ressourcen und Kosten zu betrachten.

Aufgabe der **kostenorientierten Projektfortschrittskontrolle** ist es, die bis zum jeweiligen Berichtszeitpunkt angefallenen Istkosten zu ermitteln und den einzelnen Leistungseinheiten des F&E-Projekts zuzuweisen (vgl. im Folgenden auch *Specht et al., 2002, S. 476 ff.*). Der Vergleich der anteiligen ursprünglichen Planwerte der bereits erledigten Aufgaben (Sollwerte) aus der Aufwandsschätzung bzw. Projektkalkulation mit diesen Istwerten weist die Kostenabweichungen aus. Die Sollwerte (auch Earned Value genannt) können grob auf Basis des (sachlichen) Fertigstellungsgrades bestimmt werden. Dabei ist jedoch zu beachten, dass sich der sachliche Fertigstellungsgrad nicht unbedingt linear zum Kostenanfall verändert. Dementsprechend sind u. U. Anpassungen vorzunehmen.

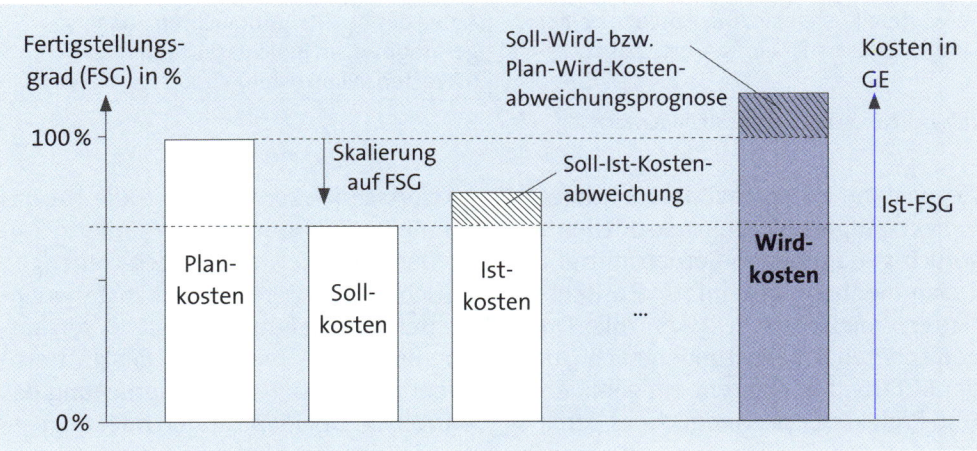

Abb. D.9: Bestimmung der Kostenabweichung

Neben der vergangenheitsorientierten Soll-Ist-Betrachtung ist eine zukunftsorientierte Soll-Wird-Prognose vorzunehmen, in der die neuen Informationen bzgl. der **Kostentreiber** (Zeitverzögerungen, Preisveränderungen, Mehraufwand etc.) einzubeziehen sind. Auch hier kann eine Skalierung der (Ist-)Kosten auf Basis des Fertigstellungsgrades (unter Beachtung der oben beschriebenen Einschränkungen) als grobes Instrument zur Schätzung der verbleibenden Projektkosten genutzt werden.

Auf Basis der im Projektverlauf immer wieder ermittelten Istwerte kann in Form einer mitlaufenden Kalkulation die **ursprüngliche Projektkalkulation fortgeschrieben** werden. So werden sukzessive Planwerte – z. B. die Plankosten für ein bestimmtes Arbeitspaket – durch Istwerte oder (aufgrund neuer Informationen) verbesserte Prognosewerte ersetzt. Als Vorlage für die mitlaufende Kalkulation dient das für die Kostenschätzung bzw. Vorkalkulation verwendete Schema. Wird die mitlaufende Kalkulation über den gesamten Projektverlauf hinweg konsequent immer wieder aktualisiert, stellt diese stets den aktuellen Erkenntnisstand und bei Abschluss des F&E-Projekts auch unmittelbar die Nachkalkulation dar. Ein Vergleich verschiedener Versionen der mitlaufenden Kalkulation bzw. mit der ursprünglichen Kalkulation macht über den gesamten Projektverlauf hinweg die Entwicklung von Abweichungen transparent.

Auch zur Messung und Darstellung der Kostensituation und -entwicklung im Projektverlauf werden in der Praxis Kennzahlen eingesetzt. Typische Beispiele sind in der nachfolgenden Tabelle dargestellt.

Absolute Kennzahlen	Verhältniskennzahlen
Kostenvarianz (Verbrauchsabweichung): Sollkosten - Istkosten	**Cost Performance Index:** relative Verbrauchsabweichung (Sollkosten : Istkosten) • 100
Zeitvarianz (Beschäftigungsabweichung): Sollkosten - Plankosten	**Schedule Performance Index:** relative Beschäftigungsabweichung (Sollkosten : Plankosten) • 100
Cost to Complete: erwartete Kosten bis zum Abschluss einer Projektphase oder eines Arbeitspakets	**Budgetverbrauch:** Anteil des bereits verbrauchten Budgets gesamt bzw. im Berichtszeitraum (Istkosten : Plankosten) • 100

Tab. D.3: Kennzahlen zur Kostenüberwachung

Gegenstand der **kapazitätsorientierten Projektfortschrittskontrolle** sind die für das Projekt aufgewendeten personellen und materiellen Ressourcen sowie die in Anspruch genommenen Betriebsmittel und externen Dienstleister. Sie steht im engen Zusammenhang und informatorischen Austausch mit der termin- und kostenorientierten Projektfortschrittskontrolle. Durch die differenzierte Betrachtung, z. B. von aufgewendeten Arbeitsstunden nach Qualifikation (Ingenieur, Techniker, Hilfskraft etc.) der Mitarbeiter, entsteht ein genaueres Bild über die Ressourcenbeanspruchung des F&E-Projekts. Dies ermöglicht es dem F&E-Controlling, Überkapazitäten oder Engpässe zu erkennen, Ursachen aufzudecken und ggf. Gegenmaßnahmen vorzuschlagen (vgl. *Specht et al., 2002, S. 478*).

Im Rahmen der **ergebnisorientierten Projektfortschrittskontrolle** erfolgt die Überwachung des Projektoutputs hinsichtlich der Realisierung der Projektziele in Bezug auf Qualität und (Leistungs-)Umfang. Etwaige Qualitäts- und Mengenabweichungen sind durch das F&E-Controlling zu analysieren, zu dokumentieren und Vorschläge für Korrekturmaßnahmen zu erarbeiten. Instrumente des F&E-Controllings zur Qualitätssicherung im laufenden F&E-Projekt sind z. B. Handbücher und Verfahrensanweisungen für die Qualitätssicherung, Designregeln, Qualitätskosten- und Fehleranalysen sowie die Erfassung von Qualitätsindikatoren. Typische Instrumente für die Kontrolle von Sachleistungen stellen Reviews, Audits und Testverfahren dar.

Besonderes Augenmerk muss das F&E-Controlling auf die Analyse von Abweichungen zwischen realisierten und geplanten Zielkosten (Target Costs, vgl. **»** Kapitel C.2.5.2) der Komponenten des entwickelten Gesamtsystems legen. Denn die Gesamtkosten des F&E-Projekts machen in der Regel nur einen geringen Teil der im Rahmen der Entwicklung irreversibel determinierten Fertigungskosten und damit schlussendlich der Kosten des Produkts aus (vgl. *Specht et al., 2002, S. 478 f.*).

3. Beschaffungs-, Logistik- und Supply Chain-Controlling

3.1 Beschaffungscontrolling

Beschaffungscontrolling ist die Planung, Steuerung und Kontrolle jeglicher Art von Prozessen, die zur Beschaffung der im Unternehmen benötigten materiellen Güter (sowie den dazugehörigen Dienstleistungen) notwendig sind. Dadurch sollen folgende Ziele erreicht werden:

Strategische Ziele:

- ▶ Sicherstellung der Materialversorgung
- ▶ Sicherstellung der Qualität
- ▶ Sicherung der Beschaffungsmarktposition
- ▶ Sicherung der Preisstabilität
- ▶ Sicherung der Personalqualität

Operative Ziele:

- ▶ Optimierung der Beschaffungskosten
- ▶ Sicherung der Materialqualität
- ▶ Sicherung der Liquidität
- ▶ Sicherung der Lieferbereitschaft.

Zur Unterstützung der Zielerreichung werden in der Praxis in unterschiedlichem Ausmaß Controllinginstrumente eingesetzt, die entweder schwerpunktmäßig auf die

Beschaffung oder auf Lieferanten ausgelegt sind (vgl. Abb. D.10; vgl. *Wagner/Weber, 2007, S. 33 f.*). Zahlreiche der aufgeführten Instrumente sind an anderer Stelle in diesem Buch bereits beschrieben worden, weitere ausgewählte Methoden werden im Folgenden kurz betrachtet. Ein Wert von 5 entspricht einer laufenden Nutzung; bei einem Wert von 1 wird das Instrument nicht genutzt.

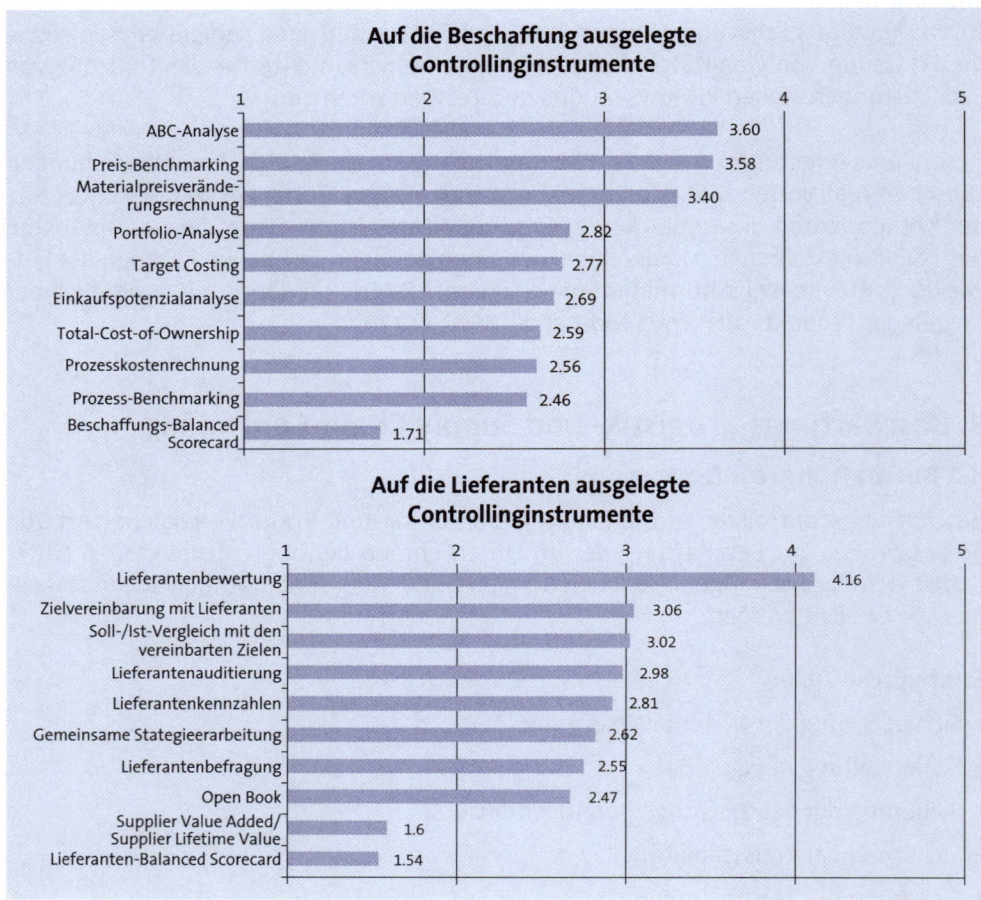

Abb. D.10: Instrumente des Beschaffungscontrollings

Im Rahmen von **ABC-Analysen** werden Materialien nach ihrem Verbrauchswert absteigend sortiert. Dies ermöglicht eine Konzentration der Beschaffungsaktivitäten auf die wichtigsten Materialien. Neben einer Klassifizierung von Materialien sind auch lieferantenbezogene ABC-Analysen üblich.

Häufig werden ABC-Analysen auch mit **XYZ-Analysen** kombiniert. Bei X-Gütern kann der Verbrauch gut prognostiziert werden; Verbrauchsschwankungen sind gering bzw. gut vorhersehbar. Y-Güter besitzen eine mittlere Prognostizierbarkeit, Z-Güter eine schlechte. Aus der Kombination der XYZ-Analyse mit der ABC-Analyse können Handlungsempfehlungen abgeleitet werden (vgl. Abb. D.11; vgl. *Holtrup, 2018, S. 81*). Beispielsweise besitzt ein AX-Gut einen hohen Wertanteil bei planbarem Verbrauch. Hier bietet sich ein geringer Lagerbestand mit kleiner Schwankungsreserve, ggf. sogar Just-in-Time-Lieferungen an.

	Werthaltigkeit	
AX-Gut	**BX-Gut**	**CX-Gut**
► hoher Wertanteil	► mittlerer Wertanteil	► geringer Wertanteil
► Verbrauch planbar	► Verbrauch planbar	► Verbrauch planbar
⟶	⟶	⟶
geringer Lagerbestand geringe Schwankungsreserve, evtl. Just-in-Time-Lieferung	Behandlung fallweise wie AX- oder CX-Gut	Verbrauch gut planbar, Kapitalbindung gering, unkritische Behandlung
AY-Gut	**BY-Gut**	**CY-Gut**
► hoher Wertanteil	► hoher Wertanteil	► geringer Wertanteil
► Verbrauch unregelmäßig	► Verbrauch unregelmäßig	► Verbrauch unregelmäßig
⟶	⟶	⟶
ausführliche Planung, ggf. Sicherheitsreserve, ggf. schnelle Abrufbarkeit beim Lieferanten sichern	Behandlungfallweise wie AY- oder CY-Gut	Sicherheitsreserven bilden, soweit Lager kein Engpass
AZ-Gut	**BZ-Gut**	**CZ-Gut**
► hoher Wertanteil	► mittlerer Wertanteil	► geringer Wertanteil
► Verbrauch chaotisch	► Verbrauch chaotisch	► Verbrauch chaotisch
⟶	⟶	⟶
Sicherheitsreserve oder schnelle Abrufbarkeit beim Lieferanten	Behandlung fallweise wie AZ- oder CZ-Gut	Sicherheitsreserven bilden

(Linke Randbeschriftung: Schwankungsverhalten)

Abb. D.11: Empfehlungen aus der Kombination von ABC- und XYZ-Analyse

Bei einer **Lieferantenbewertung** werden Lieferanten hinsichtlich verschiedener Kriterien beurteilt. Mögliche Kriterien sind:

► Güterqualität

► lieferbare Menge

► Preis

► Lieferkosten

► Lieferzuverlässigkeit etc.

Zu den Kriterien können Mindestanforderungen definiert werden; bei Nichterfüllung werden potenzielle Lieferanten ausgeschlossen. Mittels Kriteriengewichtung und Bewertung der Kriterienerfüllung mittels einer Punkteskala kann eine Nutzwertanalyse zur Bewertung der Lieferanten durchgeführt werden (vgl. >> Kapitel D.6.3.4).

Das Konzept der **Total Cost of Ownership (TCO)** basiert auf der Annahme, dass der Einkaufspreis als alleiniges Entscheidungskriterium nicht ausreichend ist. Insbesondere bei höherwertigen Gütern sollten bei bestimmten Kaufüberlegungen die Gesamtkosten in die Entscheidung einfließen. Eine TCO-Analyse erfasst sämtliche direkten und indirekten Kosten, die vor, während und nach der Beschaffung eines Guts entstehen. Folgende Kosten kommen infrage:

- Vorlaufkosten:
  - Bedarfsanalyse
  - Beschaffungsmarktforschung
  - Verhandlungen
  - Lieferantenauswahl
- Ausführungskosten:
  - Einkaufspreis
  - Nebenkosten
  - Transport
  - Qualitätsprüfung
- Nachlaufkosten:
  - Instandhaltung
  - Retouren
  - Recycling.

Neben diesen monetären Faktoren können zusätzlich auch qualitative Kriterien, wie Qualität, Termintreue etc., berücksichtigt werden. Dies kann ähnlich wie bei der Lieferantenbewertung mittels Nutzwertanalyse erfolgen.

Aufgabe 34 > Seite 347

3.2 Logistikcontrolling

Aufgabe der Logistik ist es, die richtige Menge der benötigten Güter bzw. Leistungen am richtigen Ort, zum passenden Zeitpunkt, in der geforderten Qualität und zu angemessenen Kosten bereitzustellen. Funktionale Teilbereiche sind Beschaffungs-, Produktions-, Distributions- und Entsorgungslogistik. Die wesentlichen Ziele sind dabei

- Sicherstellung der Versorgung des Absatzmarkts und der Produktion sowie
- Optimierung der Logistikkosten.

Zur Optimierung der Kostenstrukturen können die Systeme der **Kostenrechnung** wie Voll-, Teil- oder Plankostenrechnung eingesetzt werden (vgl. **≫** Kapitel C.2). Da in der

Logistik häufig standardisierte Prozesse anzutreffen sind, kommt als Instrument oft auch die Prozesskostenrechnung (vgl. >> Kapitel C.2.5.3) infrage, durch die Kosten einzelner Prozessschritte (z. B. die Kosten für eine Kommissionierung) transparent gemacht werden können.

Neben der Kostenrechnung spielen **Kennzahlen** eine wichtige Rolle. Hierbei handelt es sich vor allem um Wirtschaftlichkeits-, Qualitäts- und Produktivitätskennzahlen. Beispiele für häufig eingesetzte Kennzahlen sind (vgl. *Czenskowsky/Piontek, 2012, S. 239 ff.*):

- ► Wirtschaftlichkeitskennzahlen:
  - Logistikkostenanteil (an den Gesamtkosten)
  - Kosten pro Wareneingang
  - Kosten pro Lieferung
  - Lagerbestandskosten (Kapitalbindungskosten)
  - Standardisierungsquote
- ► Qualitätskennzahlen:
  - Fehlmengenkosten
  - Lieferservicegrad
    · Lieferzeit (Zeit zwischen Auftragseingang und Lieferung)
    · Lieferzuverlässigkeit (Anteil pünktlicher Lieferungen)
    · Lieferqualität (Anteil fehlerfreier Lieferungen)
    · Lieferflexibilität (Anteil erfüllter Änderungswünsche)
- ► Produktivitätskennzahlen:
  - Umschlagshäufigkeit (Wert der Abgänge : Wert Lagerbestand)
  - Picks pro Mitarbeiter.

Die Kennzahlen können auch als Basis für ein Benchmarking zwischen Logistikeinheiten eines Unternehmens (z. B. unterschiedliche Lagerbereiche) oder mit Wettbewerbern benutzt werden (vgl. >> Kapitel C.2.5.1).

3.3 Supply Chain-Controlling

Im Supply Chain-Controlling geht es um die unternehmensübergreifende Steuerung eines Netzwerks von Kunden- und Lieferantenbeziehungen. Die Komplexität ist daher höher als beim Logistikcontrolling eines einzelnen Unternehmens, zumal ein Unternehmen durchaus in mehrere Supply Chains eingebunden sein kann. Unternehmensübergreifende Material-, Finanz- und Informationsflüsse sind zu gestalten. *Taschner* und *Charifzadeh* identifizieren für das Supply Chain-Controlling folgende **Aufgaben und Instrumente** (vgl. *Taschner, 2014, S. 33*):

- ► Supply Chain Kostenrechnung
- ► interorganisationales Cost Management
- ► Working Capital Management, Financial Supply Chain-Management
- ► ABC-Analyse, Reichweitenmonitoring
- ► Joint Planning and Replenishment, Joint Forecasting
- ► Supply Chain-Reporting, Kennzahlen, Benchmarking.

Idealerweise bietet die Zusammenarbeit in einer Supply Chain einen finanziellen Nutzen für alle Beteiligten. Dieser kann durch die Kostenrechnung transparent gemacht und gesteuert werden. Zur Optimierung gehören auch die Verteilung der Waren sowie der finanziellen Mittel. Ein Mittel zum Zweck ist dabei die gemeinsame Planung, um die Aktivitäten der Beteiligten auf die zukünftigen Anforderungen abzustimmen. Eine große Bedeutung besitzen die Kennzahlen zur Steuerung einer Supply Chain. *Werner* identifiziert hierbei **sieben Zielbereiche** (Werthebel) und schlägt dazu folgende Kennzahlen vor (vgl. *Werner, 2014, S. 47 ff.*):

- ► Effizienzsteigerung
  - Prozesskostensätze (z. B. Kosten pro Versandvorgang)
  - Transaktionskosten (z. B. Kosten für die Auswahl neuer Lieferanten)
  - TCO-Sätze (vgl. ≫ Kapitel D.3.1)
  - Produktivitäten (z. B. Vorgänge pro Stunde)
- ► Qualitätsverbesserung
  - Backlogs (Lieferverzögerungen)
  - Ausschuss, Nacharbeit (Quoten oder Kosten)
  - Retouren (aufgrund von Qualitätsproblemen)
- ► Schnelligkeit
  - Durchlaufzeit (Dauer der Produktion von Auftragsbeginn bis -abschluss)
  - Fulfillment Time (Gesamtzeit inkl. After-Sales-Aktivitäten)
  - Lagerumschlag (vgl. ≫ Kapitel D.3.2)
- ► Anpassungsfähigkeit
  - Rüstvorgänge (Dauer oder Anteil der Rüstzeit)
  - Upside Production Flexibility (benötigte Zeit, um auf eine Nachfragesteigerung von 20 % zu reagieren)
- ► Servicefokussierung
  - Lieferservicegrad (z. B. Anteil pünktlicher Lieferungen)
  - Kulanzquote (Anteil am Umsatz)
  - Kundenzufriedenheit (z. B. Reklamationsquote oder Index aus Befragung)

► Innovationsausrichtung

- Time to Market (Zeit zwischen Entwicklungsbeginn und Marktstart)
- Return on Innovation (Aufwand einer Innovation im Verhältnis zum finanziellen Nutzen hieraus)

► Kollaborationsorientierung

- Fleet Links (gemeinsame Nutzung von Ressourcen)
- Digital Links (gemeinsam genutzte IT-Systeme oder Daten)
- Schnittstellen (Schnittstellen zwischen den beteiligten Partnern).

Wichtig ist eine einheitliche Definition der Kennzahlen, nur dann sind die Ergebnisse unternehmensübergreifend vergleichbar und ein Benchmarking auf dieser Basis möglich. Zudem sind mögliche Zielkonflikte zu beachten.

4. Produktionscontrolling

Das Produktionscontrolling lässt sich gliedern in:

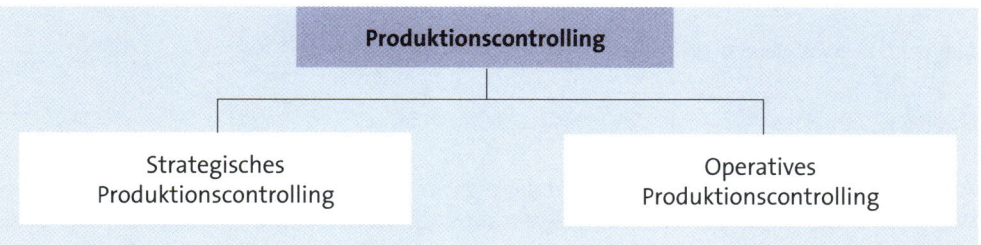

4.1 Strategisches Produktionscontrolling

Produktionsunternehmen haben als Teil der Gesamtstrategie auch eine Produktionsstrategie zu entwickeln. Nach der Festlegung einer Marktstrategie und der entsprechenden Produktpolitik (Entscheidungen über Preis, Qualität, Design etc.) sind in Unternehmen bezüglich der Produktion Entscheidungen über die Prozessgestaltung (Produktionsverfahren, -organisation, Automatisierung etc.) sowie Infrastruktur (Standorte, Kapazitäten, Qualitätsmanagement etc.) zu treffen.

Zur strategischen Analyse können dabei die beschriebenen Instrumente zur Umfeld- und Unternehmensanalyse eingesetzt werden (vgl. ≫ Kapitel B.2). Denkbar ist beispielsweise die Erstellung eines Stärken-Schwächen-Profils im Vergleich zu Wettbewerbern. Die Strategieentwicklung kann auch im Produktionsbereich durch die Portfoliotechnik unterstützt werden; Abb. D.12 zeigt ein Beispiel für ein Technologieportfolio (vgl. *Baum/Coenenberg/Günther, 2013, S. 269*).

Beispiel

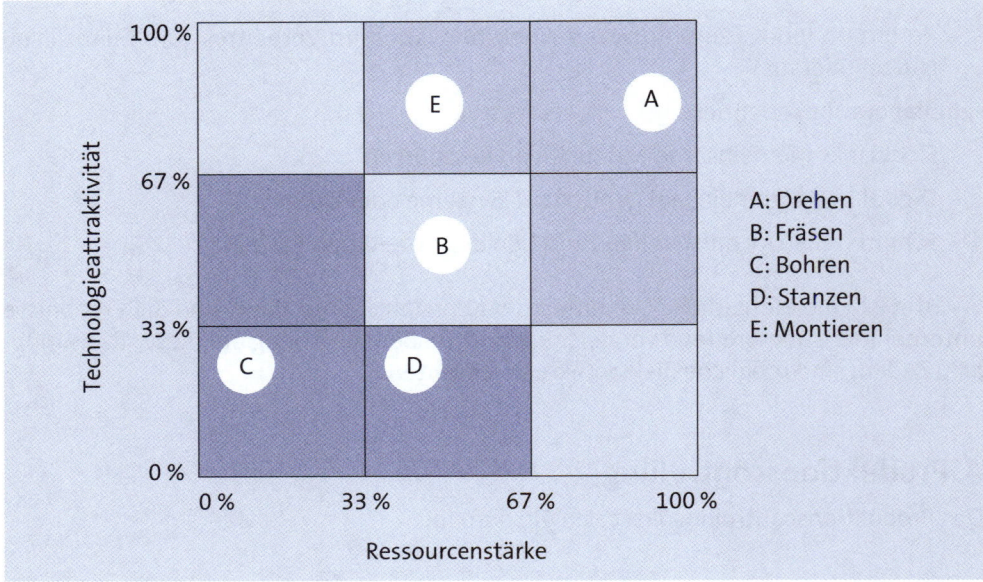

Abb. D.12: Technologieportfolio

Auch beim Technologieportfolio wird die eigene Fertigung im Vergleich zum Wettbewerb untersucht. Bei der Technologieattraktivität werden externe Faktoren wie Weiterentwicklungsmöglichkeiten und Anwendungsbreite beurteilt, bei der Ressourcenstärke interne Faktoren wie Beherrschungsgrad und Potenziale. Aus der Position im Portfolio lassen sich Normstrategien ableiten. Bei hoher Technologieattraktivität und hoher Ressourcenstärke sind Investitionen naheliegend; im umgekehrten Fall ist eher über Desinvestition nachzudenken.

4.2 Operatives Produktionscontrolling

Zur Unterstützung des operativen Produktionscontrollings kommen in der Praxis vor allem die folgenden Instrumente zum Einsatz:

► Investitionscontrolling

► Planung, Budgetierung, Forecasting

► Kostenrechnung, Kostenmanagement

► Reporting, Kennzahlen, Benchmarking.

Im Produktionsbereich sind auf Basis der Kapazitätsplanung **Investitionsentscheidungen**, z. B. für neue Produktionsanlagen, zu treffen. Zur Entscheidungsunterstützung können die in >> Kapitel D.6 beschriebenen Instrumente genutzt werden. Auch bei **Planung, Budgetierung und Forecasting** eignen sich die in >> Kapitel C.1 beschriebenen Methoden ohne nennenswerten Anpassungsbedarf an die Besonderheiten der Produktion.

Spezifischer sieht es im Bereich **Kostenrechnung** aus. Im Bereich der Produktion sind häufig kurzfristige Entscheidungen zu treffen, für die Fixkosten nicht relevant sind. Zudem fallen in einer Fertigung üblicherweise nennenswerte variable Kosten an (Material, Löhne), sodass viel für eine Teilkostenrechnung spricht. Besonders empfehlenswert ist der Einsatz einer Teilkosten-Plankostenrechnung (Grenzplankostenrechnung), die aussagekräftige und detaillierte Abweichungsanalysen ermöglicht (vgl. >> Kapitel C.3.3.2.3). In der Produktion werden häufig Zeitschlüssel zur Verrechnung der Gemeinkosten eingesetzt (Maschinenstundensatzrechnung, ggf. mehrere Bezugsgrößen, z. B. Differenzierung von Einsatz- und Rüstzeit).

Im Rahmen der **Produktionsplanung** fallen verschiedene **Aufgaben** an, die teilweise durch Informationen aus dem Controlling unterstützt werden können:

► **Programmplanung:** In der Regel kann die Produktion nicht isoliert über das Produktprogramm entscheiden; die Informationsbasis liefert die Deckungsbeitragsrechnung (vgl. >> Kapitel C.2.2.2.2). Ohne Kapazitätsengpass lohnen sich alle Produkte mit positivem Deckungsbeitrag; bei einem bzw. einem dominanten Engpass wird der relative Deckungsbeitrag entscheidungsrelevant (Deckungsbeitrag pro Engpasseinheit, z. B. Deckungsbeitrag pro Maschinenstunde). Im Fall mehrerer Engpässe können Ansätze der Linearen Programmierung genutzt werden (vgl. >> Kapitel C.1.3.1.2).

► **Zeitliche Verteilung der Produktion:** Auch hier geht es um Kostenoptimierung. Vor allem bei Artikeln, die saisonalen Schwankungen unterliegen, ist abzuwägen zwischen den Produktionskosten bei gleichmäßiger Produktionsauslastung – mit der Konsequenz zeitweise hoher Lagerbestände – und nachfrageorientierter Produktion – ohne hohe Lagerbestände, aber evtl. mit Mehrkosten für Überstunden, Aushilfen etc.

► **Produktionsaufteilungsplanung:** Hier geht es um die Frage, in welchem Werk, in welchem Produktionsbereich oder auf welcher Maschine ein Produkt möglichst kostengünstig produziert werden kann, sodass auch Kosteninformationen benötigt werden. Kurzfristig spielen nur variable Kosten eine Rolle; langfristig sind auch Fixkosten zu beachten.

► **Auftragsgrößenplanung:** Zur Bestimmung optimaler Losgrößen kommen verschiedene Verfahren infrage; es geht um die Bestimmung des Kostenoptimums aus Rüst- und Lagerkosten.

► **Zeitliche Ablaufplanung:** Hierzu werden häufig Prioritätsregeln (einfache Heuristiken) eingesetzt, sodass keine Controllinginformationen für diese Aufgabe erforderlich sind.

Neben der Eigenfertigung kommt häufig auch die Fremdvergabe an Lieferanten infrage, sodass **Make-or-Buy-Entscheidungen** zu treffen sind. Neben Kosten spielen hierbei auch andere Kriterien eine Rolle, wie z. B. Know-how, Qualität, Abhängigkeit und Lieferzeiten. In aller Regel stellen die Kosten ein besonders wichtiges Kriterium dar. Kurzfristig sind dabei nur die variablen Kosten entscheidungsrelevant; Fixkosten sind auf ihre Abbaubarkeit zu überprüfen.

Ein weiteres Thema in der Produktion stellen **Komplexitätskosten** dar. Aufgrund zunehmend individuellerer Kundenwünsche steigen sowohl die Komplexität der Programme (bzw. Programmzusammensetzung) als auch die Komplexität der Produkte (bzw. Produktkonzepte). Dies wirkt sich in einer hohen Teile- und Komponentenzahl, frühzeitiger kundenorientierter Individualisierung der Produkte und vielen Abnehmern mit nur kleinen Abnahmemengen aus. Dadurch erhöht sich die Komplexität der Abläufe. Der Umfang der zu steuernden und zu koordinierenden logistischen und fertigungstechnischen Abläufe steigt; Reibungsverluste können auftreten. Dies verursacht zusätzliche Kosten; die Kosten der Komplexität wachsen mit zunehmender Vielfalt überproportional.

Mit steigender Variantenzahl steigen nicht nur die variantenspezifischen Komplexitätskosten (z. B. F&E), sondern es fallen zusätzlich weitere Kosten an, wie z. B. für den steigenden Koordinationsbedarf. Zudem steigt bei kleinen Losgrößen der Rüstzeitanteil; die Auslastung der Produktionssysteme sinkt hierdurch. In hohem Maße digitalisierten Fertigungsbereichen gelingt es gleichwohl häufig besser, auch bei geringen Stückzahlen und hohen Variantenzahlen effizient zu arbeiten.

Kostenrechnerisch besteht das Problem, diese Komplexitätskosten transparent zu machen und verursachungsgerecht auf Kostenträger zu verrechnen. Mit einer Zuschlagskalkulation gelingt dies in der Regel nicht, stattdessen ist in diesem Fall eine Prozesskostenrechnung sinnvoll (vgl. >> Kapitel C.2.5.3).

Eine große Rolle im Produktionscontrolling spielen **Kennzahlen** (vgl. *Schnell, 2012, S. 41 ff.*). Gerade im Produktionsbereich sind häufig Zielkonflikte vorzufinden, z. B. führen niedrige Bestände, die wegen geringer Kapitalbindung wünschenswert sind, zu niedrigerer Lieferbereitschaft und auch zu niedrigeren Auslastungen. Hier ist eine Abwägung zu treffen.

Produktionskennzahlen lassen sich in die folgenden Kategorien einteilen:

- ► Wirtschaftlichkeit
- ► Produktivität
- ► Zeit
- ► Qualität
- ► Logistik
- ► Struktur.

Im Folgenden werden gängige Produktionskennzahlen kurz vorgestellt.

Wirtschaftlichkeitskennzahlen:

▶ Deckungsbeitrag pro Fertigungsstunde: Basis für Programmentscheidungen in Engpasssituationen

▶ Fertigungsstundensatz

▶ Herstellkostenindex: Herstellkostenentwicklung im Vergleich zu Vorperioden

▶ Fixkostenanteil an den Gesamtkosten: Anpassungsfähigkeit an Nachfrageschwankungen

▶ $$\text{Break-even-Punkt} = \frac{\text{Fixkosten}}{\text{Stück-DB}}$$

zur Erreichung der Gewinnschwelle erforderliche Produktionsmenge

▶ Prozesskostensatz: Beurteilung der Wirtschaftlichkeit einzelner Prozessschritte

Produktivitätskennzahlen:

▶ $$\text{Wertschöpfung pro Mitarbeiter} = \frac{\text{Wertschöpfung}}{\text{Anzahl Mitarbeiter}}$$

(Wertschöpfung = Herstellkosten - Materialkosten)

▶ Fertigungszeit pro Stück

▶ Ausbringungsmenge

▶ $$\text{Anlagenverfügbarkeit} = \frac{\text{zur Verfügung stehende Betriebszeit}}{\text{technisch mögliche Betriebszeit}}$$

▶ $$\text{Nutzungsgrad} = \frac{\text{tatsächlich genutzte Betriebszeit}}{\text{technisch mögliche Betriebszeit}}$$

eine hohe Auslastung bedeutet eine gute Deckung der Fixkosten

▶ Overall Equipment Efficiency (OEE):

- vom *Japanese Institute of Plant Management* entwickelte zusammenfassende Kennzahl, die sich aus drei Einzelkennzahlen zusammensetzt, die jeweils multipliziert werden (vgl. *Schnell, 2012, S. 61*):

- OEE = Verfügbarkeitsfaktor · Leistungsfaktor · Qualitätsfaktor

die Einzelkennzahlen sind wie folgt definiert:

• $$\text{Verfügbarkeitsfaktor} = \frac{\text{verfügbare Kapazität}}{\text{Maximalkapazität}}$$

- Leistungsfaktor $= \dfrac{\text{tatsächliche Auslastung}}{\text{verfügbare Kapazität}}$

- Qualitätsfaktor $= \dfrac{\text{Anzahl Gutteile}}{\text{Anzahl produzierter Teile}}$

Zeitkennzahlen:

▶ Durchlaufzeit = Bearbeitungszeit + Rüstzeit + Transportzeit + Kontrollzeit + Liegezeit

kurze Durchlaufzeiten ermöglichen niedrige Bestände

▶ Bearbeitungszeitanteil $= \dfrac{\text{Bearbeitungszeit}}{\text{Durchlaufzeit}}$

(wertschöpfender Zeitanteil)

▶ Flexibilität $= \dfrac{\text{Anzahl der durchgeführten Kundenänderungen}}{\text{Anzahl der gewünschten Kundenänderungen}}$

▶ Mean Time between Failures (MTBF) = durchschnittliche Zeit zwischen zwei Störungen, Basis für Instandhaltungsplanung

Qualitätskennzahlen:

▶ Ausschussquote $= \dfrac{\text{Anzahl defekter Teile}}{\text{Anzahl produzierter Teile}}$

▶ Fehlerkosten = Ausschusskosten + Nacharbeitskosten + Nachbezugskosten

monetäre Bewertung mangelhafter Qualität

Logistikkennzahlen (vgl. ≫ Kapitel D.3.2):

▶ Bestandsreichweite $= \dfrac{\text{Ø-Bestand}}{\text{Ø-Umsatz}}$

im Nenner ggf. auch andere Größen, z. B. Kosten bei Rohmaterial

► $\text{Liefertreue} = \dfrac{\text{Anzahl der pünktlichen Lieferungen}}{\text{Anzahl Gesamtlieferungen}}$

interne Betrachtung möglich (Lieferung Produktion an Vertrieb)

► $\text{Lieferqualität} = \dfrac{\text{Anzahl der korrekten Lieferungen}}{\text{Anzahl Gesamtlieferungen}}$

Strukturkennzahlen:

► Anzahl Änderungen: Änderungen führen zu Komplexitätskosten
► Anzahl Varianten: Indikator für Komplexität

► $\text{Automatisierungsgrad} = \dfrac{\text{Wert der Fertigungsanlagen (Anschaffungskosten)}}{\text{Fertigungslöhne}}$

ein hoher Automatisierungsgrad bedeutet in der Regel hohe Fixkosten

► $\text{Abschreibungsgrad} = \dfrac{\text{kumulierte Abschreibung}}{\text{Anschaffungskosten der Anlagen}}$

Indikator für Anlagenalter und damit auch Ersatzinvestitionen.

Um Vergleichbarkeit zu gewährleisten, sind einheitliche Kennzahlendefinitionen erforderlich. Damit besteht dann auch eine Basis für Benchmarking. Beim Reporting besteht in der Produktion die Besonderheit, dass teilweise kurze Berichtszyklen (Tages- oder Schichtberichte) genutzt werden, um kurzfristig steuern zu können. Bei einer steigenden Ausschussquote an einer Maschine sollte schnell gehandelt werden; ein Warten auf den nächsten Monatsabschluss wäre nicht zweckmäßig.

Aufgabe 35 > Seite 348

5. Marketing- und Vertriebscontrolling

Das Kapitel zum Marketing- und Vertriebscontrolling gliedert sich in:

5.1 Gegenstand und Abgrenzung des Marketing- und Vertriebscontrollings

Unter Marketing wird allgemein die **marktorientierte Unternehmensführung** verstanden (vgl. *Meffert/Burmann/Kirchgeorg, 2015, S. 6 ff.*). In der üblichen Auslegung dieser Definition umfasst das Marketing vor allem jene Aufgaben, die dem Funktionsbereich Marketing bzw. dem Marketing-Mix bestehend aus der Produkt-, der Preis-, der Kommunikations- und der Distributions- bzw. Vertriebspolitik zugeordnet sind. In einer weiten Auslegung des Begriffs umfasst das Marketing darüber hinaus auch die Marktbeziehungen zu Zulieferern, Wettbewerbern und der Öffentlichkeit sowie internen Anspruchsgruppen. Der Vertrieb stellt insofern eine Teilmenge des Marketings dar und fungiert als Schnittstelle zwischen dem Kunden und der Unternehmung. Seine Aufgabe ist es, zum Aufbau langfristiger Kundenbeziehungen Kunden optimal zu betreuen und die Kundenkontakte zu pflegen (vgl. *Reichmann, 2011, S. 432*).

Das Marketingcontrolling unterstützt die Marketingführung bei Entscheidungen, die die Beziehungen zwischen dem Unternehmen und seinen Märkten betreffen. Es kann als Verbindung von **Markt- und Effizienzorientierung** verstanden werden, indem es den Einsatz und die Koordination marktspezifischer Informationsversorgung sowie Marketingplanung und -kontrolle umfasst. Vertriebscontrolling als Marketingcontrolling i. e. S. beinhaltet diejenigen Planungs- und Kontrollprozesse, die sich auf den Bereich der Vertriebswege oder Kundensegmente und deren Betreuung durch die Verkaufsorganisation beziehen (vgl. *Steinkellner, 2005, S. 24*).

In strategischer Hinsicht besteht die **Zielsetzung des Marketingcontrollings** in der Unterstützung des Marketingmanagements bei der Sicherstellung der langfristigen Wettbewerbsfähigkeit, welche den Produkt- und Kundenfokus gleichermaßen umfasst. Innerhalb einer eher operativen Betrachtung ist es Ziel des Marketingcontrollings, den wirtschaftlichen Einsatz der Marketinginstrumente im Rahmen einer gegebenen Marketingstrategie sicherzustellen. Im Mittelpunkt des kurzfristig orientierten Marketingcontrollings stehen neben der Analyse von Erfolgsträgern (Produkte, Kunden, Verkaufsgebiete etc.) mithin diejenigen Entscheidungen zur Preis- und Produktpolitik, zur Distributionspolitik sowie zur Kommunikationspolitik, die durch Kosten- und Leistungsgrößen fundiert werden können (vgl. *Reichmann, 2011, S. 382 f.*)

Die zentralen Informationsversorgungsaufgaben des **strategischen Marketing- und Vertriebscontrollings** reichen von der Informationsbeschaffung aus dem betrieblichen Rechnungswesen über die Bereitstellung von Markt- und Wettbewerbsinformationen bis hin zu empirischen Untersuchungen zur Kundenzufriedenheit (vgl. *Küpper et al., 2013, S. 570 f.*). Problematisch ist dabei insbesondere, dass die Messbarkeit der Marketingaktivitäten häufig verzerrt ist, da sich viele Aktivitäten erst langfristig auswirken, wie beispielsweise Werbemaßnahmen, Produkteinführungen oder der Aufbau eines Kundendienstes.

Planung und Kontrolle vollziehen sich im strategischen Marketing- und Vertriebscontrolling vor allem im Hinblick auf die Analyse des strategischen Produkt- und Absatzprogramms, der Markt- und Wettbewerbsbedingungen sowie der Kundenorientierung (vgl. *Reichmann, 2011, S. 384 ff.*). Koordinationsaufgaben umfassen die Koordination zwischen Planung und Kontrolle, die Koordination von strategischer und operativer Marketingplanung sowie die führungsübergreifende Koordination zu anderen Funktionsbereichen.

Die **operativen Aufgaben** des Marketing- und Vertriebscontrollings stehen in enger Verbindung zu der dargestellten strategischen Ausrichtung des Marketing- und Vertriebscontrollings. Auch die operativen Aktivitäten zielen grundsätzlich darauf ab, die Effektivität – also die Wirksamkeit – und die Effizienz, d. h. die Wirtschaftlichkeit im Sinne einer Output-Input-Betrachtung, des Marketingmanagements sicherzustellen. Als Hauptaufgaben können die folgenden Aspekte festgehalten werden (vgl. *Küpper et al., 2013, S. 570 ff.*):

► Informationskoordination für die Marketing- und Vertriebsplanung

► Durchführung von Marketingkontrollen und -audits

► problemspezifische Informationsbereitstellung für Organisationseinheiten in den Bereichen Marketing und Vertrieb

► die Koordination der Wechselbeziehungen zwischen den verschiedenen Aufgabengebieten.

Speziell für das Vertriebscontrolling werden außerdem folgende Aspekte betont (vgl. *Krafft/Frenzen, 2006, S. 615 ff.*):

► Abbau von Misstrauen der Vorgesetzten im Bereich Controlling gegenüber den Vertriebsmitarbeitern

► Motivationsfunktion im Bereich Vertriebssteuerung sowie

► eine Lernfunktion im Sinne einer sowohl pro- als auch reaktiven Unternehmensplanung.

Zur Umsetzung dieser Aufgaben greift das Marketingcontrolling auf eine Vielzahl von Instrumenten zurück, die in Tab. D.4 überblicksartig den Aufgabenbereichen des Marketingcontrollings zugeordnet werden (in Anlehnung an *Köhler, 2006, S. 51*).

Aufgaben des Marketing-controllings	Instrumente
Unterstützung der strategischen Marketingplanung	► Gestaltung von Früherkennungssystemen ► Geschäftsfeldportfolios ► Kundenportfolios ► Gap-Analysen ► Stärken-Schwächen-Analysen ► Benchmarking ► Suchfeldanalysen ► Szenario-Technik ► Segmentierungsstudien ► Positionierungsstudien ► mehrperiodige Wirtschaftlichkeitsrechnungen ► langfristige Budgetierung
Unterstützung der operativen Marketingplanung	► Versorgung mit problementsprechenden Planungs-informationen (aus dem Rechnungswesen, der absatz-wirtschaftlichen Statistik, der Marktforschung und den Außendienstberichten) ► Entscheidungskalküle zur Kurzfristplanung der Produkt-, Preis-, Kommunikations- und Distributionspolitik ► kurzfristige Budgetierung
Informationsbereitstellung für Marketing-Organisationseinheiten	► Informationsbedarfsanalyse ► Deckungsbeitragsrechnungen für Zuständigkeitsobjekte der Organisationseinheiten ► Stellen- bzw. Abteilungsbudgets ► Ergebnisanalysen für Cost Center oder Profit Center
Diverse Marketingkontrollen und Marketingaudits	► Absatzsegmentrechnungen (nach Produkten, Aufträgen, Kunden, Verkaufsgebieten und Absatzwegen) ► Rechnen mit relativen Einzelkosten und Deckungsbeiträgen ► Wirkungskontrollen bestimmter Maßnahmen des Marketing-Mix ► Ergebniskontrollen für Marketing-Organisationseinheiten ► Audit-Checklisten ► Punktbewertungsverfahren für Audits

Aufgaben des Marketing-controllings	Instrumente
Informationen zur Mitarbei-terführung	► Außendienststeuerung ► Gestaltung von Provisionssystemen ► Vorgabe von Deckungsbudgets für Preisverhandlungen ► interne Verrechnungspreise (z. B. unter Rückgriff auf Prozesskostenrechnungen) ► Target Costing

Tab. D.4: Marketingcontrolling-Instrumente im Überblick

5.2 Strategisches Marketingcontrolling

Die strategische Marketingplanung ist wesentlicher Bestandteil bzw. „Kernstück" der strategischen Unternehmensplanung, da der langfristige Erfolg eines Unternehmens letztlich vom Bestehen auf den Absatzmärkten abhängt (vgl. hierzu und im Folgenden *Tomczak/Kuß/Reinecke, 2014, S. 117 ff.*).

Einen zentralen Bestandteil der strategischen Marketingplanung stellt dabei der **Geschäftsfeld-Mix** dar, in dem festgelegt wird, in welchen Märkten das Unternehmen mit welchen Leistungen agieren möchte. Dabei ist ein Mix von Geschäftsfeldern anzustreben, der hinsichtlich Mittelbedarf und Mittelerzeugung und hinsichtlich Chancen und Risiken ausgewogen ist. Ergebnis der strategischen Marketingplanung ist vor diesem Hintergrund ein Zielportfolio mit Zielvorstellungen und Marktbearbeitungsstrategien für einzelne Geschäftsfelder, die in ökonomische Zielgrößen, die sich im Wesentlichen in Wachstums- und Gewinnziele unterteilen lassen, weiter konkretisiert werden (vgl. >>Kapitel B.3).

Kernaufgabenprofil, Kooperationsziele und die Positionierung können als **Marketingstrategie** bezeichnet werden. Dabei legt die Positionierung fest, wie ein bestimmter Wettbewerbsvorteil bei einer bestimmten Kundengruppe erzielt und welcher Weg im Markt und Wettbewerb eingeschlagen werden soll, um die jeweiligen Positionierungsziele zu erreichen. Das Kernaufgabenprofil beschreibt notwendige interne (Marketing-)Kompetenzen, um die geplanten Marktpotenziale erschließen bzw. ausschöpfen zu können. Daraus ergeben sich auch diejenigen Kompetenzen (strategischer und operativer Natur), die im Zuge von Kooperationen extern beschafft werden müssen. In diesem Zusammenhang erfolgt bereits eine Grobbudgetierung.

Die (eher strategische) **instrumentelle Leitplanung** legt Einsatzschwerpunkte und -grundsätze des Marketing-Mix fest, während im Zuge der Detailplanung des Marketing-Mix die einzelnen Felder in Abstimmung mit der Wachstumsstrategie und der Marketingstrategie geplant und budgetiert werden.

Bei der strategischen Marketingplanung spielen oftmals nicht-monetäre Informationen eine bedeutende Rolle, die vor allem in klassischen strategischen Planungsinstrumenten verarbeitet werden. Ausgangspunkt der strategischen Marketingplanung ist häufig die Gap- oder Lückenanalyse, die die Entwicklung von Kenngrößen der Unternehmung auf Basis der in der Vergangenheit festgesetzten Zielgrößen darlegt (und insofern auch als Kontrollinstrument charakterisiert werden kann). Die Größe der Lücke zwischen dem gewünschten und dem tatsächlichen Verlauf der Kenngröße quantifiziert den unternehmerischen Handlungsbedarf (vgl. *Horváth/Gleich/Seiter, 2015, S. 199 f.*). Zur Schließung der Lücke wird u. a. die Anwendung der vier Strategietypen nach *Ansoff* vorgeschlagen (vgl. >> Kapitel B.3).

Beim **Lebenszyklus-Konzept** werden anhand der Umsatzentwicklung Rückschlüsse auf den Marktzyklus von Produkten gezogen. Nachdem in der Einführungsphase in der Regel leicht steigende Umsätze beobachtet werden, steigt der Umsatz in der Wachstumsphase häufig stark an. In der Reifephase stagnieren die Umsätze dann oftmals, bevor sie in der Degenerationsphase zurückgehen. Für das strategische Marketingcontrolling ist die Analyse von Lebenszyklen neben dem Einsatz in der Produktpolitik beispielsweise auch in Form von Kundenbeziehungs- bzw. Marken-Lebenszyklen anwendbar. **SWOT-** und klassische (Geschäftsfeld-)**Portfolioanalysen** wie das BCG-Portfolio sind überdies für die Bestimmung der aktuellen Marktposition im Marketingcontrolling von hoher Relevanz und haben zudem eine hohe Verbreitung in der Praxis gefunden.

Besonderen Fokus legt die strategische Marketingplanung auf die **Kunden**. Hierzu werden im Folgenden mit der ABC-Kundenanalyse, dem Kundenportfolio, Scoring-Modellen und dem Customer Lifetime-Value vier spezifische Verfahren eingehend erläutert.

Hinsichtlich einer detaillierten Kundenanalyse dient die **ABC-Kundenanalyse** häufig als Ausgangspunkt (vgl. im Folgenden *Homburg/Beutin, 2006, S. 230 ff.*). Als Anwendungsfall der ABC-Analyse teilt die ABC-Kundenanalyse klassischerweise anhand des Umsatzes die Kunden in A-, B- oder C-Kunden ein. Häufig werden dabei nach der 80 : 20-Regel als A-Kunden diejenigen Kunden bezeichnet, die 80 % des Gesamtumsatzes erwirtschaften. Die B-Kunden erwirtschaften weitere 15 % und C-Kunden die verbleibenden 5 % des Umsatzes.

Empirische Studien zeigen, dass erfolgreiche Unternehmen sich häufig durch eine erheblich geringere Kundenanzahl auszeichnen. Insbesondere bei den C-Kunden besteht häufig Unklarheit über deren Profitabilität. Zwar können bei C-Kunden tendenziell höhere Preise erzielt werden, allerdings sprechen die folgenden Gründe eher für eine schlechtere Profitabilität als bei A- oder B-Kunden:

► C-Kunden verursachen allein durch ihre Existenz ähnliche bis gleiche Kundeninformationskosten wie A-Kunden (z. B. im Rahmen der Pflege der Kunden-Stammdaten).

► C-Kunden verursachen teilweise gleiche Kosten im Rahmen des Auftragsabwicklungsprozesses (Angebotserstellung, Auftragsbestätigung, Lieferscheine, Rechnungen, Mahnungen, Zahlungskontrolle etc.) wie A-Kunden.

► C-Kunden zeichnen sich häufig durch Kleinstaufträge aus, die eine erhöhte Komplexität mit sich bringen.

► C-Kunden weisen überdies häufig eine verstärkte Nachfrage nach C-Produkten auf.

▶ Transparenz kann hier nur durch eine verursachungsgerechte Zuordnung von Kosten zu einzelnen Kunden – z. B. im Rahmen einer Kundenprozesskostenrechnung – geschaffen werden. Liegen solche kundenbezogenen Kosteninformationen vor, bietet es sich an, die ABC-Kundenanalyse unmittelbar auf Basis von Deckungsbeiträgen zu erstellen.

Ein weiteres Instrument zur Kundenanalyse sind **Kundenportfolios** (vgl. *Reinecke/Keller, 2006, S. 265*). Üblicherweise wird dabei auf der Ordinate die Dimension **Kundenattraktivität** verwendet. Als Kriterien für die Attraktivität kommen dabei das Umsatzwachstum, die Entwicklung von Deckungsbeiträgen, der Kundenwert, das erzielbare Preisniveau, das Referenzpotenzial des Kunden (z. B. Lead User, Referenzkunde) oder die Kooperationsbereitschaft infrage. Die **eigene Position** auf der Abszisse kann zum einen eindimensional als absoluter Lieferanteil bestimmt werden oder – bei Vorliegen von Informationen über die Lieferanteile der Wettbewerber – als relativer Lieferanteil (vgl. *Homburg/Beutin, 2006, S. 234*).

Statt des Lieferanteils kann auch die relative **Wettbewerbsposition** die beeinflussbare, interne Unternehmensdimension darstellen. Neben dem Lieferanteil fließen hierbei weitere Kriterien wie geografisches Absatzpotenzial, Marktwachstum oder beispielsweise die Qualifikation der Führungskräfte und Vertriebsmitarbeiter ein. Die Matrix kann um eine dritte und vierte Dimension erweitert werden, indem z. B. der (absolute) Lieferanteil den Kunden innerhalb der Matrix zugeordnet wird und die Größe des Kreises den absoluten Umsatz (oder Deckungsbeitrag) mit dem Kunden repräsentiert (vgl. Abb. D.13).

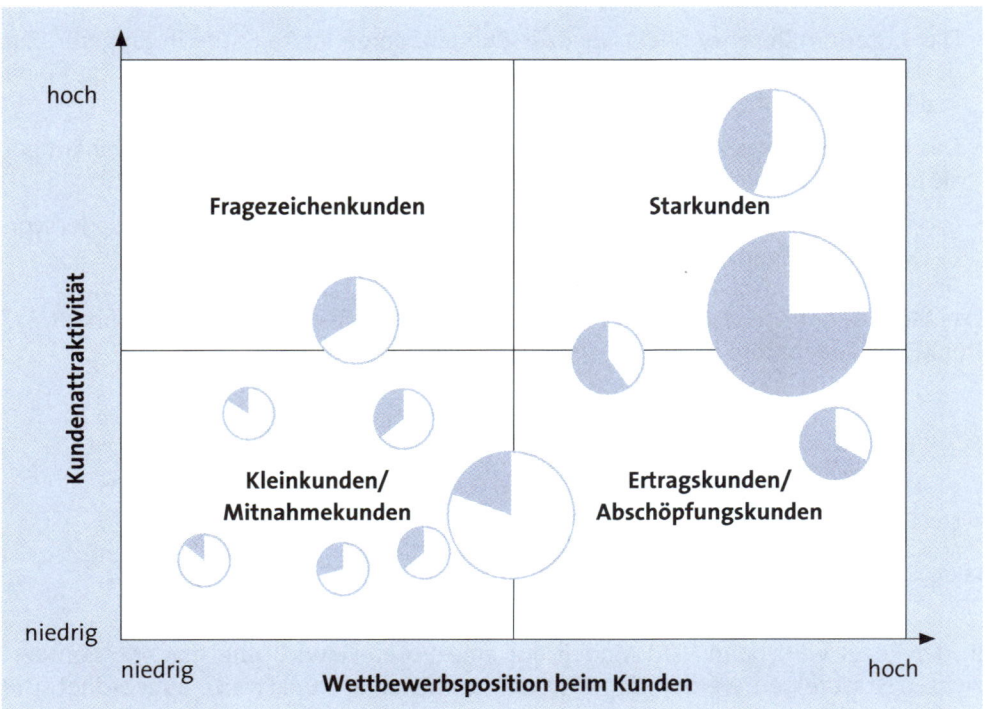

Abb. D.13: Kundenportfolio mit Lieferanteil und Umsatzhöhe als weiteren Dimensionen

Die Kundenportfolio-Analyse ist ein hilfreiches Analyseinstrument, um **Kundenstrukturen bzw. -beziehungen** darzustellen. Die sich ergebenen Normstrategien sind leicht nachvollziehbar (vgl. *Reinecke/Keller, 2006, S. 265* und *Homburg/Beutin, 2006, S. 235 f.*):

- Die Behandlung der **Klein-/Mitnahmekunden** erfolgt analog zur Behandlung der C-Kunden bei der ABC-Analyse; es wird ein **selektiver Rückzug** empfohlen. Dazu müssen Geschäftsbeziehungen nicht notwendigerweise beendet werden; die Wirtschaftlichkeit dieser Kunden sollte jedoch detailliert geprüft und kostspielige Marketingmaßnahmen zurückgefahren werden.

- Bei den **Fragezeichen-Kunden** (hohe Attraktivität, schwache Wettbewerbsposition) ist zu prüfen, ob die Wettbewerbsposition durch zielgerichtete Maßnahmen **verbessert** werden kann.

- **Abschöpfungskunden** zeichnen sich durch eine geringe Attraktivität bei einer relativ schwachen Konkurrenz aus. Marketinginvestitionen können hier auf ein Mindestmaß zurückgefahren werden, um z. B. die **eigene Position zu halten**.

- **Starkunden** sind durch eine hohe Attraktivität bei gleichzeitig guter eigener Lieferantenposition gekennzeichnet. Die Betreuung der Starkunden ist eine der Hauptaufgaben von Marketing und Vertrieb mit dem Ziel, die **Geschäftsbeziehungen zu halten oder auszubauen**.

Für den Einsatz bei der Kundenbewertung haben sich darüber hinaus statische Standard-Scoringmodelle etabliert. Als eines der bekanntesten Verfahren bezieht das **RFM- bzw. RFMR-Modell** die Kriterien Recency, Frequency und Monetary Ratio zur Bestimmung eines Kundenscores ein (vgl. *Reinecke/Keller, 2006, S. 267 ff.*):

- Das Kriterium **Recency** bildet ab, dass Kunden, deren letzte Käufe in jüngerer Zeit datieren, grundsätzlich höher zu bewerten sind als Kunden, deren letzter Kauf weit in der Vergangenheit liegt.

- Das Kriterien **Frequency** bildet ab, dass Kunden umso bedeutender sind, je häufiger sie einen Kauf tätigen.

- Das Kriterium **Monetary Ratio** berücksichtigt die Höhe des Umsatzes oder von Deckungsbeiträgen.

Das Modell kann weitere Kriterien, wie z. B. die Anzahl Retouren o. Ä., aufnehmen. Der **RFM-Kundenscore** berechnet sich nach folgender Formel:

$$\text{RFM - Score} = [\text{RecS}] + [\text{FreqS}] + [\text{MoRS}] + [\text{SonS}]$$

RecS = Score des Faktors Recency
FreqS = Score des Faktors Frequency
MoRS = Score des Faktors Monetary Ratio
SonS = Score der sonstigen Variablen

In der Regel wird beim RFM-Modell auf eine **Vorab-Gewichtung** der Kriterien verzichtet. Stattdessen werden den Kriterien unmittelbar Punktwerte zugeordnet. Die

Gewichtung der Kriterien ergibt sich insofern retrograd aus der maximal möglichen Punktzahl, die für ein Kriterium erzielt werden kann. Weiterentwicklungen des RFM-Modells, wie der GSC-Score, beziehen Gewichtungsfaktoren explizit in die Berechnung des Kundenscores ein.

Im Rahmen von **Customer-Lifetime-Value-Modellen** wird die Kundenbeziehung als Investition verstanden und somit durch die Instrumente der Investitionsrechnung – konkret durch die Kapitalwertmethode – bewertbar. Sinnvollerweise lässt sich der Customer-Lifetime-Value-Ansatz nicht für Einzelkunden im Massen- oder Privatkundengeschäft (hier ggf. auf Basis von Kundengruppen/-segmenten), sondern eher im **B2B-Bereich** anwenden, wenn

- im Zuge von Partnering-Programmen eine enge und langfristige Geschäftsbeziehung angestrebt wird und Chancen und Risiken abzuschätzen sind
- Argumentationshilfen für Verhandlungen mit Großkunden benötigt werden oder
- Entscheidungen im Zusammenhang mit Fragezeichenkunden anstehen und die Wirtschaftlichkeit der Szenarien und Pläne überprüft werden muss.

Beim Customer-Lifetime-Value-Ansatz werden die zukünftigen **kundeninduzierten Einzahlungen** der Periode t (e_t) und **kundeninduzierten Auszahlungen** der Periode t (a_t) einer Kundenbeziehung auf den Bewertungszeitpunkt t = 0 mithilfe des Kalkulationszinsfußes (i) abgezinst.

$$CLV_0 = \sum_{t=1}^{T} \frac{e_t - a_t}{(1+i)^t}$$

CLV_0 = Customer-Lifetime-Value
t = Periodenindex
e_t = Einzahlungen der Periode t
a_t = Auszahlungen der Periode t
T = Nutzungsdauer
i = Kalkulationszinsfuß

Die Ermittlung der Zahlungen über den Lebenszyklus einer Kundenbeziehung erfolgt analog zur in >> Kapitel C.2.5.6 beschriebenen Vorgehensweise.

Von strategischer Bedeutung in Unternehmen sind oftmals auch Marken. Im Zuge der Markenbewertung existieren dabei analog zum Customer-Lifetime-Value-Ansatz finanzorientierte **Markenbewertungsverfahren**, die ebenfalls Barwerte – konkret Markenbarwerte – ermitteln. Zum Einsatz kommen die finanzorientierten Markenbewertungsverfahren insbesondere aus unternehmensexterner Bewertungsperspektive, wenn die ökonomische Evaluation der Marke von zentraler Bedeutung ist, wie bei der Feststellung der Marke als Vermögensgegenstand in Situationen von Unternehmenszusammenschlüssen oder Jahresabschlüssen oder bei der Feststellung der Markenrechte im Fall von Lizenzierungen oder Schadensbemessungen (vgl. *Burmann/ Meffert/Jost-Benz, 2006, S. 471*).

Aus der Planungsaufgabe des Marketingcontrollings ergibt sich unmittelbar die **Überwachung bzw. Kontrolle der Marketingtätigkeiten**. Als strategische Kontrollinstrumente kommen im Marketingcontrolling verstärkt sogenannte Audits zum Einsatz. Während sich operative Kontrollen wie die Erlösabweichungsanalyse rückblickend mit Soll-Ist-Vergleichen beschäftigen, haben **Marketingaudits** einen stärker **zukunftsorientierten Fokus**. Mithilfe von Marketingaudits wird geprüft, inwieweit für kommende Marketingaktivitäten zweckmäßige Rahmenbedingungen vorliegen. Dementsprechend beschäftigen sie sich weniger mit Istergebnissen, als vielmehr mit den Voraussetzungen für die künftige Nutzung von Erfolgspotenzialen (vgl. *Köhler, 2006, S. 44 f.*).

Marketingaudits lassen sich grob in Verfahrens-, Strategien-, Marketing-Mix- und Organisations-Audits unterscheiden (vgl. Tab. D.5; vgl. *Köhler, 2006, S. 45*).

Verfahrensaudit	**Strategieaudit**
Prüfung der	Prüfung der
► Planungsverfahren	► zugrunde gelegten Prämissen
► Kontrollverfahren	► strategischen Ziele
► Informationsversorgung	► Konsistenz von Schlussfolgerungen
Marketing-Mix-Audit	**Organisationsaudit**
Prüfung der	Prüfung der
► Vereinbarkeit mit strategischen Grundkonzeptionen	► vollständigen Berücksichtigung von Marketingaufgaben
► wechselseitigen Maßnahmenabstimmung	► aufgabenentsprechenden Organisationsform
► Mittel-Zweck-Angemessenheit	► Koordinationsregelungen

Tab. D.5: Marketingaudits

Aufgabe 36 - 37 > Seite 348

5.3 Operatives Marketingcontrolling

Zur Festlegung von Marketingbudgets kommen im Rahmen der operativen Marketingplanung schwerpunktmäßig die in ›› Kapitel C.1.2.2.1 beschriebenen heuristischen Verfahren zum Einsatz.

Als klassisches **operatives Kontrollinstrument** findet die Deckungsbeitragsrechnung (vgl. ›› Kapitel C.2.2.2) in den verschiedensten Ausprägungen als Absatzsegmentrechnung (z. B. für Produkte, Kunden, Regionen o. Ä.) in Verbindung mit einer Abweichungsanalyse (vgl. ›› Kapitel C.2.3.4) weite Verbreitung. Wie dargestellt, beinhaltet die Erlösabweichungsanalyse zunächst eine **formallogische Untersuchung**, die die formalen

Ursachen der Abweichungen berechnet (vgl. hierzu und im Folgenden *Derfuß/Höppe, 2018, S. 283 ff.*). Problematisch an der dargestellten Vorgehensweise der kumulativen Abweichungsanalyse ist allerdings, dass Absatzmengen u. a. von den Absatzpreisen abhängig sind. Daher ergibt die isolierte Betrachtung von Preis- und Mengeneffekten bezogen auf den Absatz nie ein korrektes Bild der tatsächlichen Ursachen.

Vor diesem Hintergrund ist eine inhaltlich-kausale Analyse zwingend erforderlich. Die inhaltlich-kausale Ebene betrachtet die **Zusammenhänge**, die hinter den rein formalen Beziehungen stehen und stellt eine Interpretation der Ergebnisse des ersten Schrittes dar. Es sollten z. B. die Branchenpreisentwicklung, die Umsatzentwicklung der Wettbewerber oder eine veränderte Effektivität des Marketing-Mix, statt nur die Symptome (Preis- und Mengenänderungen) betrachtet werden.

Albers hat vor diesem Hintergrund ein **System der Ursachenanalyse** von Erlösabweichungen entwickelt (vgl. *Albers, 1989, S. 637 ff.*). Dazu stellte er eine Menge von Faktoren zusammen, die grundsätzlich Einfluss auf den Erlös ausüben, und bezieht diese in die Erlösabweichungsanalyse ein (vgl. Tab. D.6).

Unter Berücksichtigung der genannten Faktoren können wertmäßige Marktanteils- und wertmäßige Marktvolumenabweichungen sowie der zugehörige Interaktionseffekt berechnet werden. Allerdings dürfte sich auch im Rahmen einer solchen Ursachenanalyse oftmals das Problem der Datengewinnung ergeben.

Beobachtungsbereich	Einzelfaktoren
Exogene Faktoren	► Veränderung des Preisniveaus der Branche (Inflation oder Deflation) ► Veränderung des Marktvolumens der Branche (Wachstum oder Schrumpfung)
Endogene Faktoren	► falsche Einschätzung der Marktreaktion aufgrund unvorhersehbarer Ereignisse (Planabweichung) ► Nichtrealisation des Sollpreises (Realisationsabweichung) ► Veränderung der Effektivität der Preispolitik (Preis-Effektivitäts-Abweichung) ► Veränderung der Effektivität des übrigen Marketing-Mix (Marketing-Effektivitäts-Abweichung)

Tab. D.6: Ursachen von Erlösabweichungen

Komplettiert wird die Abweichungsanalyse durch die Betrachtung der sanktionsorientierten Ebene. Bei dieser werden die für die einzelnen Abweichungen **Verantwortlichen** identifiziert. Dabei sollten sowohl positive als auch negative Abweichungen, die sowohl aus Planungs- als auch aus Durchführungsfehlern resultieren können, mit den verantwortlichen Mitarbeitern diskutiert werden. Nur aus einer so durchgeführten, dreischrittigen Abweichungsbetrachtung kann auch ein Lerneffekt für den einzelnen Mitarbeiter und die Organisation resultieren. Nur so ist für die Zukunft mit verbesserten Prognosen und mit einem effektiveren, die Erfüllung der Unternehmensziele anstrebenden Handeln zu rechnen.

Da die Kontrolle der Marketingaktivitäten nicht allein auf Basis von Informationen aus dem Rechnungswesen möglich ist, werden in **Kennzahlen und Kennzahlensystemen** zusätzlich neben Rechnungslegungsinformationen auch markt- und kundenbezogene Aspekte abgebildet. Kennzahlen und Kennzahlensysteme sind dabei stets situationsadäquat auszuwählen, um eine (unnötige und kontraproduktive) Kennzahlen- und Informationsflut zu vermeiden.

Die folgende Tab. D.7 gibt eine Übersicht über Kennzahlenkategorien mit jeweils einigen wenigen Kennzahlenbeispielen aus dem Marketing- und Vertriebscontrolling:

Kategorie	Kennzahlen
Leistungskennzahlen	z. B.: $$\text{Umsatzwachstum} = \frac{\text{Umsatz A}_t - \text{Umsatz A}_{t-1}}{\text{Umsatz A}_{t-1}}$$ $$\text{Reklamationsquote} = \frac{\text{Anzahl reklamierter Produkte}}{\text{Gesamtabsatz}}$$
Kosten-/erlösbezogene Kennzahlen	z. B.: $$\text{Rabattquote} = \frac{\text{gewährtes Rabattvolumen}}{\text{Bruttoumsatz}}$$ $$\text{Marketingkostenanteil} = \frac{\text{Marketingkosten}}{\text{Nettoumsatz}}$$
Vertriebskennzahlen	z. B.: $$\text{Kundenrendite} = \frac{\text{Kunden - DB A}}{\text{Umsatz des Kunden A}}$$ $$\text{Kundenalter} = \varnothing \text{ Dauer der Kundenbeziehung}$$
Kundenkennzahlen	z. B.: $$\text{Kundenrendite} = \frac{\text{Kunden - DB A}}{\text{Umsatz des Kunden A}}$$ $$\text{Kundenalter} = \varnothing \text{ Dauer der Kundenbeziehung}$$

Kategorie	Kennzahlen
Key-Account-Kennzahlen	z. B.: $$\text{Potenzialausschöpfung} = \frac{\text{Umsatz A}}{\text{Umsatzpotenzial A}}$$ $$\text{Lieferanteil} = \frac{\text{eigener Umsatz A}}{\text{Umsatz A mit allen Anbietern}}$$

Tab. D.7: Übersicht über Kennzahlenkategorien

Das speziell für das Vertriebscontrolling von *Reichmann* entwickelte **Kennzahlensystem** fasst im sachlichen Zusammenhang stehende Kennzahlen in einem Katalog zusammen, der für die regelmäßige Planung, Steuerung und Kontrolle des Vertriebs besonders wichtig ist (vgl. Abb. D.14). Dabei sind in das Kennzahlensystem neben Kosten- und Erfolgskennzahlen auch kunden-, markt- und wettbewerbsbezogene Größen integriert (vgl. *Reichmann, 2011, S. 442 ff.*).

Innerhalb der sogenannten **Strukturanalyse** soll die Vertriebsstruktur und die externe Marktstruktur in Bezug auf Wettbewerbs- und Marktausrichtung genauer betrachtet werden. Die Kennzahlen zur **Wirtschaftlichkeitsanalyse** ermitteln den Erfolgsanteil einzelner Vertriebsaktivitäten, Vertriebsorganisationen und Segmente in Bezug zum Gesamterfolg. Die **Lageanalyse** beinhaltet schließlich die Darstellung der Entwicklung von Marktanteil, Umsätzen und Aufträgen.

Aufgabe 38 > Seite 350

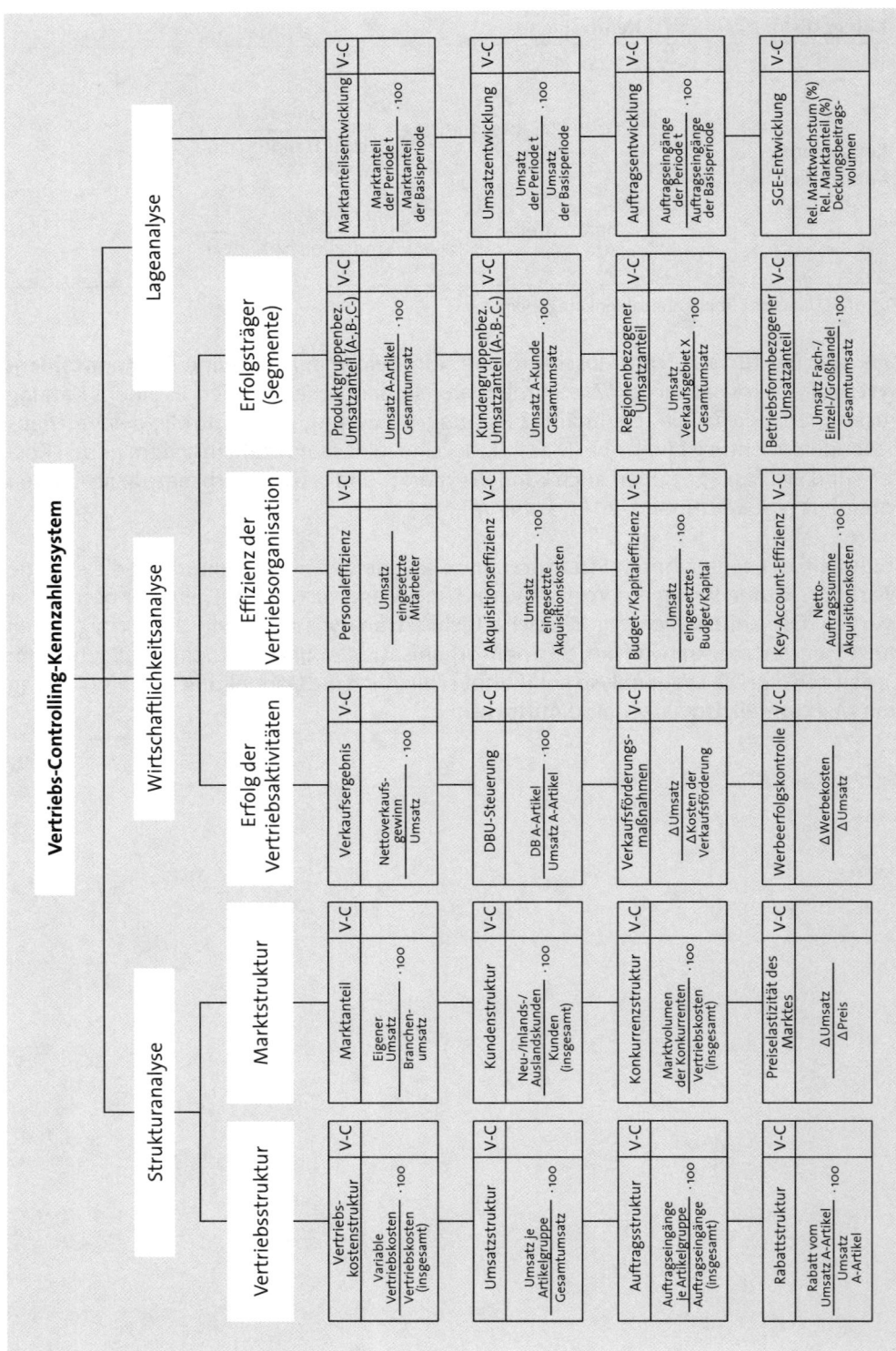

Abb. D.14: Kennzahlensystem nach *Reichmann* (vgl. *Reichmann, 2011, S. 449*)

6. Investitionscontrolling

Hierbei werden dargestellt:

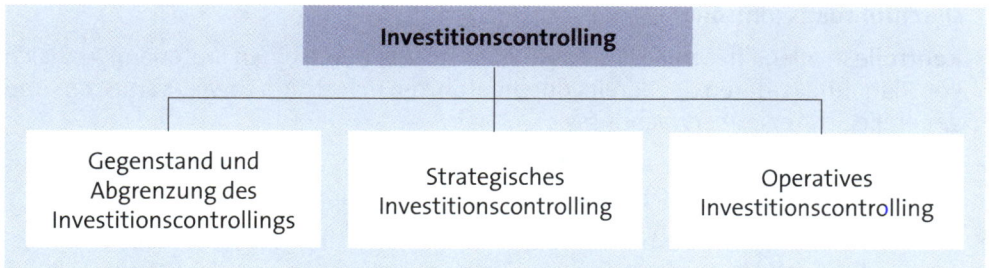

6.1 Gegenstand und Abgrenzung des Investitionscontrollings

Ziele des Investitionscontrollings bestehen in der sach- und erfolgszielorientierten Ausrichtung der Investitionsaktivitäten – der Planung, Realisation und Kontrolle von Einzelinvestitionen, der Koordination von Einzelinvestitionen mit Unternehmensinvestitionsprogrammen, der Berücksichtigung anlagenwirtschaftlicher Aspekte während der Nutzungsdauer sowie der Sicherstellung der Informationsversorgung der Entscheidungsträger im Investitionsprozess (vgl. hierzu und im Folgenden *Schulte/ Körner/Shalchi, 2018, S. 467 ff.*). Dieses Zielbündel enthält sowohl eine strategische als auch eine operative Dimension des Investitionscontrollings.

Das **strategische Investitionscontrolling** widmet sich dabei mehr der Erkennung langfristiger Erfolgsfaktoren und der Sicherung sowie Schaffung neuer Erfolgspotenziale und somit der langfristigen Steigerung von Effektivität und Effizienz der strategischen Planung. Dies verdeutlicht den koordinativen Aspekt des Investitionscontrollings. Im Gegensatz dazu bewegt sich das **operative Investitionscontrolling** in einem durch das strategische Investitionscontrolling vorgezeichnetem Rahmen. Innerhalb dieses Rahmens hat es die vorgezeichneten Erfolgspotenziale wirtschaftlich sinnvoll zu nutzen. Organisatorisch ist das strategische Investitionscontrolling daher dem operativen Investitionscontrolling übergeordnet. In einer Konzernstruktur führt dies beispielsweise dazu, dass das strategische Investitionscontrolling in der Regel zentral dem Konzerncontrolling zugeordnet wird, während das operative Investitionscontrolling eher dezentral lokalisiert ist.

Zur Erfüllung der beschriebenen Zielsetzungen stellt sich dem Investitionscontrolling eine Reihe von **Aufgaben**:

▶ Bereitstellung geeigneter Instrumente zur **strategischen Planung und Investitionsanregung**, zur Abstimmung dieser Pläne, zur Festlegung des optimalen Investitionsvolumens und zur Beurteilung und Entscheidung

▶ Unterstützung bei der **Suche** nach Investitionsalternativen, bei der die aus der Phase der Problemstellung skizzierten Investitionsanregungen näher konkretisiert und in einem Investitionsplan festgehalten werden

- **Beurteilung** der infrage kommenden Investitionsalternativen (nicht-monetär/monetär)

- Aufbau und Pflege eines zielorientierten Berichtssystems zur steuerungsbezogenen **Durchführungskontrolle**

- **Kontrolle** in allen Phasen des Investitionsprozesses durch einen laufenden Abgleich von Plan- und Istdaten der bereits durchgeführten Investition sowie Prämissen- und generelle Strategieüberwachung

- **Koordination** der Prozesse innerhalb des Investitionsbereichs sowie Integration des Investitionscontrollings in das Unternehmenscontrolling

- sach- und erfolgszielorientierte Steuerung der Investitionsobjekte über ihren gesamten **Lebenszyklus** (z. B. Aufgaben im Rahmen der Nutzung, der Instandhaltung und der Ausmusterung von Anlagen, die eine optimale Dimensionierung und Nutzung der Kapazitäten sicherstellen sollen)

- quantitativ und qualitativ ausreichende Informationsversorgung aller Entscheidungsträger in allen Phasen des Investitionsprozesses.

6.2 Strategisches Investitionscontrolling

Nimmt man eine Unterteilung in ein strategisches und ein operatives Investitionscontrolling vor, so können Aufgaben im Rahmen der Problemstellungsphase eher dem strategischen Investitionscontrolling zugeordnet werden. Dazu zählen insbesondere die Konkretisierung der Investitionsziele, die Problemanalyse sowie die Investitionsanregung (vgl. *Rösgen, 2000, S. 254*). Investitionsziele sind dabei vor dem Hintergrund der für das Unternehmen zu identifizierenden Stärken und Schwächen sowie Chancen und Risiken zu konkretisieren und beinhalten in der Regel Erfolgsziele und Sachziele. Dabei hat das Investitionscontrolling die Abstimmung mit der strategischen und der operativen Finanzplanung sowie der strategischen Gesamtplanung sicherzustellen (vgl. *Lange/Schaefer, 1992, S. 493*).

Da die Festlegung der Ziele im Normalfall auf interdisziplinärer Ebene erfolgt, umfasst das strategische Investitionscontrolling insbesondere beratende, moderierende, koordinierende sowie dokumentierende Aufgaben. Die Verbindung von der Zielbildungsebene zur Investitionsinitiierung stellt eine umfassende **Problemanalyse** her. Erst durch die Vergegenwärtigung von konkreten Problemen, die durch eine sach- und erfolgszielorientierte Durchführung der Investitionshandlungen gelöst werden können, erfolgt die eigentliche Investitionsanregung. Dabei gehen operative Investitionen häufig dezentral aus den Abteilungen hervor.

Bei strategischen Investitionen ist es Aufgabe des strategischen Investitionscontrollings, Investitionsanträge sowie Vorschläge für Investitions- und Desinvestitionsstrategien in Abstimmung mit den betreffenden Abteilungen zu unterbreiten (vgl. *Reichmann/Lange, 1985, S. 456 ff.*). Strategische Investitionen haben in der Regel eine langfristige Bindung von Kapital zur Folge und kennzeichnen sich vor allem dadurch, dass sie schwer reversibel sind. Deshalb sind im Rahmen der Problemstellungsphase

geeignete Instrumente der strategischen Planung, wie z. B. die Gap-Analyse, das Lebenszyklus-Konzept oder Portfoliokonzepte (vgl. auch ≫ Kapitel D.5.2), zur Verfügung zu stellen.

Ein für das Investitionscontrolling relevantes **Portfolio-Konzept** stellt dabei das Konzept des **Technologieportfolios** dar, in dem die technologische Position eines Unternehmens dargestellt wird (vgl. auch ≫ Kapitel D.4.1). Die Position des Unternehmens wird in einer Matrix aus der eigenen Innovationsstärke und der Technologieattraktivität bestimmt. Darauf aufbauend können auf Basis der eigenen Positionierung ein Stärken- und Schwächen-Profil entwickelt sowie Chancen und Risiken für die Zukunft abgeleitet werden. Für das Investitionscontrolling folgt aus dem Einsatz von Instrumenten zur strategischen Planung, dass beispielsweise bereits in frühen Phasen des Marktzyklus Erkenntnisse generiert werden, auf deren Basis mit den Planungen für Investitionen in neue Produkte oder Prozesse begonnen werden sollte.

Ein in der Literatur zum Investitionscontrolling viel zitiertes Instrument ist die **Wertanalyse**, mit deren Hilfe ein systematisches Durchdringen von Produkten, Prozessen und Funktionen gewährleistet werden soll. Als Ziele der Wertanalyse werden in der Regel Kostensenkungen oder Nutzensteigerungen ausgegeben. Im Rahmen des Investitionscontrollings führt dies dazu, dass aus den Erkenntnissen der Wertanalyse Anregungen für neue Investitionen ermittelt werden können. Durch den Einsatz wertanalytischer Arbeitsmethoden wird zudem ein zielgerichteter und systematischer Ablauf von Prozessen gewährleistet und somit zur Ermittlung sowie zur Erreichung dieser angestrebten Sachziele in den einzelnen Phasen des Investitionsprozesses beigetragen. Die in der *DIN 69910* festgelegten sechs Grundschritte der Wertanalyse beinhalten die Projektvorbereitung, die Analyse der Ausgangssituation, die Festlegung des Sollzustands, die Entwicklung von Lösungsideen, die Auswahl von Lösungen sowie die Verwirklichung der ausgewählten Lösung.

Instrumente, die im Rahmen der Investitionsalternativensuche eingesetzt werden, lassen sich unter dem Oberbegriff **Kreativitätstechniken** subsumieren. Hier sind beispielsweise das Brainstorming, die Synektik sowie der Morphologische Kasten zu nennen (vgl. *Keim/Littkemann, 2005, S. 78 ff.*).

Beim **Brainstorming** werden in der Regel erste Anregungen hervorgebracht, indem fachlich möglichst heterogene Gruppen von vier bis sieben Personen eine große Anzahl von Ideen hervorbringen, aus denen sich dann qualitativ brauchbare Lösungen ergeben. Bei der **Synektik** als Methode mit besonders hohem kreativem Potenzial wird ein Ausgangsproblem in einer schrittweisen Vorgehensweise bewusst verfremdet. Dabei werden Analogien zu anderen Lebensbereichen gesucht, die letztlich wieder auf das Ausgangsproblem zurückgeführt werden. Der **Morphologische Kasten** setzt bei der Gewinnung neuer Ideen auf vorhandenen Informationen auf. Die Gewinnung neuartiger Ideen erfolgt, indem eine Gesamtlösung in mehrere Teillösungen mit unterschiedlichen Merkmalsausprägungen eingeteilt wird. Das Durchspielen sämtlicher möglicher Merkmalskombinationen führt im Idealfall dazu, dass anhand problembezogener Bewertungsmaßstäbe sinnvolle Lösungsmöglichkeiten ermittelt werden.

6.3 Operatives Investitionscontrolling

Das operative Investitionscontrolling umfasst.

- ► **statische Verfahren der Investitionsrechnung**
- ► **dynamische verfahren der Investitionsrechnung**
- ► **Vollständige Finanzpläne**
- ► **Nutzwertanalyse**
- ► **Verfahren unter Unsicherheit**
- ► **Kennzahlen**
- ► **Investitionsprogrammplanung.**

6.3.1 Statische Verfahren der Investitionsrechnung

Einen Schwerpunkt bei den Instrumenten zur Beurteilung der Erfolgszielerreichung von Einzelinvestitionen bilden die klassischen Investitionsrechenverfahren, die in statische und dynamische Verfahren eingeteilt werden können. Die Verfahren der Investitionsrechnung werden zur Lösung von folgenden drei Problemkreisen angewendet:

- ► **Vorteilhaftigkeitsbeurteilung:** Bestimmung von voraussichtlichen Erlösen, Kosten, Risiken etc. für ein bestimmtes Investitionsobjekt.
- ► **Wahlproblem:** Bei mehreren konkurrierenden Investitionsobjekten ist mithilfe der Investitionsrechnung eine Auswahl nach Gewinn-, Rentabilitäts- oder Risikoaspekten zu treffen.
- ► **Ersatzproblem:** Verfahren der Investitionsrechnung helfen bei der Ermittlung des optimalen Zeitpunkts, an dem ein altes gegen ein neues Aggregat ausgetauscht werden soll.

Statische Verfahren wie die Kosten-, die Gewinn- und die Rentabilitätsvergleichsrechnung erfreuen sich in der Praxis großer Beliebtheit (vgl. hierzu und im Folgenden *Schulte/Körner/Shalchi, 2018, S. 489 ff.*). Dies liegt vor allem an den starken Vereinfachungen, die zu einer Erleichterung der Anwendbarkeit führen. Vereinfachungen werden vor allem bezüglich der Vernachlässigung von Zeitpräferenzen und Zinseszinseffekten vorgenommen. Kerngedanke der statischen Verfahren der Investitionsrechnung ist die Bewertung eines Investitionsobjekts anhand einer hypothetischen Durchschnittsperiode oder anhand einer bestimmten Periode aus der Nutzungsdauer, die als repräsentativ für die gesamte Nutzungsdauer angesehen wird.

Bei der **Kostenvergleichsrechnung** stehen die Kosten der zu beurteilenden Investitionsobjekte im Mittelpunkt. Die Vorteilhaftigkeit dieser Objekte wird dabei ermittelt, indem die von ihnen verursachten Kosten einander gegenübergestellt werden. Bei mindestens zwei Investitionsalternativen wird diejenige ausgewählt, die die wenigsten Kosten verursacht und somit die relativ höchste Wirtschaftlichkeit besitzt. Falls nur ein Investitionsobjekt bewertet werden soll, ist eine Investition nach der Kostenvergleichsrechnung dann vorteilhaft, wenn die Kosten unter den maximal angestrebten Kosten liegen. Da die Erlöse der Investitionen explizit nicht berücksichtigt werden, ist beim Vergleich von Investitionsalternativen von gleich hohen Erlösen auszugehen. Anwendung findet die Kostenvergleichsrechnung in der Regel im Rahmen sich gegenseitig ausschließender Alternativen bei Ersatzinvestitionen und bei Rationalisierungsinvestitionen zur Bestimmung des optimalen Ersatzzeitpunkts einer alten gegenüber einer neuen Anlage. Bei Errichtungsinvestitionen stößt die Kostenvergleichsrechnung schneller an ihre Anwendungsgrenzen, da dort die Prämisse der gleich hohen Erlöse bei unterschiedlichen Investitionsobjekten oftmals nicht gegeben ist.

Die Formel zur Bestimmung des Zielwerts der Kostenvergleichsrechnung – der durchschnittlichen Kosten je Zeiteinheit – lautet (bei einer kontinuierlichen Rückzahlung des gebundenen Kapitals) wie folgt:

$$K = K_f + K_v + \frac{A-L}{T} + \frac{A+L}{2} \cdot i$$

K	=	durchschnittliche Kosten je Zeiteinheit
K_f	=	sonstige fixe Kosten
K_v	=	variable Kosten
A	=	Anschaffungsauszahlung
L	=	Liquidationsüberschuss
T	=	Nutzungsdauer
i	=	Kalkulationszinsfuß

Die Formel zur Bestimmung der durchschnittlichen Kosten je Zeiteinheit enthält neben dem linearen Abschreibungsbetrag

$(A - L) : T$

kalkulatorische Zinsen auf das durchschnittlich gebundene Kapital

$(A + L) : 2 \cdot i$

sowie leistungsabhängige Kosten pro Zeiteinheit (K_v) und sonstige fixe Kosten (K_f). Bei der zugrunde gelegten durchschnittlichen Kapitalbindung wird davon ausgegangen, dass am Ende der Nutzungsdauer ein Liquidationserlös erzielt wird. Demnach beträgt die durchschnittliche Kapitalbindung die Hälfte der Summe des am Anfang gebundenen Kapitals (A) und des am Ende gebundenen Kapitals (L). Fällt kein Liquidationserlös an, beträgt die durchschnittliche Kapitalbindung die Hälfte der Anschaffungsauszahlung.

Bei der **Gewinnvergleichsrechnung** werden neben der Kostensituation auch die Auswirkungen auf die Erlössituation in das Entscheidungskalkül einbezogen. Sie baut auf der Kostenvergleichsrechnung auf und stellt somit eine Erweiterung dar, da die für die Kostenvergleichsrechnung geltende Prämisse gleich hoher Erlöse aufgelöst werden kann. Dies führt zu einer realistischeren Bewertung, da sich bei den meisten Investitionsvorhaben auch die Ertragsseite verändert – zum einen weil sich konkurrierende Investitionsobjekte in ihrer quantitativen Leistungsfähigkeit unterscheiden können, zum anderen weil oftmals auch qualitative Unterschiede zu erwarten sind. Zielgröße ist der durchschnittliche Gewinn pro Periode, definiert als Saldo aus den durchschnittlichen Kosten pro Periode und den der Investition zurechenbaren durchschnittlichen Leistungen.

Die Formel zur Bestimmung des Zielwertes lautet:

$$G = E - K_f - K_v \cdot \frac{A - L}{T} + \frac{A + L}{2} \cdot i$$

G   =   durchschnittlicher Gewinn je Zeiteinheit
K   =   durchschnittliche Kosten je Zeiteinheit
K_f =   sonstige fixe Kosten
K_v =   variable Kosten
A   =   Anschaffungsauszahlung
L   =   Liquidationsüberschuss
T   =   Nutzungsdauer
i   =   Kalkulationszinsfuß
E   =   durchschnittliche Erlöse je Zeiteinheit

Mit der Gewinnvergleichsrechnung lassen sich analog zur Kostenvergleichsrechnung Investitionsobjekte absolut und relativ bewerten. Sie sind absolut vorteilhaft, wenn ihr Gewinn größer als null ist, und relativ vorteilhaft, wenn aus einer Reihe von Investitionsalternativen eine Alternative den größten Gewinn aufweist. Beurteilt werden können demnach zum einen einzelne Investitionsobjekte, zum anderen kann mittels einer Gewinnvergleichsrechnung ein Vergleich von Investitionsprojekten durchgeführt und somit eine Auswahlentscheidung getroffen werden.

Im Fall einer Ersatzinvestition wird darüber hinaus ein Vergleich des Gewinns vor Durchführung der Investition und nach Durchführung der Investition angestellt. Hierbei würde ein zusätzlicher Gewinn, der aufgrund niedrigerer Kosten des neuen Aggregats entstehen würde, der Investition zugerechnet.

Die **Rentabilitätsvergleichsrechnung** ermittelt – anders als die Gewinn- und die Kostenvergleichsrechnung – keine absolute Größe. Denn bei der Rentabilitätsrechnung wird grundsätzlich das Verhältnis aus einer Gewinngröße und einer Kapitaleinsatzgröße ermittelt, wobei diese Größen unterschiedlich definiert sein können. Als Ergebnis erhält man die zeitliche Durchschnittsverzinsung des durchschnittlich gebundenen Kapitals oder – mit anderen Worten – die Rentabilität der Investition.

Die **Entscheidungsregel** der Rentabilitätsvergleichsrechnung lautet, bei konkurrierenden Investitionsobjekten dasjenige mit der höchsten Renditekennziffer auszuwählen und sich gegen Objekte, deren Rendite kleiner als die Mindestverzinsung ist, zu entscheiden. Als **Anwendungsprämisse** der Rentabilitätsvergleichsrechnung ist hinzuzufügen, dass für die Kapitaleinsatzdifferenz bei konkurrierenden Investitionsobjekten die gleiche Rendite wie bei den Investitionsobjekten selbst unterstellt wird. Unter dieser Prämisse sind also auch Rentabilitätskennziffern bei unterschiedlichen Anschaffungsauszahlungen vergleichbar.

Anwendungsgebiete der Rentabilitätsvergleichsrechnung sind absolute und relative Vorteilhaftigkeitsvergleiche, die Beurteilungen von Rationalisierungs-investitionen sowie Neu- und Erweiterungsinvestitionen. Darüber hinaus liefert ihr Ergebnis einen zumeist guten Ansatzpunkt für die Berechnung des Internen Zinsfußes im Rahmen des Interpolationsverfahrens.

Die **statische Rentabilität** ermittelt sich mithilfe folgender Formel:

$$G = \frac{G}{KB}$$

G = Gewinn
KB = durchschnittlich gebundenes Kapital
R = Rentabilität

Als Gewinngröße wird in der Regel der Gewinn vor Zinsen verwendet, damit nicht nur die über die Kalkulationsverzinsung hinausgehende Verzinsung ermittelt wird. Die durchschnittliche Kapitalbindung berechnet sich (u. a.) als Mittelwert der Kapitalbindung am Anfang und der Kapitalbindung am Ende der Nutzungsdauer

$$(A + L) : 2$$

Aus den genannten Prämissen und Anwendungsvoraussetzungen lässt sich die **Eignung der statischen Verfahren der Investitionsrechnung** vor allem für die Beurteilung kleinerer Investitionsprojekte ableiten, insbesondere um sich zu Beginn des Investitionsprozesses einen ersten groben Überblick zu verschaffen. Demgegenüber stehen mehrere Nachteile dieser Verfahren, die deren Anwendung stark limitieren bzw. bei der Interpretation der Ergebnisse berücksichtigt werden sollten.

Aufgabe 39 > Seite 350

Aufgabe 40 - 41 > Seite 351

6.3.2 Dynamische Verfahren der Investitionsrechnung

Im Gegensatz zu den statischen Verfahren der Investitionsrechnung weisen die dynamischen Verfahren der Investitionsrechnung einige grundlegende Unterschiede auf (vgl. hierzu und im Folgenden *Schulte/Körner/Shalchi, 2018, S. 516 ff.*). Der wesentliche Unterschied besteht darin, dass die dynamischen Verfahren mit Zahlungsgrößen, also

Ein- und Auszahlungen, arbeiten, deren Zahlungszeitpunkte explizit erfasst werden. Dahinter steht die Überlegung, dass der Wert von Zahlungen in konstanter Höhe abnimmt, je weiter der Zahlungszeitpunkt in der Zukunft liegt.

Den dynamischen Verfahren liegen die vereinfachenden Annahmen eines vollkommenen Kapitalmarkts (Homogenität des Kapitals, keine Zugangsbeschränkungen, Markttransparenz der Marktteilnehmer, einheitlicher Zins) zugrunde. Die dynamischen Verfahren der Investitionsrechnung werden ebenfalls zur Beurteilung von Einzelinvestitionen, im Rahmen von Auswahlentscheidungen, zur Bestimmung der optimalen Nutzungsdauer sowie zur Ermittlung des optimalen Ersatzzeitpunkts eingesetzt.

Bei der **Kapitalwertmethode** werden die zukünftigen Einzahlungen der Periode t (e_t) und Auszahlungen der Periode t (a_t) eines Investitionsprojekts auf den Zeitpunkt der Anschaffungsauszahlung (t = 0) – den Betrachtungszeitpunkt – mithilfe des Kalkulationszinsfußes (i) abgezinst. Fällt ein Liquidationserlös (L_T) am Ende der Nutzungsdauer an und wird dieser nicht im Rahmen der Einzahlungen berücksichtigt, muss die Kapitalwertformel um den Liquidationserlös erweitert werden. Diesem Barwert der Investition wird schließlich die Anschaffungsauszahlung (a_0) gegenübergestellt.

Die Formel zur Bestimmung des Kapitalwertes ergibt sich demnach folgendermaßen:

$$C_0 = -a_0 + \sum_{t=1}^{T} \frac{e_t - a_t}{(1+i)^t} + \frac{L_T}{(1+i)^T}$$

C_0 = Kapitalwert
a_0 = Anschaffungsauszahlung der Periode 0
t = Periodenindex
e_t = Einzahlungen der Periode t
a_t = Auszahlungen der Periode t
L_T = Liquidationserlös am Ende der Nutzungsdauer
z_t = Zahlungsüberschuss der Periode t
i = Kalkulationszinsfuß

Das Entscheidungskriterium der Kapitalwertmethode lautet bei Einzelinvestitionen, dass Investitionen durchzuführen sind, für die $C_0 \geq 0$ gilt. Interpretiert werden kann der Kapitalwert als zusätzlicher Gewinn in t = 0, den die Investition im Vergleich zur Anlage der Anschaffungsauszahlung zum Kalkulationszinsfuß erwirtschaftet. Demnach weist ein negativer Kapitalwert darauf hin, dass die Verzinsung des eingesetzten Kapitals unter der Verzinsung zum Kalkulationszinsfuß liegt. Bei mehreren sich gegenseitig ausschließenden Investitionsalternativen ist diejenige Alternative auszuwählen, die den größten Kapitalwert aufweist.

Während die Kapitalwertmethode versucht, den Wert einer Investitionsalternative zu ermitteln, ist es Ziel der **Internen Zinsfuß-Methode**, die Verzinsung des eingesetzten Kapitals zu berechnen. Dazu wird derjenige Zinssatz r (Interner Zinsfuß, kritischer Zins) ermittelt, an dem der Kapitalwert null ist.

$$- a_0 + \sum_{t=1}^{T} z_t \cdot (1+r)^{-t} + L_T \cdot (1+r)^{-T} \overset{!}{=} 0$$

r = Interner Zinsfuß
a_0 = Anschaffungsauszahlung der Periode 0
t = Periodenindex
L_T = Liquidationserlös am Ende der Nutzungsdauer
z_t = Zahlungsüberschuss der Periode t
T = Nutzungsdauer

Auch der Internen Zinsfuß-Methode liegen Prämissen zugrunde. Diese Prämissen stimmen im Wesentlichen mit denen der Kapitalwertmethode überein. Eine abweichende Annahme wird bezüglich der Wiederanlageprämisse getroffen. Anders als bei der Kapitalwertmethode erfolgt die Wiederanlage von Einzahlungsüberschüssen nicht zum Kalkulationszinsfuß, sondern zum Internen Zinsfuß. Weiterhin kommt es bei mehrfachen Vorzeichenwechseln innerhalb der Zahlungsreihe einer Investition zu einer Mehrdeutigkeit des Internen Zinsfußes. Daher wird in der Regel die Prämisse gesetzt, dass nur ein einziger Vorzeichenwechsel stattfindet; die Investition ist mit anderen Worten in eine Auszahlungs- und eine Einzahlungsphase zu untergliedern. Zudem muss der Kapitalwert für i = 0 positiv sein.

Als Zielsetzung des Investors gilt es, den Internen Zinsfuß zu maximieren. Die Entscheidungsregel der Internen Zinsfuß-Methode besagt, dass Investitionen durchzuführen sind, wenn der Interne Zinsfuß größer als der Kalkulationszinsfuß ist. Bei mehreren vorteilhaften Projekten ist dasjenige mit dem höchsten Kalkulationszinsfuß auszuwählen.

Die Berechnung des Internen Zinsfußes ist in der Regel ohne Weiteres möglich. Mithilfe von Interpolationsverfahren werden Näherungslösungen ermittelt, indem die Zinssätze für einen gerade positiven und einen gerade negativen Kapitalwert berechnet werden. In einem Koordinatensystem mit den Zinssätzen auf der X-Achse und den Kapitalwerten auf der Y-Achse schneidet eine Gerade zwischen diesen beiden Zinssätzen die X-Achse im Internen Zinsfuß.

Die **Formel zur Berechnung des Internen Zinsfußes** ergibt sich daher folgendermaßen:

$$r = i_1 + \frac{C_{0(1)}}{C_{0(1)} - C_{0(2)}} \cdot (i_2 - i_1)$$

r = Interner Zinsfuß
i_1 = Kalkulationszinsfuß 1
i_2 = Kalkulationszinsfuß 2
$C_{0(1)}$=   Kapitalwert bei Kalkulationszinsfuß 1
$C_{0(2)}$=   Kapitalwert bei Kalkulationszinsfuß 2

Als letztes Verfahren der dynamischen Investitionsrechnung wird im Folgenden die **dynamische Amortisationsrechnung** erläutert. Gegenstand der dynamischen Amortisationsrechnung – oder auch **Pay-off-Methode** – ist die Bestimmung desjenigen Zeitpunkts, an dem das eingesetzte Kapital durch Einzahlungsüberschüsse zurückgewonnen wird. Gesucht wird folglich die Periode, in der der Kapitalwert in Abhängigkeit von t erstmalig gleich 0 oder positiv wird.

Die formale Bestimmung der dynamischen Pay-off-Periode erfolgt folgendermaßen:

$$C(t) = -a_0 + \sum_{t=1}^{T} z_t \cdot q^{-t} \geq 0$$

C(t) = Kapitalwert in Abhängigkeit von t
$-a_0$ = Anschaffungsauszahlung der Periode t
t = Periodenindex
T = Nutzungsdauer
q = 1 + Kalkulationszinsfuß
z_t = Zahlungsüberschüsse der Periode t

Die dynamische Amortisationsrechnung wird in der Regel nicht als eigenständiges Entscheidungskriterium herangezogen, da sie keinen eigenständigen ökonomischen Zielwert liefert, sondern eher eine Zusatzinformation darstellt. Vor diesem Hintergrund erscheint eine Investition dann vorteilhaft, wenn ihre Amortisationszeit geringer als ein vorgegebener Grenzwert ist. Bei konkurrierenden Investitionsalternativen erscheint diejenige Alternative vorteilhaft, die eine geringere Amortisationszeit aufweist.

Im Gegensatz zu den statischen Verfahren der Investitionsrechnung werden bei den dynamischen Verfahren alle über die Nutzungsdauer einer Investition anfallenden Zahlungen zu ihren Zahlungszeitpunkten berücksichtigt. Die dynamischen Verfahren der Investitionsrechnung können insofern als realitätsnäher bezeichnet werden. Daher nimmt die Genauigkeit im Vergleich zur Berücksichtigung von Durchschnittswerten tendenziell zu. So können positive Kapitalwerte relativ einfach als Vermögenszuwächse interpretiert werden, während negative Kapitalwerte auf die Vernichtung von Vermögen hinweisen.

Diese grundsätzlichen Vorteile der dynamischen Verfahren gegenüber den statischen Verfahren lassen sie in Verbindung mit dem nur geringfügig höheren Rechenaufwand als vorteilhaft erscheinen. Auf die Vorteilhaftigkeit deutet im Übrigen auch die starke Beachtung und starke Akzeptanz der Kapitalwertmethode in der wissenschaftlichen Literatur hin.

Dennoch sind einige Aspekte kritisch zu hinterfragen. So suggerieren die errechneten Zielwerte häufig nur eine Pseudo-Genauigkeit. Denn die Zielwerte sind in erster Linie abhängig von der Genauigkeit des zugrunde liegenden Datenmaterials. Insbesondere bei relativ langen Betrachtungszeiträumen ist jedoch tendenziell aufgrund von unsicheren Erwartungen von einer eher **abnehmenden Genauigkeit** auszugehen. Darüber hinaus ist die Zurechenbarkeit von Zahlungen auf einzelne Investitionsprojekte aufgrund von Verbundbeziehungen häufig mit Problemen verbunden. Weiterhin ist die Existenz eines vollkommen Kapitalmarkts in der Realität zu verneinen.

Aufgabe 42 > Seite 351

Aufgabe 43 - 44 > Seite 352

6.3.3 Vollständige Finanzpläne

Vollständige Finanzpläne (VoFi) kommen ohne die Annahmen des vollkommen Kapitalmarkts aus (vgl. hierzu und im Folgenden *Schulte/Körner/Shalchi, 2018, S. 528 ff.*). Explizit berücksichtigen sie beispielsweise Unterschiede zwischen Soll- und Habenzins, Kreditlinien oder Anleihen mit Aufgeld. Der aus den dynamischen Verfahren der Investitionsrechnung bekannte Parameter Kalkulationszinsfuß wird insofern durch realistischere Werte ersetzt. Dabei werden auf Basis der Anfangsbestände an liquiden Mitteln und der Zahlungsfolge der Investition monetäre Konsequenzen finanzieller und weiterer investiver Maßnahmen transparent gemacht.

Grundsätzlich können vier charakteristische Merkmale von VoFis identifiziert werden:

► **Verknüpfung der Investitions- mit der Finanzierungsentscheidung:** Durch die Verknüpfung der Investitions- mit der Finanzierungsentscheidung wird der Entscheidende bzw. werden die Entscheidenden gezwungen, sich in jeder Periode des Investitionszyklus Gedanken darüber zu machen, wie Auszahlungsüberschüsse finanziert bzw. Einzahlungsüberschüsse angelegt werden können. Insbesondere im Rahmen des Investitionscontrollings trägt dies zur qualitativen Verbesserung der Entscheidungsfindung bei.

So kann beispielsweise explizit berücksichtigt werden, inwieweit Fremd- oder Eigenkapital zur Verfügung steht, wann und in welcher Höhe Kredite aufgenommen oder zurückgezahlt werden, welche verschiedenen Arten von Kreditkonditionen zur Verfügung stehen oder wie hoch der Opportunitätskostensatz zu bemessen ist.

► **Aufstellung des VoFis in tabellarischer Form:** Zur Beurteilung der Investitionsentscheidung wird auf den Einsatz mathematischer Formeln verzichtet. Durch die tabellarische Darstellungsform wird insbesondere die Übersichtlichkeit und Nachvollziehbarkeit gewährleistet.

► **Endwert als Maß zur Beurteilung der Wirtschaftlichkeit:** Aus einer Reihe möglicher Zielwerte des VoFi-Konzepts wird aufgrund seiner einfachen Nachvollziehbarkeit häufig der Endwert einer Investition betrachtet. Ein positiver Endwert wird durch die Höhe des Guthabens am Ende der Nutzungsdauer der Investition abgebildet, während ein negativer Endwert als Kreditstand am Ende der Nutzungsdauer ausgewiesen wird. Daraus lassen sich auch leicht die Entscheidungsregeln ableiten, wonach eine Investition absolut vorteilhaft ist, wenn ihr Endwert größer ist als der Endwert der Opportunität. Relativ vorteilhaft ist eine Investitionsalternative, wenn ihr Endwert größer ist als der der konkurrierenden Investitionsalternativen.

▶ **Flexibilität des Konzepts:** VoFis können jederzeit an die entsprechenden Erfordernisse angepasst werden. So ist beispielsweise ohne großen Rechenaufwand möglich, steuerliche Auswirkungen von Investitionsalternativen zu berücksichtigen.

Bei der Darstellung des Konzepts ist darauf hinzuweisen, dass es sich um ein Partialmodell handelt. Durch die isolierte Betrachtung der Investitions- und Finanzierungswirkungen nur einer Investitionsentscheidung findet keine Koordination zwischen mehreren dezentral zu beurteilenden Projekten statt.

Den beispielhaften Aufbau eines VoFis (mit Steuern) vermittelt Tab. D.8.

Zeitpunkt	0	1	2	3	4	...
Zahlungsfolge der Investition Eigenkapital - Entnahme + Einlage						
Kredit mit Ratentilgung + Aufnahme - Tilgung - Sollzinsen						
Kredit mit Endtilgung + Aufnahme - Tilgung - Sollzinsen						
Kontokorrentkredit + Aufnahme - Tilgung - Sollzinsen						
Geldanlage - Geldanlage + Auflösung + Habenzinsen						
Steuerzahlungen - Auszahlung + Erstattung						
Finanzierungssaldo	0	0	0	0	0	0
Bestandsgrößen **Kreditstand** Ratentilgung Endtilgung Kontokorrent **Guthabenstand** **Bestandssaldo**						

Tab. D.8: VoFi mit Steuern

Auch bei der Interpretation der Ergebnisse von vollständigen Finanzplanungen gilt es zu bedenken, dass von sicheren Annahmen ausgegangen wird. Probleme ergeben sich weiterhin, wenn mehrere Investitionsprojekte verfolgt werden und zudem Eigenkapital zur Verfügung steht. Eine willkürliche Aufteilung des Eigenkapitals auf die Investitionsprojekte dürfte dann in der Regel nicht zum Ziel führen. Vielmehr dürfte hierzu ein lenkpreistheoretisches Instrumentarium von Nöten sein. Ebenso stellt sich – im Fall von Personengesellschaften – bei mehreren Investitionsprojekten beispielsweise die Frage, welchen Projekten Entnahmen des Unternehmers zugeordnet werden sollen. Auch werden bei mehreren Investitionsalternativen finanzielle Verbundeffekte von Investitionen nicht erfasst. So ist es beispielsweise nicht möglich, dass Überschüsse der einen Investition anderen Investitionen zur Finanzierung zugeschlüsselt werden.

Berücksichtigt man diese Restriktionen, kann die Vollständige Finanzplanung dennoch ein hilfreiches Instrument sein. So sind insbesondere die im Vergleich zu den klassischen Verfahren der Investitionsrechnung übersichtlichere Darstellung und die Berücksichtigung realistischerer Finanzierungs- und Anlagemöglichkeiten hervorzuheben. Darüber hinaus können mit relativ geringem Aufwand steuerliche Implikationen von Investitionsentscheidungen transparent gemacht werden.

6.3.4 Nutzwertanalyse

Als Ergänzung zu den quantitativen Verfahren zur Bewertung von Investitionsalternativen bietet sich die Nutzwertanalyse an (vgl. hierzu und im Folgenden *Schulte/Körner/Shalchi, 2018, S. 505 ff.*). Mithilfe der Nutzwertanalyse ist es möglich, Handlungsalternativen mehrdimensional zu bewerten, beispielsweise wenn bei Investitionsalternativen weitere als nur monetäre Zielsetzungen verfolgt werden.

Gerade bei Investitionsentscheidungen ist es oftmals nicht oder nur schwer möglich, alle Konsequenzen einer solchen Entscheidung in monetären Größen zu quantifizieren; vielfach sind dies sogar nur die wenigsten, unmittelbaren Konsequenzen, wie die Anschaffungs- und Anschaffungsnebenkosten. Zu diesem Zweck werden Beurteilungskriterien im Rahmen der Nutzwertanalyse Punktwerte zugeordnet, die einen Vergleich verschiedener Investitionsalternativen ermöglichen. Darüber hinaus führt eine Aggregation der Punktwerte der verschiedenen Beurteilungskriterien dazu, dass anhand eines einzigen Punktwerts Investitionsalternativen miteinander verglichen werden können.

Neben anderen Anwendungsmöglichkeiten, wie der Auswahl von Forschungs- und Entwicklungsvorhaben und von Produktinnovationen, der Arbeitsplatzbewertung, der Standortwahl sowie der Erklärung von Käuferverhalten, wird die Nutzwertanalyse auch als Instrument zur Vorauswahl von Investitionsobjekten eingesetzt.

Als charakteristisches Merkmal der Nutzwertanalyse ist deren strukturiertes Vorgehen zu bezeichnen. Sie vollzieht sich in der Literatur je nach Autor in vier, fünf, sechs oder sieben Schritten. Im Folgenden erfolgt die Erläuterung der Vorgehensweise bei der Nutzwertanalyse anhand deren Einteilung in **fünf Schritte** (vgl. *Götze/Bloech, 2004, S. 181*):

► Zielkriterienbestimmung

► Zielkriteriengewichtung

- ► Teilnutzenbestimmung
- ► Nutzwertermittlung und
- ► Beurteilung der Vorteilhaftigkeit.

Zu Beginn der Nutzwertanalyse bedarf es einer Bestimmung von Kriterien, die die Ziele von Investitionsprozessen im Sinne einer stufenweisen Präzisierung hinreichend konkretisieren. Bei dieser **Zielkriterienbestimmung** ist eine Reihe von Grundsätzen zu beachten. Wie die Ziele eines Investitionsprozesses selbst operational sein müssen, so sind grundsätzlich auch nur operationale Zielkriterien zu bestimmen.

Solche Zielkriterien zeichnen sich dadurch aus, dass ihnen ein Zielkriterienmaßstab zugeordnet werden kann, mit dessen Hilfe der Zielerfüllungsbeitrag quantifiziert werden kann. Die Art der Messung des Zielerfüllungsbeitrags kann dabei sowohl über Nominal- als auch über Ordinal- oder Kardinalskalen erfolgen. Weiterhin müssen Zielkriterien überschneidungsfrei sein. Ausgehend von der Überschneidungsfreiheit der Zielkriterien ist auch die Nutzenunabhängigkeit der Zielkriterien sicherzustellen, d. h. die Erreichung des einen Zielkriteriums bedingt nicht die Erreichung eines anderen. Darüber hinaus sollte das Ziel- und Zielkriteriensystem nicht zu komplex gestaltet werden. Dadurch kann eine Überschaubarkeit gewährleistet werden, die bei einer zu großen Anzahl von Zielen und Zielkriterien schnell verloren ginge. Durchgeführt werden die Bestimmung der Zielkriterien sowie die im nachfolgenden Schritt durchzuführende Gewichtung der Kriterien in der Regel durch ein Team aus den entsprechenden Fachexperten und dem Controlling. Eine Formulierung der Ziele und Zielkriterien nach den hier genannten Grundsätzen ermöglicht eine transparente Darstellung der vielfach nicht monetär quantifizierbaren Nutzenwirkungen.

Bei der **Gewichtung der einzelnen Zielkriterien** ist ebenfalls ein strukturiertes Vorgehen zu empfehlen, das an die oben erläuterte Bestimmung des Zielsystems anknüpft. In einem mehrstufigen Zielsystem kann es zweckmäßig sein, mit der Gewichtung auf der obersten Zielebene zu beginnen. Das folgende Beispiel (vgl. Abb. D.15) verdeutlicht die Vorgehensweise.

Beispiel

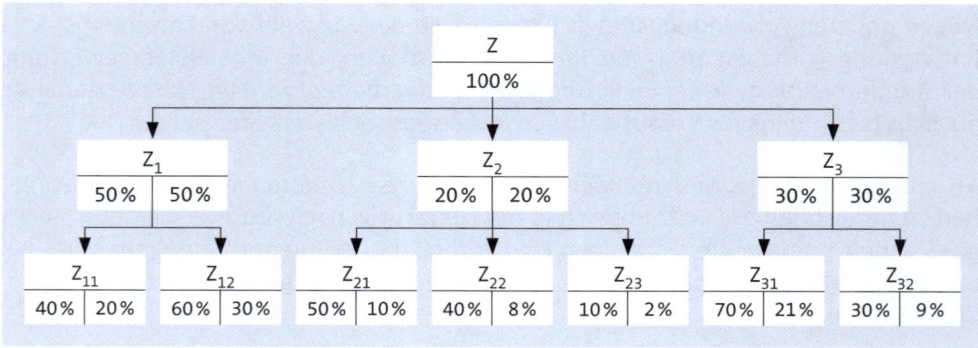

Abb. D.15: Gewichtung von Zielkriterien

Zielkriterien, die ein Oberziel konkretisieren, werden auf der entsprechenden Zielebene in der Summe jeweils 100 % des Zielwerts zugeordnet (im Beispiel der jeweilige linke Kasten). Alle Zielkriterien einer Zielebene beschreiben das oberste Ziel der Zielhierarchie stets zu 100 % (im Beispiel der jeweilige rechte Kasten). Dem Zielsystem mit den gewichteten Zielkriterien sind aus der Anordnung der Kriterien somit die Wichtigkeit und der Einfluss auf das definierte Oberziel zu entnehmen.

Eine andere Möglichkeit zur Bestimmung der Gewichtungen ist der in der Praxis beliebte **Paarvergleich von Kriterien** (vgl. Tab. D.9), wobei alle Zielkriterien, die nicht durch weitere Kriterien konkretisiert werden, verglichen werden (vgl. *Adam, 2000, S. 98 ff.*). Ist ein Kriterium wichtiger als ein anderes, so wird dem wichtigeren Kriterium der Wert 1 und dem weniger wichtigen der Wert 0 zugeordnet.

Wesentliche Anwendungsvoraussetzung für den Paarvergleich ist die Konsistenz der Bewertungen, d. h. wenn Kriterium A wichtiger als Kriterium B und Kriterium B wichtiger als Kriterium C ist, folgt daraus, dass Kriterium C nicht wichtiger als Kriterium A sein kann (Transitivität). Ist die Konsistenz gegeben, sind gleichwertige Alternativen nicht zulässig sowie Vergleiche der Kriterien mit sich selbst durchgeführt worden, dann müssen bei beispielsweise sieben Kriterien (im folgenden Beispiel Z_{11} - Z_{32}) bei der Summierung der gewonnenen Paarvergleiche alle Zahlenwerte von 1 bis 7 vertreten sein. Die Gewichte der einzelnen Kriterien ergeben sich sodann als Quotient aus der Anzahl der „Siege" eines Kriteriums durch die Gesamtanzahl der Vergleiche.

Beispiel

	Z_{11}	Z_{12}	Z_{21}	Z_{22}	Z_{23}	Z_{31}	Z_{32}	Σ	Gew. in %	Rang
Z_{11}	1		1	1	1		1	5	17,86 %	3
Z_{12}	1	1	1	1	1	1	1	7	25,00 %	1
Z_{21}			1	1	1		1	4	14,29 %	4
Z_{22}				1	1			2	7,14 %	6
Z_{23}					1			1	3,57 %	7
Z_{31}	1		1	1	1	1	1	6	21,43 %	2
Z_{32}				1	1		1	3	10,71 %	5
Σ	3	1	4	6	7	2	5	28	100,00 %	

Tab. D.9: Paarvergleich von Kriterien

Aus diesem Paarvergleich von Kriterien ergeben sich für das beispielhafte Zielsystem folgende Werte:

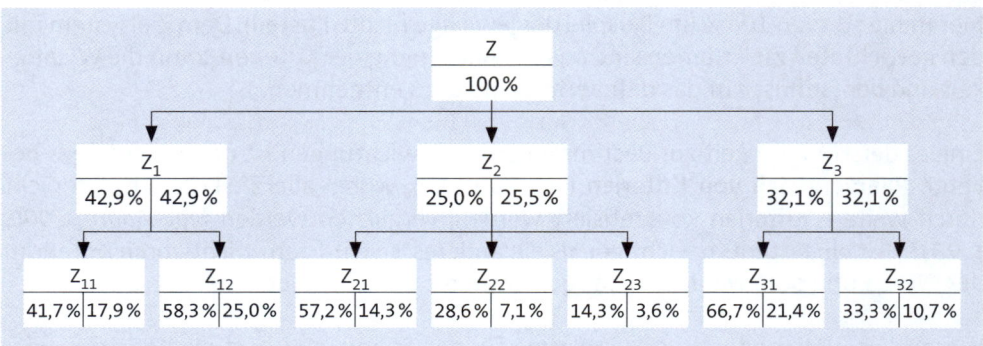

Abb. D.16: Zielsystem mit Gewichtungskriterien aus Paarvergleich

Im dritten Schritt der Nutzwertanalyse sind die **Teilnutzen der einzelnen Kriterien auf der untersten Hierarchieebene zu bestimmen**. Dazu sind zunächst einmal Informationen zu erheben, anhand derer eine Bewertung auf sachlicher Basis möglich ist. Diesen Informationen sind sodann Werte zuzuordnen, die sowohl mithilfe nominaler, kardinaler als auch ordinaler Bewertungsmethoden transformiert werden können. Als sinnvoll hat es sich erwiesen, Punktwerte zwischen 1 und 10 zu verteilen, um so die unterschiedlichen Erfüllungsgrade von Kriterien durch einzelne Handlungsalternativen zu verdeutlichen, wobei 10 Punkte für die bestmögliche Erfüllung der Kriterien und 1 Punkt für eine besonders geringe Erfüllung der Kriterien vergeben werden. Alternativ bietet sich auch die Verwendung einer Schulnotenskala an. Die Teilnutzen der einzelnen Kriterien ermitteln sich beispielsweise als Produkt aus Punktwert und Gewichtungsfaktor.

Im vierten Schritt, der **Nutzwertermittlung für eine Alternative**, erfolgt eine Aggregation der Teilnutzenwerte zu einem Gesamtnutzenwert. Unterstellt man den Fall, dass die einzelnen Zielkriterien zumindest bedingt nutzenunabhängig voneinander sind und die Teilnutzenwerte mithilfe einer einheitlichen Kardinalskala ermittelt wurden, ermittelt sich der Gesamtnutzenwert als Summe der Teilnutzenwerte.

Im letzten Schritt wird schließlich die **Vorteilhaftigkeit der Alternativen bewertet**. Dabei ist die absolute Vorteilhaftigkeit einer Handlungsalternative dann gegeben, wenn ihr Nutzwert – bei obiger Verteilung der Punktwerte – über einem vorgegebenen Grenzwert liegt. Hat eine Handlungsalternative einen größeren Nutzenwert als alle vergleichbaren Alternativen, dann ist diese relativ vorteilhaft.

Dabei sind die Gesamtnutzenwerte stets kritisch zu hinterfragen. Zum einen muss bei der Bestimmung der Werte darauf geachtet werden, dass Mindestanforderungen an bestimmte Kriterien eingehalten werden. Sind beispielsweise die Abmessungen einer

Maschine durch das vorhandene Platzangebot in bestehenden Produktionshallen determiniert, dann kann eine Handlungsalternative, auch wenn sie alle anderen Zielkriterien bestens erfüllt, nicht vorteilhaft sein, wenn sie über die maximalen Abmessungen hinausgeht. Zum anderen sind bei knappen Entscheidungen für bzw. gegen eine Handlungsalternative Sensitivitätsanalysen durchzuführen. So können bereits geringe Abweichungen bei einzelnen Punktwerten dazu führen, dass sich die Präferenzreihenfolge ändert. Schließlich wird selten eine Entscheidung allein auf Basis der eher qualitativen Nutzwertanalyse getroffen. Häufig werden (Vor-)Auswahlentscheidungen von Nutzwertanalysen durch Investitionsrechnungsverfahren weiter konkretisiert.

Positiv wird an der Nutzwertanalyse in der Regel die Tatsache bewertet, dass sie es ermöglicht, bei der Bewertung von Investitionsalternativen neben den üblicherweise zugrunde gelegten quantitativen Kriterien auch qualitative Aspekte zu berücksichtigen, die häufig gar nicht oder nur schwer in monetären Größen ausgedrückt werden können. Dazu zählen insbesondere technische Daten der Investitionsalternativen.

Der systematische und weitestgehend standardisierte Ablauf von Nutzwertanalysen führt zudem dazu, dass der Investitionsprozess besser verstanden und durchdrungen werden kann. Dazu trägt vor allem die Gewichtung der einzelnen Kriterien bei. Erleichtert wird die Akzeptanz des Verfahrens darüber hinaus durch seine Einfachheit, die gute Nachvollziehbarkeit und die relativ geringe rechnerische Komplexität, mit der eine Vielzahl von Informationen zu einem Wert verdichtet wird.

Bei der **Interpretation der Ergebnisse der Nutzwertanalyse** sind allerdings einige Restriktionen zu beachten. Hierbei sind insbesondere subjektive Einflüsse bei der Datenermittlung zu erwähnen, die sowohl bei der Aufstellung der Zielkriterien, bei der Gewichtung dieser Kriterien, bei der Festlegung des Zielerreichungsgrads der Investitionsalternativen sowie bei der Zusammenfassung der Teilnutzen zu Gesamtnutzenwerten auftreten. Diese subjektiven Einflüsse können leicht zu Fehlurteilen führen bzw. dazu, dass Alternativen „schön-" bzw. „totgerechnet" werden.

Weiterhin führt die Prämisse unabhängiger Zielkriterien häufig zu Problemen. Eine vorbehaltslose Zusammenfassung der Teilnutzenwerte suggeriert, dass sich einzelne Kriterienausprägungen substituieren. Hierbei ist zu beachten, dass – falls erforderlich – Mindestteilnutzenwerte erreicht werden, deren Unterschreitung eine Investitionsalternative unbrauchbar erscheinen lassen. Schließlich führt bei aller Einfachheit des Verfahrens die Zusammenfassung zu Nutzwerten dazu, dass Informationen verloren gehen, die in nicht-aggregierter Form möglicherweise einen größeren Nutzen hätten.

Den genannten Schwächen des Verfahrens kann jedoch im Rahmen des Investitionscontrollings begegnet werden. So ist die Subjektivität bei der Datenermittlung insofern zu minimieren, als dass interdisziplinäre Teams bei der Aufstellung und Gewichtung der Zielkriterien, bei der Festlegung des Zielerreichungsgrads der Investitionsalternativen sowie bei der Zusammenfassung der Teilnutzen zu Gesamtnutzenwerte zusammenarbeiten. Dies führt dazu, dass Problembereiche aus unterschiedlichen Blickwinkeln betrachtet werden und somit Entscheidungen objektiver werden.

Fehlinterpretationen des Zielwerts können abgeschwächt werden, indem die Nutzwertanalyse als ergänzende Methode verstanden wird. Erst eine kombinierte Anwendung der Nutzwertanalyse – beispielsweise in Verbindung mit den dynamischen Verfahren der Investitionsrechnung – führt zu ausreichend verlässlichen Entscheidungen.

6.3.5 Verfahren unter Unsicherheit

Bei der **Sensitivitätsanalyse** wird untersucht, wie die auf Basis sicherer Erwartungen durchgeführten Investitionsrechnungen variieren, wenn einzelne Parameter verändert werden (vgl. hierzu und im Folgenden *Schulte/Körner/Shalchi, 2018, S. 536 ff.*). Dabei werden in der Regel zwei Fragestellungen untersucht:

1. Zum einen kann beispielsweise untersucht werden, wie sich der Kapitalwert eines Investitionsobjekts ändert, wenn Variationen bei den zugrunde liegenden Ausgangsdaten, wie dem Kalkulationszinsfuß, der Lebensdauer, der Absatzmenge, den Absatzpreisen, den variablen Stückkosten oder den Fixkosten, vorgenommen werden.

2. Zum anderen kann im Rahmen einer Auswahlentscheidung bei sich einander ausschließenden Investitionsalternativen überprüft werden, inwieweit die Optimalitätsentscheidung aufgrund von sich ändernden Daten variieren kann.

Anschaulich ist der Unterschied zwischen diesen beiden Fragestellungen darin zu sehen, dass bei Ersterer der absolute Erfolg im Mittelpunkt steht. Haben Änderungen der sicheren Daten nur wenig Einfluss, kann man von einer geringen Empfindlichkeit des geplanten Erfolgs auf Datenänderungen sprechen. Im Rahmen der zweiten Fragestellung bedeutet geringe Sensitivität, dass eine vorteilhafte Investitionsalternative auch bei Datenvariationen vorteilhaft bleibt, d. h. im Fokus steht nicht die absolute Änderung der Erfolgsgrößen, sondern die relative Vorteilhaftigkeit. Daraus folgt für die Anwendung der Sensitivitätsanalyse, dass die erste Fragestellung im Vordergrund steht, wenn eine Alternative gefunden werden soll, bei der mit relativ hoher Sicherheit von einem günstigen Erfolgsbeitrag auszugehen ist. Die zweite Fragestellung wird verfolgt, wenn eine Investitionsalternative gesucht wird, die in den meisten Fällen der oder den anderen Investitionsalternative(n) überlegen ist.

Ein häufig angewendetes Verfahren der Sensitivitätsanalyse ist die **Ermittlung kritischer Werte**. Entsprechend der oben diskutierten zweiten Fragestellung wird der Wert gesucht, an dem sich die Vorteilsentscheidung zugunsten einer anderen Investitionsalternative ändert. Dazu werden oftmals die Zielgrößen der klassischen Investitionsrechnung herangezogen. So kann beispielsweise der Einfluss von Datenänderungen auf den Kapitalwert als dynamisches Verfahren oder der Einfluss auf den durchschnittlichen Gewinn als statisches Verfahren ermittelt werden.

Generell wird häufig an der Sensitivitätsanalyse kritisiert, dass bei der Variation von bestimmten Größen die Konstanz der anderen Parameter unterstellt wird. Von einer solchen Unabhängigkeit der Parameter kann jedoch in aller Regel nicht ausgegangen werden. Der Versuch, diesem Kritikpunkt zu begegnen, in dem mehrere Einflussgrößen gleichzeitig variiert werden, führt dazu, dass die Ergebnisse der Sensitivitätsanalyse nicht mehr zweifelsfrei interpretiert werden können. Weiterhin werden über die Wahrscheinlichkeitsverteilungen der Abweichungen keine Aussagen getroffen.

Im Gegensatz dazu können einige positive Aspekte der Sensitivitätsanalyse genannt werden. Zum einen dient sie als hilfreiches Instrument, um die Empfindlichkeit von Investitionsentscheidungen in Bezug auf die Unsicherheit des ihr zugrunde liegenden Datenmaterials transparent zu machen. Dabei beschränkt sich ihre Anwendung nicht auf bestimmte Modelle wie etwa die Kapitalwertmethode. Vielmehr kann sie auch im Rahmen anderer Modelle zur quantitativen und qualitativen Beurteilung von Investitionen angewandt werden. Zum anderen können auf Basis der Ergebnisse von Sensitivitätsanalysen die Tragweite von Investitionen und die Struktur dieser Investitionsprozesse besser durchleuchtet werden. So können beispielsweise die kritischen Parameter der Investitionsprojekte identifiziert werden, auf die im Rahmen der Entscheidungsfindung detailliert eingegangen werden sollte. Zudem ist der rechnerische Aufwand zur Durchführung von Sensitivitätsanalysen als relativ gering zu bezeichnen.

Letztlich sollte bei der Interpretation der Ergebnisse von Sensitivitätsanalysen bedacht werden, dass sie keine Entscheidungsregeln liefern. Sie dienen vielmehr dazu, die Entscheidungsgrundlage zu verbreitern. Die Sensitivitätsanalyse kann daher eher als ergänzendes Instrument zu den bekannten quantitativen und qualitativen Verfahren zur Bewertung von Investitionen charakterisiert werden.

Bei der **Risikoanalyse** wird versucht, auf Basis von Wahrscheinlichkeitsverteilungen der Inputgrößen einer Investition Rückschlüsse auf entsprechende Wahrscheinlichkeitsverteilungen der zu betrachtenden Ergebnisgröße zu ziehen. Dazu werden in der Literatur in der Regel fünf Verfahrensschritte definiert:

► Auswahl der unsicheren Inputgrößen

► Expertenschätzungen bezüglich der Wahrscheinlichkeitsverteilungen der unsicheren Inputgrößen

► Offenlegung von stochastischen Abhängigkeiten zwischen den einzelnen Parametern

► Ermittlung der Ergebnisverteilung – beispielsweise der Kapitalwertverteilung – im Rahmen von analytischen Berechnungen oder mittels einer Simulation sowie

► statistische Auswertung und Interpretation der Ergebnisse.

Bei der im ersten Schritt der Risikoanalyse durchzuführenden **Auswahl der unsicheren Inputgrößen** gilt es zu beachten, dass zwar eine möglichst große Detaillierung des Daten-Inputs wünschenswert ist, mit einer zunehmenden Detaillierung aber auch die Komplexität bezüglich der Datengewinnung und des Rechenaufwands steigt. Zu den Inputgrößen, die im Rahmen von Investitionsprojekten zu bedenken sind, zählen in der Regel Absatzmengen, Produktpreise, variable Stückkosten, Fixkosten, Investitionsausgaben, Lebensdauern sowie Kalkulationszinsfüße.

Da oftmals nicht für alle unsicheren Inputgrößen Wahrscheinlichkeitsverteilungen ermittelt werden, kann eine Beschränkung auf die Größen erfolgen, denen ein besonders starker Einfluss auf das Ergebnis von Investitionsprojekten zugesprochen werden kann. Geordnet nach ihrer abnehmenden Bedeutung sind dies Produktpreise und Absatzmengen, Investitionsausgaben, Inbetriebnahmezeitpunkte, laufende Kosten sowie Lebensdauern.

Im Gegensatz dazu haben im Rahmen von besonders innovativen Investitionsprojekten, wie beispielsweise der Investition in neue bzw. noch nicht ausgereifte Verfahren, häufig Ausgabenbestandteile besonders starken Einfluss auf den monetären Erfolg von Investitionen. Hinsichtlich einer Klassifizierung nach neuen Produkten und nach neuen Märkten empfehlen *Blohm/Lüder* (vgl. *1995, S. 264*) folgende Ausgestaltung der Risikoanalyse:

Risikosituation	Ausgestaltung der Risikoanalyse
Bekannter Markt/ bekanntes Verfahren	Keine Risikoanalyse
Bekannter Markt/ neues Verfahren	Risikoanalyse mit den unsicheren Inputgrößen: Produktions- und Absatzmengen, Investitionsausgaben, variable Stückkosten, Fixkosten, Zeitpunkt der Inbetriebnahme
Neuer Markt/ bekanntes Verfahren	Risikoanalyse mit den unsicheren Inputgrößen: Produktpreise, Absatzmengen
Neuer Markt/ neues Verfahren	Risikoanalyse mit den unsicheren Inputgrößen: Produktions- und Absatzmengen, Investitionsausgaben, variable Stückkosten, Fixkosten, Inbetriebnahmezeitpunkt

Tab. D.10: Klassifizierungsschema für Risikosituationen

Im zweiten Schritt der Risikoanalyse, der **Ermittlung der Wahrscheinlichkeitsverteilungen der unsicheren Inputgrößen**, sind zwei Arten zur Schätzung der Wahrscheinlichkeitsverteilungen zu unterscheiden. Zum einen kann eine Schätzung erfolgen, ohne einen bestimmten Verteilungstyp zu unterstellen. Da jedoch dazu in der Regel nicht genügend Informationen vorliegen, werden zum anderen Standardverteilungen der Wahrscheinlichkeiten unterstellt. Zu nennen wären hier insbesondere **Normal-, Dreiecks- oder Gleichverteilungen**. Die Datenermittlung beschränkt sich in solchen Fällen auf die Schätzung der Parameter der Verteilungen.

Für den Fall der Normalverteilung bedeutet dies beispielsweise, dass lediglich der Erwartungswert (m) und die Standardabweichung (s) ermittelt werden müssen. Die Wahrscheinlichkeiten ergeben sich sodann in Abhängigkeit von Erwartungswert und Standardabweichung gemäß folgender Dichtefunktion der Normalverteilung:

$$f(x) = \frac{1}{\sqrt{2\pi \cdot \sigma^2}} \cdot e^{-(x-\mu)^2/2\sigma^2}$$

μ = Erwartungswert
σ = Standardabweichung
π = Pi (3,14159...)
e = Eulersche Zahl (2,71828...)
x = Wahrscheinlichkeit

Im dritten Schritt der Risikoanalyse sind **stochastische Abhängigkeiten zwischen den einzelnen Parametern** offenzulegen. Stochastische Abhängigkeiten zwischen einzelnen Inputgrößen führen dazu, dass bei einer bestimmten Ausprägung einer unabhängigen Inputgröße eine stochastisch abhängige Größe nur noch bestimmte Werte aus dem Wertebereich annehmen kann. Beispielsweise kann für die Beziehung von Absatzmenge und Absatzpreis in der Regel nicht von einer stochastischen Unabhängigkeit ausgegangen werden. Begegnet werden kann solchen stochastischen Abhängigkeiten zum einen über die Schätzung von Korrelationskoeffizienten für die Entwicklungen der betrachteten Inputgrößen. Zum anderen können sogenannte bedingte Wahrscheinlichkeitsverteilungen („wenn-dann"-Verteilungen) unterstellt werden. Dabei werden bestimmten Wertebereichen der unabhängigen Größe bedingte Verteilungen der abhängigen Inputgröße zugeordnet.

Der vierte Schritt der Risikoanalyse umfasst die **Ermittlung der Ergebnisverteilung.** Dies erfolgt in der Regel im Rahmen einer computergestützten **„Monte-Carlo-Simulation"**. Dabei werden zunächst die sicheren Inputgrößen eingegeben. Anschließend erfolgt die Ermittlung der unsicheren Daten, indem Zufallszahlen auf Basis der vorher definierten Verteilungen gezogen werden. Nach jedem Durchlauf des Zufallsprozesses wird der zu betrachtende Zielwert – beispielsweise der Kapitalwert – berechnet und gespeichert. Dieses Vorgehen wird so lange wiederholt, bis die Zahl der Simulationsläufe für ausreichend erachtet wird und sich eine Häufigkeitsverteilung des Zielwerts herauskristallisiert. Dabei sollte die Zahl der Simulationsläufe jedoch so groß sein, dass die gezogenen Stichproben als repräsentativ für die Wahrscheinlichkeitsverteilungen der Inputgrößen angesehen werden kann.

Im letzten Schritt der Risikoanalyse gilt es schließlich, die **Simulation statistisch auszuwerten**. Dazu zählt beispielsweise die Berechnung von Mittelwert, Median oder Varianz des Zielwerts. Darüber hinaus können die Ergebnisse der Simulation grafisch dargestellt werden. Hierbei ist beispielsweise an Häufigkeitsdiagramme, Verteilungen oder Risikoprofile zu denken.

Schwachpunkte der Risikoanalyse sind insbesondere bei der Ermittlung der notwendigen Daten zu finden. So sind häufig Wahrscheinlichkeitsverteilungen oder stochastische Abhängigkeiten allenfalls näherungsweise zu bestimmen und Schätzungen mit relativ hohem Aufwand verbunden. Dies führt dazu, dass die Erstellung einer umfassenden Risikoanalyse häufig nur im Rahmen von Großprojekten stattfindet. Zwar weisen *Blohm/Lüder* darauf hin, dass häufig Computerprogramme zur Durchführung simulativer Risikoanalysen vorhanden sind, doch werden diese Programme nur im Ausnahmefall angewendet. Für den Fall weniger komplexer Entscheidungssituationen, wie sie bei kleineren bis mittelgroßen Investitionsentscheidungen vorliegen, werden in der Praxis häufig keine umfassenden Risikoanalysen durchgeführt, sondern im Rahmen der Bestimmung von Amortisationszeiten globale Risikoabschätzungen vorgenommen.

Den genannten Kritikpunkten des Verfahrens sind **positive Aspekte** gegenüberzustellen. So ist es mithilfe der Risikoanalyse möglich, eine Vielzahl von mit Unsicherheit behafteten Inputgrößen oder Umweltzuständen zu berücksichtigen. Der rechnerische Aufwand, den eine Monte-Carlo-Simulation mit sich bringt, ist mit einer Reihe von Softwareprodukten zu begegnen. Somit ist es möglich, eine unverfälschte Entscheidungsgrundlage zu liefern, bei der auf Basis individueller Risikobereitschaften die monetären Konsequenzen von Investitionsprojekten abgeschätzt werden können. Im Vergleich zu den klassischen Verfahren der Investitionsrechnung, die die Inputgrößen in einer Kennzahl verdichtet darstellen, liegen folglich genauere Informationen vor.

Darüber hinaus liefern Risikoanalysen keine Entscheidungsregeln. Sie dienen vielmehr dazu, ähnlich wie eine Sensitivitätsanalyse die Entscheidungsgrundlage zu verbreitern. Die Risikoanalyse ist daher als ergänzendes Instrument zu den bekannten quantitativen und qualitativen Verfahren zur Bewertung von Investitionen zu bezeichnen.

Große Investitionsprojekte zeichnen sich häufig dadurch aus, dass sie in mehreren Stufen vollzogen werden. Folglich sind neben der ursprünglichen Investitionsentscheidung auch **Folgeentscheidungen** zu bedenken, die die Vorteilhaftigkeit der ursprünglichen Alternativen beeinflussen. Folgeentscheidungen können beispielsweise in Form von Investitionsentscheidungen, Desinvestitionsentscheidungen oder auch in Form von Entscheidungen über Absatzpreise, Absatzmengen oder Werbemaßnahmen vorliegen.

Entscheidungsbäume dienen dabei der grafischen Veranschaulichung solcher mehrstufigen Entscheidungsprobleme. Sie enthalten in der Regel Entscheidungen, die durch Vierecke dargestellt werden, Ereignisse bzw. Zustände (Kreise) und Konsequenzen (Dreiecke). Linien, die von Entscheidungen ausgehen, beschreiben Handlungsalternativen; von Ereignissen ausgehende Linien stellen alternative Ereignisse bzw. Zustände dar. Die Summe der Wahrscheinlichkeiten ergibt an jedem Ereignis eins. In einem solchen Entscheidungsbaum endet jeder Pfad von links nach rechts in einer Konsequenz.

Beispiel

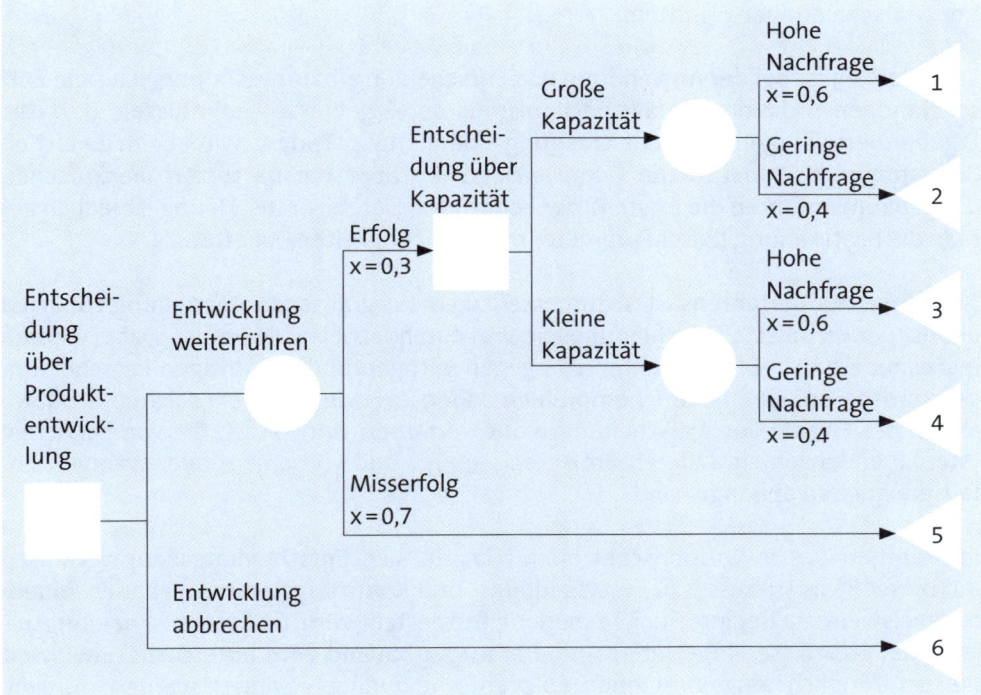

Abb. D.17: Entscheidungsbaum
(vgl. *Eisenführ/Weber, 2003, S. 38*)

Ziel von Entscheidungsbaumverfahren ist es nun, den Erwartungswert der Zielgröße – beispielsweise den Kapitalwert – zu maximieren, d. h. den optimalen Weg durch den Entscheidungsbaum zu finden.

Entscheidungsbaumverfahren im Rahmen von Investitionsentscheidungen laufen in der Regel in **drei Schritten** ab:

1. Strukturierung des Entscheidungsbaums durch Bestimmung von Entscheidungen, Ereignissen und Konsequenzen

2. Ermittlung der benötigten Daten, Ermittlung der Rückflüsse für jeden alternativen Umweltzustand sowie Schätzung der Wahrscheinlichkeiten und

3. Ableitung optimaler Entscheidungsalternativen.

Die **Bestimmung der optimalen Entscheidungsalternative** im dritten Schritt erfolgt häufig mittels des **Rollback-Verfahrens**. Dabei werden zunächst zu Beginn der letzten Teilperiode die Erwartungswerte der Zielgröße für die bestehenden Entscheidungsalternativen berechnet und die erwartungswertmaximalen Alternativen ermittelt. Anschließend sind für die vorletzte Teilperiode analog die erwartungswertmaximalen Entscheidungsalternativen unter Berücksichtigung der Ergebnisse der letzten Teilperiode zu bestimmen. Dies wird so lange fortgeführt, bis man den Beginn der Gesamtperiode erreicht hat. Auf diese Art und Weise lässt sich die optimale Abfolge von Investitionsentscheidungen ermitteln.

Zu bedenken ist bei der Anwendung von Entscheidungsbaumverfahren, dass die Entscheidungen nicht den Zufallsmechanismus der Ergebnisse beeinflussen, d. h. die Ergebnisverteilungen sind entscheidungsunabhängig. Zudem wird beim Entscheidungsträger Risikoneutralität vorausgesetzt. Darüber hinaus setzen die Entscheidungsbaumverfahren die Existenz der benötigten Daten voraus. Häufig ist jedoch gerade die Bestimmung dieser Parameter mit Schwierigkeiten behaftet.

Als **Stärke des Verfahrens** ist anzumerken, dass zur grafischen Darstellung zunächst einmal der komplette Entscheidungsprozess durchdacht werden muss. Dabei werden insbesondere die Abhängigkeiten von gegenwärtigen und zukünftigen Entscheidungen transparent. *Blohm/Lüder* empfehlen daher, dass vor allem bei solchen Großprojekten der Einsatz von Entscheidungsbaumverfahren sinnvoll ist, die von zeitlichen Interdependenzen zu anderen Projekten geprägt und von einem oder wenigen Zufallsereignissen abhängig sind.

Im Rahmen des Investitionscontrollings lassen sich Entscheidungsbaumverfahren auf dieser Basis sukzessiv zu Entscheidungs- und Kontrollsystemen ausbauen, indem beispielsweise zu Beginn einer Teilperiode festgestellt wird, welche entscheidungsrelevanten Ereignisse eingetreten sind. Darauf aufbauend wird untersucht, inwieweit die ursprünglich angenommenen Folgeentscheidungen revidiert werden müssen. Wird aufgrund der eingetretenen Zufallsereignisse eine Datenänderung notwendig, so kann sich unter Umständen die Optimalität der Folgeentscheidungen ändern. Nicht mehr relevant sind in solchen Fällen die der Vergangenheit angehörigen Äste des Entscheidungsbaums sowie die Äste, die aufgrund der eingetretenen Ereignisse nicht mehr realisiert werden können. Gleichzeitig ist zu prüfen, ob sich durch die Datenänderungen möglicherweise neue Entscheidungsalternativen auftun, die im Rahmen des Entscheidungsprozesses Berücksichtigung finden sollten.

6.3.6 Kennzahlen

Da Investitionsprozesse häufig eine nicht unerhebliche Komplexität und zudem einen hohen Innovationsgrad aufweisen, ist die Konzeption eines allgemeinen und umfassenden Kennzahlensystems für alle Phasen des Investitionsprozesses in der Regel nicht möglich (vgl. hierzu und im Folgenden *Bomm, 1992, S. 45 ff.*). Dies ist nicht zuletzt darin begründet, dass in unterschiedlichen Investitionsprozessen unterschiedliches Datenmaterial zu vorher nicht exakt bestimmbaren Zeitpunkten vorliegt. Daher hat anstelle eines umfassenden und systematischen Kennzahlensystems eine phasenspezifische Anpassung unter Berücksichtigung des zugrunde liegenden und quantifizierbaren Datenmaterials zu erfolgen.

Aufgrund der Komplexität und Mehrdimensionalität von Investitionsprozessen kann der Aufbau solcher Systeme nicht in Form von Spitzenkennzahlensystemen erfolgen.

Vielmehr sind neben quantitativen Zielen auch qualitative Aspekte zu berücksichtigen. Dies sollte sich auch in einem mehrdimensionalen Aufbau der Kennzahlensysteme widerspiegeln. Einen beispielhaften Aufbau für ein solches Kennzahlensystem für die Investition in eine Produktionsstraße liefert Abb. D.18. Dabei muss die Zuordnung von Kennzahlen zu den einzelnen Dimensionen des Kennzahlensystems nicht notwendigerweise trennscharf erfolgen.

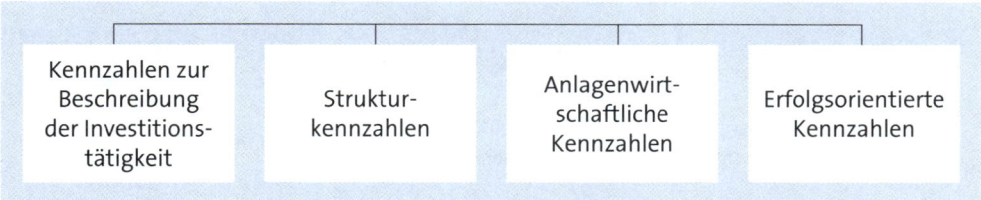

Abb. D.18: Aufbau eines Kennzahlensystems für die Investitionsplanung

Kennzahlen zur Beschreibung der Investitionstätigkeit können Auskunft darüber geben, wie sich Investitionssummen zusammensetzen. Die Zusammensetzung kann anhand unterschiedlicher Merkmale analysiert werden. Beispielsweise ist eine Gliederung nach Investitionszwecken, nach Investitionsinhalten, Finanzierungsaspekten oder personellen Merkmalen möglich.

Kennzahlen zur Beschreibung der Investitionstätigkeit		
Anteil Rationalisierungs-investitionen	Anteil Erweiterungs-investitionen	Anteil Ersatzinvestitionen
	Investitionsgrad	Investitionsquote
	Reinvestitionsquote	Finanzierungsgrad
Investitionsanteil für Steuerungen	Investitionsanteil für Werkzeuge	Investitionsanteil für Vorrichtungen
	Investitionsanteil flexibler/automatisierte Anlagen	Investitionsanteil für Transportsysteme

Abb. D.19: Beispielhafte Kennzahlen zur Beschreibung der Investitionstätigkeit

Die Berechnung der Kennzahlen zur Investitionstätigkeit dient in erster Linie dazu, einen unternehmensweiten Überblick über die Investitionstätigkeiten des Unternehmens zu schaffen. Dazu ist es möglicherweise sinnvoll, Kennzahlen für verschiedene Bereiche oder Abteilungen sowie für verschiedene Perioden zu ermitteln. Weitere Differenzierungen oder Eingrenzungen sind nach Bedarf vorzunehmen. Festzuhalten bleibt, dass mit diesen Kennzahlen über das eigentliche Investitionsobjekt selbst keine Aussage getroffen wird.

Strukturkennzahlen dienen dazu, den Aufbau desjenigen Bereichs zu beschreiben, in den investiert werden soll. Für den Fall einer Investition im Produktionsbereich bedeutet dies, dass eine nähere Klassifizierung nach Maschinenmerkmalen zu erfolgen hat. Beispiele für solche Merkmale im Produktionsbereich können Anschaffungs- oder Wiederbeschaffungswerte, Produktionswerte, Produktionszahlen, Alter, Fertigungsaufgaben oder Maschinentypen sein. Beispielhafte Strukturkennzahlen für den Produktionsbereich liefert Abb. D.20.

Strukturkennzahlen		
Anteil spannender/ nichtspannender Maschinen	Anteil der Industrieroboter	Anteil DNC-Maschinen
Altersstruktur	Anteil von Transport- und Handlingeinrichtungen	Anteil von flexiblen Fertigungssystemen
Anlagestruktur nach Anschaffungswerten	Anlagenstruktur nach Wiederbeschaffungswerten	Anlagenstruktur nach Produktionswerten
Anteil wieder verwendeter Anlagen	Anteil wieder verwendbarer Anlagen	Anlagenstruktur nach Produktionsstückzahlen

Abb. D.20: Beispielhafte Strukturkennzahlen für den Produktionsbereich

Im Gegensatz zur Vorgehensweise bei der Berechnung der Kennzahlen zur Beschreibung der Investitionstätigkeit wird bei der Ermittlung von Strukturkennzahlen eine Bestandsaufnahme zu einem konkreten Zeitpunkt vorgenommen. Aufbauend auf der Ermittlung des Istbestands kann dann die konkrete Bestimmung der Investitionsbedarfe erfolgen.

Im Rahmen der Bestimmung **anlagenwirtschaftlicher Kennzahlen** wird konkret auf die Merkmale der betrachteten Investitionsobjekte eingegangen. Dabei sind sowohl monetäre Aspekte, wie beispielsweise der Beschaffungs-, Installations- oder Einführungsaufwand, als auch nicht-monetäre Merkmale zu berücksichtigen. Zu den nicht-monetären Merkmalen zählen u. a. technische Abmessungen, Mechanisierungs- und Automatisierungsgrade oder Pflegezustände der betrachteten Maschine.

Anlagenwirtschaftliche Kennzahlen		
Restbuchwert zu Anschaffungswert	Alter	Zustand
Maschinenzahl pro Fläche	Maschinenzahl pro Kopf	Fläche pro Beschäftigten
	Mechanisierungsgrad	Automatisierungsgrad
	Mehraufwand der Anschaffung	Installations-/ Einführungsaufwand

Abb. D.21: Beispielhafte anlagenwirtschaftliche Kennzahlen

Bei den **erfolgsorientierten Kennzahlen** kann eine Unterteilung in die **Ergebnisse der Investitionsrechnung** und in zusätzliche **Wirtschaftlichkeitsparameter** vorgenommen werden. Die Wirtschaftlichkeitsparameter können wiederum hinsichtlich technischer Größen, Kostengrößen, organisatorischer Größen und personeller Größen gegliedert werden.

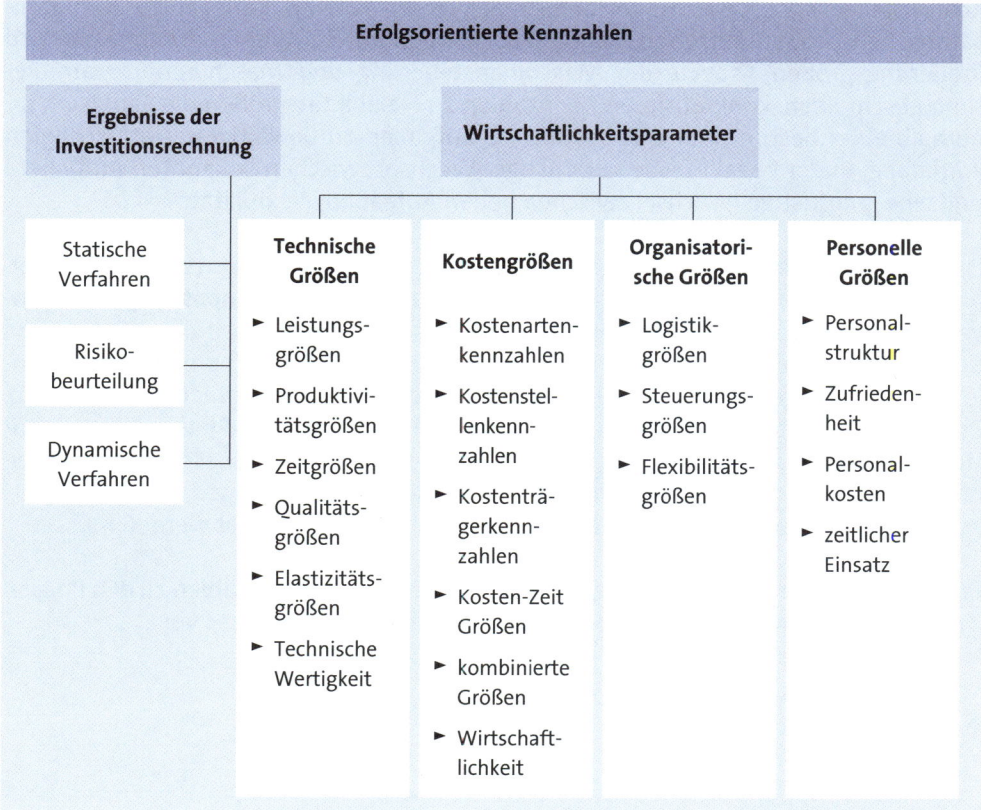

Abb. D.22: Strukturierung erfolgsorientierter Kennzahlen

Kennzahlen zu technischen Größen werden in vielfacher Form verwendet. Zudem ist die Beschaffung der notwendigen Daten häufig aus den technischen Angaben der Maschinenhersteller oder aus Erfahrungswerten möglich. Die folgende Tab. D.11 fasst einige Kennzahlen zu technischen Größen zusammen.

Leistungsgrößen	Energieverbrauch, Wirkungsgrad, Nutzungsintensität, Ausbringungsgrad
Produktivitätsgrößen	Material-/ Anlagen-/ Arbeitsproduktivität, Wertschöpfung je Arbeitseinsatz/ Kapitaleinsatz/ Kapazitätseinheit/ Beschäftigten
Zeitgrößen	Stillstandszeiten, Fertigungsgrad, Beschäftigungsgrad, Verfügbarkeit, Ausfallhäufigkeit, Rüstzeitgrad
Betriebseinsatzgrößen	Zahl der Betriebsarten, Losgröße, Zahl der Schichten, Zuverlässigkeit, Fehlerhäufigkeit, Geschwindigkeiten, Drehzahlen, Bewegungsabläufe
Qualitätsgrößen	Gütegrad, Kontrollaufwand, Kontrollquote, Nacharbeitsquote, Reparaturquote, Terminüberschreitung
Elastizitätsgrößen	Mengenänderungen, Losgrößenänderungen

Tab. D.11: Kennzahlen zu technischen Größen

Basis für die Ermittlung und Zuschlüsselung von Kosteninformationen ist eine leistungsfähige Kostenrechnung, anhand derer Kennzahlen bezüglich Kostenarten, Kostenstellen oder Kostenträger berechnet werden können. Kennzahlen zu organisatorischen Größen betreffen das direkte Anlagenumfeld. Während Kennzahlen zu Steuerungsgrößen Aspekte der Maschinensteuerung und Maschinenprogrammierung beschreiben, konkretisieren Kennzahlen zu Flexibilitätsgrößen die Fähigkeit, innerhalb einer bestimmten Zeit bestimmte Aufgaben zu bewältigen. Unterschieden wird dabei in der Regel in eine kurzfristige (Wechsel zwischen bekannten Aufgaben) und eine langfristige (Wechsel zwischen neuen Aufgaben) Flexibilität.

Das hier skizzierte Kennzahlensystem gilt es nun, im Rahmen des Investitionscontrollings situationsbezogen anzupassen. Damit ist zum einen eine **Anpassung an das Investitionsobjekt** selbst gemeint. Hiermit ist insbesondere an die zielführende Auswahl der benötigten Kennzahlen gedacht. Beispielsweise ist es für kleinere Investitionsobjekte nicht zwingend notwendig, das ganze Spektrum an Kennzahlen zu berechnen. Zum anderen hat eine Anpassung des Systems hinsichtlich der **Phasen des Investitionsprozesses** zu erfolgen. Dies bedeutet, dass nicht in allen Phasen des Investitionsprozesses alle Kennzahlen ermittelt und fortgeschrieben werden, sondern unterschiedliche Schwerpunkte in den unterschiedlichen Phasen gesetzt werden müssen.

Bomm schlägt die in Abb. D.23 dargestellte Zuordnung von Kennzahlen zu den Phasen des Investitionsprozesses und Hierarchieebenen des Unternehmens vor.

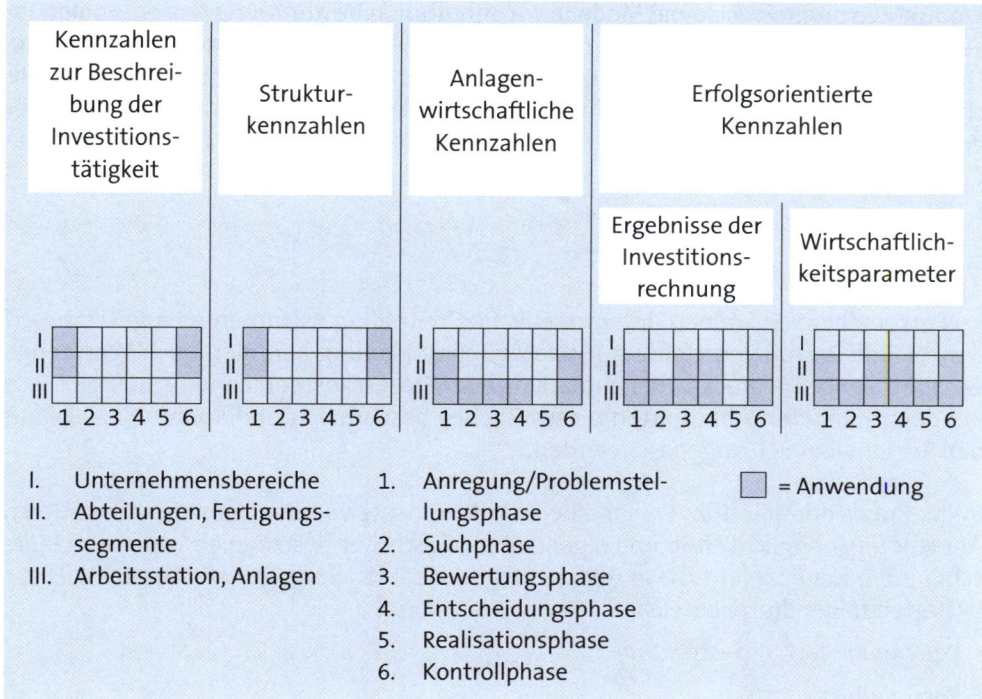

Abb. D.23: Kennzahlen in den Phasen des Investitionsprozesses

Als Fazit bleibt festzuhalten, dass Kennzahlen und Kennzahlensysteme ein hilfreiches Instrument im Rahmen des Investitionscontrollings darstellen können. Dabei ist stets eine situationsbezogene Anpassung des Kennzahlensystems zu beachten. Nichtsdestotrotz ist beim Einsatz von Kennzahlensystemen zu bedenken, dass durch sie zwar Informationen in übersichtlicher Art und Weise dargestellt werden, durch die Verdichtung des Datenmaterials dennoch Informationen verloren gehen können, die in unverdichteter Form einen höheren Wert aufweisen könnten.

6.3.7 Investitionsprogrammplanung

Die Investitionsprogrammplanung hat die simultane Auswahl von Art und Zahl unterschiedlicher Investitionsobjekte zum Gegenstand. Die Vorgehensweise erfolgt dabei grundsätzlich analog zum im Rahmen des F&E-Controllings beschriebenen (F&E-)Programmcontrolling (vgl. ≫ Kapitel D.2.2).

Darüber hinaus berücksichtigen einige Modelle aufgrund der Auswirkungen von Investitionsentscheidungen auf den Finanzierungs- und den Produktionsbereich von Unternehmen die Beziehungen zwischen diesen beiden Bereichen im Besonderen. So lassen sich beispielsweise Modelle zur Festlegung des optimalen Investitionsprogramms bei gegebenem Produktionsprogramm und Kapitalbudget, zur simultanen Festlegung des optimalen Investitions- und Finanzierungsprogramms bei gegebenem

Produktionsprogramm sowie Modelle zur simultanen Bestimmung des optimalen Investitions- und Produktionsprogramms bei gegebenem Kapitalbudget unterscheiden. Die Einbeziehung von Unsicherheiten im Rahmen der Programmplanung ermöglichen Modelle bzw. Verfahren wie die Sensitivitätsanalyse, die Programmierung unter Wahrscheinlichkeitsbedingungen (Chance-Constrained-Programming), die Simulation, Fuzzy-Set-Modelle, Portfolio-Selction-Modelle und die flexible Planung.

7. Personalcontrolling

Im Personalbereich können unterschiedliche Controllinginstrumente eingesetzt werden. Neben Personalportfolios zur strategischen Planung kommen auch Werkzeuge wie die Balanced Scorecard, Benchmarking oder Prozesskostenrechnung infrage. Diese werden in anderen Abschnitten dieses Buches beschrieben und können jeweils auf den Personalbereich angepasst werden.

In der Praxis dominiert im Personalbereich der Einsatz von **Kennzahlen**, sodass deren Anwendungsmöglichkeiten im Folgenden ausführlicher beschrieben werden. *Schulte* schlägt ein Kennzahlensystem mit ca. 200 Kennzahlen vor (vgl. *Schulte, 2011*). Diese betreffen folgende Teilbereiche:

- ► Personalbedarf und -struktur
- ► Personalbeschaffung
- ► Personaleinsatz
- ► Personalerhaltung und Leistungsstimulation
- ► Personalentwicklung
- ► Betriebliches Vorschlagswesen
- ► Personalfreisetzung
- ► Personalkostenplanung und -kontrolle.

Für jeden Bereich werden ausgehend von den Aufgaben Phasen, Ziele und Kennzahlen definiert. Abb. D.24 zeigt dies beispielhaft für die Personalbeschaffung.

Aufgabe	Gewinnung von Mitarbeitern in der benötigten Anzahl und Qualifikation zum benötigten Zeitpunkt für den erforderlichen Einsatzort zur Beseitigung einer personellen Unterdeckung			
Phase	Arbeitsmarktanalyse und Personalmarketing	Personalwerbung	Personalauswahl	Personaleinstellung und -integration
Ziele	Positionierung des eigenen Unternehmens als attraktiver Arbeitgeber im Hinblick auf den Personalbedarf und die demografische Entwicklung	Zeitgerechte Beschaffung einer ausreichenden Menge von geeigneten Bewerbungen mit möglichst geringem Mitteleinsatz	Auswahl des Bewerbers, der die Anforderungen der zu besetzenden Stelle bestmöglich erfüllt	Fristgerechte Besetzung offener Stellen sowie erfolgreiche Integration neuer Mitarbeiter
Kennzahlen	▶ Erwerbspersonen-Potenzial ▶ Anzahl der Schulabgänger ▶ Anzahl Studienanfänger und Hochschulabsolventen ▶ Studierende der relevanten Fachrichtung ▶ Struktur der Einstiegsgehälter ▶ Imagekennzahlen (Ranking) ▶ Zahl Spontanbewerbungen ▶ Arbeitslosenquote ▶ Anzahl offener Stellen	▶ Anzahl Initiativbewerbungen ▶ Bewerber pro freie Stelle ▶ Bewerber pro Ausbildungsplatz ▶ Anzahl und Qualität der Bewerbungen je Quelle ▶ Anzahl und Qualität der Einstellungen je Quelle ▶ Dauer der ersten Reaktion auf eine Bewerbung	▶ Vorstellungsquote ▶ Produktivität der Auswahlmethoden ▶ Effizienz der Auswahlmethoden ▶ Effizienz der Beschaffungswege ▶ Struktur der Absagegründe ▶ Produktivität der Personalbeschaffung	▶ Zeit, die Führungskräfte je neu eingestelltem Mitarbeiter aufwenden ▶ Grad der Personaldeckung ▶ Gewinnungsdauer ▶ Personalbeschaffungskosten je Eintritt ▶ Frühfluktuationsrate ▶ Übernahmequote ▶ Einstellungsquote ▶ Verweildauer ▶ Anzahl Versetzungswünsche im 1. Jahr der Betriebszugehörigkeit ▶ Gehaltsentwicklung in Prozent innerhalb der ersten 3 Jahre ▶ Zufriedenheit der Fachabteilung mit dem neu eingestellten Mitarbeiter nach 1 Jahr

Abb. D.24: Aufgabe, Phasen, Ziele und Kennzahlen der Personalbeschaffung
(vgl. *Schulte, 2011, S. 19*)

Ausgehend von solchen Vorschlägen kann im Unternehmen eine individuelle Definition der wichtigsten Ziele sowie der zur Messung der Zielerreichung relevanten Kennzahlen erfolgen. Eine Beschränkung auf das Wesentliche ist ebenso sinnvoll wie eine einheitliche Definition der Kennzahlen.

Beispielsweise kann die Anzahl der Mitarbeiter auf Basis von Köpfen oder Vollzeitäquivalenten ermittelt werden. Bei Vollzeitäquivalenten wird berücksichtigt, in welchem zeitlichen Umfang Mitarbeiter zur Verfügung stehen. Eine Teilzeitkraft mit 50 % der tariflichen Arbeitszeit wird somit als 0,5 Vollzeitäquivalente gezählt. Bei der Mitarbeiterzahl sollten zudem nur Mitarbeiter berücksichtigt werden, die dem Unternehmen auch zur Verfügung stehen. Dauerkranke oder Mitarbeiter in Elternzeit werden dann entsprechend nicht berücksichtigt. Für Vergleiche – z. B. der Personalkosten pro Mitarbeiter – sind Vollzeitäquivalente besser geeignet als Kopfzahlen.

8. Risikocontrolling

Unternehmerische Aktivitäten bergen Risiken, die zu Beeinträchtigungen der Zielerreichung führen können. Risiken bleiben oft unbemerkt, sind unterschiedlichster Herkunft und können gravierende Folgen haben. Mögliche Risiken können politischer, rechtlicher, betrieblicher oder finanzwirtschaftlicher Natur sein. Auch Markt- und Umweltrisiken können relevant sein. Um negative Folgen zu vermeiden, sollten Unternehmen ein Risikomanagement und ein unterstützendes Risikocontrolling etablieren. Hierdurch soll ein bewusster und rationaler Umgang mit Risiken erreicht werden.

Aufgaben des Risikomanagements sind (vgl. *Diederichs, 2018, S. 13*):

► Schaffung eines unternehmensweiten Risikobewusstseins (Risikokultur)

► Schaffung von Transparenz über die bestehenden Risiken

► systematischer und kontinuierlicher Umgang mit den Risiken

► Organisation des Risikomanagements

► Anpassung des Risikomanagementsystems an veränderte Rahmenbedingungen.

Um diese Aufgaben zu erfüllen, übernimmt das **Risikocontrolling** zur Unterstützung bei der Zielerreichung folgende Aufgaben:

► methodische Unterstützung des Risikomanagements

► Koordination des Risikomanagementprozesses

► Entwicklung eines Risikomanagement-Instrumentariums

► Messung, Analyse und Überwachung der Risiken

► Etablierung eines risikoorientierten Berichtswesens.

Der **Risikomanagementprozess** besteht aus vier Schritten:

- Risikoidentifikation
- Risikobewertung
- Risikosteuerung
- Risikoreporting.

Im ersten Schritt erfolgt die **Risikoidentifikation**. Hier sind Gefahrenpotenziale aufzudecken und Problembereiche zu lokalisieren. Ziel ist dabei die frühzeitige Erkennung und detaillierte Erfassung von Risiken. Idealerweise werden Risiken dabei nicht nur genannt, sondern durch Kennzahlen messbar gemacht. Sehen Unternehmen z. B. Gefahren durch den demografischen Wandel, können das Durchschnittsalter der Mitarbeiter oder auch die Bewerberrelation für Ausbildungsplätze relevante Indikatoren sein.

Das Ergebnis dieses Schrittes ist ein **Risikoinventar**. Dieses stellt die Informationsbasis für die nachgelagerten Prozessschritte dar; seine Qualität ist ausschlaggebend für alle weiteren Schritte. Nur die identifizierten Risiken werden bewertet, gesteuert und berichtet bzw. überwacht.

Zur Risikoidentifikation kommen folgende Methoden infrage (vgl. *Vanini, 2012, S. 146*):

- Besichtigungen/Begehungen
- Kreativitätstechniken, z. B. Brainstorming
- Risikochecklisten
- Dokumentenanalyse
- Expertenbefragung
- Mitarbeiterbefragung
- SWOT-Analyse
- Früherkennungssysteme
- Prozess-/Systemanalysen.

Als besonders wirtschaftlich wird der Einsatz von Risikochecklisten beurteilt (vgl. *Vanini, 2012, S. 147*). In der Regel sollte auch eine Mitarbeiterbefragung zumindest eine Komponente der Risikoidentifikation darstellen. Die Einbeziehung der Mitarbeiter fördert Kommunikation sowie Motivation und erleichtert die Bildung einer Risikokultur (Risikobewusstsein).

Im anschließenden Schritt der **Risikobewertung** werden Schadenshöhe und Eintrittswahrscheinlichkeit bewertet. Die Einschätzung kann sowohl qualitativ als auch quantitativ erfolgen. Eine **qualitative Einschätzung für die Schadenshöhe** kann z. B. die folgenden Stufen nutzen:

- 1: kritisch
- 2: sehr hoch

- 3: hoch
- 4: mittel
- 5: gering
- 6: unbedeutend.

Eine solche qualitative Einschätzung ist weniger aufwändig, aber auch ungenauer als eine Quantifizierung.

Folgende **Methoden** kommen zur **Risikobewertung** infrage (vgl. *Vanini, 2012, S. 162 ff.*):

- Risikoklassifikation
  - Bildung von Risikoklassen, z. B. mittleres Risiko
- Scoring-Modelle (vgl. >> Kapitel D.6.3.4)
  - Mehrere Risikofaktoren für ein Risiko werden gewichtet und mit einem Punktwert bewertet, z. B. Hackerangriffe oder Datenverluste für IT-Risiken.
- Risikoportfolio
  - Eintrittswahrscheinlichkeit und Schadenshöhe werden gegenübergestellt und visualisiert (s. u.).
- Risikokennzahlen
  - Eintrittswahrscheinlichkeit und Schadenshöhe werden quantifiziert, sodass Maximalverluste, erwartetes Risiko, Spannweite, Volatilität etc. berechnet werden können.
- Sensitivitätsanalyse (vgl. >> Kapitel D.6.3.5)
  - In Sensitivitätsanalysen wird die Änderung des Risikos durch die Veränderung bestimmter Einflussfaktoren untersucht.
- Szenariotechnik
  - Analyse von Szenarien (mögliche Zukunftskonstellationen) unter Berücksichtigung von Wahrscheinlichkeiten, z. B. Best-Case- oder Worst-Case-Szenario
- At-Risk-Modelle
  - Statistische Risikomodelle, z. B. bezeichnet der Value-at-Risk die maximal mögliche negative Wertänderung, die mit einer bestimmten Wahrscheinlichkeit nicht überschritten wird.

Für eine Darstellung auch bei nur qualitativer Bewertung der Faktoren eignen sich Risikoportfolios (vgl. Abb. D.25), aus denen sich auch Normstrategien ableiten lassen.

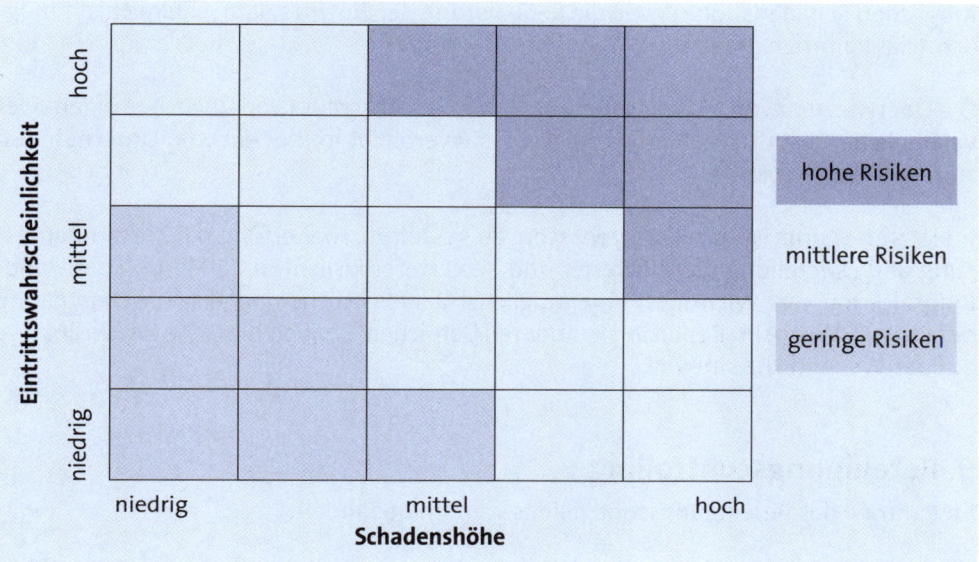

Abb. D.25: Risikoportfolio

Bei niedriger Eintrittswahrscheinlichkeit und niedriger Schadenshöhe liegt insgesamt ein niedriges Risiko vor, im umgekehrten Fall entsprechend ein hohes Risiko. Bei hohem Risiko besteht akuter Handlungsbedarf, im umgekehrten Fall nicht. Auf Basis der Risikobewertung erfolgt im nächsten Schritt die **Risikosteuerung**. Abb. D.26 zeigt die grundsätzlichen Möglichkeiten zur Risikosteuerung.

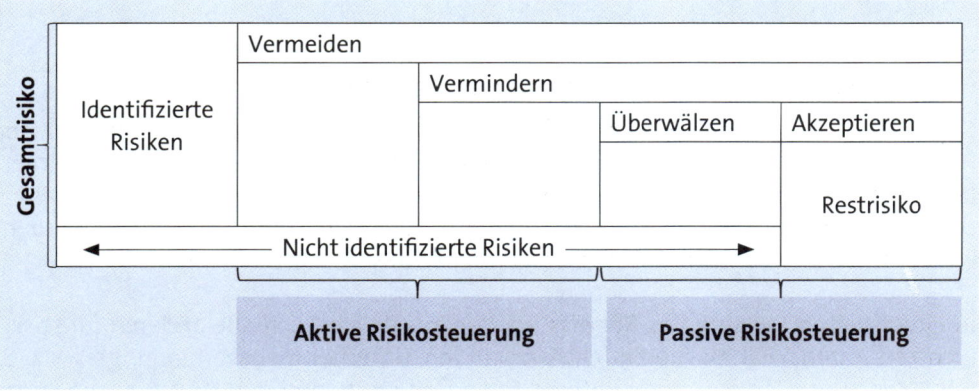

Abb. D.26: Risikosteuerung

Bestimmte Risiken können vermieden werden. Dies kann beispielsweise der Verzicht auf den Markteintritt in einem politisch instabilen Land oder der Verzicht auf Aufträge von Kunden mit einem hohen Forderungsausfallrisiko sein. Oft werden dann aber nicht nur Risiken vermieden, sondern auch die Chancen nicht realisiert, die sich aus solchen Geschäften ergeben können. Risikoverminderung ist durch die Senkung der möglichen Schadenshöhe sowie die Reduzierung der Eintrittswahrscheinlichkeit möglich. Hier kommen präventive Maßnahmen infrage.

Die Überwälzung von Risiken kann z. B. durch den Abschluss von Versicherungen oder vertragliche Gestaltungen erfolgen. Am Ende verbleibt immer ein vom Unternehmen zu tragendes Restrisiko.

Im letzten Schritt ist das **Risikoreporting** zu gestalten. Hier erfolgt die Zusammenfassung und Darstellung identifizierter und bewerteter Risiken mit Erklärung der Handlungsalternativen. Wichtig ist eine möglichst übersichtliche und aktuelle Darstellung der Risiken. Wie beim Reporting in anderen Bereichen ist auch hier eine Beschränkung auf das Wesentliche sinnvoll.

9. Beteiligungscontrolling

Im Rahmen des Beteiligungscontrollings werden behandelt:

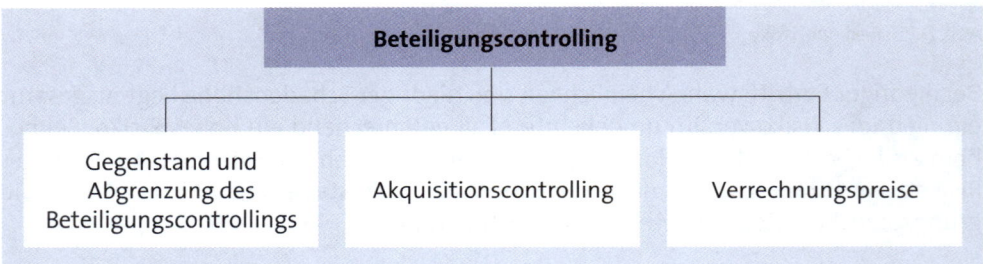

9.1 Gegenstand und Abgrenzung des Beteiligungscontrollings

Gegenstand des Beteiligungscontrollings sind Unternehmensbeteiligungen in der Form, dass es sich um Beziehungen zwischen einem herrschenden Unternehmen (Muttergesellschaft) zu einem abhängigen Unternehmen (Tochtergesellschaft) handelt. Hier kann von **Beteiligungscontrolling im engeren Sinne** gesprochen werden, wenn es sich um rechtlich selbstständige Tochtergesellschaften handelt.

In einer **weiten Fassung des Begriffs** werden zusätzlich auch alle anderen juristisch nicht erfassten, real existierenden Formen von Unternehmensverbindungen – z. B. Joint Ventures, Gemeinschaftsunternehmen und strategische Allianzen sowie Engagements auf Basis nicht kapitalmäßiger Verflechtungen, wie z. B. Kooperationen – betrachtet.

Das **Konzerncontrolling** kann als **Spezialfall** des Beteiligungscontrollings angesehen werden, da es Unternehmensverbindungen in Form eines Konzerns gemäß AktG voraussetzt. Maßgebend für das Vorhandensein eines Konzerns ist zum einen, dass die betreffenden Unternehmen unter einheitlicher Leitung zusammengefasst sind, und zum anderen die wirtschaftliche Einheit dieser Unternehmen (vgl. *Littkemann, 2009, S. 12 f.*).

Zielsetzung des Beteiligungscontrollings ist die Sicherstellung von Effektivität und Effizienz der Unternehmensverbindungen mit dem Ziel der **Unternehmenswertsteigerung** von Mutter- und Tochtergesellschaft über alle Phasen des Beteiligungslebenszyklus. Dieser beginnt dabei nicht erst mit der rechtlichen Übertragung einer Beteiligung durch das sogenannte Closing, sondern enthält darüber hinaus die im Vorfeld eines Beteiligungserwerbs notwendigen Schritte der strategischen Analyse-, Konzeptions- sowie Transaktionsphase im Rahmen des sogenannten Akquisitionscontrollings (vgl. >> Kapitel D.9.2; vgl. *Littkemann, 2009, S. 13*). Dazu vollzieht das Beteiligungscontrolling Planungs- und Kontrollaufgaben der in den Beteiligungen durchgeführten Betriebs- und Geschäftsprozesse, es übernimmt Koordinationsaufgaben in Mutter- und Tochtergesellschaften und ist für die Informationsversorgung der Entscheidungsträger in Mutter- und Tochtergesellschaft zuständig.

Im Rahmen einer Auswertung von 244 Stellenanzeigen konnten *Eisenberg et al.* (vgl. hierzu und im Folgenden *Eisenberg et al., 2009, S. 169 ff.*) aus den in den Stellenanzeigen veröffentlichten Aufgabenbeschreibungen insgesamt elf maßgebliche **Aufgabenbereiche des Beteiligungscontrollings** ableiten:

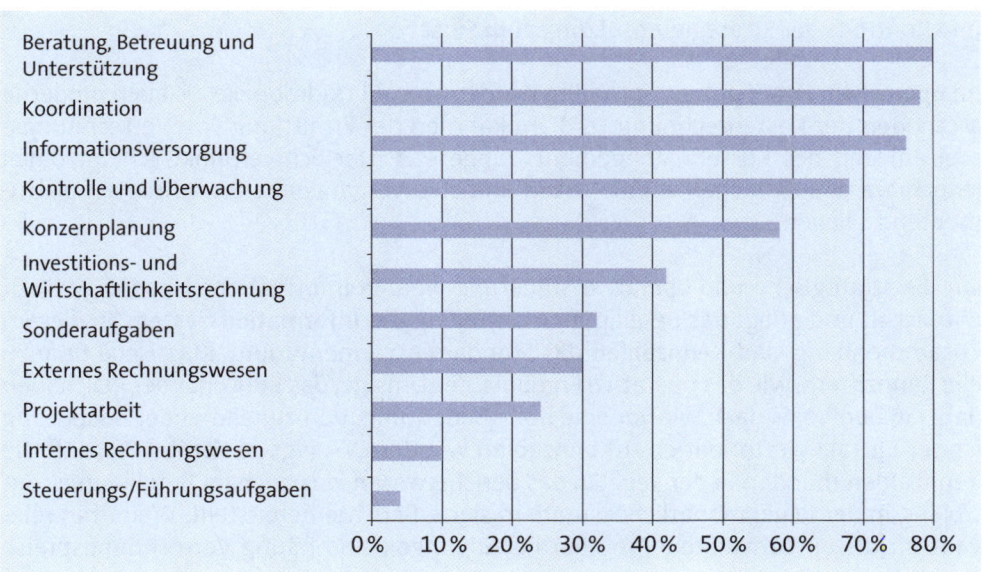

Abb. D.27: Aufgabenbereiche des Beteiligungscontrollings

Den Aufgabenbereichen wurden durch die Autoren jeweils konkrete Aufgaben bzw. Tätigkeitsfelder zugeordnet:

► Bei der Aufgabe **Betreuung, Beratung und Unterstützung** wurden alle Nennungen in Bezug auf die Betreuung, Beratung und Unterstützung in Tochter- und Muttergesellschaften einbezogen.

- Die Aufgabe **Koordination** beinhaltet alle Tätigkeiten, die mit der Abstimmung von Zielen und Strategien, Planzahlen und Budgets sowie dem Aufbau und der Installation von Koordinationsinstrumenten zusammenhängen.

- Zur **Informationsversorgung** gehören Tätigkeiten aus dem Bereich Reporting, der Kommentierung von Jahresabschlüssen sowie der Weiterentwicklung und Betreuung von Informationssystemen.

- Unter der Aufgabe **Kontrolle und Überwachung** wird die Analyse von betriebswirtschaftlichen Entwicklungen, von Berichten, Ergebnissen, Umsatzzahlen, Unternehmenskennzahlen und der Maßnahmendurchführung in der Gesamtheit des Konzerns verstanden. Hierzu zählen auch die Abweichungsanalyse und das Monitoring der Tochtergesellschaften.

- Schließlich sind als weitere Aufgaben die Konzernplanung, die Investitions- und Wirtschaftlichkeitsrechnung, Sonderaufgaben, das externe und interne Rechnungswesen, die Projektarbeit sowie Steuerungs-und Führungsaufgaben zu nennen.

Zur Aufgabenerfüllung werden im Beteiligungscontrolling strategische und operative Controllinginstrumente verwendet (vgl. hierzu und im Folgenden *Littkemann/Derfuß, 2009, S. 205 ff.*). Hinsichtlich der **strategischen** Instrumente kommen auch im Beteiligungscontrolling Instrumente wie die SWOT-Analyse oder Portfolioanalysen zur Bestimmung der eigenen Position im Vergleich zum Wettbewerber und für die Planung und Kontrolle der Strategieumsetzung zum Einsatz.

Im **operativen** Beteiligungscontrolling werden sowohl traditionelle als auch moderne Methoden der Kostenrechnung (z. B. im Rahmen der Ermittlung von Verrechnungspreisen) und des Kostenmanagements eingesetzt. Der Schwerpunkt scheint dabei jedoch auf den einfacheren, etablierten und eher vergangenheitsorientierten Instrumenten zu liegen.

Für die strategische und operative Steuerung werden Informationen benötigt. Dazu entwickelt und pflegt das Beteiligungscontrolling das **Informationssystem**. In diesem Zusammenhang sind **Kennzahlen** das Standardinstrumentarium. Klassische finanzielle Kennziffern, wie das operative Ergebnis, der Umsatz, das EBIT oder der ROI, haben dabei in der Praxis nach wie vor eine hohe Bedeutung. Von zunehmender Bedeutung ist der Einsatz wertorientierter Kennzahlen wie der EVA (vgl. » Kapitel B.4.2.1). Die Kennzahlen münden in der Regel in das Berichtswesen, das auch im Beteiligungscontrolling in der Regel monatliche, standardisierte Berichte bereitstellt. Weiterhin relevant für die operative Steuerung der Beteiligungen sind häufig Verrechnungspreise (vgl. » Kapitel D.9.3).

Ergänzend zur Diskussion der fachlichen und disziplinarischen Unterstellung des Bereichscontrollings bzw. in diesem Fall des Beteiligungscontrollings in » Kapitel A.2 werden an dieser Stelle vertiefend fachliche und persönliche Anforderungen an Beteiligungscontroller/-innen erörtert. *Eisenberg et al.* konnten in ihrer Auswertung von Stellenanzeigen als wesentliche fachliche Anforderungen Berufserfahrung, Studium, Fremdsprachen, EDV-Kenntnisse, externes Rechnungswesen und internationale Erfahrung ableiten:

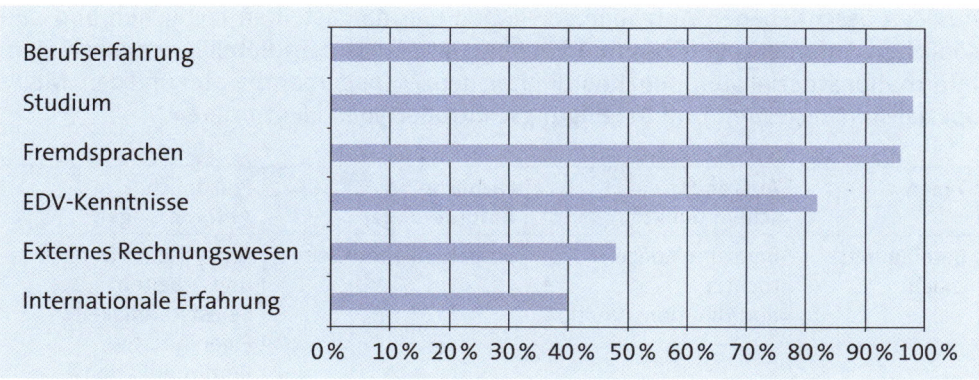

Abb. D.28: Fachliche Anforderungen an Beteiligungscontroller/-innen

Im Hinblick auf die Berufserfahrung konnte festgestellt werden, dass für das Beteiligungscontrolling primär Mitarbeiter mit Berufserfahrung und keine Einsteiger gesucht werden. Dabei wird Berufserfahrung überwiegend in Form einer mindestens zwei- bis dreijährigen Tätigkeit im Controlling oder Beteiligungscontrolling, im externen Rechnungswesen oder in internationaler Tätigkeit gefordert. Als relevante Studienschwerpunkte wurden ein BWL-Studium mit den Schwerpunkten Controlling, externes Rechnungswesen und Finanzen identifiziert. Während bei den Fremdsprachen Englisch als unverzichtbar gilt, werden bei den EDV-Kenntnissen MS Office-Know-how und darüber hinaus ERP-Fachwissen (in der Regel SAP) gefordert.

In Bezug auf die Bedeutung des externen Rechnungswesens wird offensichtlich, dass durch die zunehmende Anwendung internationaler Rechnungslegungsvorschriften ein breiter werdendes Aufgabenfeld des Beteiligungscontrollers konstatiert werden kann.

Bei den persönlichen Anforderungen wurden am häufigsten Kommunikations-, Team- und Kooperationsfähigkeit sowie analytisches Denkvermögen und Arbeiten genannt (vgl. Abb. D.29). Weitere für einen Beteiligungscontroller wichtige persönliche Fähigkeiten sind Mobilität und Flexibilität, Selbstständigkeit und Eigeninitiative, Engagement und Einsatzbereitschaft sowie Durchsetzungsvermögen und Überzeugungskraft.

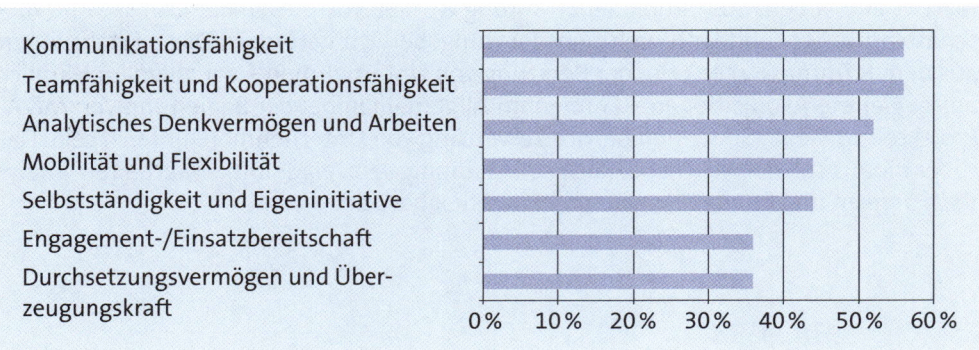

Abb. D.29: Persönliche Anforderungen an Beteiligungscontroller/-innen

Aus den beschriebenen Aufgaben sowie den hier dargestellten fachlichen und persönlichen Anforderungen konnten *Eisenberg et al.* mit dem Beteiligungscoach, dem Informationsspezialisten, dem Koordinator, dem Managementberater und dem M&A-Spezialisten insgesamt fünf **Beteiligungscontrollertypen** identifizieren.

Typen	Aufgaben-schwerpunkte	Fachliche Anforderungen	Persönliche Anforderungen
Beteiligungs-coach	Beratung Konzern-töchter Koordinationsfunktion	Branchenkenntnisse	Analytisches Denken und Arbeiten Selbstständigkeit/ Eigeninitiative Kommunikations-fähigkeit
Informations-spezialist	Informations-versorgung Konzernplanung	Internationale Erfah-rungen	Kommunikations-fähigkeit Analytisches Denken und Handeln
Koordinator	Koordinationsfunktion Informationsversor-gung	Internationale Erfahrungen	Analytisches Denken und Arbeiten
Management-berater	Beratung Konzern-management Steuerungs-/ Führungsaufgaben	Branchenkenntnisse	Kommunikations-fähigkeit Belastbarkeit
M&A-Spezialist	Investition und Desinvestition	Internationale Erfahrungen Wirtschaftprüfung/ Unternehmens-beratung	Selbstständigkeit/ Eigeninitiative Analytisches Denken und Arbeiten Mobilität und Flexibilität

Tab. D.12: Beteiligungscontrollertypen

Im Vorgriff auf die folgende Darstellung von Aufgaben und Instrumenten des Beteiligungscontrollings in M&A-Prozessen sei an dieser Stelle kurz der M&A-Spezialist charakterisiert. Neben internationaler Erfahrung werden von diesem Kenntnisse im Wirtschaftsprüfungs- und Unternehmensberatungsbereich gefordert. Diese Erfahrungen aus dem Prüfungswesen oder der Beratung von Unternehmen – vor allem im Hinblick auf begleitete Akquisitionen – können im Allgemeinen bei der Begleitung von M&A-Projekten sowie im Speziellen bei der Bewertung von Unternehmen hilfreich sein. Darüber hinaus soll der M&A-Spezialist selbstständig sein, eigeninitiativ arbeiten, analytisch denken und handeln sowie mobil und flexibel sein.

9.2 Akquisitionscontrolling

In diesem Kapitel geht es um die folgenden Aspekte:

- **Gegenstand des Akquisitionscontrollings**
- **Terminal Value und die Gefahr der Überbewertung**
- **Berücksichtigung ausgewählter Risiken**
- **statische Unternehmensbewertung mittels EVA**
- **Accretion/Dilution-Analyse.**

9.2.1 Gegenstand des Akquisitionscontrollings

Als Spezialfall des Beteiligungscontrollings hat sich das sogenannte Akquisitionscontrolling etabliert, das Unternehmenszusammenschlüsse bzw. Mergers & Acquisitions (M&A) betrachtet. Wörtlich übersetzten lässt sich der Begriff am besten mit „Fusionen und Akquisitionen". Zum M&A-Begriff findet man in der Literatur **heterogene Begriffsdefinitionen**. Dabei ist zum einen die auf den angloamerikanischen Ursprung zurückzuführende weite Fassung des Begriffs zu nennen. Hierbei werden unter M&A neben Unternehmenskäufen und -verkäufen, Fusionen, Kooperationen, Allianzen und Joint Ventures auch Unternehmenssicherungen und -nachfolgen subsumiert (vgl. *Picot/Picot, 2012, S. 25 f.*). In der deutschsprachigen Literatur werden die genannten Teilgebiete unter dem Oberbegriff „Unternehmenszusammenschlüsse" zusammengefasst.

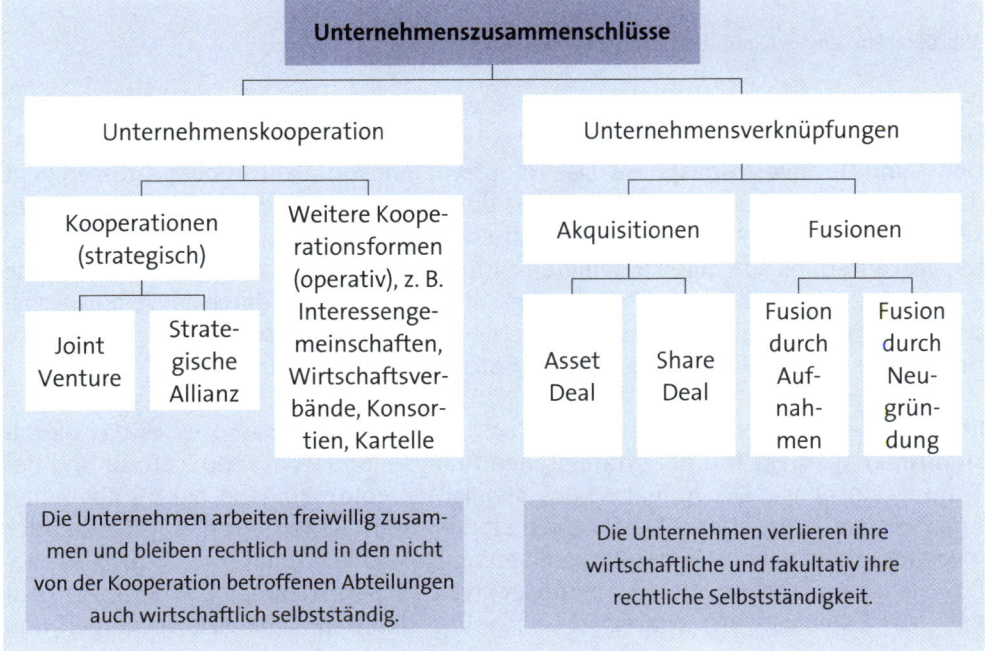

Abb. D.30: Formen von Unternehmenszusammenschlüssen

Fusionen und Akquisitionen sind dadurch gekennzeichnet, dass durch die Fusion oder Akquisition mindestens eines der beteiligten Unternehmen seine wirtschaftliche Selbstständigkeit in Form von Leitung und Kontrolle verliert. Während im Fall einer **Akquisition** das erworbene Unternehmen zumeist rechtlich selbstständig bleibt, verliert bei **Fusionen** mindestens eines der beteiligten Unternehmen auch seine rechtliche Selbstständigkeit. Die Unterscheidung in Akquisitionen und Fusionen ist insofern vor allem juristischer Natur; die Inhalte von Fusions- und Akquisitionsprozessen unterscheiden sich im Grunde genommen nur wenig. Vereinfachend beschränken sich die **folgenden Ausführungen** jedoch allein auf **Unternehmensakquisitionen**, worunter schlicht der Kauf eines anderen Unternehmens verstanden wird (vgl. *Littkemann et al., 2005, S. 41*).

Der **Akquisitionsprozess** kann in verschiedene interdependente Phasen eingeteilt werden. Die Phaseneinteilung erfolgt dabei in der Regel nach dem **Systematisierungs-kriterium Zeit**. Obgleich es in der Literatur unterschiedliche Phaseneinteilungen gibt, treten hierbei keine konzeptionellen Unterschiede auf. *Achleitner et al.* (vgl. *2004a, S. 1382*) teilen den Akquisitionsprozess in drei Phasen ein. Sie unterscheiden dabei grundsätzlich in eine Akquisitions- und eine Integrationsphase und betrachten zusätzlich die Demerger- bzw. Desinvestitionsphase in einer eigenständigen Teilphase:

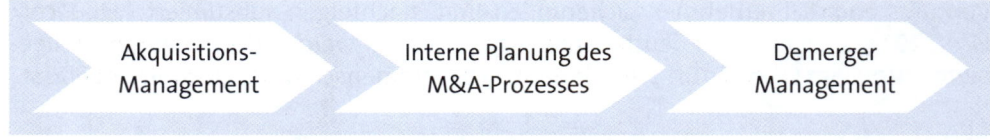

Abb. D.31: Phasen des Akquisitionsprozesses nach *Achleitner et al.*

Das Akquisitionscontrolling verfolgt als Subsystem des Beteiligungscontrollings dieselben Zielsetzungen wie dieses, allerdings beschränkt auf die **Akquisitions-, Integrations- und Desinvestitionsphase**. Das Hauptproblem von Akquisitionsprozessen liegt darin begründet, dass die Kaufsituation durch unvollkommene Informationen gekennzeichnet ist, was auf eine asymmetrische Informationsverteilung zwischen Käufer, Verkäufer und sonstigen Beteiligten zurückzuführen ist. Daher ist als wesentliche Zielsetzung sowohl durch das Beteiligungscontrolling als auch durch das Akquisitionscontrolling eine jederzeitige bedarfsgerechte **Informationsversorgung** der an Akquisitionsprozessen beteiligten Personen bzw. Stellen zu gewährleisten.

Im gewählten Phasenmodell steht zu Beginn des Akquisitionsprozesses das **Akquisitionsmanagement** mit der strategischen Analyse- und Konzeptionsphase und der Transaktionsphase. Die Aufgaben des Akquisitionscontrollings in der strategischen Analyse- und Konzeptionsphase weisen starke Ähnlichkeiten mit den Aufgaben des Investitionscontrollings in der Problemstellungs- und Suchphase auf (vgl. >> Kapitel D.6.2). Insbesondere sind Instrumente der strategischen Planung bereitzustellen. Auf Basis der Ergebnisse der strategischen Planung sind Akquisitionszielsetzungen und Akquisitionsmotive abzuleiten bzw. bei vorgegebenen Zielsetzungen und Motiven im Rahmen der von der Unternehmensführung vorgegebenen Unternehmensstrategie auf Rationalität hin zu überprüfen (vgl. *Littkemann et al., 2005, S. 41*). Dies geschieht in der Regel durch umfangreiche **Unternehmens-, Markt- und Wettbewerbsanalysen**, die durch das Akquisitionscontrolling durchzuführen sind. Weiterhin hat eine Einordnung der Einzelmaßnahme in die strategische Gesamtplanung zu erfolgen.

Ergebnis der strategischen Analyse- und Konzeptionsphase ist häufig eine sogenannte **Long List**, die eine Anzahl an potenziellen Akquisitionsobjekten enthält. Parallel wird bereits in dieser frühen Phase eine grundsätzliche **Aufbau- und Ablauforganisation des Akquisitionsprozesses** verabschiedet (vgl. *Achleitner et al., 2004b, S. 1505*).

Die **Transaktionsphase** (vgl. Abb. D.32) umfasst Tätigkeiten wie die Eingrenzung potenzieller Zielobjekte auf konkrete Akquisitionskandidaten, die Kontaktaufnahme und Due Diligence, die Unternehmensbewertung sowie die Verhandlungen über den Kaufpreis und das letztendliche Closing – die Übergabe des Akquisitionsobjekts und somit den Abschluss von Planung und Durchführung der M&A-Transaktion (vgl. *Madrian/ Schulte, 2009, S. 4 ff.*).

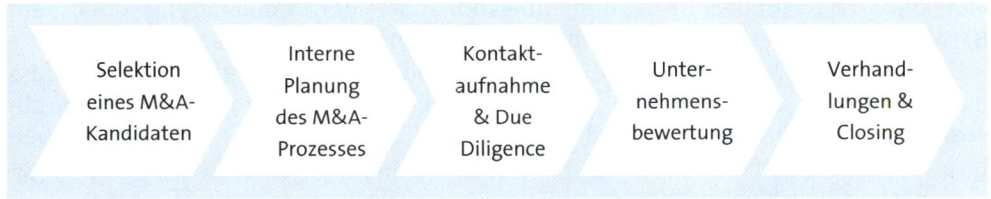

Abb. D.32: Teilphasen der Transaktionsphase

Die Phase des **Post-Merger-Integrationsmanagements** umfasst die Integration betreffende Planungs-, Durchführungs- und Kontrollaktivitäten. Die **Planung** des Integrationsprozesses sollte dabei nicht erst nach Abschluss der Transaktionsphase beginnen, sondern bereits bei einer gewissen Wahrscheinlichkeit für den Abschluss der Verhandlungen während der Transaktionsphase.

Die zeitige und differenzierte Integrationsplanung, die auch als Pre-Merger-Integration bezeichnet werden kann, wird häufig als Erfolgsfaktor für eine erfolgreiche Integration eingestuft (vgl. *Jansen 2002, S. 9*). Bei der Pre-Merger-Integration geht es nicht um eine detaillierte Feinplanung, sondern um die Planung von Ressourcen und Personal für die Integrationsteams und die Festlegung der Ecksteine des Integrationsablaufs. Dazu zählen beispielsweise die Festlegung des Integrationstyps und die Festlegung der Integrationsgeschwindigkeit durch das Aufstellen von Meilensteinen.

In der Teilphase der **Integrationsdurchführung** erfolgt intern die Durchführung der Integration im Zuge der organisatorischen, personalpolitischen, kulturellen und informationsorientierten Integration. Extern hat darüber hinaus die marktorientierte Integration zu erfolgen. Eine begleitende **Kontrolle** vergleicht den Soll- mit dem Istzustand und überprüft die Prämissen der Integrationsplanung.

Auch das **Demerger-Management** kann schließlich in eine Planungs-, Durchführungs- und Kontrollphase gegliedert werden. In der Planungsphase erfolgt dabei die Initiierung, Analyse und Bewertung von Desinvestitionsentscheidungen sowie die Entscheidung für oder gegen eine Desinvestition. Dabei ist die Desinvestition in der Regel in ein Kommunikationskonzept eingebunden. Mithilfe von Aufwertungsmaßnahmen sowie Investorenmemoranden kann die Investorensuche unterstützt werden. Auch das Demerger-Management wird durch eine laufende Ergebnis- und Prämissenkontrolle begleitet.

Die Instrumente des Beteiligungs- bzw. Akquisitionscontrollings sind bereits an verschiedenen Stellen in diesem Buch beschrieben worden, weshalb im Folgenden auf ausgewählte Spezialfragestellungen des Akquisitionscontrollings eingegangen werden soll.

9.2.2 Terminal Value und die Gefahr der Überbewertung

Wie in >> Kapitel B.4.2.2 beschrieben, setzt sich der Unternehmenswert aus dem Barwert der Free Cashflows bis zum Planungshorizont – der Detailplanung – und dem Barwert der erwarteten Cashflows nach dem Planungshorizont – dem Terminal Value – zusammen. Die Notwendigkeit eines Planungshorizonts liegt darin begründet, dass die **Genauigkeit der Prognosen** aufgrund unsicherer Erwartungen **sukzessive abnimmt**. Würde man die Phase einer detaillierten Planung auf über zehn Jahre erweitern, würde dadurch in den meisten Fällen eine Genauigkeit der Detailplanung suggeriert, die in Wirklichkeit nicht besteht.

Für die nach dem Planungshorizont folgenden Perioden ist es häufig sinnvoll, ein **normalisiertes Jahr** am Ende der Planperiode zu ermitteln, den errechneten FCF als ewige Rente zu kapitalisieren und auf den Bewertungsstichtag zu diskontieren. Dabei kann das normalisierte Jahr vereinfachend dem letzten Jahr der Detailplanung entsprechen.

Bei der Festlegung des normalisierten FCF sollte darauf geachtet werden, dass die wirtschaftliche Lage des zu bewertenden Unternehmens gegen Ende der Detailplanungsperiode keinen großen Schwankungen unterworfen ist, da bei der Berechnung des Fortführungswerts von ewig konstanten Parametern ausgegangen wird. In diesem Gleichgewichtszustand werden eine konstante Kapitalrendite, ein konstantes Wachstum sowie jährlich gleichbleibende Reinvestitionen und Renditen auf Neuinvestitionen vorausgesetzt (vgl. *Copeland et al., 2002, S. 326*).

Die Setzung der wesentlichen Werttreiber im normalisierten Jahr ist in der Regel von hoher Bedeutung für den Wert des Unternehmens. Dies gilt beispielsweise für Asset-getriebene Businesspläne mit langen Produktlebenszyklen und High-Tech-Unternehmen mit später Pay-off-Periode. So kann in der High-Tech-Branche als Extremfall der Barwert des Terminal Value durchaus mehr als 100 % des Unternehmenswerts ausmachen, was mit anderen Worten bedeutet, dass während des Prognosezeitraums insgesamt keine positiven FCF erwirtschaftet werden, sondern aufgrund von Investitionen in Sachanlagen, Finanzanlagen und Working Capital über den Brutto-Cashflow hinaus investiert wird (vgl. *Copeland et al., 2002, S. 324 f.*).

Das verdeutlicht das mögliche Dilemma des Terminal Value: Zum einen ist die Prognose der „ewigen FCF" bei der Unternehmensbewertung von großer Bedeutung, da eine Scherenentwicklung im Terminal Value zu einem überproportionalen Anstieg des Enterprise Value führen kann. Zum anderen liegen selten gesicherte Erkenntnisse über die nächsten Jahrzehnte vor, sodass bei der Bestimmung von einer Reihe aus heutiger Sicht plausibler Annahmen ausgegangen werden muss. Man sollte allerdings nicht meinen, diese Grauzone existiere nicht auch bei einer „ewigen" Detailplanung.

Zur **Bestimmung des Terminal Value** wird in der Praxis häufig der Ansatz der ewigen Rente und der von Exit Multiples verwendet. Im Folgenden soll eine Variante, die auf dem Ansatz der ewig wachsenden Rente basiert, näher vorgestellt werden. Ausgangspunkt ist eine einfache, die ewige Wachstumsrate (g) der Free Cashflows (FCF_{T+1}) berücksichtigende **Fortführungswertformel**.

$$FfW = \frac{FCF_{T+1}}{WACC - g}$$

Problematisch an dieser Vorgehensweise ist die Tatsache, dass der **Terminal Value** in hohem Maße **überschätzt** wird, weil der Wachstumsabschlag eine Steigerung des Free Cashflow unterstellt, ohne dass auch nur ein Euro für z. B. zusätzliche Kapitalbindung (Working Capital) oder Ersatz- bzw. Erweiterungsinvestitionen ausgegeben wird. Das häufig in der Praxis verwendete Argument, der Wachstumsabschlag entspreche der Inflationsrate, macht seinen Ansatz in den meisten Situationen auch nicht „richtiger".

Im Folgenden wird eine Fortführungswertformel entwickelt, die auf der Annahme beruht, dass die Rendite von Neuinvestitionen (ROIC) den Kapitalkosten (WACC) entspricht, was bedeutet, dass die Gewinne in der „Ewigkeit" durch den Wettbewerb aufgezehrt werden. Der Ausdruck g/ROIC steht dabei für die Investitionsrate.

$$FfW = \frac{FCF_{T+1}}{WACC - g} \cdot \left(1 - \frac{g}{ROIC}\right)$$

Die angenommene Gleichheit von ROIC und WACC bewirkt, dass nach Auflösung der Formel keine Wachstumsrate aus der Fortführungswertformel mehr ersichtlich wird.

$$FfW = \frac{FCF_{T+1}}{WACC - g} \cdot \left(1 - \frac{g}{WACC}\right) = \frac{FCF_{T+1}}{WACC - g} \cdot \left(\frac{WACC}{WACC} - \frac{g}{WACC}\right)$$

$$= \frac{FCF_{T+1}}{WACC - g} \cdot \frac{WACC - g}{WACC} = \frac{FCF_{T+1}}{WACC}$$

Diese Tatsache darf allerdings nicht mit einem Nullwachstum gleichgesetzt werden. Sie bedeutet lediglich, dass bei Verwendung der Konvergenzformel der Fortführungswert durch das Wachstum nicht erhöht wird, da die Rendite der Anlageinvestitionen den Kapitalkosten entspricht. Würde der WACC dennoch um einen Wachstumsabschlag reduziert, hätte dies – wie in Abb. D.33 durch die „aggressive" Wachstumsformel visualisiert – zur Folge, dass die Renditen auf Anlageinvestitionen ewig steigen müssten (vgl. *Copeland et al., 2002, S. 342*).

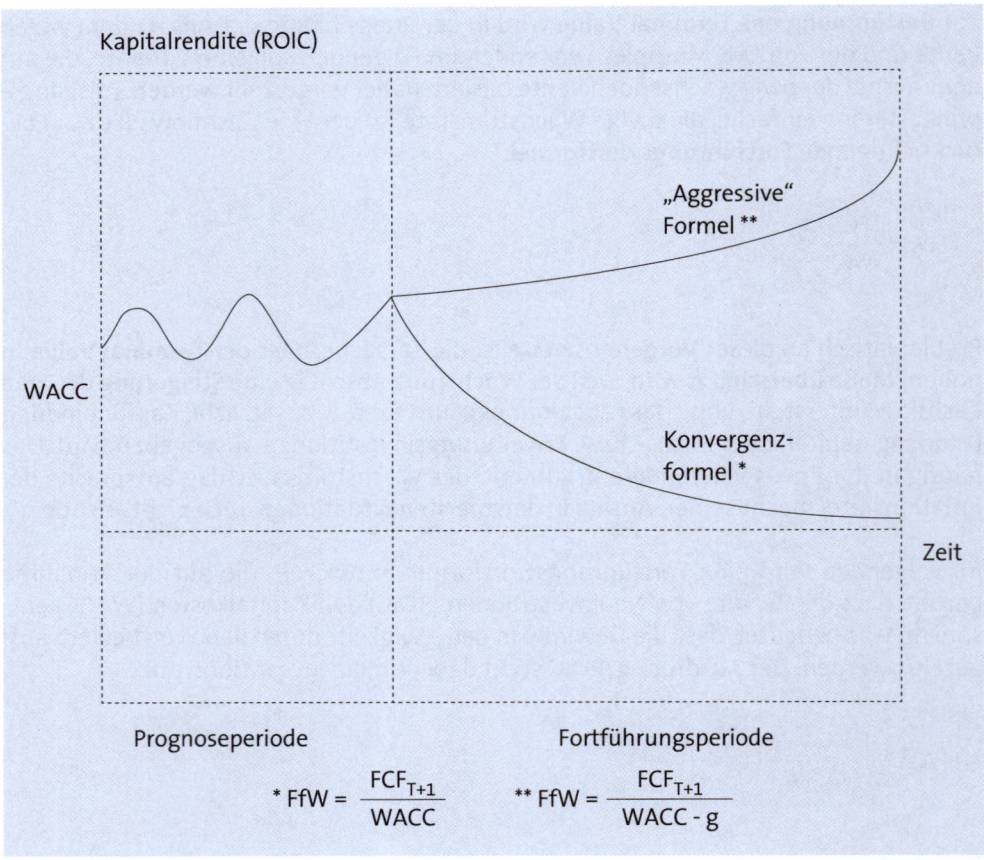

Abb. D.33: Abhängigkeit der Kapitalrendite von der Fortführungswertformel

Wahrscheinlicher ist jedoch eine konstante Rendite in Höhe der Kapitalkosten. Die zusätzliche Berücksichtigung einer Wachstumsrate würde ansonsten zu einer erheblichen Überschätzung des Fortführungswerts führen.

Das Konzept der **Berechnung des Fortführungswerts mittels Exit Multiples** geht davon aus, dass der Fortführungswert ein Vielfaches einer zu bestimmenden Zielgröße nach dem Detailprognosezeitraum ist. Wie in >> Kapitel B.4.2.3 erläutert, gibt es unterschiedliche Arten von Zielgrößen. Statt der Kapitalisierung der nachhaltigen operativen Free Cashflows mit dem gewichteten Kapitalkostensatz kann beispielsweise eine

Multiplikation der operativen Free Cashflows mit einem entsprechenden (Branchen-) Multiplikator erfolgen (vgl. *Löhnert/Böckmann, 2012, S. 686*).

Um einen realistischen Fortführungswert zu erhalten, ist es von großer Bedeutung, welcher Wert für die ausgewählte Zielgröße eingesetzt wird. Dieser Wert darf nicht mit dem Wert der Zielgröße für die Akquisitionsentscheidung gleichgesetzt werden. Aufgrund der Tatsache, dass die Zielgröße bei der Akquisitionsentscheidung Wertsteigerungspotenziale impliziert, kann für sie nur dann der gleiche Wert angesetzt werden, wenn das gleiche Wertsteigerungspotenzial auch nach der Prognoseperiode existiert. Andernfalls ist ein geringerer Wert anzusetzen.

Aufgabe 45 > Seite 353

9.2.3 Berücksichtigung ausgewählter Risiken

Risiken können Einfluss auf die prognostizierten Rückflüsse der Investition haben und müssen daher exakt analysiert werden sowie in die Bewertung einfließen. Vor allem bei internationalen Transaktionen ist eine Vielzahl von Risiken zu berücksichtigen. Im Rahmen dieses Lehrbuchs sollen lediglich zwei wesentliche Arten von Risiken – das **Wechselkursrisiko** und das **Länderrisiko** – näher vorgestellt werden.

Die **Risikoerfassung** kann mithilfe zweier verschiedener Ansätze erfolgen: zum einen in Form einer Adjustierung der Free Cashflows, zum anderen durch Adjustierung der Kapitalkosten. Mit der Berücksichtigung der Risiken im Kapitalisierungszinssatz treten sowohl Vor- als auch Nachteile auf (vgl. hierzu und im Folgenden *Brühl, 2000, S. 63*). Wesentlicher Vorteil und Hauptgrund für die weitverbreitete Anwendung dieser Methode ist die einfache Handhabung. So kann die **Adjustierung der Kapitalkosten** um einen pauschalen Risikoabschlag oftmals als Praktikeransatz beobachtet werden. Dem gegenüber stehen Nachteile, die bei der Anwendung dieser Methode beachtet werden müssen. Wesentlicher Nachteil ist die durch die einheitliche Diskontierung der einzelnen Perioden nur sehr undifferenziert mögliche risikospezifische Behandlung von systematischen und unsystematischen Risiken.

Der zuvor geschilderte Nachteil der schlechteren Vergleichbarkeit der Planungsperioden bei einer Berücksichtigung der Risiken im Kapitalisierungszinssatz ist zugleich wesentlicher Vorteil bei Berücksichtigung durch **Adjustierung der Free Cashflows**. Zudem erfordert dies eine ausführlichere Risikoanalyse, was im Sinne der Risikovorsorge positiv zu bewerten ist. Allerdings muss der Aufwand einer solchen Risikoanalyse in Relation zu den daraus gewonnenen Erkenntnissen gesetzt werden. Problematisch bei dieser Methode ist die fehlende Objektivierbarkeit der Zukunftsprognosen. Hier könnte beispielsweise durch verschiedene Szenarien die Validität der Prognosen erhöht und somit der Einfluss subjektiver Eintrittswahrscheinlichkeiten vermindert werden.

Als **Wechselkursrisiken (Currency Exposures)** werden Risiken bezeichnet, die in wechselkursinduzierten Veränderungen der Zahlungsströme begründet sind. Interdependenten Einfluss auf den Wechselkurs haben vor allem Inflationsraten, internationale Zinsdifferenzen, die Steuerung von Geldangebot und -nachfrage, Einkommensentwicklungen und Notenbankpolitik, aber zum Teil auch Spekulationen von Marktteilnehmern. Folge der Abwertung einer Währung könnte beispielsweise die Verminderung einer Dividende oder eines Veräußerungserlöses in der inländischen Währung sein (vgl. *Brühl, 2000, S. 62*). Es treten grundsätzlich drei Arten von Wechselkursrisiken auf.

Neben dem **Translation Exposure**, das bei der Umrechnung von Daten des externen Rechnungswesens in die Heimatwährung zum Zwecke der Jahresabschlusserstellung entsteht, für die Unternehmensbewertung aber nicht relevant ist, sind vor allem das Transaction und das Economic Exposure von Bedeutung.

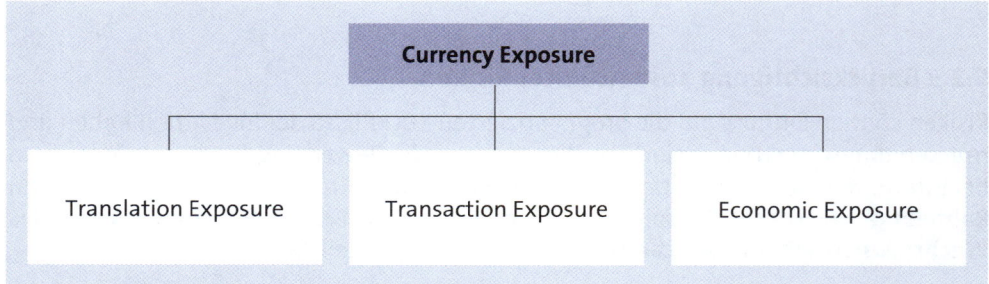

Abb. D.34: Unterschiedliche Formen von Wechselkursrisiken

Eine Konvertierung von der ausländischen in die heimische Währung vor, während oder am Ende einer Transaktion ist Gegenstand des **Transaction Exposure**. Dieses wird im Zuge der Liquiditätsplanung ermittelt.

Die Auswirkungen von Wechselkursschwankungen auf alle ökonomischen Einflussfaktoren beschreibt das **Economic Exposure**, das das umfassendste Konzept der Erfassung von Wechselkursrisiken darstellt. Es zeichnet sich vor allem durch seine langfristige und strategische Ausrichtung aus. So werden Verkaufserlöse, Kostenstrukturen und verschiedene Ergebnisgrößen wie EBITDA, EBIT, Finanz- und Nettoergebnis des Akquisitionsobjekts vor dem Hintergrund von Wechselkursschwankungen analysiert.

In der Praxis erfolgt die Berücksichtigung von Wechselkursrisiken aus dem Economic Exposure in der Regel durch eine **Adjustierung der Free Cashflows**. Übliche Vorgehensweise ist zunächst die Berechnung der Free Cashflows in der Landesnotierung des Zielobjekts. Diese Free Cashflows werden dann über Terminkurven bzw. Swap Rates in die Heimatwährung des Käufers transferiert (z. B. Euro oder USD) und anschließend mit einem entsprechenden Euro- oder USD-WACC diskontiert.

Eine Absicherung gegen Wechselkursrisiken sollte aber nur durchgeführt werden, wenn sie sinnvoll und möglich ist. So ist eine Verschuldung in der Währung des Zielobjekts zwar grundsätzlich möglich, im Fall von beispielsweise hochinflationären Währungen jedoch nicht unbedingt sinnvoll.

Des Weiteren können sich Risiken aus einem Economic und Transaction Exposure durchaus teilweise, wenn nicht weitgehend kompensieren. Letzteres wäre beispielsweise dann der Fall, wenn infolge der Akquisition eines britischen Unternehmens und bei einem sukzessiv schwächeren Pfund Sterling (bzw. stärkerem Euro) die zufließenden Erträge in Euro wechselkursbedingt in ähnlicher Höhe sinken wie der zu tätigende Schuldendienst aus in Pfund Sterling zur Finanzierung der Transaktion aufgenommenen Verbindlichkeiten. In diesem Fall spricht man von einem weitgehenden **Natural Hedge**.

Unter dem Begriff **Länderrisiko** werden das Liquiditätsrisiko, das Transferrisiko und allgemeine politische Risiken subsumiert. Das **Liquiditätsrisiko** bezieht sich auf eine drohende Zahlungsunfähigkeit staatlicher und privater Schuldner. Zu den **Transferrisiken** zählen z. B. Embargos, Handelsverbote und -hemmnisse sowie staatliche Interventionen zu Ungunsten des Investors. **Allgemeine politische Risiken** beschreiben schließlich das Risiko von Kriegen, Enteignungen und innenpolitischen Unruhen.

Charakteristisch für politische Risiken ist deren schwere Antizipierbarkeit. Änderungen der politischen Rahmenbedingungen, die häufig gerade in Emerging Markets auftreten, können einen signifikant negativen Einfluss auf die Unternehmenssituation haben. Die Gründe für diese Änderungen sind häufig in einem Mangel an politischen, institutionellen und regulatorischen Standortbedingungen zu suchen (vgl. *Brühl, 2000, S. 64*).

Länderrisiken werden in der Regel bei Akquisitionen außerhalb der EU und der USA durch einen **Länderrisikozuschlag** zusätzlich zum Basiszinssatz im WACC berücksichtigt. Eine häufig praktizierte Vorgehensweise bei der Bestimmung der Länderrisikozuschläge ist eine Ableitung aus aktuellen Kapitalmarkt-Spreads von Staatsanleihen. Die Bonität der staatlichen Emittenten wird dabei ermittelt, indem die Rendite laufzeit- und währungskongruenter Staatsanleihen verglichen wird. Dieser sogenannte **Yield Spread** wird dann zu den Eigenkapitalkosten addiert (vgl. *Brühl, 2000, S. 64*). Allerdings können die Kapitalmarkt-Spreads einer relativ hohen kurzfristigen Volatilität unterliegen. Damit diese kurzfristigen Schwankungen keinen zu großen Einfluss ausüben, sollte zusätzlich ein Länderrisikozuschlag auf Basis von Länderratings der großen Rating-Agenturen ermittelt werden.

Zu diesem Zweck werden die Bonitätsratings von Standard & Poor's und Moody's umskaliert und somit vergleichbar gemacht. Für die so ermittelten Risikostufen wird nun auf Basis der historischen Spreads von Fremdwährungsanleihen (Staatsanleihen) ein Risikozuschlag ermittelt. Über diesen rechnerischen Umweg lösen sich die Risikozuschläge von der Volatilität der aktuellen Zinsentwicklung der Staatsanleihen. Die Orientierung an der historischen Spread-Entwicklung von verschiedenen Risikostufen sichert damit einen sinnvollen Kompromiss zwischen „Aktualität" und „Konstanz" der Zuschläge.

Nicht mit dem Länderrisikozuschlag abgedeckt werden das Wechselkursrisiko, spezielle politische Risiken, wie regulatorische Eingriffe und steuerliche Risiken, sowie jegliche Form übriger Marktrisiken. Zur Aufdeckung dieser Risiken bedarf es einer projektspezifischen Risikoanalyse. Eine Berücksichtigung erfolgt entweder durch Adjustierung der Kapitalkosten oder durch Adjustierung der Free Cashflows. Eine Doppelberücksichtigung ist zu vermeiden. Der Risikozuschlag ist im Fall einer Absicherung der Risiken durch Sicherungsinstrumente – z. B. über Hedging des Fremdwährungsexposures – anteilig zu vermindern.

9.2.4 Statische Unternehmensbewertung mittels EVA

Da ein Großteil des DCF-Unternehmenswerts auf unsicheren zukünftigen Cash-Ins beruht, wird in der Praxis zusätzlich die Erfüllung einperiodischer wertorientierter Kennzahlen wie EVA und CVA, die die Zielerreichung bereits im ersten oder zweiten Jahr der Konsolidierung einfordern, zur hinreichenden Bedingung gemacht (vgl. *Madrian/Schulte, 2009, S. 25 ff.*).

Der Hintergrund: Positive Ergebnisse allein sagen nichts über die Wirtschaftlichkeit des M&A-Projekts aus. Erst wenn das Verhältnis des anteiligen betrieblichen Ergebnisses zum anteiligen gebundenen Vermögen größer ist als die geforderte **Hurdle Rate** (Kapitalkosten + Wertbeitrag), schafft die Transaktion zusätzlichen Wert (Value Added).

Die Hurdle Rate setzt sich zum einen aus den **gemischten und gewichteten Kapitalkosten sämtlicher Kapitalgeber (WACC)** und zum anderen aus Zuschlägen in Form von differenzierten **Mindestwertbeiträgen** zur Erreichung der Outperformance-Ziele zusammen. Bei projektspezifischen Risiken wird ggf. der geforderte Mindestwertbeitrag angepasst. Wichtig ist, dass klar vorgegeben wird, ab welchem Jahr der Unternehmenszugehörigkeit die Hurdle Rate überschritten werden muss.

Aufgabe 46 > Seite 353

9.2.5 Accretion/Dilution-Analyse

Eine Accretion/Dilution-Analyse lässt erkennen, inwieweit das Nettoergebnis pro Aktie (EPS = Earnings per Share) beim **Mutterunternehmen** durch die Übernahme des Zielunternehmens **gesteigert (Accretion)** oder **verwässert (Dilution)** wird. Der zusätzliche Gewinn pro Aktie aus einer M&A-Transaktion ergibt sich aus dem zusätzlichen Nettoergebnis zuzüglich der Effizienzsteigerungen und Nettosynergien, die aus der Transaktion erwartet werden. Davon abgezogen werden müssen die Abschreibungen auf den transaktionsbedingten Goodwill und die Zinsen auf angefallene Finanzierungskosten.

Bei den Finanzierungskosten kann zusätzlich ein **Steuervorteil (Tax Shield) auf Fremdkapitalzinsen** angesetzt werden, allerdings nur dann, wenn er auch tatsächlich nutzbar gemacht werden kann. Vor allem aus zwei Gründen ist eine nachhaltige Absetzbarkeit des Steuervorteils aus Kosten der Akquisitionsfinanzierung in vielen Fällen kritisch zu hinterfragen. Zum einen ist eine Verschärfung der Absetzbarkeit durch geplante Neuregelungen des steuerrechtlichen Handlungsrahmens immer wieder Gegenstand aktueller steuerrechtlicher Diskussionen[1]. Zum anderen können viele Unternehmen aufgrund bereits existierender körperschaft- und gewerbesteuerlicher Verlustvorträge Finanzierungskosten auch im Rahmen steuerentsprechender Organschaften de facto nicht ansetzen, da sie im Vergleich zu den steuerlich abzugsfähigen Finanzierungskosten ein zu geringes zu versteuerndes Ergebnis im Organkreis erwirtschaften.

Häufig sind Abschreibungen ein wesentlicher Bestandteil des bilanziell ausgewiesenen Ergebnisses. In diesem Zusammenhang wirken gerade die Abschreibungen (Amortizations) auf den Goodwill oftmals sehr ergebnisbelastend. Dabei sind sowohl nach US-GAAP (SFAS 142) als auch nach IFRS Regelungen zum **Impairment** des Goodwills (IFRS 3) zu beachten. Dieses Verfahren sieht jährliche Werthaltigkeitsprüfungen vor. Bei der Analyse von Kennzahlen – wie dem zusätzlichen, transaktionsbedingten Gewinn pro Aktie – ist darauf zu achten, in welcher Art und Weise die Abschreibungen auf den Goodwill berücksichtigt wurden. Vor allem die Vergleichbarkeit verschiedener Perioden ist bei vorgenommenen Abschreibungen auf den Goodwill nicht mehr ohne Weiteres gegeben. Außerdem erschwert die Goodwill-Abschreibung eine Prognose der Ergebnisse zukünftiger Perioden. Mit anderen Worten ist durch ein mögliches One-off Impairment des Goodwills mit wesentlichem Einfluss auf das Ergebnis das Risiko einer transaktionsbedingten Wertminderung größer geworden.

Zudem führt der Wegfall des Tax Shield ceteris paribus zu einem erhöhten Impairment-Risiko von akquirierten Unternehmen, bei denen zwar im Kaufpreis ein steuerlicher Finanzierungsvorteil angesetzt und mitbezahlt wurde, aber in der Post-Akquisitionsphase nicht umgesetzt werden kann.

Aufgabe 47 > Seite 354

9.3 Verrechnungspreise

Eine große Bedeutung im Beteiligungscontrolling besitzen Verrechnungspreise (**Transferpreise**). Verrechnungspreise sind Wertansätze für innerbetriebliche Leistungen (Produkte, Zwischenprodukte, Dienstleistungen), die von anderen Unternehmensbereichen bezogen werden. Diese stellen ggf. sogar rechtlich selbstständige Einheiten dar. Insbesondere größere Unternehmen sind häufig in kleinere Einheiten aufgeteilt, um so den Konzern besser steuern zu können. Solche Einheiten können als

▶ Cost Center (Verantwortung für Kosten eines Bereichs)

▶ Revenue Center (Verantwortung für Erlöse, z. B. Vertriebsorganisationen) oder

▶ Profit Center (Verantwortung für Kosten und Erlöse, Ergebnisverantwortung des Managements wie bei rechtlich selbstständigen Unternehmen)

organisiert sein.

---

[1] Zum Beispiel im Rahmen der Unternehmenssteuerreform 2008: Gewinn und Zinsaufwand werden in Relation gesetzt – ist der Zinsaufwand zu hoch, können die Zinsaufwendungen nicht oder nicht vollständig steuerlich abgesetzt werden („Zinsschranke").

Der Leistungsaustausch kann z. B. zwischen

- Kostenstellen
- Werken, Bereichen, Geschäftsbereichen oder
- rechtlich selbstständigen Einheiten

erfolgen.

Findet der Leistungsaustausch zwischen Kostenstellen innerhalb einer Einheit statt, so wird er üblicherweise im Betriebsabrechnungsbogen der Kostenstellenrechnung abgebildet (vgl. >> Kapitel C.2.2.1.3). In Konzernen findet häufig ein mehrstufiger Leistungsaustausch statt. In der Automobilindustrie werden beispielsweise Motoren oder Getriebe teilweise in eigenen Werken produziert. Diese Baugruppen werden an Montagewerke geliefert, in denen die Fahrzeuge hergestellt und anschließend an Vertriebsgesellschaften geliefert werden. Sowohl für Motoren und Getriebe als auch für die Fahrzeuge sind dann Verrechnungspreise zu definieren.

Allgemein erfüllen **Verrechnungspreise** folgende **Funktionen** (vgl. *Weber/Schäffer, 2016, S. 220*)

- intern:
  - Koordination dezentraler Einheiten
  - interne Erfolgsermittlung
  - Anreizgestaltung für Manager
- extern:
  - externe Erfolgsermittlung
  - Optimierung der Steuerlast
  - Preisrechtfertigung.

Bei der Erfüllung dieser Funktionen kann es in der Praxis durchaus zu Zielkonflikten kommen. In international tätigen Konzernen dominiert dabei in der Regel das **Ziel der Gewinnmaximierung** und daraus abgeleitet die **Motivation, möglichst wenig Steuern zu zahlen**. Also werden Verrechnungspreise so gewählt, dass Gewinne in Staaten erzielt werden, in denen möglichst niedrige Ertragssteuern anfallen.

Verrechnungspreise können dabei nicht willkürlich gewählt werden, aber es gibt viele Gestaltungsmöglichkeiten, die von Konzernen zur Steuerminimierung ausgeschöpft werden. Im Rahmen der OECD wurden folgende Methoden als steuerlich zulässig festgelegt (vgl. *Weber/Schäffer, 2016, S. 227*):

- transaktionsbezogene Methoden:
  - Preisvergleichsmethode
  - Wiederverkaufspreismethode
  - Kostenaufschlagsmethode

▶ gewinnbezogene Methoden:

- Gewinnaufteilungsmethoden
- Netto-Margen-Methode.

Bei der **Preisvergleichsmethode** wird der Marktpreis bestimmt, der auch an fremde Dritte für ein Gut oder eine Dienstleistung zu zahlen ist. Im Rahmen der **Wiederverkaufspreismethode** erhält z. B. eine Vertriebsgesellschaft einen Anteil vom Marktpreis, den externe Kunden für ein Produkt zahlen. Dieser Anteil dient dazu, die Kosten für die Erfüllung der Vertriebsfunktion zu decken. Bei der **Kostenaufschlagsmethode (Cost Plus-Methode)** ermittelt der konzerninterne Lieferant seine Vollkosten und stellt diese dann mit einem Gewinnaufschlag an den internen Kunden in Rechnung. In bestimmten Fällen sind auch die **Gewinnmethoden** zulässig, bei denen der Gewinn oder Deckungsbeitrag nach bestimmten Regeln auf die Beteiligten aufgeteilt wird.

Insgesamt gibt es bei der Anwendung der Methoden umfangreiche Nachweis- und Dokumentationspflichten. Der Gewinnaufschlag im Rahmen der Kostenaufschlagsmethode darf z. B. nicht willkürlich festgelegt werden, sondern muss sich an branchenüblichen Margen orientieren.

Für das Controlling stellt sich die Frage, ob die oft aus steuerlichen Gründen für das externe Rechnungswesen gewählte Verrechnungspreismethode auch für interne Steuerungszwecke geeignet ist und neben der Erfolgsermittlung auch die anderen Funktionen hinreichend erfüllt werden. Wird diese Frage verneint, dann kann durchaus auch im Controlling mit anderen Wertansätzen als im externen Rechnungswesen gearbeitet werden. Dies ist analog zur Rechnung mit kalkulatorischen Kosten im Rahmen der Kostenartenrechnung zu betrachten (vgl. ≫ Kapitel C.2.2.1.2). Einem erhöhten Berechnungsaufwand steht unter Umständen eine bessere Unterstützung unternehmerischer Entscheidungen gegenüber. Aufwand und Nutzen sind gegeneinander abzuwägen. Abb. D. 35 zeigt die im Controlling infrage kommenden Verrechnungspreismodelle.

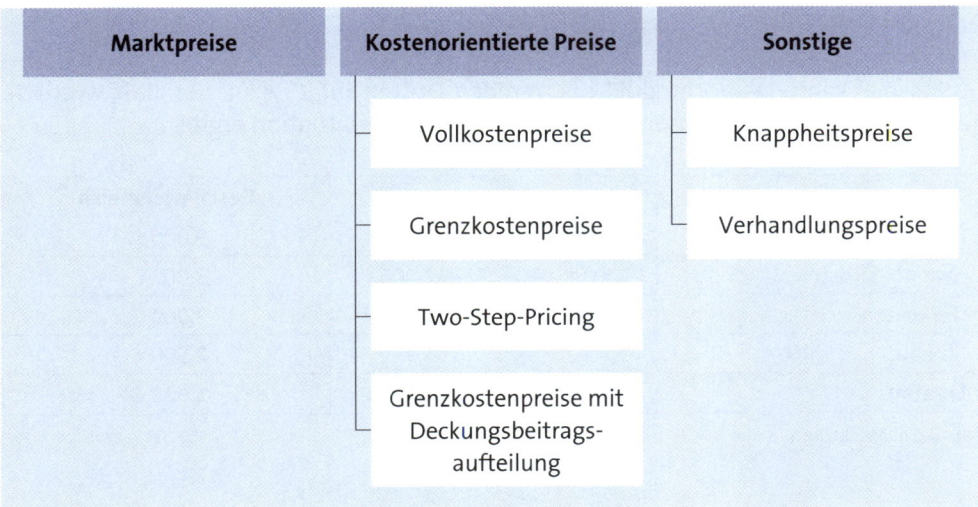

Marktpreise	Kostenorientierte Preise	Sonstige
	Vollkostenpreise	Knappheitspreise
	Grenzkostenpreise	Verhandlungspreise
	Two-Step-Pricing	
	Grenzkostenpreise mit Deckungsbeitragsaufteilung	

Abb. D.35: Verrechnungspreismodelle

Knappheitspreise basieren auf einem Opportunitätskostenansatz und sind ebenso wenig praxisrelevant wie Verhandlungspreise, die durch Verhandlungen der Beteiligten festgelegt werden. Die anderen Methoden werden im Weiteren anhand eines einheitlichen Beispiels erläutert.

Beispiel

Verrechnungspreise

Ein Unternehmen ist organisatorisch in zwei Profit Center – ein Werk und einen Geschäftsbereich – gegliedert. Das Werk liefert ein Vorprodukt an den Geschäftsbereich, der aus jeweils einer Einheit dieses Vorprodukts ein Endprodukt herstellt. Für alle Methoden werden der Verrechnungspreis sowie die Ergebnisse der beiden Profit Center ermittelt.

	Werk	**Geschäftsbereich**
Verkaufspreis		90 €/St.
Absatzmenge	100 St.	100 St.
Variable Kosten	20 €/St.	30 €/St.
Fixkosten	1.000 €	2.000 €

Tab. D.13: Beispiel Verrechnungspreise

Marktpreise

Marktpreise werden mittels der Preisvergleichsmethode ermittelt. Der Wertansatz entspricht dem Preis, der am externen Markt für ein vergleichbares Produkt oder eine vergleichbare Dienstleistung zu zahlen ist.

Beispiel

Im Beispiel kann das Vorprodukt bei fremden Dritten für 25 €/St. beschafft werden. Tab. D.14 zeigt das Betriebsergebnis, das sich in dieser Situation ergibt.

	Werk	**Geschäftsbereich**
Erlöse	100 St. • 25 €/St. = 2.500 €	9.000 €
- variable Kosten	100 St. • 20 €/St. = 2.000 €	3.000 €
- Fixkosten	1.000 €	2.000 €
- Zukauf		2.500 €
Ergebnis	**-500 €**	**1.500 €**

Tab. D.14: Marktpreis

Die Erlöse des internen Lieferanten werden beim Kunden zu Kosten für den Zukauf. Das Konzernergebnis beträgt insgesamt 1.000 €. Dies bleibt bei allen Modellen gleich; durch die Verrechnungspreise wird lediglich über die Aufteilung des Ergebnisses auf die beteiligten Bereiche entschieden.

Notwendige Voraussetzungen für den Einsatz von Marktpreisen sind:

- freier Marktzugang für Lieferanten und Kunden
- Existenz eines einheitlichen Marktpreises
- gleiche Informationen für Kunden und Lieferanten
- Preisanpassung an Marktschwankungen.

Diese Voraussetzungen sind insbesondere bei Vorprodukten nicht immer erfüllt. Für die meisten Automobilhersteller kommt die Beschaffung eines Motors von Wettbewerbern kaum infrage; ein Marktpreis kann dann nicht ermittelt werden. Positiv an Marktpreisen ist die Wettbewerbsorientierung. Im Beispiel wird transparent, dass das interne Werk im Moment nicht wettbewerbsfähig ist. Zudem sind Marktpreise steuerlich zulässig. Marktpreise sind praxisrelevant, aber die Voraussetzungen für den Einsatz sind zu beachten.

Kostenorientierte Verrechnungspreise

Kostenorientierte Verrechnungspreise werden in der Praxis vor allem für Güter eingesetzt, für die kein Markt existiert (z. B. Vorprodukte). Grundsätzlich ist hier zu klären, ob die Ermittlung auf Basis von Istkosten oder Plankosten erfolgen soll. In der Praxis erfolgt die Berechnung in der Regel auf Basis von Plankosten, die für ein Jahr im Voraus festgelegt werden. Dies hat folgende Vorteile:

- Anreiz für Lieferanten zur Kostendisziplin und Einhaltung von Zielvorgaben
- Weniger Aufwand als Istkostenermittlung: dem einmaligen Planungsaufwand steht ein geringerer Abwicklungsaufwand bei Lieferungen gegenüber; bei Istkosten wären bei jeder Lieferung aktuelle Preise zu ermitteln und zu fakturieren.
- Sicherheit für Lieferanten und Kunden: Beide kennen den Preis, der gezahlt wird und haben keine Überraschungen zu befürchten.

Andererseits besteht die Gefahr hoher Plankostenansätze des Lieferanten, der dann bei positiven Kostenabweichungen leicht „Gewinne" erzielt. Diese Motivation für Lieferanten besteht immer; Exzesse lassen sich nur durch Vorgaben aus der Konzernzentrale verhindern. Zum Beispiel können Vorgaben für maximal zulässige Kostensteigerungen im Vergleich zum Vorjahr gemacht werden.

Vollkostenpreise

Bei Vollkostenpreisen trägt der Abnehmer die gesamten Kosten des Lieferanten. Diese werden ggf. noch um einen Gewinnzuschlag erhöht. Dann ist diese Methode auch steuerlich zulässig. Diese sogenannte Cost Plus-Methode wird im externen Rechnungswesen neben Marktpreisen vorrangig verwendet.

Beispiel

Im Beispiel wird der reine Vollkostenpreis ohne Gewinnzuschlag eingesetzt. Dieser setzt sich aus variablen und fixen Kosten zusammen und beträgt 30 €/St. (= 20 €/St. + 1.000 € : 100 St.).

Tab. D.15 zeigt das Betriebsergebnis, das sich bei dieser Vorgehensweise ergibt.

	Werk	Geschäftsbereich
Erlöse	100 St. • 30 €/St. = 3.000 €	9.000 €
- variable Kosten	2.000 €	3.000 €
- Fixkosten	1.000 €	2.000 €
- Zukauf		3.000 €
Ergebnis	**0 €**	**1.000 €**

Tab. D.15: Vollkostenpreis

Vorteilhaft an dieser Methode ist die einfache Ermittlung der Verrechnungspreise. Problematisch ist, dass der Lieferant wenig Spielraum zur Gewinnerzielung besitzt; die Kostendeckung steht im Vordergrund. Dies kann durch einen Gewinnzuschlag allerdings geändert werden. Zudem führt eine Beschäftigungsabweichung zu Kostenüber- bzw. -unterdeckungen. Sinkt im Beispiel die Verkaufsmenge, so verteilen sich die Fixkosten schlechter über die Menge, sodass der Verrechnungspreis steigt. Sind Plankostenpreise vereinbart, ändert sich unterjährig der Verrechnungspreis nicht, aber der interne Lieferant macht in diesem Fall Verluste, da die Fixkosten bei geringerer Absatzmenge nicht mehr gedeckt werden können. Diesen Beschäftigungseffekt können sich interne Kunden im Rahmen der Planung manipulativ zunutze machen. Je höher die prognostizierte Absatzmenge, umso niedriger der zu zahlende Verrechnungspreis.

Auch als Grundlage für Make-or-Buy-Entscheidungen sind Vollkostenpreise nicht geeignet.

Beispiel

Falls im Beispiel das Management des Geschäftsbereichs aufgrund des niedrigeren Marktpreises von 25 €/Stück den Lieferanten wechselt und bei einem externen Lieferanten einkauft, dann hat das folgende Konsequenzen: Das Ergebnis des Geschäftsbereichs verbessert sich um 500 € (= 100 • 5 €/St.). Beim Lieferanten hingegen entfallen Erlöse und variable Kosten. Da die Fixkosten in der Regel kurzfristig nicht abbaubar sind, erzielt er nun 1.000 € Verlust. Trotz der aus Geschäftsbereichssicht rationalen und ergebnissteigernden Entscheidung verschlechtert sich in diesem Fall sogar das Konzernergebnis insgesamt um 500 €. Dies gilt es aus Konzernsicht zu verhindern. Die Koordinationsfunktion wird somit durch Vollkostenpreise nur schlecht erfüllt.

Grenzkostenpreise

Bei Grenzkostenpreisen werden nur die variablen Kosten verrechnet.

Beispiel

Im Beispiel beträgt der Grenzkostenpreis somit 20 €/St. Tab. D.16 zeigt das resultierende Ergebnis.

	Werk	**Geschäftsbereich**
Erlöse	100 St. • 20 €/St. = 2.000 €	9.000 €
- variable Kosten	2.000 €	3.000 €
- Fixkosten	1.000 €	2.000 €
- Zukauf		2.000 €
Ergebnis	**-1.000 €**	**2.000 €**

Tab. D.16: Teilkostenpreis

Problematisch an dieser Methode ist, dass der Lieferant keine Kostendeckung erreichen kann; sein negatives Ergebnis entspricht den Fixkosten. Durch die zwangsläufigen Verluste des Lieferanten ist die Methode steuerlich nicht zulässig. Allerdings werden die Probleme der Vollkostenpreise gelöst. Die Grenzkostenpreise sind beschäftigungsunabhängig und können für Make-or-Buy-Entscheidungen genutzt werden. Findet sich ein externer Lieferant, der bereit ist, zu einem Preis unterhalb der variablen Kosten des Werkes zu liefern, so ist ein Lieferantenwechsel jetzt nicht nur für den Geschäftsbereich, sondern auch aus Konzernsicht sinnvoll. Zudem kann auf Basis der variablen Kosten über alle Konzerngesellschaften hinweg ein Deckungsbeitrag für Endprodukte ermittelt werden. Dies ist für eine Konzernsteuerung sehr interessant und wäre bei Vollkostenpreisen nicht ohne Weiteres möglich.

Die bei dieser Methode zwangsläufig negativen Ergebnisse des Lieferanten können durch Deckungsbeitragszuschläge oder Pauschalen vermieden werden.

Two-Step-Pricing

Das Two-Step-Pricing basiert auf Grenzkostenpreisen. Durch die zusätzliche Zahlung einer Pauschale durch den Abnehmer kann der Lieferant die Deckung seiner Fixkosten erreichen. Die zwei Schritte sind somit:

► erster Schritt: Verrechnung Grenzkostenpreis

► zweiter Schritt: Pauschalbetrag zur Fixkostendeckung und Gewinnerzielung.

Beispiel

Bei einem Pauschalbetrag von 1.500 € ergibt sich im Beispiel die in Tab. D.17 dargestellte Ergebnissituation.

	Werk	**Geschäftsbereich**
Erlöse	100 St. • 20 €/St. = 2.000 €	9.000 €
+/- Pauschale	+ 1.500 €	- 1.500 €
- variable Kosten	2.000 €	3.000 €
- Fixkosten	1.000 €	2.000 €
- Zukauf		2.000 €
Ergebnis	**500 €**	**500 €**

Tab. D.17: Two-Step-Pricing

Die Vorteile von Grenzkostenpreisen bleiben hier erhalten, zusätzlich hat der interne Lieferant nun die Möglichkeit zur Gewinnerzielung. Problematisch ist die pauschale Fixkostendeckung, z. B. besteht bei Auslastungsrückgängen für den Lieferanten wenig Anreiz zur Fixkostensenkung. Zudem muss die Pauschale bestimmt werden. Hier bietet sich eine Orientierung an den zu deckenden Fixkosten ggf. zuzüglich eines Gewinnzuschlags an. Steuerlich ist das Two-Step-Pricing nicht zulässig.

Grenzkostenpreis mit Deckungsbeitragsaufteilung

Ähnlich wie beim Two-Step-Pricing erhält auch bei dieser Methode der Lieferant einen Betrag, der dazu dient, die Fixkosten zu decken. Der Verrechnungspreis setzt sich aus dem Grenzkostenpreis und einem Anteil am Gesamtdeckungsbeitrag zusammen.

Beispiel

Im Beispiel soll dieser zwischen Werk und Geschäftsbereich im Verhältnis 50 : 50 aufgeteilt werden. Der Gesamtdeckungsbeitrag beträgt 90 - 20 - 30 = 40 €/St. (Erlöse - variable Kosten von Werk und Geschäftsbereich). Der 50-prozentige Anteil hiervon sind 20 €/St. Damit ergibt sich ein Verrechnungspreis von 20 + 20 = 40 €/St. (variable Kosten Werk + Deckungsbeitragsanteil). Tab. D.18 zeigt die resultierende Ergebnisrechnung.

	Werk	**Geschäftsbereich**
Erlöse	100 St. • 40 €/St. = 4.000 €	9.000 €
- variable Kosten	2.000 €	3.000 €
- Fixkosten	1.000 €	2.000 €
- Zukauf		4.000 €
Ergebnis	**1.000 €**	**0 €**

Tab. D.18: Grenzkostenpreis mit Gewinnaufteilung

Diese Methode ermöglicht dem internen Lieferanten die Gewinnerzielung, bringt ansonsten aber einige **Probleme** mit sich. Der Verrechnungspreis kann nicht als Basis für Make-or-Buy-Entscheidungen genutzt werden. Zudem ist die Ermittlung eines Gesamtdeckungsbeitrags über alle Wertschöpfungsstufen hinweg nicht mehr unmittelbar möglich. Eine weitere Schwierigkeit besteht darin, dass der Gewinnanteil vom Lieferanten nicht beeinflussbar ist. Sinkt der Verkaufspreis des Geschäftsbereichs an die externen Kunden, so ist auch das Werk durch einen niedrigeren Verrechnungspreis betroffen. Der Maßstab für die Gewinnaufteilung ist zentral festzulegen. Da der Deckungsbeitrag zur Deckung der Fixkosten dient, liegt eine Aufteilung orientiert an den Fixkosten der beteiligten Bereiche nahe. Steuerlich ist diese Methode unter bestimmten Bedingungen zulässig. Analog zu dieser Methode auf Teilkostenbasis sind auch Vollkostenpreise mit Gewinnaufteilung möglich.

Verrechnungspreise sind ein wichtiges Thema insbesondere bei der Steuerung von Konzernen. Extern steht dabei die Minimierung der Steuerlast im Vordergrund. Für international tätige Konzerne ist die Verrechnungspreisgestaltung ein ausgesprochen wichtiger Ansatz zur Steueroptimierung. Intern muss im Controlling die Frage beantwortet werden, ob der extern gewählte Ansatz auch die Funktionen zur Unternehmenssteuerung ausreichend erfüllt. Ist dies nicht der Fall, kann im Controlling durchaus ein anderes Modell gewählt werden. Der zusätzliche Aufwand hierfür ist mit dem Nutzen abzuwägen.

In der Praxis gibt es beim Thema Verrechnungspreise häufig **Konflikte**. Profit Center-Verantwortliche können durch Verrechnungspreisänderungen das Ergebnis ihres Profit Centers und damit häufig auch ihre eigene Entlohnung (variable Gehaltsbestandteile) beeinflussen. Selbst wenn die grundsätzliche Methodik festgelegt ist, bieten sich Manipulationsmöglichkeiten, wie die Verwendung überhöhter Planansätze im Rahmen der kostenorientierten Methoden auf Basis von Plankosten. Das Beteiligungscontrolling muss daher hier häufig eine Schiedsrichterrolle übernehmen.

Zu berücksichtigen ist auch der Aufwand, der bei der Anwendung der Modelle anfällt. Ein Vollkostenpreis ist beispielsweise leichter zu ermitteln als ein Grenzkostenpreis mit Deckungsbeitragsaufteilung, da für die Deckungsbeitragsaufteilung Informationen von allen Beteiligten erforderlich sind. Zudem ist die Häufigkeit der Anpassung festzulegen. Sowohl bei kostenorientierten Preisen auf Plankostenbasis als auch bei Marktpreisen sind jährliche Anpassungen gängig, aber kein Muss.

Aufgabe 48 - 50 > Seite 354

Aufgabe 51 - 52 > Seite 355

Aufgabe 53 > Seite 356

Aufgabe 1:

Beschreiben Sie die Vorteile des Dotted-Line-Prinzips mit einer fachlichen Unterstellung des Bereichscontrollings unter das Zentralcontrolling und der disziplinarischen Unterstellung unter die Bereichsleitung.

Lösung s. Seite 357

Aufgabe 2:

Erläutern Sie, was unter folgenden Begriffen zu verstehen ist:

► Bereichscontrolling

► Controllingaufgaben

► operatives Controlling

► strategisches Controlling

► Dotted-Line-Prinzip

► Kostenrechnung

► externe Rechnungslegung.

Lösung s. MiniLex Seite 391 ff.

Aufgabe 3:

Aufgrund finanzieller Nöte beschließt der Stadtrat der Stadt Münsterland, bis zu 100 % seiner Beteiligung an den Stadtwerken (SW) Münsterland zu veräußern. Bei der Suche nach einem geeigneten Investor wurde u. a. der Stromgas AG ein vertrauliches Informationsmemorandum zugesandt. Für die Stromgas AG bietet sich dadurch die Möglichkeit, eine Beteiligung im Raum Westfalen zu erwerben. Da die Strategie des Konzerns u. a. die zügige Erweiterung der Kundenbasis in Kernregionen vorsieht, soll das Angebot genau geprüft werden.

Die Stromgas AG erhält neben der Planbilanz der Stadtwerke Münsterland folgende Informationen (alle Werte in Mio. €):

Bilanz	t-1 (Ist)	t (Plan)	t+1 (Plan)	t+2 (Plan)	t+3 (Plan)	t+4 (Plan)	TV
Anlage-vermögen	500,00	500,00	500,00	500,00	500,00	500,00	500,00
Vorräte	130,00	120,00	125,00	115,00	120,00	120,00	120,00
Ford. LuL	70,00	75,00	80,00	75,00	70,00	65,00	65,00
Liquide Mittel	120,00	120,00	120,00	120,00	120,00	120,00	120,00

Bilanz	t-1 (Ist)	t (Plan)	t+1 (Plan)	t+2 (Plan)	t+3 (Plan)	t+4 (Plan)	TV
Umlaufvermögen	320,00	315,00	325,00	310,00	310,00	305,00	305,00
Summe Aktiva	**820,00**	**815,00**	**825,00**	**810,00**	**810,00**	**805,00**	**805,00**
Bilanzgewinn	18,97	19,81	20,18	20,93	21,81	22,30	22,30
Übriges Eigenkapital	140,00	140,00	140,00	140,00	140,00	140,00	140,00
Eigenkapital	**158,97**	**159,81**	**160,18**	**160,93**	**161,81**	**162,30**	**162,30**
Verbindlichkeiten ggü. Banken	381,03	375,19	381,82	379,07	373,19	377,70	377,70
Langfristige Rückstellungen	150,00	150,00	150,00	150,00	150,00	150,00	150,00
Kurzfristige Rückstellungen	50,00	55,00	60,00	55,00	55,00	50,00	50,00
Verb. LuL	80,00	75,00	73,00	65,00	70,00	65,00	65,00
Fremdkapital	**661,03**	**655,19**	**664,82**	**649,07**	**648,19**	**642,70**	**642,70**
Summe Passiva	**820,00**	**815,00**	**825,00**	**810,00**	**810,00**	**805,00**	**805,00**

- Die SW Münsterland hat in t-1 einen Gesamtumsatz von 363 Mio. € erzielt und geht von einer kontinuierlichen Steigerung in der ersten Planungsperiode bis t+4 von 2 % p. a. aus.

- Materialaufwand, Personalaufwand und sonstiger betrieblicher Aufwand belaufen sich im Berichtsjahr auf 300 Mio. €; sie unterliegen denselben Wachstumsannahmen wie der Umsatz.

- Abschreibungen betragen jedes Jahr annahmegemäß 25 % vom Ergebnis vor Zinsen, Steuern und Abschreibungen (EBITDA).

- Langfristige Verbindlichkeiten müssen zu 6 % p. a. verzinst werden, während für das Finanzvermögen mit Zinserträgen i. H. v. 4 % p. a. zu rechnen ist.

- Die Steuerrate beträgt pauschal 35 % auf das EBIT.

- Die Eigenkapitalkosten betragen 9 % p. a.

- Investitionen (Capex) werden in Höhe der Abschreibungen geplant.

- In der zweiten Planungsperiode ab t+5 ist **nicht** davon auszugehen, dass der Fortführungswert durch das Wachstum erhöht wird.

- Weitere Annahme: Buchwert Fremdkapital = Marktwert Fremdkapital

Berechnen Sie den **Enterprise Value** und den **Equity Value** der SW Münsterland nach der DCF-Methode zum 01.01.t. Gehen Sie für die Berechnung des WACC von einer Zielkapitalstruktur mit einer EK-Quote von 54,5 % und einer FK-Quote von 45,5 % aus.

Lösung s. Seite 357

Aufgabe 4:

Erläutern Sie, was unter folgenden Begriffen zu verstehen ist:

- Planung
- Strategiebewertung
- Strategiefindung
- strategische Analyse
- strategische Frühaufklärung
- strategische Kontrolle.

Lösung s. MiniLex Seite 391 ff.

Aufgabe 5:

Die nach Gewinnmaximierung strebende Nobel-Möbel GmbH stellt u. a. exklusive Polstersessel her. Einziger Engpass bei der Sesselproduktion ist die Abteilung „Polsterei". Bei Bedarf wird daher die Auspolsterung einzelner Sesselarten als Lohnauftrag an ein anderes Unternehmen vergeben, und zwar für 430 €/St., wobei noch zusätzlich Transportkosten in Höhe von 20 €/St. anfallen. Die Vergabe der Polsterarbeiten an das andere Unternehmen kommt nur für die Modelle „Nobel", „Prima" und „Super" infrage. In der kommenden Planperiode sind in der eigenen Polsterei noch 200 h nicht ausgelastet.

Die Daten für die Produkte können der nachfolgenden Tabelle entnommen werden.

Produkt	Maximale Absatzmenge	Preis	Variable Stückkosten		Kapazitätsbedarf in der eigenen Polsterei
			Ohne Polsterei	In der eigenen Polsterei	
	(St.)	(€/St.)	(€/St.)	(€/St.)	(h/St.)
TV	20	2.113	1.526	146	4
Nobel	20	3.746	2.937	210	0,8
Chef	15	8.392	7.215	298	2
Andante	16	7.625	7.100	238	2
Prima	12	2.837	2.148	85	1
Super	22	5.792	4.320	223	2,5
de Luxe	12	4.632	3.298	165	3,5

Bestimmen Sie das **optimale Produktions- und Absatzprogramm** im vorliegenden Beispiel und entscheiden Sie über den **Umfang von Lohnaufträgen**.

Lösung s. Seite 359

Aufgabe 6:

In der Stückfärberei einer Unternehmung werden Stoffballen à 200 kg (= 1 ME) gefärbt. Die Wochenkapazität eines bestimmten Aggregattyps für das Färben beläuft sich pro Aggregat auf 168 h/Woche (= 24 h/Tag • 7 Tage/Woche). Es sind 6 Aggregate dieses Typs in der Stückfärberei vorhanden. Gehen Sie im Folgenden davon aus, dass dieser Aggregattyp der einzige denkbare Engpass im gesamten Produktionsprozess ist.

Das Schwarzfärben der Produktarten 2, 4 und 5 kann als Lohnauftrag außerhalb der Unternehmung vergeben werden. Alle relevanten Daten finden Sie in der nachfolgenden Tabelle:

Produktart	Verkaufs-preis	Variable Stückkosten			Produkti-onskoeffi-zient	Absatz-grenze
		ohne Färben	des Fär-bens im Unt.	des Färbens außerhalb		
	(€/ME)	(€/ME)	(€/ME)	(€/ME)	(h/ME)	ME
1	5.000	3.500	300	-	4	60
2 (schwarz)	7.000	5.000	440	1.000	8	26
3	6.900	5.000	400	-	6	80
4 (schwarz)	8.000	6.000	680	1.000	8	40
5 (schwarz)	6.000	4.545	685	1.000	7	40
6	6.750	5.775	700	-	5	30

a) Bestimmen Sie das **gewinnmaximale Produktionsprogramm**. Geben Sie ggf. an, welche Produktarten als Lohnauftrag gefärbt werden sollen.

b) Jedes der 6 Aggregate, welches nach der Lösung der Aufgabe a) für das Schwarzfärben eingesetzt wird und hiermit nicht während der ganzen Woche (168 h) ausgelastet ist, muss erst gründlich gereinigt werden, bevor es für das Färben der anderen Produktarten eingesetzt werden kann. Diese Reinigung eines Aggregats dauert 5 h; als variable Kosten fallen 200 € pro Reinigung an. Wie ändern sich in diesem Fall das **gewinnmaximale Produktions- und Färbeprogramm** sowie der **Deckungsbeitrag** gegenüber Aufgabenteil a)?

Lösung s. Seite 360

Aufgabe 7:

Der Spielzeughersteller Klicker & Klacker möchte sein Angebot um den Verkauf von Murmeln erweitern (vgl. *Littkemann et al., 2008, S. 51*). Der Leiter der Controllingabteilung P. Laner wurde beauftragt, einen Budgetplan für das 1. Jahr aufzustellen. Zunächst hat er die erforderlichen Daten zusammengetragen:

Beutel	Inhalt	Geplanter Absatz (St.)	Verkaufspreis (€/St.)	Fertigungszeit (Min./St.)
A	10 kleine grüne Murmeln	1.000	2,00	1
B	10 kleine gelbe Murmeln	1.000	2,00	1
C	10 große rote Murmeln	500	4,00	1
D	10 große blaue Murmeln	500	4,00	1
E	5 rote und 5 blaue Murmeln	1.500	4,50	1,5
F	5 gelbe und 5 grüne Murmeln	1.500	2,50	1,5
G	5 blaue und 10 gelbe Murmeln	2.000	4,00	1,5
H	5 rote und 10 grüne Murmeln	2.000	4,00	1,5

Materialeinsatz	Einkaufspreis (€/St.)
Rote Murmel	0,30
Blaue Murmel	0,30
Grüne Murmel	0,10
Gelbe Murmel	0,10
Beutel A, B und F	0,20
Beutel C, D und E	0,30
Beutel G und H	0,25

▶ Da noch nichts veranlasst wurde, gibt es keine Lagerbestände und auch keine Absatzverpflichtung.

▶ Wegen der Unsicherheit des neuen Geschäfts sollen keine Lagerbestände bestehen bleiben.

▶ Der durchschnittliche Lohnsatz pro Minute beträgt 0,20 €.

▶ Die variablen Fertigungsgemeinkosten betragen 24 € pro Stunde.

▶ Die Miete für den benötigten Arbeitsbereich beträgt 200 € monatlich.

▶ Die monatlichen Energiekosten belaufen sich auf 100 €.

▶ Die Anschaffungskosten für eine robuste Arbeitsplatte betragen 1.800 € und für ein Aufbewahrungssystem 2.400 €. Die Nutzungsdauern betragen jeweils 10 Jahre.

- Die anteiligen Lohnkosten für Planung und Buchführung betragen 50 € monatlich.
- Für Werbung etc. wird mit monatlich 100 € gerechnet.

a) Helfen Sie P. Laner bei der Erledigung seiner Aufgabe, indem Sie aus den gegebenen Daten die folgenden **Budgets** aufstellen:
   - Absatz- und Umsatzbudget
   - Produktions- und Lagerplan
   - Materialkosten- und Beschaffungsbudget
   - Fertigungsbudget und
   - Vertriebs-, Verwaltungs- sowie Investitionsbudget.

b) Erstellen Sie aus den Einzelplänen schließlich das **Ergebnisbudget**.

Lösung s. Seite 361

Aufgabe 8:

Die Münster GmbH plant für die kommende Geschäftsperiode ein Jahresergebnis von 200.000 €. Aufbauend auf der Ergebnisplanung sollen nun noch eine **Planbilanz** und die **Planliquidität** zum Ende der Planperiode berechnet werden. Berücksichtigen Sie dazu die nachfolgend dargestellte Anfangsbilanz sowie die weiteren dargelegten Informationen:

Aktiva	Anfangsbilanz zu Beginn der Planperiode		Passiva
Gebäude	80.000 €	Eigenkapital	76.200 €
Maschinen	35.000 €	Rückstellungen	40.000 €
BGA	20.000 €	Verb. LuL	45.000 €
Handelswaren	20.000 €	Kredite	120.000 €
Materiallager	32.000 €		
Fertige Erzeugnisse	10.000 €		
Ford. LuL	24.200 €		
Liquide Mittel	60.000 €		
Summe	**281.200 €**	**Summe**	**281.200 €**

- Im Jahresergebnis enthalten sind Umsatzerlöse in Höhe von 900.000 €. Diese Umsätze verteilen sich gleichmäßig über das Jahr. Ein Drittel der Umsätze soll mit Handelswaren, zwei Drittel mit Produkten aus eigener Fertigung erlöst werden.
- Bei den Handelswaren wird ein durchschnittliches (Kunden-)Zahlungsziel von einem Monat eingeräumt, bei den Eigenerzeugnissen von 45 Tagen.
- Der Materialaufwand für die Fertigung der eigenen Erzeugnisse beträgt 600.000 €. Einkäufe wurden in Höhe von 580.000 € (netto) getätigt.
- Für den Bestand an Handelswaren wird grundsätzlich eine Sicherheitsreserve von zwei Monatsumsätzen vorgehalten.

▶ Nicht abgesetzte Fertigerzeugnisse werden zu Herstellkosten bilanziert. Es wird von einem Lagerbestand von 2.000 St. zu Herstellkosten von 12 €/St. ausgegangen.

▶ An die Banken wurden Tilgungs- und Zinszahlungen i. H. v. 35.000 € geleistet. Darin enthalten sind Zinszahlungen auf den Kreditstand gem. Anfangsbilanz i. H. v. 6,5 %.

▶ Annahmegemäß bestehen am Periodenende Verbindlichkeiten aus Lieferung und Leistung in Höhe von 9.750 €.

▶ Die Entwicklung des Anlagevermögens wird unter Berücksichtigung von Abschreibungen und Neuinvestitionen wie folgt geplant:

Vermögensgegenstand	Abschreibung	Investition
Gebäude	5.000 €	20.000 €
Maschinen	8.000 €	40.000 €
BGA	3.000 €	15.000 €

▶ In der Planperiode wird voraussichtlich ein Gerichtsprozess abgeschlossen. Für diesen Prozess wurde in der Vorperiode eine Rückstellung für Schadensersatz i. H. v. 25.000 € gebildet. Eine Verurteilung zu 20.000 € ist sehr wahrscheinlich.

Lösung s. Seite 363

Aufgabe 9:

Im Rahmen der Abstimmungen zwischen den verschiedenen Abteilungen eines Kaffeemaschinenherstellers liegen Ihnen folgende Informationen aus den einzelnen Abteilungen für die Planung vor:

a) Ermitteln Sie auf Basis der folgenden Informationen die **Stückdeckungsbeiträge** und das **Planergebnis**.

Aus der Marketingabteilung:

	Maschinentyp		
	Aroma Gold	Bürogenuss	Espresso
Geplanter Absatz	45.000 St.	30.000 St.	7,00 St.
Verkaufspreis	45,00 €/St.	60,00 €/St.	300,00 €/St.

Aus dem Lager und aus der Produktion:

Informationen zur Bestimmung der Produktionsmenge	Maschinentyp		
	Aroma Gold	Bürogenuss	Espresso
Anfangsbestand (St.)	4.000	6.000	7.000
Losgröße (St./Produktionslos)	6.000	4.000	3.000

Bauteilliste	Verarbeitete Bauteile je Maschinentyp		
	Aroma Gold	Bürogenuss	Espresso
Materialbausatz	1 St.	2 St.	2 St.
Elektronikbausatz	1 St.	1 St.	1 St.
Standarddichtung	7 St.	4 St.	9 St.

Informationen zur Produktion	Maschinentyp		
	Aroma Gold	Bürogenuss	Espresso
Produktionskoeffizient	38 Min./St.	40 Min./St.	160 Min./St.
Lohnkostensatz	0,40 €/Min.	0,40 €/Min.	0,40 €/Min.
Variable Material- und Fertigungsgemeinkosten	0,20 €/Min.	0,50 €/Min.	1,00 €/Min.

Aus der Einkaufsabteilung:

	Anschaffungskosten	
	Kosten	Einheit
Materialbausatz	3,00	(€/St.)
Elektronikbausatz	2,00	(€/St.)
Standarddichtung	0,50	(€/St.)

Aus dem Controlling:

Kostenposition	Kosten
fixe Material- und Fertigungsgemeinkosten	460.000 €
davon Abschreibungen	50.000 €
Verwaltungsgemeinkosten	335.000 €
Vertriebsgemeinkosten	130.000 €
F&E-Kosten	75.000 €
Investition zum 01.01.: ND: 8 Jahre, lineare Abschreibung	1.200,000 €

b) Für die Finanz-/Bilanzplanung liegen Ihnen folgende zusätzliche Informationen vor. Erstellen Sie die **Bilanz** und den **Finanzplan**!

▸ In den fixen Material- und Fertigungsgemeinkosten ist ein kalkulatorischer Unternehmerlohn i. H. v. 50.000 € enthalten.

▸ Die in den fixen Material- und Fertigungsgemeinkosten enthaltenen Abschreibungen sind Abschreibungen auf Maschinen.

▸ Die Neuinvestition betrifft ein neues Verwaltungsgebäude.

▸ Die Vorratsbestände ergeben sich aus folgendem Beschaffungsbudget:

	Benötigte Mengen Produktion			Material-verbrauch Produk-tion	Anfangs-bestand	Soll-End-bestand	Beschaf-fungs-budget
	Aroma Gold	Büro-genuss	Espresso				
Material-bausatz	42.000	48.000	6.000	288.000	72.000	57.600	273.600
Elektronik-bausatz	42.000	24.000	3.000	138.000	45.000	27.600	120.600
Standard-dichtung	294.000	96.000	27.000	208.500	20.000	41.700	230.200
				634.500	137.000	126.900	624.400

- Die Bewertung der geplanten Bestandsveränderung erfolgt zu den variablen Herstellkosten.
- Zum Ende der Planperiode ist von einem Forderungsbestand von 30 % der Um-satzerlöse auszugehen.
- In den Verwaltungsgemeinkosten ist die Bildung einer Rückstellung für die Jah-resab-schlusserstellung i. H. v. 20.000 € enthalten.
- Bei den Verbindlichkeiten aus Lieferung und Leistung ist von einer Verringerung um 20 % auszugehen.
- Sonstige Verbindlichkeiten können in unveränderter Höhe fortgeschrieben wer-den.
- Auf die Darlehen sind planmäßig Tilgungszahlungen i. H. v. 200.000 € zu leisten.
- Gehen Sie von folgender Anfangsbilanz aus (Werte in Euro):

Aktiva	01.01.t
Maschinen	2.270.000
Gebäude	0
Vorräte	137.000
Fertige Erzeugnisse	2.056.700
Forderungen	1.207.060
Kasse	185.000
Summe	**5.855.760**
EK	1.446.700
Ergebnis	-
Rückstellungen	1.100.000
Verb. LuL	800.000
Sonstige Verbindlichkeiten	8.560
Darlehen	2.500.500
Summe	**5.855.760**

Lösung s. Seite 364

Aufgabe 10:

Folgende (Jahres-)Planungsinformationen liegen in einem Unternehmen vor. Ermitteln Sie **Planbetriebsergebnis** und **Planliquidität** (Endbestand der liquiden Mittel) auf Basis der folgenden Informationen:

- Der Anfangsbestand an liquiden Mitteln beträgt 150.000 €.

- Beim Umsatz wird eine Steigerung um 12 % gegenüber dem Vorjahr (Vorjahresumsatz: 1.200.000 €) erwartet. Aufgrund der Zahlungsbedingungen der Kunden führen jeweils 80 % der Umsatzerlöse im gleichen Geschäftsjahr zu Einzahlungen. Alt-Forderungen i. H. v. 250.000 € werden im Geschäftsjahr zu 80 % beglichen. Vorsichtshalber wird davon ausgegangen, dass 20 % der Alt-Forderungen ausfallen.

- Insgesamt werden Materialkosten von 25 % der Umsatzerlöse erwartet. Der Bestand soll von einer Reichweite von einem Monat auf eine Reichweite von zwei Monaten erhöht werden. Lieferantenverbindlichkeiten werden ohne Zahlungsziel sofort bezahlt.

- Für die Personalkosten wird eine Tariferhöhung von 4 % zum 01.07. erwartet. Der Personalstand soll unverändert bleiben. Im Vorjahr betrugen die Personalkosten 300.000 €.

- Die Fertigungsgemeinkosten werden auf Basis von Vergangenheitsdaten geschätzt. Als repräsentativ werden die Jahre t-4 und t-1 angesehen. In t-4 fielen 118.000 € Fertigungsgemeinkosten für 2.100 Fertigungsstunden und in t-1 125.000 € Fertigungsgemeinkosten für 2.300 Fertigungsstunden an. Es werden 2.400 Fertigungsstunden geplant.

  Hinweis: $K(x) = K_F + k_v \cdot x$ mit $k_v = (K_2 - K_1) : (x_2 - x_1)$

- Das Anlagevermögen wird mit 15 % auf den Restbuchwert abgeschrieben. Der Endbestand des Anlagevermögens im Vorjahr besitzt einen Wert von 1,8 Mio. €. Zum 01.07. des Planjahres sollen neue Maschinen im Wert von 300.000 € beschafft werden (8 Jahre ND, lineare AfA).

- Die jährliche Rate an die Bank für Zins und Tilgung beträgt 35.000 €. Zinsen werden auf den Jahresanfangsbestand von 220.000 € i. H. v. 5 % berechnet.

- Hinsichtlich der Rückstellungen wird von Inanspruchnahmen von 40.000 € und einer Bildung neuer Rückstellungen i. H. v. 35.000 € ausgegangen.

Gehen Sie davon aus, dass sich Umsätze und Kosten gleichmäßig über das Jahr verteilen. Umsatzsteuern sind nicht zu berücksichtigen.

Lösung s. Seite 366

Aufgabe 11:

Sie sollen in einem Unternehmen für den Zeitraum Januar bis März die **Kosten-artenrechnung** erstellen. Hierzu erhalten Sie die folgenden Informationen. Geben Sie jeweils an, wie Sie diese Informationen in der Kostenartenrechnung für den angegebenen Zeitraum berücksichtigen. Führen Sie – falls erforderlich – die entsprechenden Berechnungen durch.

- Eine jährliche Versicherungsprämie i. H. v. 2.000 € wurde bereits im Januar gezahlt.
- Für die Beseitigung von Hochwasserschäden wurden 10.000 € aufgewendet.
- Die Nutzungsdauer einer Maschine wird abweichend vom bilanziellen Ansatz auf 10 Jahre geschätzt. Kalkulatorisch soll sie linear abgeschrieben werden. Der Buchwert beträgt 30.000 €; die Anschaffungskosten lagen bei 45.000 €.
- Zum Jahresende werden Bonuszahlungen an eigene Mitarbeiter in Höhe von 20.000 € erwartet.
- Es wurde Material im Wert von 27.000 € verbraucht.

Lösung s. Seite 367

Aufgabe 12:

Ein kleines Unternehmen ist in drei Kostenstellen gegliedert. Die primären Gemeinkosten haben in einem Monat die folgende Höhe:

- Fuhrpark (Vorkostenstelle):   15.000 €
- Fertigung: 77.000 €
- Verwaltung und Vertrieb: 26.000 €

Die Mitarbeiter der Fertigung sind 2.000 km und die Mitarbeiter des Verwaltungs- und Vertriebsbereiches 8.000 km mit den Autos des Fuhrparks gefahren. Im Unternehmen wurden zwei Produkte hergestellt und hierfür folgende Daten ermittelt:

	A	B
Fertigungseinzelkosten, inkl. Material	46.000 €	64.000 €
Fertigungsstunden	1.200 h	800 h

Die Gemeinkosten der Fertigung werden über die Bezugsgröße „Fertigungsstunde" und die Verwaltungs- und Vertriebsgemeinkosten über die Bezugsgröße „Herstellkosten" auf die Produkte verrechnet. Erstellen Sie den **Betriebsabrechnungsbogen**.

Lösung s. Seite 367

Aufgabe 13:

Ein Unternehmen wendet für die Ergebnisrechnung die mehrstufige Deckungsbeitragsrechnung an. Die Ergebnissituation der Produkte sieht wie folgt aus (alle Werte in T€):

Produkt	A	B	C	D	E	F	G	H	I
Erlöse	104	87	74	86	101	114	92	88	119
Variable Kosten	82	68	39	53	59	129	71	46	64

Zusätzlich liegen folgende Informationen zu den Fixkosten vor (Stufen: Produktgruppe, Sparte, Unternehmen):

- Produktgruppe 1 (Produkte A, B):   49 T€
- Produktgruppe 2 (Produkte C, D, E):   58 T€
- Produktgruppe 3 (Produkte F, G):   18 T€
- Produktgruppe 4 (Produkte H, I):   31 T€
- Sparte I (Produktgruppen 1 + 2):   36 T€
- Sparte II (Produktgruppen 3 + 4):   39 T€
- Unternehmen: 27 T€

Erstellen Sie eine **stufenweise Deckungsbeitragsrechnung** für das Unternehmen. Welche Programmentscheidungen führen auf dieser Basis zu einer **Ergebnisverbesserung**? Wie hoch ist dann das **Betriebsergebnis**?

Lösung s. Seite 368

Aufgabe 14:

Ein Unternehmen denkt über das kurzfristige Outsourcing der Fertigung eines speziellen Karosserieteils nach. Dieses Teil wird in einem Produktionsbereich gemeinsam mit anderen Teilen hergestellt.

Für die Eigenfertigung wurde folgende Kostensituation ermittelt:

- Produktionsmenge: 10.000 Stück
- Material- und Fertigungslohnkosten: 870.000 €
- anteilige Fertigungsfixkosten: 195.000 €
- anteilige Unternehmensfixkosten: 234.000 €

Das günstigste externe Angebot liegt bei 99 €/Stück.

Würden Sie – auf Basis der Kostenanalyse – **Outsourcing oder Eigenfertigung** empfehlen?

Lösung s. Seite 368

Aufgabe 15:

Für die Kostenstelle „Fertigung" der Maschinenbau KG, die die starre Plankostenrechnung einsetzt, wurden für ein Jahr Kosten (alle Werte in Euro) in folgender Höhe geplant:

- ▸ Materialgemeinkosten: 107.000
- ▸ Lohngemeinkosten: 43.000
- ▸ Gehaltskosten: 17.000
- ▸ sonstige Personalkosten: 4.300
- ▸ kalkulatorische Abschreibungen: 6.800
- ▸ kalkulatorische Zinsen: 3.200
- ▸ sonstige Kosten: 6.700

Ermitteln Sie den **Plankostenverrechnungssatz** für die geplante Beschäftigung von 8.000 h. Am Ende des Jahres ist eine Istbeschäftigung von 10.500 h ermittelt worden. Die Istkosten der Kostenstelle belaufen sich auf insgesamt 250.500 €. Führen Sie die **Abweichungsanalyse** für die Kostenstelle durch.

Lösung s. Seite 368

Aufgabe 16:

Für die Kostenstelle „Dreherei" eines Unternehmens, das die flexible Plankostenrechnung auf Vollkostenbasis einsetzt, wurden für ein Jahr bei einer Planbeschäftigung von 10.000 h variable Kosten in Höhe von 300.000 € sowie Fixkosten von 150.000 € geplant. Am Ende des Jahres wird – verursacht durch eine Wirtschaftskrise – eine Istbeschäftigung von lediglich 6.351 h ermittelt. Die Istkosten der Kostenstelle belaufen sich auf insgesamt 332.879 €. Führen Sie die **Abweichungsanalyse** für die Kostenstelle durch und interpretieren Sie die Ergebnisse.

Lösung s. Seite 369

Aufgabe 17:

Als Controller der Bicycle KG, einem Hersteller hochwertiger Fahrräder, sind Sie für die monatliche Ergebniskontrolle zuständig. Hierfür verwendet das Unternehmen die flexible Plankostenrechnung auf Vollkostenbasis. Das Unternehmen produziert neben dem Mountainbike „Action" auch das Citybike „Comfortable". Für die beiden Produkte des Unternehmens wurden im Plan bzw. Ist folgende Werte ermittelt:

Produkt	Plan		Ist	
	Mountainbike	Citybike	Mountainbike	Citybike
Erlöse	830 €/St.	750 €/St.	860 €/St.	715 €/St.
Materialver-brauch	16 kg/St.	13 kg/St.	15 kg/St.	14 kg/St.
Fertigungszeit	16 h/St.	14 h/St.	15 h/St.	16 h/St.
Absatz- und Pro-duktionsmenge	3.800 St.	5.200 St.	4.100 St.	5.300 St.

Aufgrund der anziehenden Nachfrage stieg der Preis für das in beide Produkte einge-hende Rohmaterial von den geplanten 26 €/kg auf 28 €/kg. Für die Kostenstelle Ferti-gung wurden im Plan bzw. Ist folgende Werte ermittelt:

	Plan	Ist
Variable Kosten	844.500 €	852.000 €
Fixe Kosten	625.100 €	628.800 €
Summe	1.469.600 €	1.480.800 €

Als Bezugsgröße für die Verteilung der Fertigungsgemeinkosten auf die Produkte wer-den die Fertigungsstunden verwendet.

Ermitteln Sie das **Istergebnis** des Unternehmens unter Berücksichtigung des vorgege-benen Kostenrechnungssystems. Weisen Sie alle Ergebnispositionen sowie die Ergeb-nisse der Produkte separat aus.

Lösung s. Seite 369

Aufgabe 18:

Die Superbike OHG verwendet die Grenzplankostenrechnung (flexible Plankosten-rechnung auf Teilkostenbasis) als Kostenrechnungssystem. Für die beiden Produkte des Unternehmens wurden im Plan bzw. Ist folgende Werte ermittelt:

Produkt	Plan		Ist	
	Easy	Comfort	Easy	Comfort
Erlöse	90 €/St.	120 €/St.	85 €/St.	135 €/St.
Materialverbrauch	4 kg/St.	6 kg/St.	5 kg/St.	7 kg/St.
Durchschnittliche Auftragsgröße	2,5 St./Auftrag	5 St./Auftrag	2 St./Auftrag	6 St./Auftrag
Absatz- und Produktionsmenge	1.000 St.	2.500 St.	1.280 St.	2.400 St.

Aufgrund der sich zunehmend erholenden Wirtschaftslage und damit steigenden Nachfrage stieg der Preis für das in beide Produkte eingehende Rohmaterial von den geplanten 7 €/kg auf 9 €/kg. Für die Kostenstelle Vertrieb wurden im Plan bzw. Ist folgende Werte ermittelt:

	Plan	Ist
Variable Kosten	67.500 €	82.500 €
Fixe Kosten	33.000 €	27.500 €

Als Bezugsgröße für die Verteilung der Vertriebsgemeinkosten auf die Produkte dient die Anzahl der Aufträge.

Ermitteln Sie das **Istergebnis** des Unternehmens unter Berücksichtigung des vorgegebenen Kostenrechnungssystems. Weisen Sie alle Ergebnispositionen sowie die Ergebnisse der Produkte separat aus.

Lösung s. Seite 369

Aufgabe 19:

Ein Unternehmen verwendet die Grenzplankostenrechnung als Kostenrechnungssystem. Für die Kostenstelle Fertigung, deren Kosten über die Bezugsgröße „Fertigungsstunde" auf die Kostenträger verrechnet werden, sind folgende Werte ermittelt worden.

	Kosten			Fertigungsstunden
	fix	variabel	gesamt	
Plan	50.000 €	120.000 €	170.000 €	800 h
Ist	47.813 €	125.314 €	173.127 €	847 h

Führen Sie die **Abweichungsanalyse** für die Kostenstelle durch und beurteilen Sie die Leistung der Fertigungsleitung.

Lösung s. Seite 370

Aufgabe 20:

Eine Käserei verwendet die Plankostenrechnung. Von einer speziellen Käsesorte wurden (im Ist) 3.500 kg produziert, wobei 10.850 l Milch verbraucht wurden, die zu einem Preis von 0,50 €/l eingekauft wurde. Laut Planung sollten 3.000 kg Käse hergestellt werden. Hierzu war der Einsatz von 9.000 l Milch zu einem Preis von 0,40 €/l vorgesehen.

Analysieren Sie alle ermittelbaren **(Einzelkosten-)Abweichungen**.

Lösung s. Seite 370

Aufgabe 21:

Die Fachbereichsbibliothek Wirtschaft der FH Münster möchte ein **Benchmarking** durchführen.

a) Schlagen Sie vier Ziele und Kennzahlen vor, auf deren Basis der Leistungsvergleich durchgeführt werden kann.

b) Welche Vergleichspartner kommen infrage?

Lösung s. Seite 371

Aufgabe 22:

Ein Fahrradhersteller plant die Entwicklung eines neuen Modells. Um bei den Kosten keine unangenehmen Überraschungen zu erleben, wird die Methode des Target Costing eingesetzt.

Im ersten Schritt wurden mittels Marktforschung die Erwartungen der Kunden an das Fahrrad untersucht. Die Befragungen ergaben folgendes Bild bei der Einschätzung des Kundennutzens:

- Gewicht: 10 %
- Zuverlässigkeit: 25 %
- Sicherheit: 20 %
- Design: 20 %
- Komfort: 25 %.

Die Einschätzung der Wettbewerbssituation am Fahrradmarkt ergab für diese Art von Fahrrad einen Zielverkaufspreis von 400 €. Das Unternehmen hat eine Renditeerwartung an dieses Modell von 10 % bezogen auf den Umsatz.

Eine interne Einschätzung des Nutzenbeitrags der wesentlichen Fahrradkomponenten ergab folgendes Bild:

	Gewicht	Zuverlässig-keit	Sicherheit	Design	Komfort
Rahmen	85 %	5 %	5 %	60 %	10 %
Schaltung		70 %			20 %
Bremsen		15 %	80 %		10 %
Sattel	10 %	5 %		15 %	40 %
Lenker	5 %	5 %	15 %	25 %	20 %
Summe	**100 %**	**100 %**	**100 %**	**100 %**	**100 %**

Zusätzlich wurde anhand eines zurzeit bereits im Produktprogramm befindlichen ähnlichen Fahrrads eine erste Abschätzung der zu erwartenden Kosten vorgenommen:

- ▶ Rahmen   160 €
- ▶ Schaltung   120 €
- ▶ Bremsen   80 €
- ▶ Sattel   45 €
- ▶ Lenker   35 €.

Ermitteln Sie zunächst die **Target Costs** unter Berücksichtigung der Managementvorgabe, dass die Target Costs die Allowable Costs nicht überschreiten dürfen. Errechnen Sie im zweiten Schritt dann die **Zielkostenindizes der Komponenten** und leiten Sie daraus **Handlungsempfehlungen** für das Management ab.

Lösung s. Seite 371

Aufgabe 23:

Nennen Sie drei Ziele, die mit einer Prozesskostenrechnung verfolgt werden.

Lösung s. Seite 372

Aufgabe 24:

Das Service Office einer Hochschule wendet die Prozesskostenrechnung für eine Kosten- und Leistungsanalyse an. Insgesamt fallen für das Service Office jährliche Kosten in Höhe von 180.000 € an. Die jährlich verfügbare Arbeitszeit eines vollzeitbeschäftigten Mitarbeiters (sogenanntes Mitarbeiterjahr) liegt bei 1.600 Arbeitsstunden. Insgesamt stehen 5 Mitarbeiterjahre als Kapazität zur Verfügung. Um die Prozesskostenrechnung durchzuführen, sind mittels Befragungen Standardzeiten für die einzelnen Tätigkeiten ermittelt worden:

Vorgang	Standardzeit (Min./Vorgang)
Bewerbungen bearbeiten	24
Einschreibungen durchführen	8
Exmatrikulationen durchführen	16

Darüber hinaus sind die Teilprozesse und die Prozessgrößen mit Art und Menge analysiert worden:

	Teilprozess	Kostentreiber	Prozessmenge
1.	Bewerbungen bearbeiten	Anzahl der Bewerbungen	8.000
2.	Einschreibungen durchführen	Anzahl der Einschreibungen	6.000
3.	Exmatrikulationen durchführen	Anzahl der Exmatrikulationen	4.500
4.	Sonstige Verwaltungsaufgaben	-	-

Die nicht in Imi-Teilprozessen gebundenen Mitarbeiterkapazitäten werden dem Imn-Teilprozess zugewiesen. Ermitteln Sie für alle Teilprozesse:

- **die erforderliche Mitarbeiterkapazität**
- **Prozesskosten**
- **Imn-Umlage**
- **Gesamt-Prozesskosten nach Imn-Umlage**
- **Gesamt-Prozesskostensatz.**

Lösung s. Seite 372

Aufgabe 25:

Im Rahmen der Lebenszykluskostenrechnung werden zusätzlich zu Erlösen und Kosten in der Produktionsphase eines Produkts auch Vor- und Nachlaufkosten bzw. -erlöse berücksichtigt. Nennen Sie insgesamt fünf Beispiele für **Nachlaufkosten** oder **Nachlauferlöse**.

Lösung s. Seite 372

Aufgabe 26:

Für den Fachbereich Wirtschaft einer Hochschule soll eine **Balanced Scorecard** entwickelt werden. Neben der Perspektive Lehre soll auch eine Perspektive Infrastruktur eingesetzt werden. Erarbeiten Sie für jede der beiden Perspektiven jeweils zwei Ziele sowie Kennzahlen zur Messung der Zielerreichung. Gehen Sie exemplarisch auf eine Ursache-Wirkungs-Beziehung zwischen Zielen der beiden Perspektiven ein.

Lösung s. Seite 373

Aufgabe 27:

Im **Reporting** können Standard-, Abweichungs- und Bedarfsberichte eingesetzt werden. Charakterisieren Sie jede dieser drei Berichtsarten mit jeweils zwei Merkmalen.

Lösung s. Seite 373

Aufgabe 28:

Definieren Sie für die folgenden Aussagen jeweils den **Vergleichstyp** (Zeitreihe, Rangfolge, Struktur, Häufung, Korrelation) und schlagen Sie dafür jeweils eine geeignete Grafikform zur Veranschaulichung in einem Reporting vor.

a) Der Jahresüberschuss ist gestiegen.

b) Die Umsatzrendite ist höher als die der stärksten Wettbewerber.

c) Die Personalkosten stellen mit einem Anteil von 72 % die dominierende Kostenart dar.

d) In Europa ist die Auslastung des Werkes am höchsten.

e) Die meisten Produkte haben einen Verkaufspreis pro Stück zwischen 1.000 € und 1.500 €.

Lösung s. Seite 373

Aufgabe 29:

Ein Praktikant hat für den Fachbereich Wirtschaft einer Hochschule die folgende Übersicht über Bachelorstudiengänge entwickelt. Das **Reporting Design** weist noch Verbesserungspotenziale auf. Optimieren Sie die Darstellungsform.

Studiengang	Studierende SS 17	Bewerber-relation SS17	Abbrecher-quote SS 17	Evaluations-note SS17
Betriebswirtschaft	657	8,357	0,156	1,874
International Management	94	2,195	0,254	2,14
European Business	211	4,28	0,084	1,658
Wirtschaftsinformatik	186	1,533	0,3	2,562

Lösung s. Seite 374

Aufgabe 30:

Erläutern Sie, was unter folgenden Begriffen zu verstehen ist:

► Balanced Scorecard

► Benchmarking

► Bilanzplanung

► Budget

► Budgetsystem

► Erfolgsplanung

► Finanzplanung

► Gemeinkostenwertanalyse

► Kennzahlen

► Kennzahlensysteme

► Kostenartenrechnung

► Kostenstellenrechnung

► Kostenträgerrechnung

► Lebenszykluskostenrechnung

► Plankostenrechnung

► analytische Prognoseverfahren

- heuristische Prognoseverfahren
- qualitative Prognoseverfahren
- Prozesskostenrechnung
- Reporting
- Target Costing
- Teilkostenrechnung
- Vollkostenrechnung
- Zero Base Budgeting.

Lösung s. MiniLex Seite 391 ff.

Aufgabe 31:

Nach welchen Grundsätzen erfolgt die Aufteilung der Aufgaben auf **zentrale** und auf **dezentrale Controllingeinheiten**?

Lösung s. Seite 374

Aufgabe 32:

a) Für die Bedeutung verschiedener Kriterien, nach denen F&E-Projekte bewertet und miteinander verglichen werden sollen, wurde folgende Reihenfolge (absteigend) bestimmt:

- strategische Bedeutung (A)
- mittelfristiges Erfolgspotenzial (B)
- Entwicklungsrisiko (C)
- Höhe des personellen Aufwands (D)
- Höhe des sonstigen Ressourcenaufwands (E).

Gewichten Sie diese Kriterien mithilfe eines **paarweisen Kriterienvergleichs**.

b) Für drei potenzielle F&E-Projekte wurden hinsichtlich der in a) dargestellten Kriterien auf Basis eingehender Informationsauswertung folgende Punktbewertungen (je höher, desto besser) vorgenommen:

	A	B	C	D	E
Projekt 1	7	4	5	3	4
Projekt 2	5	6	5	4	2
Projekt 3	6	5	6	4	3

Bestimmen Sie die jeweiligen **Nutzwerte der drei Projekte**. Welches ist relativ vorteilhaft? (Sollten Sie in Aufgabenteil a) keine Lösung ermittelt haben, setzten Sie eine Prämisse für die jeweiligen Kriteriengewichte).

Lösung s.Seite 374

Aufgabe 33:

Ergebnis eines internen Beantragungsverfahrens sind die folgenden Projektanträge, die bereits anhand der dargestellten Bewertungskriterien beurteilt wurden.

Lfd. Nr.	Kurzname	Gesamt-nutzwert	Gesamt-risiko	Kapitalwert	Interner Zinssatz	Investiti-onshöhe
1	Projekt 1	1,9	4,0	24 T€	12 %	700 T€
2	Projekt 2	3,9	1,5	28 T€	17 %	750 T€
3	Projekt 3	4,9	3,3	30 T€	19 %	650 T€
4	Projekt 4	5,1	4,5	34 T€	8 %	550 T€
5	Projekt 5	7,0	2,0	36 T€	9 %	600 T€
6	Projekt 6	2,8	2,5	40 T€	21 %	700 T€
7	Projekt 7	1,1	1,2	42 T€	23 %	750 T€

a) Erstellen Sie für die erste Bewertungsstufe das **Projektportfolio**. Begründen Sie, welche der Kriterien Sie für die Einordnung der Projekte heranziehen und wenden Sie die Normstrategien an.

b) Wie hoch sind die **Investitionsbudgetanteile der vier Quadranten**? Bewerten Sie die Budgetverteilung kurz.

Lösung s. Seite 375

Aufgabe 34:

Im Rahmen einer vorgeschalteten ABC-Analyse wurde bei einem Taschenuhrhersteller ein analoges Uhrwerk als A-Gut identifiziert (vgl. *Littkemann et al., 2008, S. 13 f*). Nun soll das Uhrwerk auch hinsichtlich seines Schwankungsverhaltens analysiert werden.

a) Der geplante und tatsächliche Verbrauch des analogen Uhrwerks stellte sich in den vergangenen Perioden folgendermaßen dar:

	Periode (i)	1	2	3	4	5	6
Uhrwerk analog	Prognostizierter Verbrauch (V_i)	155.000	158.000	165.000	170.000	175.000	198.000
	Tatsächlicher Verbrauch (T_i)	131.415	146.609	170.312	182.125	175.031	207.844
	Schwankungs-koeffizient (SQ_i)						

Ermitteln Sie mittels der unten angegebenen Formel den **Schwankungskoeffizenten (SQ)** nach *Hartmann* für die Perioden 1 - 6. Legen Sie Ihren Berechnungen einen Sicherheitsfaktor von 3 zugrunde. Gehen Sie ebenfalls davon aus, dass die jeweils betrachtete Periode nicht weiter in Intervalle unterteilt ist und dass der Schwankungsquotient der Periode 0 ebenfalls mit 0 angenommen wird. Runden Sie das Ergebnis auf die dritte Nachkommastelle.

Schwankungskoeffizient (SQ) nach *Hartmann*:

$$SQ_i = \frac{n \cdot SQ_{i-1} + SF \cdot \left|1 - \dfrac{T_i}{V_i}\right|}{n + 1}$$

X-Gut: $SQ_i \leq 1$
Y-Gut: $1 < SQ_i \leq 5$
Z-Gut: $SQ_i > 5$

SQ_{i-1} = bis zur i-ten Periode fortgeschriebener SQ-Wert
n = Intervalle innerhalb einer Periode (hier: $n = 1$)
SF = Sicherheitsfaktor
T = tatsächlicher Verbrauch
V = vorhergesagter Verbrauch
i = laufende Periode

b) Wie ist das analoge Uhrwerk im Rahmen der Beschaffungsplanung in Bezug auf die **Werthaltigkeit** und die **Vorhersagegenauigkeit** zu kategorisieren? Welche Maßnahmen sind aufgrund dieser Kategorisierung von der Beschaffungsplanung zu ergreifen?

Lösung s. Seite 377

Aufgabe 35:

Zur Durchführung des Produktionscontrollings sollen in einem Unternehmen Kennzahlen eingeführt werden. Nennen Sie vier **Zielsetzungen** für den Produktionsbereich und schlagen Sie für jedes Ziel jeweils eine **Kennzahl zur Erfolgsmessung** vor.

Lösung s. Seite 377

Aufgabe 36:

Erstellen Sie auf Basis folgender Daten ein **Kundenportfolio**. Wählen Sie geeignete Dimensionen für Ihr Portfolio aus und wenden Sie die Normstrategien an.

Kunde	A	B	C	D
Liefervolumen an Kunden (ME)	500	75	200	1.000
Gesamtbedarf Kunde (ME)	550	100	600	10.000
Ø DB (% vom Umsatz)	20 %	5 %	10 %	25 %

Lösung s. Seite 378

Aufgabe 37:

Für den Einsatz bei der Kundenbewertung haben sich statische Standard-Scoring-Modelle etabliert. Als eines der bekanntesten Verfahren bezieht das RFM- bzw. RFMR-Modell standardmäßig die Kriterien Recency, Frequency und Monetary Ratio sowie ggf. weitere Kriterien zur Bestimmung des Kunden-Scores ein.

Zu den Kunden 134 und 19 liegende nachfolgende Informationen vor (vgl. *Link/Hildebrand, 1993, S. 49*):

Bewertungsschema

		Startwert: 25 Punkte					
Recency	Letztes Kaufdatum	bis 6 Monate	6 - 9 Monate	9 - 12 Monate	12 - 18 Monate	18 - 24 Monate	> 24 Monate
		+40 Punkte	+25 Punkte	+15 Punkte	+5 Punkte	-5 Punkte	-15 Punkte
Fre-quency	Häufigkeit der Käufe in den letzten 18 Monaten	Zahl der Aufträge • 6					
Mone-tary Ratio	Durch-schnittlicher Umsatz der letzten drei Käufe	bis 50 GE	50 - 100 GE	100 - 200 GE	200 - 300 GE	300 - 400 GE	> 400 GE
		+ 5 Punkte	+ 15 Punkte	+ 25 Punkte	+ 35 Punkte	+ 40 Punkte	+ 45 Punkte
Sons-tige	Anzahl Retouren	0 - 1	2 - 3	4 - 6	7 - 10	11 - 15	> 15
		0 Punkte	-5 Punkte	-10 Punkte	-20 Punkte	-30 Punkte	-40 Punkte
	Zahl der Werbe-sendungen	Hauptkatalog		Sonderkatalog		Mailing	
		je -12 Punkte		je -6 Punkte		je -2 Punkte	

Bewertungsinformationen

Art	Rech-nungs-Nr	Datum	Kun-den-Nr	Bezeich-nung	Artikel	Bezeich-nung	Menge	Faktura-umsatz
RE	400296	10.04.t-1	10134	Kunde 134	5000070	Artikel 70	60	82,86
RE	400651	23.05.t-1	10019	Kunde 19	5000383	Artikel 383	12	43,71
RE	401631	29.09.t-1	10134	Kunde 134	5000382	Artikel 382	72	867,64
RE	401644	29.10.t-1	10019	Kunde 19	5000315	Artikel 315	600	190,54
RE	400972	16.12.t-1	10134	Kunde 134	5000360	Artikel 360	138	81,67
RE	403094	11.08.t	10019	Kunde 19	5000072	Artikel 72	60	101,55
RE	403611	21.08.t	10019	Kunde 19	5000033	Artikel 33	30	56,46

Weiterhin sind beide Kunden im Bewertungszeitraum mit jeweils zwei Mailings angesprochen worden. Kunde 19 erhielt darüber hinaus im März t den Hauptkatalog sowie im August zweimal (t-1 und t) den Sonderkatalog. Für den Kunden 134 wurden zudem zwei Retouren erfasst.

Bestimmen Sie den **Kunden-Score** der Kunden 134 und 19 auf Basis dieser Informationen zum Bewertungsstichtag 31.08.t.

Lösung s. Seite 379

Aufgabe 38:

Bei der Umsatzplanung eines 1-Produkt-Unternehmens erfolgt die Ermittlung der wahrscheinlichen Absatzmengen der nächsten Periode mithilfe linearer Trendgeraden.

In den vergangenen Jahren wurden folgende Mengen abgesetzt:

Jahr	Absatzmenge (in Tsd. Stück)
t-4	6.000
t-3	5.000
t-2	5.400
t-1	4.600
t	5.000

Von welchem Umsatz kann in t+1 ausgegangen werden, wenn das Produkt zu einem Nettopreis von 2,00 € abgesetzt werden kann?

Lösung s. Seite 379

Aufgabe 39:

Im Vorfeld einer Investitionsentscheidung liegen die folgenden Daten vor:

	Maschine 1	Maschine 2	Maschine 3
Anschaffungskosten	3.000.000 €	2.600.000 €	2.550.000 €
Restwert	200.000 €	250.000 €	50.000 €
Nutzungsdauer	8 Jahre	8 Jahre	8 Jahre
Auslastung = Absatzmenge	40.000 St.	40.000 St.	40.000 St.
Zinssatz	10 %	10 %	10 %
Variable Kosten	24,50 €/St.	24,20 €/St.	24,70 €/St.
Fixe Kosten	29.000 €	17.050 €	23.900 €

Für welche Variante sollte sich die Unternehmensleitung bei Anwendung der **Kostenvergleichsrechnung** entscheiden?

Lösung s. Seite 380

Aufgabe 40:

Wie lautet die Empfehlung bei Anwendung der **Gewinnvergleichsrechnung**, wenn die folgende Kapazitäts- und Absatzsituation gegeben ist?

	Maschine 1	Maschine 2	Maschine 3
Absatzpotenzial	60.000 St.	60.000 St.	60.000 St.
Kapazität	60.000 St.	40.000 St.	52.500 St.
Verkaufspreis	40 €/St.	40 €/St.	40 €/St.

Lösung s. Seite 380

Aufgabe 41:

Ermitteln Sie die Rentabilität der drei Investitionsalternativen aus Aufgabe 40 nach der **statischen Rentabilitätsvergleichsrechnung**. Verwenden Sie dafür die in >> Kapitel D.6.3.1 vorgeschlagenen Formeln.

Lösung s.Seite 381

Aufgabe 42:

Für die Investitionsentscheidung eines Unternehmens stehen zwei verschiedene Maschinen (M_1 und M_2) zur Auswahl (vgl. *Littkemann et al., 2010, S. 36 f.*). Ferner stehen Ihnen die folgenden Informationen zur Verfügung:

► Die Anschaffungsauszahlungen der Maschinen betragen 2.750.000 € (M_1) sowie 2.200.000 € (M_2).

► Die Verkaufserlöse beider Maschinen am Ende von t = 4 betragen 10 % der jeweiligen Anschaffungsauszahlung.

► Produktnachfrage und Kapazitäten der Maschinen stellen sich wie folgt dar:

	t = 1	t = 2	t = 3	t = 4
Nachfrage ($M_1 = M_2$)	50.000	65.000	70.000	45.000
Kapazität M_1	60.000	60.000	70.000	70.000
Kapazität M_2	60.000	60.000	60.000	60.000

► Die variablen Produktionskosten betragen 3,15 € für M_1 und 3,00 € für M_2.

► Die Fixkosten von M_1 betragen in jeder Periode 150.000 €. Die Fixkosten von M_2 liegen 5 % darunter.

► Die Absatzpreise der auf den Maschinen erzeugten Produkte liegen bei 24 € für M_1 und 21 € für M_2.

► Der Kalkulationszinsfuß beträgt 10 %.

► Alle Kosten und Erlöse führen in der gleichen Periode zu Aus- bzw. Einzahlungen.

► Eine periodenübergreifende Lagerung der Produkte ist nicht möglich.

Ermitteln Sie auf Basis dieser Informationen die **Zahlungsfolge** der beiden Investitionsalternativen und berechnen Sie anschließend die **Kapitalwerte** für beide Investitionsalternativen.

Für welche der beiden Maschinen sollte sich das Unternehmen nach der Kapitalwertmethode entscheiden?

Lösung s. Seite 381

Aufgabe 43:

Für die beiden Maschinen M_1 und M_2 aus Aufgabe 42 stehen Ihnen weiterhin folgende Informationen zur Verfügung (vgl. *Littkemann et al., 2010, S. 38*):

Zinsfuß		Kapitalwert	
M_1			
i_1	0,20	$c_{0(1)}$	28.901,43 €
i_2	0,22	$c_{0(2)}$	-77.621,37 €
M_2			
i_1	0,20	$c_{0(1)}$	52.826,00 €
i_2	0,22	$c_{0(2)}$	-32.322,96 €

Berechnen Sie anhand dieser Tabelle und ausgehend von einer allgemeinen Formel zur formalen Bestimmung des Internen Zinsfußes den nächsten Iterationsschritt der Internen Zinsfuß-Methode für M_1 und M_2. Welcher **Interne Zinsfuß** ergibt sich für beide Maschinen?

Für welche der beiden Maschinen sollte sich das Unternehmen nach der **Internen Zinsfuß-Methode** entscheiden?

Lösung s. Seite 382

Aufgabe 44:

Gegeben sind folgende Zahlungsreihen der Investitionsalternativen A und B (vgl. *Littkemann et al., 2008, S. 44*):

Zahlungsreihe	0	1	2	3	4	5	6
Investitionsalternative A	-5,200	1,568	1,568	1,325	1,325	758	758
Investitionsalternative B	-5,000	2,295	1,728	1,080	1,080	189	189

Berechnen Sie die **Kapitalwerte** und die jeweilige **Pay-off-Periode** der beiden Zahlungsreihen nach der **dynamischen Amortisationsrechnung**. Gehen Sie dabei von einem Kalkulationszinsfuß von 10 % aus. Runden Sie Ihre Ergebnisse auf ganze Zahlen.

Lösung s. Seite 383

Aufgabe 45:

Folgende Informationen über ein Investitionsprojekt liegen Ihnen vor:

Zahlungsfolge der Investitionen	
Anschaffungsauszahlung	10.000 €
Einzahlungsüberschüsse	
Einzahlungsüberschuss in t = 1	-2.000 €
Einzahlungsüberschuss in t = 2	4.000 €
Einzahlungsüberschuss in t = 3	10.500 €
Eigene Mittel	5.000 €
Kredit mit Endtilgung	
Nominal wert	5.000 €
Sollzinsfuß	6 %
Disagio	4 %
Laufzeit	3 Jahre
Sollzinsfuß (unbegrenzte Aufnahme)	10 %
Habenzinsfuß	8 %

a) Erstellen Sie einen **VoFi** und geben Sie auf Basis der Ergebnisse eine Empfehlung, ob das Investitionsprojekt durchgeführt werden sollte oder nicht.

b) Wie verändert sich der **Endwert** in Abhängigkeit davon, ob eigene Mittel zur Verfügung stehen oder nicht? Was bedeutet das für die Zuordnung eigener Mittel auf verschiedene konkurrierende Investitionsprojekte?

Lösung s. Seite 384

Aufgabe 46:

Bestimmen Sie für den in Aufgabe 3 ermittelten Unternehmenswert den Anteil des **Terminal Value** am **Enterprise Value**. Wie ändert sich dieser Anteil bei Anwendung der „aggressiven" Formel aus Abb. D.33?

Konvergenzformel:

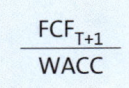

$$\frac{FCF_{T+1}}{WACC}$$

Aggressive Formel:

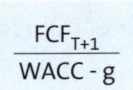

$$\frac{FCF_{T+1}}{WACC - g}$$

Lösung s. Seite 385

Aufgabe 47:

Ermitteln Sie den **EVA** der SW Münsterland über den gesamten Detailplanungszeitraum unter der Annahme der gewichteten Kapitalkosten aus Aufgabe 3 und eines zusätzlichen Mindestwertbeitrags von 0,5 %. Nehmen Sie **Conversions** gem. Tab. B.2 vor.

Lösung sieheSeite 386

Aufgabe 48:

Berechnen Sie (aufbauend auf Aufgabe 3) das zusätzliche Nettoergebnis (**Accretion/ Dilution-Analyse**) der Stromgas AG durch die Übernahme der SW Münsterland unter der Annahme eines Kaufpreises i. H. v. 270 Mio. € und einer Finanzierung zur Hälfte aus vorhandenem Cash (Zins r_{cash}: 5,5 %), zur anderen Hälfte durch zusätzliches Fremdkapital (Zins r_{FK}: 6 %).

Lösung s. Seite 386

Aufgabe 49:

Ein Unternehmen ist organisatorisch in zwei Profit Center gegliedert. Profit Center A liefert ein Vorprodukt an Profit Center B. B stellt aus jeweils einer Einheit dieses Vorprodukts ein Endprodukt her.

	A	B
Menge	500 St.	500 St.
Verkaufspreis		200 €/St.
Var. Kosten	70 €/St.	40 €/St.
Fixkosten	20.000 €	15.000 €

Ermitteln Sie den **Verrechnungspreis** und die **Betriebsergebnisse** der beiden Profit Center nach folgenden Methoden:

- Marktpreis (bei einem Marktpreis von 150 €/St.)
- Vollkostenpreis mit einem Gewinnaufschlag von 10 %
- Two-Step-Pricing mit einem Pauschalbetrag von 35.000 €
- Deckungsbeitragsaufteilung auf Teilkostenbasis (50/50).

Lösung s. Seite 387

Aufgabe 50:

Ein Konzern will seine Organisationsstruktur verändern und Profit Center einführen. Hierzu ist ein **Verrechnungspreismodell** erforderlich.

a) Ein Unternehmensberater empfiehlt **Vollkostenpreise auf Plankostenbasis**. Wie beurteilen Sie diesen Ansatz?

b) Auf Basis dieses (Plan-)Vollkostensatz-Ansatzes erzielt der konzerninterne Lieferant Erlöse und beim konzerninternen Kunden entstehen Materialeinzelkosten.

Welche Arten von **Abweichungen** können im Ist bezüglich dieser beiden Ergebnis-positionen (Erlöse beim Lieferanten, Materialeinzelkosten aus konzerninternem Zukauf beim Kunden) auftreten?

c) Wie verändert sich das **Betriebsergebnis** des internen Lieferanten, wenn die Liefer-mengen im Ist deutlich unter den geplanten Mengen liegen (Begründung)?

Lösung s. Seite 388

Aufgabe 51:

Als Alternative zu **Vollkostenpreisen** kommt das **Two-Step-Pricing** infrage. Welche Vor- und Nachteile besitzen beide Methoden?

Lösung s. Seite 388

Aufgabe 52:

In einem Konzern wird vom Profit Center „Teilefertigung" ein Vorprodukt an das Profit Center „Montage" und von dort ein Endprodukt an das Profit Center „Vertrieb" gelie-fert. Dabei wird für ein Endprodukt jeweils ein Vorprodukt benötigt. Der Vertrieb plant eine Absatzmenge von 2.000 St. und einen Verkaufspreis von 480 €/St. Da keine Lager-haltung betrieben wird, entspricht die Absatzmenge der Produktionsmenge.

Folgende Plandaten liegen aus den drei Profit Centern vor:

	Teilefertigung	Montage	Vertrieb
Variable Kosten	80 €/St.	50 €/St.	20 €/St.
Fixkosten	50.000 €	90.000 €	40.000 €

a) Ermitteln Sie den Verrechnungspreis für Vorprodukt und Endprodukt nach der Verrechnungspreismethode **Teilkostenpreis auf Plankostenbasis**.

b) Ermitteln Sie den Verrechnungspreis für Vorprodukt und Endprodukt nach der Verrechnungspreismethode **Vollkostenpreis auf Plankostenbasis**.

c) Ermitteln Sie den Verrechnungspreis für Vorprodukt und Endprodukt nach der Verrechnungspreismethode **Deckungsbeitragsaufteilung auf Plankostenbasis**. Der Gesamtdeckungsbeitrag soll dabei zu gleichen Teilen auf die Profit Center auf-geteilt werden.

c) Welchen anderen Maßstab für die Aufteilung des Gesamtdeckungsbeitrags wür-den Sie empfehlen (vgl. Aufgabenteil c)? Begründen Sie kurz Ihre Antwort.

Lösung s. Seite 389

Aufgabe 53:

Erläutern Sie, was unter folgenden Begriffen zu verstehen ist:

- ► Beteiligungscontrolling
- ► F&E-Controlling
- ► F&E-Programmcontrolling
- ► F&E-Projektcontrolling
- ► Investitionscontrolling
- ► Marketingcontrolling
- ► Risikocontrolling
- ► Verrechnungspreise
- ► Vertriebscontrolling.

Lösung s. MiniLex Seite 391 ff.

Lösung zu 1:

Durch eine derartige Unterstellung werden Linienerfordernisse des Bereichs mit Controllingnotwendigkeiten auf Unternehmensebene verbunden. Es können sowohl eine flexible Einflussnahme des Zentralcontrollings als auch des Bereichs auf den dezentralen Controller erfolgen. Gleichzeitig können weder Zentralcontrolling noch Bereichsleitung zu starken Einfluss auf das Bereichscontrolling ausüben.

Lösung zu 2:

Siehe MiniLex Seite 391 ff.

Lösung zu 3:

Unter der Prämisse einer konstanten Zielkapitalstruktur ergeben sich folgende **WACC**:

statisch

► **Cost of Equity**	**9,00 %**
- Debt Borrowing Rate	6,0 %
- Tax	35,0 %
► **Cost of Debt**	**3,9 %**
► *EK-Quote*	54,5 %
► *FK-Quote*	45,5 %
► **WACC**	**6,68 %**

Aus den Angaben der Aufgabenstellung lässt sich folgende **GuV** ableiten:

GuV		t-1 (Ist)	t (Plan)	t+1 (Plan)	t+2 (Plan)	t+3 (Plan)	t+4 (Plan)	TV
Gesamt-leistung	2,0 %	363,00	370,26	377,67	385,22	392,92	400,78	400,78
Material-aufwand	2,0 %	-200,00	-204,00	-208,08	-212,24	-216,49	-220,82	-220,82
Personal-aufwand	2,0 %	-100,00	-102,00	-104,04	-106,12	-108,24	-110,41	-110,41
EBITDA		63,00	64,26	65,55	66,86	68,19	69,56	69,56
Abschrei-bungen	25,0 %	-15,75	-16,07	-16,39	-16,71	-17,05	-17,39	-17,39
EBIT		47,25	48,20	49,16	50,14	51,14	52,17	52,17
Zinsauf-wand	6,0 %	-22,86	-22,51	-22,91	-22,74	-22,39	-22,66	-22,66
Zinsertrag	4,0 %	4,80	4,80	4,80	4,80	4,80	4,80	4,80

GuV		t-1 (Ist)	t (Plan)	t+1 (Plan)	t+2 (Plan)	t+3 (Plan)	t+4 (Plan)	TV
EBT		29,19	30,48	31,05	32,20	33,55	34,31	34,31
Steuern	35,0 %	-10,22	-10,67	-10,87	-11,27	-11,74	-12,01	-12,01
Net Income		18,97	19,81	20,18	20,93	21,81	22,30	22,30

Unter Zuhilfenahme der Bilanz aus der Aufgabenstellung lassen sich folgende **Free Cashflows** ermitteln:

Indirekte FCF-Ermittlung		t-1 (Ist)	t (Plan)	t+1 (Plan)	t+2 (Plan)	t+3 (Plan)	t+4 (Plan)	TV
EBIT		47,25	48,20	49,16	50,14	51,14	52,17	52,17
Steuern	35,0 %	-16,54	-16,87	-17,21	-17,55	-17,90	-18,26	-18,26
NOPAT		30,71	31,33	31,95	32,59	33,24	33,91	33,91
Abschreibungen		15,75	16,07	16,39	16,71	17,05	17,39	17,39
Veränderungen kurzfristige Rückstellungen			5,00	5,00	-5,00	0,00	-5,00	0,00
Brutto-Cashflow		46,46	52,39	53,34	44,31	50,29	46,30	51,30
Veränderung Working Capital			0,00	-12,00	7,00	5,00	0,00	0,00
CapEx		-15,75	-16,07	-16,39	-16,71	-17,05	-17,39	-17,39
Operativer Free Cashflow (FCF)		30,71	36,33	24,95	34,59	38,24	28,91	33,91

Nebenrechnung WC	t-1 (Ist)	t (Plan)	t+1 (Plan)	t+2 (Plan)	t+3 (Plan)	t+4 (Plan)	TV
Vorräte	130	120	125	115	120	120	120
Ford. LuL	70	75	80	75	70	65	65
Verb. LuL	80	75	73	65	70	65	65
Working Capital	120	120	132	125	120	120	120
Veränderung Working Capital		0	12	-7	-5	0	0

gerundete Werte/Rundungsdifferenzen möglich

Enterprise und **Equity Value** berechnen sich wie folgt:

DCF		t-1 (Ist)	t (Plan)	t+1 (Plan)	t+2 (Plan)	t+3 (Plan)	t+4 (Plan)	TV
Operativer Free Cashflow (FCF)			36,33	24,95	34,59	38,24	28,91	33,91
Abzinsungsperioden			1	2	4	4	5	5
Discounted Cashflows			34,05	21,93	28,49	29,53	20,92	367,52
Enterprise Value (Konvergenzformel)			502,44					
Net Debt			341,03					
Equity Value			161,42					

gerundete Werte/Rundungsdifferenzen möglich

Als Marktwert des Fremdkapitals wird das Net Debt zum Abzug gebracht. Dieses ermittelt sich, indem vom gesamten Fremdkapital der Wert des Umlaufvermögens zum Bewertungsstichtag (hier der 31.12.t-1) abgezogen wird.

Lösung zu 4:

Siehe MiniLex Seite 391 ff.

Lösung zu 5:

Produkt	DB	Kapitalbedarf	Kosten (FF)	DB (FF)	DB-Verlust bei FF oder Nichtprod.	Relativer DB	Rang	Kapitalbedarf	Stückzahl (EF)	Stückzahl (FF)	DB (EF)	DB (FF)	Gesamt DB
	(€/St.)	(h)	(€/St.)	(€/St.)	(€/St.)	(€/h)							
TV	441	80			441	110,25	6	68	17	0	7.497	0	7.497
Nobel	599	16	450	359	240	300,00	4	16	20		11.980	0	11.980
Chef	879	30			879	439,50	1	30	15		13.185	0	13.185
Andante	287	32			287	143,50	5	32	16		4.592	0	4.592
Prima	604	12	450	239	365	365,00	2	12	12		7.248	0	7.248
Super	1.249	55	450	1.022	227	90,80	7	0		22	0	22.484	22.484
De Luxe	1.169	42			1.169	334,00	3	42	12		14.028	0	14.028
Summe		267						200			58.530	22.484	81.014

Lösung zu 6:

a) Zunächst ist zu prüfen, ob tatsächlich ein Engpass vorliegt. Zur Verfügung stehen 1.008 h; das gesamte Programm würde eine Kapazität von 1.678 h in Anspruch nehmen.

Produkt	Kapa-zität	DB (EF)	DB (FF)	Diffe-renz	Relati-ver DB	Rang	Menge (EF)	Kapazi-tät	Menge (FF)	DB (EF)	DB (FF)
1	240	1.200		1.200	300	1	60	240		72.000	
2 (schwarz)	208	1.560	1.000	560	70	3	26	208		40.560	
3	480	1.500		1.500	250	2	80	480		120.000	
4 (schwarz)	320	1.320	1.000	320	40	6			40		40.000
5 (schwarz)	280	770	455	315	45	5			40		18.200
6	150	275		275	55	4	16	80		4.400	
	1.678							1.008		236.960	58.200

		Gesamt 295.160

b) Für Produkt 2 sieht das Produktionsprogramm insgesamt eine Kapazität von 208 h vor. Das heißt, ein Aggregat kann ohne Farbwechsel komplett ausgelastet werden (168 h). Um die verbleibenden 40 h zu produzieren, ist allerdings ein Farbwechsel erforderlich. Es existieren zwei Optionen, die zu folgenden DB-Minderungen führen:

1. Variante: Farbwechsel

entgangener DB bei Produkt 6	-275 € => 5 h • 55 €/h
Kosten Farbwechsel	-200 €
DB-Änderung	**-475 €**

2. Variante: Verzicht auf Farbwechsel

entgangener DB bei Produkt 2	-2.800 € => 40 h • 70 €/h
zusätzlicher DB bei Produkt 6	2.200 € => 40 h • 55 €/h
DB-Änderung	**-600 €**

Es ist vorteilhaft, den Farbwechsel durchzuführen.

Lösung zu 7:

a) **Absatz- und Umsatzbudget**

Beutel	Geplanter Absatz	Verkaufspreis	Umsatz
A	1.000 St.	2,00 €	2.000 €
B	1.000 St.	2,00 €	2.000 €
C	500 St.	4,00 €	2.000 €
D	500 St.	4,00 €	2.000 €
E	1.500 St.	4,50 €	6.750 €
F	1.500 St.	2,50 €	3.750 €
G	2.000 St.	4,00 €	8.000 €
H	2.000 St.	4,00 €	8.000 €
	10.000 St.		34.500 €

Produktions- und Lagerplan

Aufgrund der Angaben aus der Aufgabenstellung entspricht der Absatzplan dem Produktionsplan. Weiterhin sind keine Bestände geplant.

Materialkosten- und Beschaffungsbudget

Aufgrund der Vorgabe, keine Bestände vorzuhalten, entspricht das Materialkostenbudget dem Beschaffungsbudget (alle Angaben in Euro).

Beutel	Geplanter Absatz	Rote Murmel	Blaue Murmel	Grüne Murmel	Gelbe Murmel	Beutel A, B und F	Beutel C, D und E	Beutel G und H	Summe
A	1.000	0	0	1.000	0	200	0	0	1.200
B	1.000	0	0	0	1.000	200	0	0	1.200
C	500	1.500	0	0	0	0	150	0	1.650
D	500	0	1.500	0	0	0	150	0	1.650
E	1.500	2.250	2.250	0	0	0	450	0	4.950
F	1.500	0	0	750	750	300	0	0	1.800
G	2.000	0	3.000	0	2.000	0	0	500	5.500
H	2.000	3.000	0	2.000	0	0	0	500	5.500
	10.000	6.750	6.750	3.750	3.750	700	750	1.000	**23.450**

Fertigungsbudget

Aus den Angaben der Aufgabenstellung können zunächst die **Fertigungseinzelkosten** und die **variablen Fertigungsgemeinkosten** ermittelt werden.

Beutel	Geplante Produktion	Fertigungs-minuten	Fertigungs-einzelkosten	Fertigungs-gemeinkosten
A	1.000 St.	1.000 Min.	200 €	400 €
B	1.000 St.	1.000 Min.	200 €	400 €
C	500 St.	500 Min.	100 €	200 €
D	500 St.	500 Min.	100 €	200 €
E	1.500 St.	2.250 Min.	450 €	900 €
F	1.500 St.	2.250 Min.	450 €	900 €
G	2.000 St.	3.000 Min.	600 €	1.200 €
H	2.000 St.	3.000 Min.	600 €	1.200 €
	10.000 St.	13.500 Min.	2.700 €	5.400 €

Bei den **fixen Fertigungsgemeinkosten** sind noch folgende Positionen zu berücksichtigen:

Miete:	$12 \cdot 200 = 2.400$ €
Energie:	$12 \cdot 100 = 1.200$ €
Abschreibungen:	420 €
Summe:	**4.020 €**

Vertriebs-, Verwaltungs-, F&E- sowie Investitionsbudget

Aus den Angaben der Aufgabenstellung ergeben sich das Vertriebs-, Verwaltungs- und Investitionsbudget wie folgt:

- Vertriebs-/Marketingbudget: $12 \cdot 100 = 1.200$ €
- Verwaltungsbudget: $12 \cdot 50 = 600$ €
- Investitionsbudget: 4.200 €

b) Alle Angaben in Euro:

Beutel	Umsatz	Material	FEK	Var. FGK	DB
A	2.000	-1.200	-200	-400	200
B	2.000	-1.200	-200	-400	200
C	2.000	-1.650	-100	-200	50
D	2.000	-1.650	-100	-200	50
E	6.750	-4.950	-450	-900	450
F	3.750	-1.800	-450	-900	600
G	8.000	-5.500	-600	-1.200	700
H	8.000	-5.500	-600	-1.200	700
	34.500	-23.450	-2.700	-5.400	2.950

Fixe Fertigungsgemeinkosten (inkl. Abschreibungen)	**-4.020**
Vertriebs-/Marketingbudget	**-1.200**
Verwaltungsbudget	**-600**
Planergebnis	**-2.870**

Lösung zu 8:

Finanzplan (Angaben in Euro):

Planergebnis	200.000
Abschreibung	16.000
Rückstellung	-25.000
Brutto-Cashflow	**191.000**
Handelsware	-30.000
Material	20.000
Fertige Erzeugnisse	-14.000
Forderungen	-75.800
Verbindlichkeiten	-35.250
CF aus Veränderungen im Working Capital	**-135.050**
Investitionen	-75.000
Kredit	-27.200
CF Investition/Finanzierung	**-102.200**
Gesamt-Cashflow	**-46.250**
Anfangsbestand	60.000
Endbestand	**13.750**

Planbilanz (Angaben in Euro):

	Anfangsbestand	Veränderung	Endbestand
Gebäude	80.000	15.000	95.000
Maschinen	35.000	32.000	67.000
BGA	20.000	12.000	32.000
Handelswaren	20.000	30.000	50.000
Materiallager	32.000	-20.000	12.000
Fertige Erzeugnisse	10.000	14.000	24.000
Ford. LuL	24.200	75.800	100.000
Liquide Mittel	60.000	-46.250	13.750
Summe	**281.200**	**112.550**	**393.750**

	Anfangsbestand	Veränderung	Endbestand
Eigenkapital	76.200	0	76.200
Jahresüberschuss	0	200.000	200.000
Rückstellungen	40.000	-25.000	15.000
Verb. LuL	45.000	-35.250	9.750
Kredit	120.000	-27.200	92.800
Summe	**281.200**	**112.550**	**393.750**

Lösung zu 9:

a) **Stückdeckungsbeiträge** (Angaben in Euro):

	Aroma Gold	Bürogenuss	Espresso
Thermoskanne	3,00	6,00	6,00
Elektronikbausatz	2,00	2,00	2,00
Standarddichtung	3,50	2,00	4,50
MEK	8,50	10,00	12,50
FEK	15,20	16,00	64,00
Var. MGK/FGK	7,60	20,00	160,00
Herstellkosten	**31,30**	**46,00**	**236,50**
Verkaufspreis	45,00	60,00	300,00
Stück-DB	**13,70**	**14,00**	**63,50**

Planergebnis (Angaben in Euro):

	Aroma Gold	Bürogenuss	Espresso	Summe
Umsatzerlöse	2.025.000	1.800.000	2.250.000	6.075.000
Produktionsmenge	42.000	24.000	3.000	
Herstellkosten der Produktion	1.314.600	1.104.000	709.500	3.128.100
Absatzmenge	45.000	30.000	7.500	
Anfangsbestand	4.000	6.000	7.000	
Endbestand	1.000	0	2.500	
Bestandsveränderung	-3.000	-6.000	-4.500	
BVÄ zu HK	93.900	276.000	1.064.250	1.434.150
HK des Umsatzes	1.408.500	1.380.000	1.773.750	4.562.250
DB	**616.500**	**420.000**	**476.250**	**1.512.750**
Fixe MGK + FGK				460.000
Verwaltungs-gemeinkosten				335.000

	Aroma Gold	Bürogenuss	Espresso	Summe
Vertriebs-gemeinkosten				130.000
F&E-Kosten				75.000
AfA auf Investition				150.000
Planergebnis				**362.750**

b) **Finanzplan** (Angaben in Euro):

Das kostenrechnerische Ergebnis aus a) ist zunächst um die kalkulatorischen Kosten zu korrigieren (+50 T€).

Ergebnis (GuV)	412.750
Abschreibungen	200.000
Rückstellungen	20.000
Brutto-Cashflow	**632.750**
Vorräte	10.100
Fertige Erzeugnisse	1.434.150
Forderungen	-615.440
Verb. LuL	-160.000
Sonstige Verbindlichkeiten	0
Veränderungen im Working Capital	**668.810**
Darlehen	-200.000
Investition	-1.200.000
CF Investition/Finanzierung	**-1.400.000**
Gesamt-Cashflow	**-98.440**
AB Kasse	185.000
EB Kasse	86.560

Planbilanz (Angaben in Euro):

Aktiva	01.01.t	31.12.t
Maschinen	2.270.000	2.220.000
Gebäude	0	1.050.000
Vorräte	137.000	126.900
Fertige Erzeugnisse	2.056.700	622.550
Forderungen	1.207.060	1.822.500
Kasse	185.000	86.560
Summe	**5.855.760**	**5.928.510**

EK	1.446.700	1.446.700
Ergebnis	-	412.750
Rückstellungen	1.100.000	1.120.000
Verb. LuL	800.000	640.000
Sonstige Verbindlichkeiten	8.560	8.560
Darlehen	2.500.500	2.300.500
Summe	**5.855.760**	**5.928.510**

Lösung zu 10:

Planergebnis (Angaben in Euro):

Umsatz	1.344.000
Material	-336.000
Personalkosten	-306.000
FGK	-128.500
Abschreibungen	-288.750
Zinsen	-11.000
Ausfall Altforderung	-50.000
Rückstellung	-35.000
Ergebnis	**188.750**

Ermittlung FGK mittels mathematischer Methode:

t-4	2.100 h	118.000 €
t-1	2.300 h	125.000 €
k_v	35 €/h	
K_F	44.500 €	
Planstunden	2.400 h	
Plankosten	128.500 €	

Finanzplan (Angaben in Euro):

Planergebnis	188.750
Abschreibungen	338.750
Rückstellungen	-5.000
Brutto Cashflow	**522.500**
Forderungen	-18.800
Bestände	-31.000
Veränderung im Working Capital	**-49.800**

Investitionen	-300.000
Tilgung	-24.000
Cashflow Investition/Finanzierung	**-324.000**
Gesamtveränderung	**148.700**
Anfangsbestand	150.000
Endbestand	298.700

Lösung zu 11:

a) zeitliche Abgrenzung, Kosten: 2.000 • 3 : 12 = 500 €

b) neutraler Aufwand (außerordentlich) → keine Kosten

c) kalkulatorische Abschreibung: 45.000 : 10 = 4.500 €/Jahr → 4.500 • 3 : 12 = 1.125 €

d) zeitliche Abgrenzung, Kosten: 20.000 • 3 : 12 = 5.000 €

e) Materialkosten: 27.000 €

Lösung zu 12:

Kostensatz Fuhrpark: 15.000 € : 10.000 km = 1,50 €/km

Herstellkosten: Fertigungseinzelkosten + Fertigungsgemeinkosten:

46.000 € + 64.000 € + 80.000 € = 190.000 €

	Fuhrpark	Fertigung	Verwaltung und Vertrieb
Primäre Gemeinkosten	15.000 €	77.000 €	26.000 €
Umlage Fuhrpark	-15.000 €	2.000 km • 1,50 €/km = 3.000 €	12.000 €
Summe Gemeinkosten	0 €	80.000 €	38.000 €
Bezugsgröße		Fertigungsstunde	Herstellkosten
Bezugsbasis		2.000 h	190.000 €
Bezugssatz		80.000 € : 2.000 h = 40 €/h	20 %

Lösung zu 13:

Alle Werte in T€

	A	B	C	D	E	F	G	H	I	Summe
Erlöse	104	87	74	86	101	114	92	88	119	
Var. Kosten	82	68	39	53	59	129	71	46	64	
DB	22	19	35	33	42	-15	21	42	55	254
Gruppenfix-kosten		49			58		18		31	156
Gruppen DB		-8			52		-12		66	98
Spartenfix-kosten					36				39	75
Sparten DB					8				15	23
Unterneh-mensfix-kosten										27
Betriebser-gebnis										-4

Ergebnisverbesserung durch Sortimentsbereinigung:

Gruppe 1: 8 T€

Produkt F: 15 T€

Summe: 23 T€

Neues Betriebsergebnis: -4 T€ + 8 T€ + 15 T€ = 19 T€

Lösung zu 14:

Die Fixkosten sind kurzfristig nicht abbaubar und somit nicht entscheidungsrelevant. Daher sind lediglich die variablen Kosten zu betrachten. Diese betragen 87 €/St. bei Eigenfertigung und 99 €/St. bei Fremdbezug. Somit ist die Eigenfertigung günstiger.

Lösung zu 15:

Summe Plankosten: 188.000 €

Plankostensatz: 188.000 € : 8.000 h = 23,50 €/h

Verrechnete Fertigungsgemeinkosten: Istbeschäftigung • Plankostensatz:

10.500 h • 23,50 €/h = 246.750 €

Gesamtabweichung: Istkosten - verrechnete Kosten: 250.500 - 246.750 = 3.750 €

Lösung zu 16:

Plankostensatz: 450.000 € : 10.000 h = 45 €/h

Verrechnete Kosten: 6.351 h • 45 €/h = 285.795 €

Gesamtabweichung: Istkosten - verrechnete Kosten: 332.879 - 285.795 = 47.084 €

Sollkosten: 150.000 € + 300.000 € • 6.351 h : 10.000 h = 340.530 €

Verbrauchsabweichung: Istkosten - Sollkosten: 332.879 - 340.530 = -7.651 € (effiziente Produktion)

Beschäftigungsabweichung: Sollkosten - verrechnete Kosten:

340.530 - 285.795 = 54.735 € (Unterverrechnung von Fixkosten durch die geringe Auslastung)

Lösung zu 17:

Plankostensatz Fertigungsgemeinkosten:

1.469.600 € : (3.800 St. • 16 h/St. + 5.200 St. • 14 h/St.) = 11 €/h

	Mountainbike	Citybike	Gesamt
Erlöse	4.100 St. • 860 €/St. = 3.526.000 €	3.789.500 €	7.315.500 €
Materialeinzelkosten	4.100 St. • 15 kg/St. • 28 €/kg = 1.722.000 €	2.077.600 €	3.799.600 €
Verrechnete Fertigungsgemeinkosten	4.100 St. • 15 h/St. • 11 €/h = 676.500 €	932.800 €	1.609.300 €
Betriebsergebnis Kostenträger	1.127.500 €	779.100 €	1.906.600 €
Gesamtabweichung Fertigungsgemeinkosten			1.480.800 € - 1.609.300 € = -128.500 €
Betriebsergebnis			2.035.100 €

Lösung zu 18:

Anzahl Aufträge (im Plan): (1.000 St. : 2,5 St./Auftrag + 2.500 St. : 5 St./Auftrag) = 900 Aufträge, davon 400 Aufträge für Produkt „Easy" und 500 Aufträge für Produkt „Comfort"

Variabler Plankostensatz Vertriebsgemeinkosten:

67.500 € : 900 Aufträge = 75 €/Auftrag

	Easy	Comfort	Summe
Erlöse	1.280 St. • 85 €/St. = 108.800 €	324.000 €	432.800 €
Materialeinzelkosten	1.280 St. • 5 kg/St. • 9 €/kg = 57.600 €	151.200 €	208.800 €
Verrechnete variable Vertriebsgemeinkosten	1.280 St. : 2 St./Auftrag • 75 €/ Auftrag = 48.000 €	30.000 €	78.000 €
Deckungsbeitrag	3.200 €	142.800 €	146.000 €
Gesamtabw. variable Vertriebsgemeinkosten			82.500 - 78.000 = 4.500 €
Fixe Vertriebs-gemeinkosten			27.500 €
Betriebsergebnis			114.000 €

Lösung zu 19:

Variabler Plankostensatz: 120.000 € : 800 h = 150 €/h

Verrechnete variable Kosten: 847 h • 150 €/h = 127.050 €

Gesamtabweichung variable Kosten:

variable Istkosten - verrechnete variable Kosten: 125.314 - 127.050 = -1.736 €

Gesamtabweichung fixe Kosten:

fixe Istkosten - fixe Plankosten: 47.813 - 50.000 = -2.187 €

Beurteilung: positiv, da beide Abweichungen < 0

Lösung zu 20:

Gesamtabweichung: 10.850 l • 0,5 €/l - 9.000 l • 0,4 €/l = 1.825 €

Preisabweichung: (0,5 - 0,4) €/l • 9.000 l = 900 €

Mengenabweichung: (10.850 - 9.000) l • 0,4 €/l = 740 €

Restabweichung: (10.850 - 9.000) l • (0,5 - 0,4) €/l = 185 €

Sollverbrauch: 9.000 l • 3.500 kg : 3.000 kg = 10.500 l

Verbrauchsabweichung: (10.850 - 10.500) l • 0,4 €/l = 140 €

Beschäftigungsabweichung: (10.500 - 9.000) l • 0,4 €/l = 600 €

Lösung zu 21:

a) Ziele und Kennzahlen

Ziel	Kennzahl
Aktueller Bestand	Durchschnittsalter
Moderne Medien	Anteil E-Books
Starke Nutzung	Anzahl Ausleihen pro Student
Automatisierung der Prozesse	Anteil von Ausleihen und Rückgaben an Automaten

b) Mögliche Benchmarking-Partner

- ▸ extern: wirtschaftswissenschaftliche Bereichsbibliotheken anderer Fachhochschulen oder Universitäten
- ▸ intern: Bereichsbibliotheken anderer Fachbereiche

Lösung zu 22:

Die Renditeerwartung beträgt 40 €/St. (= 400 € · 10 %). Somit ergeben sich Allowable Costs von 360 € (= 400 € - 40 €), die gem. Aufgabenstellung den Target Costs entsprechen. Durch Multiplikation der Gewichtungen ergibt sich folgender Nutzenanteil der Komponenten:

	Gewicht	Zuverläs-sigkeit	Sicherheit	Design	Komfort	Summe
Komponenten	10 %	25 %	20 %	20 %	25 %	100 %
Rahmen	85 % · 10 = 8,5	1,25	1,0	12,0	2,5	25,25
Schaltung	0,0	17,50	0,0	0,0	5,0	22,50
Bremsen	0,0	3,75	16,0	0,0	2,5	22,25
Sattel	1,0	1,25	0,0	3,0	10,0	15,25
Lenker	0,5	1,25	3,0	5,0	5,0	14,75
Summe	**10,0**	**25,0**	**20,0**	**20,0**	**25,0**	**100,0**

Durch Gegenüberstellung der Nutzenanteile mit den Kostenanteilen an den Drifting Costs lassen sich die Zielkostenindizes bestimmen:

	Nutzenanteil	Drifting Costs	Kostenanteil	Zielkostenindex
Rahmen	25,25	160	160 : 440 = 36,36	25,25 : 36,36 = 0,69
Schaltung	22,50	120	27,27	0,83
Bremsen	22,25	80	18,18	1,22
Sattel	15,25	45	10,23	1,49

	Nutzenanteil	Drifting Costs	Kostenanteil	Zielkostenindex
Lenker	14,75	35	7,95	1,85
Summe	**100**	**440**		

Bei einem Zielkostenindex kleiner 1 ist eine Komponente im Verhältnis zum Nutzen zu teuer; in diesem Fall sind Kostensenkungsmöglichkeiten zu prüfen. Bei einem Zielkostenindex größer 1 ist eine Komponente in Relation zum Nutzen zu günstig, sodass eine Aufwertung auf eine höherwertige Komponente zu prüfen ist.

Lösung zu 23:

- Erhöhung der Genauigkeit der Kostenrechnung (verursachungsgerechtere Schlüsselung von Gemeinkosten)
- Steuerung des Ressourceneinsatzes (Identifikation von Kosteneinflussgrößen/Kostentreibern)
- Identifikation von Rationalisierungspotenzialen (Prozessoptimierung)

Lösung zu 24:

Teil-prozess	Mitarbeiter-jahre	Prozess-kosten	Imn-Umlage	Gesamtprozess-kosten	Prozess-kostensatz
1	8.000 · 24 Min. : 60 Min./h : 1.600 h = 2	2 · 36.000 = 72.000 €	36.000 · 2 : 4 = 18.000 €	72.000 + 18.000 = 90.000 €	90.000 : 8.000 = 11,25 €
2	0,5	18.000 €	4.500 €	22.500 €	3,75 €
3	1,5	54.000 €	13.500 €	67.500 €	11,25 €
4	5 - 4 = 1	36.000 €	-36.000 €	0 €	
Summe	5	180.000 €	0 €	180.000 €	

Lösung zu 25:

Nachlaufkosten:

- Gewährleistung
- Kulanz
- Entsorgung

Nachlauferlöse:

- Ersatzteilverkäufe
- Wartung
- Reparaturen

Lösung zu 26:

Ziel/Kennzahl:

▸ Lehre:

- Zufriedenheit der Studierenden/Durchschnittsnote aus Studierendenbefragung
- gute Betreuung der Studierenden/Betreuungsrelation (Studierende pro Professor)

▸ Infrastruktur:

- moderne Ausstattung der Veranstaltungsräume/Anteil der Räume mit Smart-boards
- aktuelle Literaturausstattung/Durchschnittsalter der Bestände in der Fachbe-reichsbibliothek

Ursache-Wirkungs-Beziehung: Eine zeitgemäße Ausstattung der Räume trägt zum Einsatz moderner Lehrkonzepte und damit zur Zufriedenheit der Studierenden bei.

Lösung zu 27:

Standardberichte:

▸ werden zu einem bestimmten Zeitpunkt erstellt

▸ einheitlicher, wiederkehrender Aufbau

Abweichungsberichte:

▸ werden nur dann erstellt, wenn Abweichungen definierte Schwellenwerte über-schreiten

▸ Festlegung der Schwellenwerte problematisch

Bedarfsberichte:

▸ werden nur fallweise und anlassbezogen erstellt

▸ werden auf den Empfänger und seine subjektiven Informationsbedürfnisse zuge-schnitten

Lösung zu 28:

a) Der Jahresüberschuss ist gestiegen: Zeitreihe, Liniendiagramm

b) Die Umsatzrendite ist höher als die der stärksten Wettbewerber: Rangfolge, Bal-kendiagramm

c) Die Personalkosten stellen mit einem Anteil von 72 % die dominierende Kostenart dar: Struktur, Kreisdiagramm

d) In Europa ist die Auslastung des Werks am höchsten: Rangfolge, Balkendiagramm

e) Die meisten Produkte haben einen Verkaufspreis pro Stück zwischen 1.000 € und 1.500 €: Häufigkeit, Säulendiagramm

Lösung zu 29:

Sommersemester 2017

Studiengang	Studierende	Bewerber-relation	Abbrecher-quote	Evaluations-note
Betriebswirtschaft	657	8,4	16 %	1,9
International Management	94	2,2	25 %	2,1
European Business	211	4,3	8 %	1,7
Wirtschaftsinformatik	186	1,5	30 %	2,6
Summe	**1.148**			

Lösung zu 30:

Siehe MiniLex Seite 391 ff.

Lösung zu 31:

Grundsätzlich wird das Zentralcontrolling bei Einrichtung eines Bereichscontrollings von operativen Aufgaben entlastet. Das Zentralcontrolling übernimmt vornehmlich Aufgaben, die das Gesamtunternehmen betreffen, während das Bereichscontrolling bereichsspezifische Aufgaben wahrnimmt. Überdies findet im Zentralcontrolling tendenziell eine Aufgabenkonzentration hin zu Koordinations-, Kontroll- und Beratungsaufgaben statt, während das Bereichscontrolling Aufgaben im Bereich der Informationsversorgung und Planung wahrnimmt. Grundlage der Aufgabenverteilung sollte dabei eine klare Abgrenzung der Aufgabenverteilung sein, um Ineffizienzen aufgrund von Doppelarbeiten oder Zuständigkeitskonflikten zu vermeiden.

Lösung zu 32:

a) Ein paarweiser Kriterienvergleich kommt zu folgendem Ergebnis:

	A	B	C	D	E	Summe	Gewicht
A	1	1	1	1	1	5	33,33 %
B		1	1	1	1	4	26,67 %
C			1	1	1	3	20,00 %
D				1	1	2	13,33 %
E					1	1	6,67 %
						15	100,00 %

b) Die Teilnutzenwerte lassen sich durch Multiplikation der Punktbewertungen mit den jeweiligen Kriteriengewichtungen bestimmen. Die Summe der Teilnutzenwerte einer Projektalternative ergibt ihren Nutzwert:

		Gewichtung der Kriterien					
		A 33,33 %	**B** 26,67 %	**C** 20,00 %	**D** 13,33 %	**E** 6,67 %	**Σ** 100,00 %
Projekt 1	Bewertung	7	4	5	3	4	23,00
	Teilnutzen	2,33	1,07	1,00	0,40	0,27	5,07
Projekt 2	Bewertung	5	6	5	4	2	22,00
	Teilnutzen	1,67	1,60	1,00	0,53	0,13	4,93
Projekt 3	Bewertung	6	5	6	4	3	24,00
	Teilnutzen	2,00	1,33	1,20	0,53	0,20	5,27

Da Projekt 3 mit 5,27 den höchsten Nutzwert aufweist, ist es im Vergleich zu den Alternativen relativ vorteilhaft.

Lösung zu 33:

a) Das F&E-Projektportfolio auf der ersten Bewertungsstufe wird durch die Dimensionen „Risiko" und „Attraktivität" aufgespannt. Folgende Normstrategien lassen sich daraus ableiten:

- ► geringes Risiko und geringe Attraktivität: Projekt weiter prüfen
- ► geringes Risiko und hohe Attraktivität: Projekt für die eingehendere Projektplanung auswählen und auf Bewertungsstufe 2 hinsichtlich der Priorität beurteilen
- ► hohes Risiko und geringe Attraktivität: Projekt ablehnen
- ► hohes Risiko und hohe Attraktivität: Möglichkeiten zur Risikoreduktion eruieren

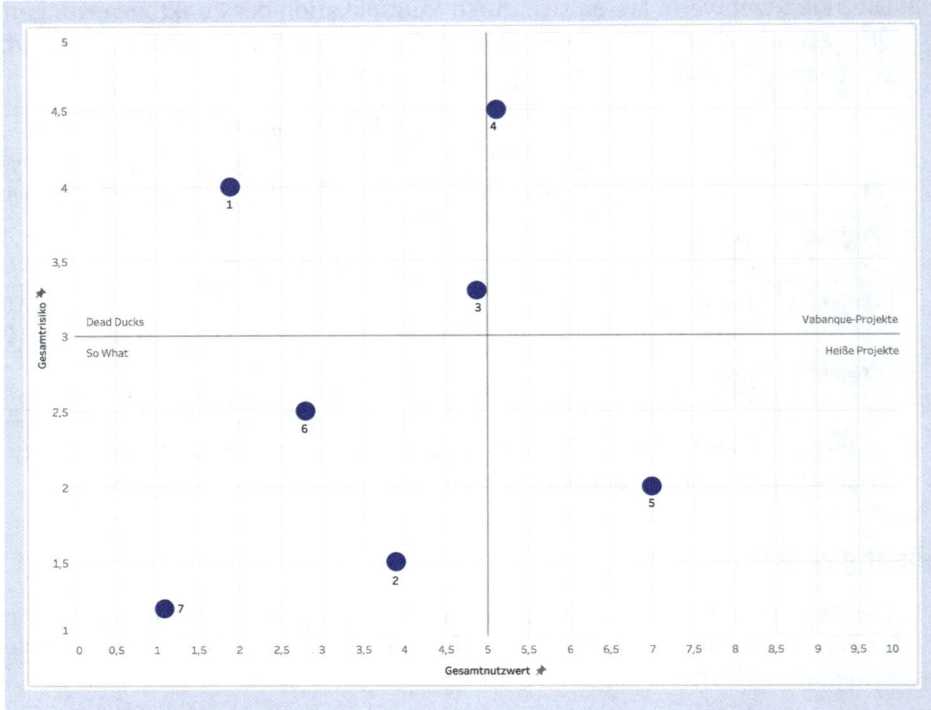

Normstrategien:

- geringes Risiko und geringe Attraktivität: Projekt weiter prüfen (7, 6, 2)
- geringes Risiko und hohe Attraktivität: Projekt für die eingehendere Projektplanung auswählen und auf Bewertungsstufe 2 hinsichtlich der Priorität beurteilen (5)
- hohes Risiko und geringe Attraktivität: Projekt ablehnen (1, 3)
- hohes Risiko und hohe Attraktivität: Möglichkeiten zur Risikoreduktion eruieren (4)

b) **Budgetanteile:**

► So What?	2.200 €	46,81 %
► Dead Ducks	1.350 €	28,72 %
► Heiße Projekte	600 €	12,77 %
► Vabanque-Projekte	550 €	11,70 %
		100 %

(Zu) viele Projekte mit geringer Attraktivität.

Lösung zu 34:

a)

Periode	SF	Plan	Ist	SQ
SQ_1	3	155.000 €	131.415 €	0,228
SQ_2	3	158.000 €	146.609 €	0,222
SQ_3	3	165.000 €	170.312 €	0,159
SQ_4	3	170.000 €	182.125 €	0,187
SQ_5	3	175.000 €	175.031 €	0,094
SQ_6	3	198.000 €	207.844 €	0,121

b) Das Uhrwerk ist als X-Gut zu klassifizieren. Aufgrund des geringen Schwankungs-verhaltens und der guten Planbarkeit sind grundsätzlich keine hohen Bestände notwendig.

Lösung zu 35:

Ziel	Kennzahl
Reduzierung Ausschuss	Ausschussquote
Senkung Nacharbeit	Nacharbeitskosten
Senkung Durchlaufzeit	Durchschnittliche Durchlaufzeit
Maximierung Auslastung	Durchschnittliche Auslastung

Lösung zu 36:

a) Lieferanteil: Liefervolumen an Kunden/Gesamtbedarf Kunde

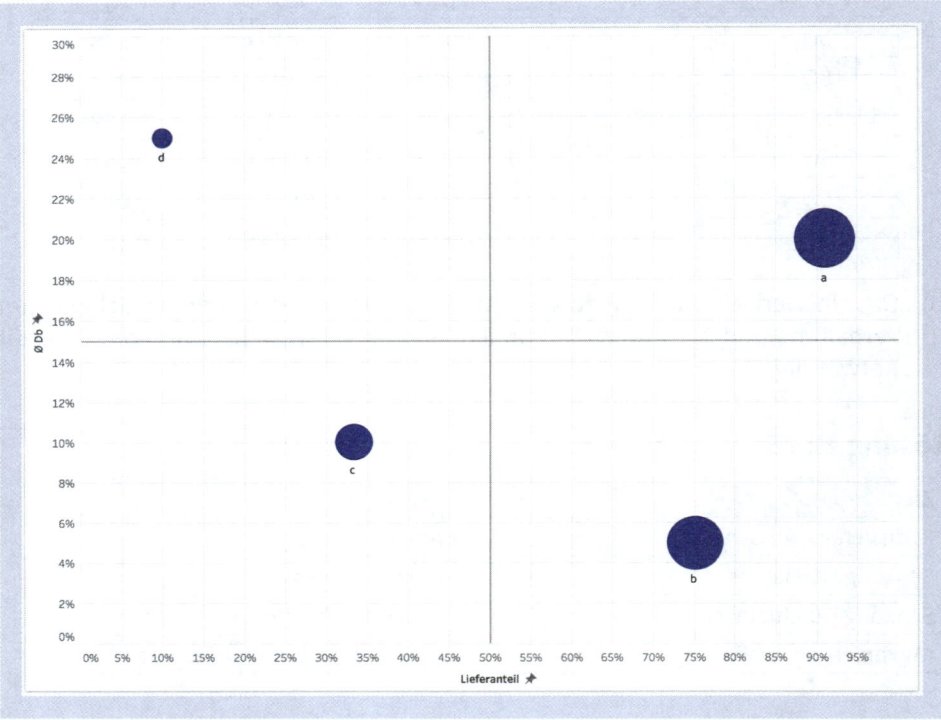

- ▸ Klein-/Mitnahmekunden: selektiver Rückzug (c)
- ▸ Fragezeichen-Kunden: Wettbewerbsposition durch zielgerichtete Maßnahmen verbessern (d)
- ▸ Abschöpfungskunden: Marketinginvestitionen nur um die eigene Position zu halten (b)
- ▸ Starkunden: Geschäftsbeziehungen halten oder ausbauen (a)

Lösung zu 37:

31.08.t	Kunde 134	Kunde 19
Startwert	25	25
Recency	25	40
Fequency	18	24
Ø-Umsatz	344,06	116,18
Monetary Ratio	40	25
Retouren	-5	
Mailings	-4	-4
Werbung		-24
Summe	**99**	**86**

Lösung zu 38:

Unter Anwendung der Formel zur Ermittlung einer linearen Trendgeraden aus ≫Kapitel C.1.2.2.2 ergibt sich folgende Umsatzprognose:

Jahr	y	t	$t \cdot y_t$
t-4	6.000	1	6.000
t-3	5.000	2	10.000
t-2	5.400	3	16.200
t-1	4.600	4	18.400
t	5.000	5	25.000
Summe			**75.600**

$$y_\emptyset = 5.200$$
$$n = 5$$
$$b = -240$$
$$a = 5.920$$
$$g_6 = 4.480$$
$$Umsatz = 8.960$$

Lösung zu 39:

	Maschine 1	Maschine 2	Maschine 3
Anschaffungskosten	3.000.000 €	2.600.000 €	2.550.000 €
Restwert	200.000 €	250.000 €	50.000 €
Nutzungsdauer	8 Jahre	8 Jahre	8 Jahre
Auslastung = Absatzmenge	40.000 St.	40.000 St.	40.000 St.
Zinssatz	10 %	10 %	10 %
Var. Kosten	24,50 €/St.	24,20 €/St.	24,70 €/St.
Fixe Kosten	29.000 €	17.050 €	23.900 €
Abschreibungen	350.000 €	293.750 €	312.500 €
+ Zinsen	160.000 €	142.500 €	130.000 €
+ Fixe Kosten	29.000 €	17.050 €	23.900 €
+ Variable Kosten	980.000 €	968.000 €	988.000 €
= **Gesamte Kosten**	**1.519.000 €**	**1.421.300 €**	**1.454.400 €**

Maschine 2 weist die geringsten Gesamtkosten auf und ist daher vorzugswürdig.

Lösung zu 40:

	Maschine 1	Maschine 2	Maschine 3
Absatzpotenzial	60.000 St.	60.000 St.	60.000 St.
Kapazität	60.000 St.	40.000 St.	52.500 St.
Verkaufspreis	40 €/St.	40 €/St.	40 €/St.
Abschreibungen	350.000 €	293.750 €	312.500 €
+ Zinsen	160.000 €	142.500 €	130.000 €
+ Fixe Kosten	29.000 €	17.050 €	23.900 €
+ Variable Kosten	1.470.000 €	968.000 €	1.296.750 €
= Gesamte Kosten	2.009.000 €	1.421.300 €	1.763.150 €
Umsatz	2.400.000 €	1.600.000 €	2.100.000 €
Gewinn	**391.000 €**	**178.700 €**	**336.850 €**

Maschine 1 weist den höchsten Gewinn auf und ist daher vorzugswürdig.

Lösung zu 41:

Rentabilitätsvergleichsrechnung

		Maschine 1	Maschine 2	Maschine 3
	Gewinn	391.000 €	178.700 €	336.850 €
+	Zinsen	160.000 €	142.500 €	130.000 €
=	Gewinn vor Zinsen	551.000 €	321.200 €	466.850 €
	Kapitalbindung	1.600.000 €	1.425.000 €	1.300.000 €
	Rentabilität	**34,4 %**	**22,5 %**	**35,9 %**

Maschine 3 weist die höchste Rentabilität auf und ist nach der statischen Rentabilitätsvergleichsrechnung vorzugswürdig.

Lösung zu 42:

Zahlungsfolge und Kapitalwert Maschine 1:

Periode	t = 0	t = 1	t = 2	t = 3	t = 4
Anschaffungsauszahlung	-2.750.000				
Produktionsmenge		50.000	60.000	70.000	45.000
Var. Produktionskosten pro Stück		3,15	3,15	3,15	3,15
Var. Produktionskosten (zahlungswirksam)		-157.500	-189.000	-220.500	-141.750
Fixe Produktionskosten (zahlungswirksam)		-150.000	-150.000	-150.000	-150.000
Auszahlungen	**-2.750.000**	**-307.500**	**-339.000**	**-370.500**	**-291.750**
Absatz		50.000	60.000	70.000	45.000
Verkaufspreis		24	24	24	24
Umsatzerlöse (zahlungswirksam)		1.200.000	1.440.000	1.680.000	1.080.000
Liquidationserlös (zahlungswirksam)					275.000
Einzahlungen		**1.200.000**	**1.440.000**	**1.680.000**	**1.355.000**
Zahlungsfolge	**-2.750.000**	**892.500**	**1.101.000**	**1.309.500**	**1.063.250**
Kalkulationszinsfuß	10 %				
Barwert	-2.750.000	811.364	909.917	983.847	726.214
Kapitalwert	**681.342**				

Periode	t = 0	t = 1	t = 2	t= 3	t = 4
Anschaffungsauszahlung	-2.200.000				
Produktionsmenge		50.000	60.000	60.000	45.000
Var. Produktionskosten pro Stück		3	3	3	3
Var. Produktionskosten (zahlungswirksam)		-150.000	-180.000	-180.000	-135.000
Fixe Produktionskosten (zahlungswirksam)		-142.500	-142.500	-142.500	-142.500
Auszahlungen	**-2.200.000**	**-292.500**	**-322.500**	**-322.500**	**-277.500**
Absatz		50.000	60.000	60.000	45.000
Verkaufspreis		21	21	21	21
Umsatzerlöse (zahlungswirksam)		1.050.000	1.260.000	1.260.000	945.000
Liquidationserlös (zahlungswirksam)					220.000
Einzahlungen		**1.050.000**	**1.260.000**	**1.260.000**	**1.165.000**
Zahlungsfolge	**-2.200.000**	**757.500**	**937.500**	**937.500**	**887.500**
Kalkulationszinsfuß	10 %				
Barwert	-2.200.000	688.636	774.793	704.358	606.174
Kapitalwert	573.962				

Maschine 1 weist den höheren (positiven) Kapitalwert auf und ist daher vorzugswürdig.

Lösung zu 43:

Unter Anwendung der Formel zur näherungsweisen Bestimmung des Internen Zinsfußes ergeben sich folgende Zinssätze:

$$r = i_1 + \frac{C_{0(1)}}{C_{0(1)} - C_{0(2)}} \cdot (i_2 - i_1)$$

Maschine 1:

$$r = 0{,}20 + \frac{28.901{,}43}{28.901{,}43 - (-77.621{,}37)} \cdot (0{,}22 - 0{,}20) = 0{,}20 + \frac{28.901{,}43}{106.522{,}8} \cdot (0{,}02)$$

$$= 0{,}20 + \frac{578{,}0286}{106.522{,}8} = 0{,}20 + 0{,}005426336 \approx 0{,}2054 = 20{,}54\,\%$$

Maschine 2:

$$r = 0,20 + \frac{52.826,00}{52.826,00 - (-32.322,96)} \cdot (0,22 - 0,20) = 0,20 + \frac{52.826,00}{85.148,96} \cdot (0,02)$$

$$= 0,20 + \frac{1.056,52}{85.148,96} = 0,20 + 0,012407902 \approx 0,2124 = 21,24\,\%$$

Der Interne Zinsfuß von Maschine 2 liegt über dem Zinsfuß von Maschine 1. Maschine 2 ist nach der Internen Zinsfuß-Methode vorteilhaft.

Lösung zu 44:

Angaben in Euro:

Periode	A	B
1	-3.775	-2.914
2	-2.479	-1.486
3	-1.483	-674
4	-578	64
5	-108	181
6	320	288

Die Pay-off-Perioden der beiden Investitionsalternativen liegen in Periode 6 (A) und in Periode 4 (B).

Lösung zu 45:

VoFi der Investition (Werte in Euro)				
Zeitpunkt	0	1	2	3
Zahlungsfolge der Investition	-10.000	-2.000	4.000	10.500
Eigene Mittel				
Anfangsbestand	5.000			
- Entnahme				
+ Einlage				
Kredit mit Endtilgung				
+ Aufnahme	5.000			
- Disagio	200			
- Tilgung		0	0	5.000
- Sollzinsen		300	300	300
Kontokorrentkredit				
+ Aufnahme	200	2.320	0	0
- Tilgung		0	2.520	0
- Sollzinsen		20	252	0
Standardanlage				
- Anlage	0	0	928	5.274,24
+ Auflösung		0	0	0
+ Habenzinsen		0	0	74,24
Finanzierungssaldo	0	0	0	0
Bestandsgrößen				
Kredit mit Endtilgung	5.000	5.000	5.000	0
Kontokorrentkredit	200	2.520	0	0
Guthabenstand	0	0	928	6.202,24
Endwert	**-5.200**	**-7.520**	**-4.072**	**6.202,24**
Opportunität				
Endwert	5.000	5.400	5.832	6.298,56
Δ EW(t)	**-10.200**	**-12.920**	**-9.904**	**-96,32**

Der Endwert der Opportunität liegt über dem Endwert der Investition. Die Durchführung der Investition ist nicht vorteilhaft.

Lösung zu 46:

DCF	t (Plan)	t + 1 (Plan)	t + 2 (Plan)	t + 3 (Plan)	t + 4 (Plan)	TV
Operativer Free Cashflow (FCF)	**36,33**	**24,95**	**34,59**	**38,24**	**28,91**	**33,91**
Abzinsungsperioden	1	2	3	4	5	5
Discounted Cashflows	34,05	21,93	28,49	29,53	20,92	367,52
Enterprise Value (Konvergenzformel)		**502,44**				
Net Debt	341,03					
Equity Value	**161,42**					
Terminal Value	367,52					
Anteil am Enterprise Value	73,15 %					

Bei Anwendung der aggressiven Formel erhöht sich der Enterprise Value um 31,27 % und der Anteil des Terminal Value am Enterprise Value beträgt bereits 79,54 %.

Enterprise Value („aggressive Formel"; g = 2 %)	659,56
Net Debt	341,03
Equity Value	**318,53**
Terminal Value	524,63
Anteil am Enterprise Value	79,54 %

Lösung zu 47:

Ermittlung Wertbeitrag	t - 1 (Ist)	t (Plan)	t + 1 (Plan)	t + 2 (Plan)	t + 3 (Plan)	t + 4 (Plan)
NOPAT		31,33	31,95	32,59	33,24	33,91
WACC		6,68 %	6,68 %	6,68 %	6,68 %	6,68 %
Mindestwertbeitrag		0,5 %	0,5 %	0,5 %	0,5 %	0,5 %
Hurdle Rate		7,18 %	7,18 %	7,18 %	7,18 %	7,18 %
Investiertes Kapital		447,5	448,5	451,0	447,5	447,5
EVA		**-0,80**	**-0,24**	**0,22**	**1,12**	**1,79**
Nebenrechnung						
Betriebliches Anlagevermögen	500	500	500	500	500	500
Betriebliches Umlaufvermögen	200	195	205	190	190	185
Vorräte	130	120	125	115	120	120
Forderungen	70	75	80	75	70	65
Conversions	250	250	253	240	245	235
Liquide Mittel	120	120	120	120	120	120
Verb. LuL	80	75	73	65	70	65
Kurzfristige Rückstellungen	50	55	60	55	55	50
Übrige Korrekturen	0	0	0	0	0	0
Investiertes Kapital	**450**	**445**	**452**	**450**	**445**	**450**

Lösung zu 48:

Accretion/Dilution-Analyse	t (Plan)	t + 1 (Plan)	t + 2 (Plan)	t + 3 (Plan)	t + 4 (Plan)
Netto-Ergebnis SW Münsterland	**19,81**	**20,18**	**20,93**	**21,81**	**22,30**
Finanzierung					
Cash (50 %)	135	135	135	135	135
Zusätzliches Fremdkapital (50 %)	135	135	135	135	135
FK-Kosten	6 %	6 %	6 %	6 %	6 %
Zinsaufwand	-8,10	-8,10	-8,10	-8,10	-8,10
Tax Shield auf Zinsen (35 %)	2,84	2,84	2,84	2,84	2,84
Wirkung auf Zinsaufwand nach Steuern	**-5,27**	**-5,27**	**-5,27**	**-5,27**	**-5,27**
Zins auf Cash	5,5%	5,5%	5,5%	5,5%	5,5%
Wirkung auf Zinsertrag	-7,43	-7,43	-7,43	-7,43	-7,43
Tax Shield auf Zinsertrag (35 %)	2,60	2,60	2,60	2,60	2,60
Wirkung auf Zinsertrag nach Steuern	**-4,83**	**-4,83**	**-4,83**	**-4,83**	**-4,83**
Zusätzliches Netto-Ergebnis	**9,72**	**10,09**	**10,84**	**11,72**	**12,21**

Lösung zu 49:

Marktpreis (150 €/Stück)

	A	B
Erlöse	150 €/St. • 500 St. = 75.000 €	200 €/St. • 500 St. = 100.000 €
- Var. Kosten Zukauf		150 €/St. • 500 St. = 75.000 €
- Sonstige var. Kosten	70 €/St. • 500 St. = 35.000 €	40 €/St. • 500 St. = 20.000 €
- Fixkosten	20.000 €	15.000 €
Ergebnis	20.000 €	-10.000 €

Vollkostenpreis mit einem Gewinnaufschlag von 10 %

Verrechnungspreis: (70 €/St. + 20.000 € : 500 St.) • 1,1 = 121 €/St.

	A	B
Erlöse	500 St. • 121 €/St. = 60.500 €	100.000 €
- Var. Kosten Zukauf		60.500 €
- Sonstige var. Kosten	35.000 €	20.000 €
- Fixkosten	20.000 €	15.000 €
Ergebnis	5.500 €	4.500 €

Two-Step-Pricing mit einem Pauschalbetrag von 35.000 €

1. Schritt: Teilkostenpreis 70 €/St.

2. Schritt: Pauschalbetrag 35.000 €

	A	B
Erlöse	35.000 €	100.000 €
- Var. Kosten Zukauf		35.000 €
- Sonstige var. Kosten	35.000 €	20.000 €
- Fixkosten	20.000 €	15.000 €
+/- Pauschalbetrag	+ 35.000 €	-35.000 €
Ergebnis	15.000 €	-5.000 €

Deckungsbeitragsaufteilung auf Teilkostenbasis (50/50)

Gesamtdeckungsbeitrag: 200 - 70 - 40 = 90 €/St.

Davon 50 %: 45 €/St.

Verrechnungspreis: 70 + 45 = 115 €/St.

Ergebnis	A	B
Erlöse	57.500 €	100.000 €
- Var. Kosten Zukauf		57.500 €
- Sonstige var. Kosten	35.000 €	20.000 €
- Fixkosten	20.000 €	15.000 €
Ergebnis	2.500 €	7.500 €

Lösung zu 50:

a) ▸ Vorteile Vollkostenpreise:

- einfache Ermittlung

▸ Nachteile Vollkostenpreise:

- Beschäftigungsabhängigkeit

- keine Basis für Make-or-Buy-Entscheidungen

▸ Vorteile Plankosten:

- keine Schwankungen

- Planungssicherheit

- Anreiz zur Kostendisziplin

▸ Nachteile Plankosten:

- evtl. überhöhte, unrealistische Planansätze

b) Durch die Verwendung des Plankostensatzes kann keine Preisabweichung auftreten. Somit kann auch keine Restabweichung entstehen.

▸ Erlöse: Die Gesamtabweichung ist identisch mit der Mengenabweichung.

▸ Materialeinzelkosten: Die Gesamtabweichung ist identisch mit der Mengenabweichung. Diese kann weiter in Beschäftigungs- und Verbrauchsabweichung zerlegt werden.

c) Der interne Lieferant kann die Fixkosten nicht mehr vollständig decken; sein Ergebnis verschlechtert sich.

Lösung zu 51:

Das Two-Step-Pricing besitzt die Vorteile, dass es beschäftigungsunabhängig ist und als Basis für Make-or-Buy-Entscheidungen genutzt werden kann. Problematisch ist allerdings die Festlegung der Pauschale zur Deckung der Fixkosten.

Lösung zu 52:

a) Teilkostenpreise:
   - Teilefertigung: 80 €/St.
   - Montage: 80 + 50 = 130 €/St.
b) Vollkostenpreise:
   - Teilefertigung: 80 €/St. + 50.000 € : 2.000 St. = 105 €/St.
   - Montage: 105 €/St. + 50 €/St. + 90.000 € : 2.000 St. = 200 €/St.
c) DB-Aufteilung:
   - Gesamt-DB: 480 - 80 - 50 - 20 = 330 €/St.
   - gleichmäßige Verteilung: 330 : 3 = 110 €/St. für jeden Bereich
   - Teilefertigung: 80 + 110 = 190 €/St.
   - Montage: 190 + 50 + 110 = 350 €/St.
d) Sinnvoll ist eine Aufteilung im Verhältnis der Fixkosten, da der Deckungsbeitrag zur Deckung der Fixkosten dient.

Lösung zu 53:

Siehe MiniLex Seite 391 ff.

Das MiniLex enthält die wichtigsten Begriffe, die in diesem Buch behandelt werden. Weitere Begriffe finden sich in: *Olfert/Rahn/Zschenderlein*, Lexikon der Betriebswirtschaftslehre, Kiehl

Balanced Scorecard

Die Balanced Scorecard (BSC) ist ein moderner Ansatz zur Gestaltung eines Kennzahlensystems; sie dient der Umsetzung der Unternehmensstrategie. Hierzu wird ein Unternehmen aus unterschiedlichen Perspektiven betrachtet. Innerhalb einer Perspektive werden

► Ziele,

► Kennzahlen (zur Messung der Zielerreichung),

► Vorgaben (Quantifizierung der Kennzahlen) und

► Maßnahmen (zur Zielerreichung)

definiert. Zusätzlich werden Ursache-Wirkungs-Beziehungen zwischen den Zielen analysiert.

Benchmarking

Beim Benchmarking wird die Optimierung von Produkten oder Prozessen angestrebt. Hierzu sucht man sich Vergleichspartner, die auf diesen Gebieten möglichst gut sind. Anschließend werden auf Basis von Kennzahlen Leistungsunterschiede gemessen und die Ursachen für die Leistungsunterschiede analysiert. Auf dieser Basis können dann Optimierungsmaßnahmen bestimmt und umgesetzt werden.

Bereichscontrolling

Im Rahmen des Bereichscontrollings erfolgt eine **Ausweitung und Übertragung des Controllings** auf das Leistungssystem eines Unternehmens. Als Bereichscontrolling i. e. S. wird dabei die Übertragung der Controllingfunktion auf Leistungs- oder auf Teileinheiten eines Unternehmens bezeichnet. Bereichscontrolling i. w. S. betrachtet darüber hinaus charakteristische Controllingaufgaben in Wirtschaftszweigen, Branchen oder Institutionen.

Beteiligungscontrolling

Gegenstand des Beteiligungscontrollings sind Unternehmensbeteiligungen in der Form, dass es sich um Beziehungen zwischen einem herrschenden Unternehmen (Muttergesellschaft) zu einem abhängigen Unternehmen (Tochtergesellschaft) handelt. Zielsetzung des Beteiligungscontrollings ist die Sicherstellung von Effektivität und Effizienz der Unternehmensverbindungen mit dem Ziel der Unternehmenswertsteigerung von Mutter- und Tochtergesellschaft über alle Phasen des Beteiligungslebenszyklus.

Bilanzplanung

Die Bilanzplanung ist das aus der Erfolgs- und Cashflow-Planung resultierende Rechenwerk. Ausgehend von den geplanten Endbeständen der laufenden Periode, ergeben sich die Planendbestände der Bilanzpositionen.

Budget

Budgets sind schriftlich festgelegte monetäre Plangrößen, die einem Verantwortungsbereich (Entscheidungseinheit) zur Umsetzung von Plänen für eine Periode mit einem bestimmten Verbindlichkeitsgrad vorgegeben werden.

Budgetsystem

Ein Budgetsystem ist im Rahmen der operativen Jahresplanung die geordnete Gesamtheit der sich gegenseitig ergänzenden abgestimmten Einzelbudgets, die sich auf eine Budgetperiode beziehen, sowie die zwischen ihnen bestehenden Beziehungen.

Controllingaufgaben

Zu den Aufgaben des Controllings zählen Planung, Koordination, Kontrolle, Informationsversorgung sowie die Controllingsystemgestaltung.

Controlling, *operatives*

Im operativen Controlling geht es – im Gegensatz zum strategischen Controlling – um die eher kurz- und mittelfristigen Controllingaufgaben, wie z. B. Kostenrechnung, Reporting und operative Planung. Hierbei handelt es sich häufig um Routineaufgaben mit einem kürzeren Zeithorizont.

Controlling, *strategisches*

Das strategische Controlling betrachtet Erfolgspotenziale, deren Nutzung die langfristige Existenzsicherung eines Unternehmens gewährleisten soll und analysiert hierzu vorrangig (externe) Chancen und Risiken aus dem Unternehmensumfeld. Durch den weiten Blick in die Zukunft ist die Unsicherheit über die Entwicklung wesentlich größer als bei einem kürzeren Horizont. Auch daher wird im strategischen Controlling eher mit qualitativen Größen gearbeitet.

Dotted-Line-Prinzip

In einer Controllingorganisation mit zentralen und dezentralen Controllingeinheiten stellt sich die Frage nach der Aufteilung von Entscheidungs- und Weisungsbefugnissen zwischen Zentralcontroller und dezentralen Controllern auf der einen Seite sowie zwischen dezentralen Controllern und Bereichsleitern auf der anderen Seite. Fallen fachliche und disziplinarische Leitung auseinander wird dem sogenannten „Dotted-Line-Prinzip" gefolgt. Um eine konsistente Controllingsystemgestaltung zu gewährleisten hat sich in der Praxis eine fachliche Unterstellung der dezentralen

Controller unter das Zentralcontrolling als zweckmäßig erwiesen.

Erfolgsplanung

In der Erfolgsplanung werden die in den Einzelplänen ermittelten Erträge und Aufwendungen bzw. Erlöse und Kosten zusammengeführt. Wurde auf Ebene von Erlösen und Kosten geplant, so muss die Betriebsergebnisrechnung in die Gewinn- und Verlustrechnung übergeleitet werden. Die GuV muss sich hinsichtlich der Ausgestaltung nicht zwingend an Vorgaben aus dem externen Rechnungswesen orientieren, sondern kann beispielsweise auch als kostenrechnerische Ergebnisrechnung als Voll- oder Teilkostenrechnung ausgestaltet werden.

F&E-Controlling

Gegenstand des F&E-Controllings ist die Ausrichtung sämtlicher Forschungs- und Entwicklungsbemühungen eines Unternehmens auf die Anforderungen des Marktes. Im Kern stellt das F&E-Controlling einen Teilbereich des Innovationscontrollings dar, der auf die Phase der Forschung und Entwicklung i. e. S. fokussiert.

F&E-Programmcontrolling

Das F&E-Programmcontrolling unterstützt bei der zielgerichteten Aufteilung der begrenzten Budgets und Ressourcen eines Unternehmens auf die verschiedenen F&E-Projekte.

F&E-Projektcontrolling

Das F&E-Projektcontrolling zielt auf die kosten- und termingerechte Steuerung der zuvor ausgewählten F&E-Projekte eines Unternehmens über sämtliche Projektphasen ab.

Finanzplanung

Der Finanzplan stellt die Erreichung der finanzwirtschaftlichen Ziele eines Unternehmens sicher. In diesem Zusammenhang ist zunächst einmal die jederzeitige Zahlungsfähigkeit des Unternehmens zu nennen. Dazu ist der kurz-, mittel- und langfristige Kapitalbedarf zu ermitteln und das benötigte Kapitel zu beschaffen. Die Kapitalausstattung ist dabei so zu bemessen, dass eine größtmögliche finanzwirtschaftliche Rendite (z. B. als Eigen- oder Gesamtkapitalrendite) erzielt wird.

Gemeinkostenwertanalyse

Ziel der Gemeinkostenwertanalyse ist die Senkung von Gemeinkosten. In einem solchen Projekt wird nach der Vorbereitungsphase (Projektorganisation, Terminplanung) ein Maßnahmenkatalog mit Einsparmaßnahmen erarbeitet. Hierzu werden in Workshops Ideen für Einsparungen gesammelt und dann bewertet. Anschließend erfolgt die Umsetzung der Maßnahmen; dabei ist der Erfolg der Maßnahmen begleitend zu kontrollieren.

Investitionscontrolling

Ziele des Investitionscontrollings bestehen in der sach- und erfolgszielorientierten Ausrichtung der Investitionsaktivitäten – der Planung, Realisation und Kontrolle von Einzelinvestitionen, der Koordination von Einzelinvestitionen mit Unternehmensinvestitionsprogrammen, der Berücksichtigung anlagenwirtschaftlicher Aspekte während der Nutzungsdauer sowie der Sicherstellung der Informationsversorgung der Entscheidungsträger im Investitionsprozess.

Kennzahlen

Kennzahlen sind verdichtete quantitative Größen, die der Messung der Zielerreichung dienen. Von daher muss vor der Auswahl von Kennzahlen immer eine Definition der Unternehmensziele erfolgen. Während alle Unternehmen wirtschaftlichen Erfolg sowie Liquidität als Ziele verfolgen, können ihre Sachzie-

le unterschiedlich sein. Während für ein Unternehmen kurze Entwicklungszeiten entscheidend sein können, sind für andere eine hohe Produktqualität oder ein guter Service wichtig.

Kennzahlensysteme

Kennzahlensysteme sind eine Zusammenstellung von Kennzahlen. Dabei kann zwischen Rechen- und Ordnungssystemen sowie Mischformen aus beiden Systemen unterschieden werden. Ein typisches **Rechensystem** ist das Du-Pont-Kennzahlensystem, in dem rechnerische Zusammenhänge zwischen allen Kennzahlen bestehen. Im Gegensatz zu Rechensystemen bestehen in **Ordnungssystemen** in der Regel keine mathematischen Beziehungen der Kennzahlen zueinander. Ein bekanntes Ordnungssystem ist die Balanced Scorecard.

Kostenartenrechnung

Die Kostenartenrechnung ist der erste Schritt innerhalb einer Kostenrechnung. Es werden alle Erlöse und Kosten eines Unternehmens erfasst. Ausgangspunkt der Kostenartenrechnung sind die Aufwendungen aus der Buchhaltung. Diese werden um neutrale Aufwendungen bereinigt (z. B. betriebsfremde Aufwendungen). Ergänzt bzw. korrigiert wird die Datenbasis ggf. um kalkulatorische Kosten, wie z. B. der kalkulatorische Unternehmerlohn oder kalkulatorische Abschreibungen. Dies erfolgt, wenn die bilanziellen Ansätze für unrealistisch gehalten werden. Zusätzlich werden auch zeitliche Abgrenzungen gebildet, um unregelmäßig anfallenden Aufwand auf die jeweilige Periode der Kostenrechnung, in der Regel Monate, zu verteilen.

Kostenrechnung

In einer Kostenrechnung werden alle Erlöse und Kosten eines Unternehmens erfasst. Sie läuft immer in drei Schritten ab:

- Kostenartenrechnung
- Kostenstellenrechnung
- Kostenträgerrechnung.

Nach dem Sachumfang der zugeordneten Kosten werden Voll- und Teilkostenrechnungen unterschieden. Während im Rahmen der **Vollkostenrechnung** sowohl variable als auch fixe Kosten den Kostenträgern zugeordnet werden, betrachtet die **Teilkostenrechnung** ausschließlich variable Kosten als entscheidungsrelevant.

Kostenstellenrechnung

Die Kostenstellenrechnung ist der zweite Schritt innerhalb einer Kostenrechnung. Kostenstellen geben die Organisationsstruktur eines Unternehmens wieder (z. B. Abteilungen). In die Kostenstellenrechnung fließen nur Kostenträgergemeinkosten ein (Kostenträgereinzelkosten, z. B. Rohmaterialkosten, werden direkt von der Kostenartenrechnung in die Kostenträgerrechnung überführt). Alle Kostenträgergemeinkosten werden im Betriebsabrechnungsbogen (BAB) auf die Kostenstellen verteilt. Interne Dienstleister, wie z. B. ein Instandhaltungsbereich, geben ihre Kosten an die internen Kunden weiter. Hierzu erfolgt eine innerbetriebliche Leistungsverrechnung von den Vor- an die Endkostenstellen.

Kostenträgerrechnung

Die Kostenträgerrechnung ist der dritte und letzte Schritt innerhalb einer Kostenrechnung. Kostenträger sind dabei die Leistungen eines Unternehmens, wie z. B. Produkte, Dienstleistungen oder Aufträge. Kostenträgereinzelkosten, wie z. B. Rohmaterialkosten, können den Kostenträgern aus der Kostenartenrechnung direkt zugerechnet werden. Kostenträgergemeinkosten, wie z. B. Gehälter für Verwaltungsmitarbeiter,

werden aus dem Betriebsabrechnungsbogen (BAB) der Kostenstellenrechnung geschlüsselt. Die Auswahl geeigneter Schlüssel besitzt damit einen großen Einfluss auf die Genauigkeit und Güte der Kostenträgerrechnung. Am Ende der Kostenträgerrechnung werden für alle Kostenträger Erlöse und Kosten gegenübergestellt. Durch die Kostenträgerrechnung wird also der Ergebnisbeitrag aller Produkte, Dienstleistungen etc. zum Unternehmenserfolg transparent. Sie ist eine wichtige Basis u. a. für Sortimentsentscheidungen.

Lebenszykluskostenrechnung

In der Lebenszykluskostenrechnung findet eine kostenrechnerische Betrachtung des Gesamtlebenszyklus von Produkten statt. Zusätzlich zu den Kosten in der Produktions- und Vertriebsphase eines Produktes können auch vor- oder nachgelagert erhebliche Kosten und Erlöse anfallen:

- Vorlaufkosten (z. B. Forschung, Markterschließung)
- Vorlauferlöse (z. B. Subventionen)
- Folgekosten (z. B. Wartungskosten, Garantiekosten, Entsorgungskosten)
- Folgeerlöse (z. B. Wartungserlöse, Ersatzteilerlöse).

Bei langen Zeiträumen ist eine dynamische Betrachtung mit entsprechender Diskontierung auf Basis von Zahlungsreihen (Ein- und Auszahlungen) sinnvoll.

Marketingcontrolling

Das Marketingcontrolling unterstützt die Marketingführung bei Entscheidungen, die die Beziehungen zwischen dem Unternehmen und seinen Märkten betreffen. Es kann als Verbindung von Markt- und Effizienzorientierung verstanden werden, indem es den Einsatz und die Koordination marktspezifischer Informationsversorgung sowie Marketingplanung und -kontrolle umfasst.

Plankostenrechnung

In einer Plankostenrechnung wird mit geplanten Kosten gerechnet. Dies erfolgt immer zusätzlich zur Erfassung von Istkosten. Somit können auch die Abweichungen zwischen Plan- und Istkosten ermittelt und die Ursachen hierfür analysiert werden. Eine Plankostenrechnung ist als Voll- oder Teilkostenrechnung möglich. Generell bietet sie eine höhere Aussagekraft als eine Istkostenrechnung, verursacht allerdings auch einen erheblich höheren Aufwand.

Planung

Unter Planung ist nach *Wild* ein systematisches, zukunftsbezogenes Durchdenken und Festlegen von Zielen, Maßnahmen, Mitteln und Wegen zur zukünftigen Zielerreichung zu verstehen.

Prognoseverfahren, *analytische*

Zu den analytischen Verfahren zählen Entwicklungs- und Wirkungsprognosen. Hinsichtlich der Abgrenzung hängen bei Entwicklungsprognosen die vorherzusagenden Größen von Variablen ab, die vom Management nicht direkt beeinflussbar sind, z. B. von der Zeit oder von bestimmten Indikatoren. Bei den Wirkungsprognosen werden kausale Effekte einstellbarer Variablen wie z. B. von Marketingmaßnahmen auf den Absatz untersucht.

Prognoseverfahren, *heuristische*

Heuristische Verfahren haben den Anspruch, bei einem vertretbaren Aufwand hinreichend gute Lösungen zu liefern. Grundsätzlich unterscheiden lassen sich dabei die folgenden Methoden: Fortschreibungsmethode, Prozentmethode, finanzkraftorientierte Methode, wett-

bewerbsorientierte Methode sowie ziel- und aufgabenorientierte Methode.

Prognoseverfahren, *qualitative*

Bei den qualitativen Verfahren werden Planwerte z. B. durch Einzelbefragung, Brainstorming, Delphi-Methode, experimentelle Feldversuche oder die Analogieschlussmethode auf der Grundlage von Erfahrungswerten ermittelt.

Prozesskostenrechnung

Ziele der Prozesskostenrechnung sind

- ► Erhöhung der Genauigkeit der Kostenrechnung
- ► Steuerung des Ressourceneinsatzes
- ► Identifikation von Rationalisierungspotenzialen.

Ausgehend von einer Prozessstrukturierung werden die Kosten in der Regel mithilfe von Zeitschlüsseln auf Teilprozesse verteilt. Zudem werden prozessorientiert Kosteneinflussgrößen (Kostentreiber) identifiziert, die als Schlüssel für die Verteilung von Kosten dienen. Als Ergebnis werden z. B. die Kosten pro Bestellung in einem Bestellprozess oder die Kosten pro Auftrag in der Auftragsabwicklung bestimmt. Diese Werte können dann zur Kalkulation sowie als Ausgangspunkt für eine Prozessoptimierung genutzt werden. Im Vergleich zur herkömmlichen Kostenrechnung ist eine Prozesskostenrechnung genauer, aber deutlich aufwändiger.

Rechnungslegung, *externe*

Aufgabe der externen Rechnungslegung ist es, Geschäftsvorfälle mit ihrem Wert zu erfassen und aufzuzeichnen und so das wirtschaftlich relevante Handeln abzubilden (Dokumentationsfunktion). Darüber hinaus soll durch Zusammenfassung der einzelnen wirtschaftlichen

Transaktionen zum Jahresabschluss die wirtschaftliche Situation eines Unternehmens dargestellt werden (Informationsfunktion) sowie die Ausschüttungsbemessungsgrundlage für die hoheitliche Besteuerung sowie für die Gewinnausschüttungen an Anteileigner bestimmt werden (Ausschüttungsbemessungsfunktion).

Reporting
Durch das Reporting (Berichtswesen) werden dem Management wesentliche Informationen regelmäßig, in der Praxis oft monatlich, zur Verfügung gestellt. Neben Standardberichten können auch Abweichungs- und Bedarfsberichte genutzt werden. Hierbei sind Berichtszweck, Berichtsempfänger, Berichtsinhalt (vor allem Kennzahlen), formale Gestaltung und Berichtszeitpunkte zu bestimmen.

Risikocontrolling
Unternehmerische Aktivität geht immer mit Risiken einher. Das Risikocontrolling dient der Erkennung und Steuerung dieser Risiken. Es läuft in folgenden Schritten ab:

- **Risikoidentifikation:** Erkennung der Risiken

- **Risikobewertung:** Ermittlung von Schadenshöhe und Eintrittswahrscheinlichkeit

- **Risikosteuerung:** Bestimmung von Maßnahmen, wie z. B. Präventionsmaßnahmen

- **Risikoreporting:** Darstellung der bekannten Risiken und Dokumentation der Maßnahmen.

Strategiebewertung
Die Strategiebewertung bereitet die Strategieentscheidung vor. Dazu werden die Strategiealternativen durch eine systematische und logische Darstellung der Strategiealternativen in Modellen auf Plausibilität geprüft, verglichen und hinsichtlich der Zielwirksamkeit bewertet.

Strategiefindung
Die Strategiefindung ist der zweite Schritt im strategischen Planungsprozess. Auf Basis der Erkenntnisse aus der strategischen Analyse werden Gesamtunternehmensstrategie, Geschäftsfeld- sowie nachgelagerte Funktionalstrategien festgelegt.

Strategische Analyse
Die strategische Analyse soll die Strategiefindung und Strategiebewertung optimal vorbereiten und besteht aus der Umwelt-/Umfeldanalyse und der Unternehmensanalyse. Die **Umweltanalyse** soll das Umfeld, in dem sich ein Unternehmen bewegt, durch Aufdeckung von Chancen und Risiken des Unternehmensumfeldes realistisch darstellen. Die **Unternehmensanalyse** arbeitet dagegen unternehmensinterne Stärken und Schwächen möglichst objektiv heraus.

Strategische Frühaufklärung
Die strategische Frühaufklärung ist der Oberbegriff aller systematisch erfolgenden Aktionen, die der Wahrnehmung, Sammlung/Auswertung und Weiterleitung von Informationen über latent (d. h. verdeckt) bereits vorhandene Chancen und Bedrohungen dienen.

Strategische Kontrolle
Die strategische Kontrolle ist ein systematischer Prozess, der parallel zur strategischen Planung verläuft und durch Ermittlung von Abweichungen zwischen Plan- und Vergleichsgrößen den Vollzug und die Richtigkeit der strategischen Planung überprüft.

Target Costing

Das Target Costing dient dem Kostenmanagement in der Phase der Produktentwicklung. Bevor ein Produkt entwickelt wird, macht man sich Gedanken über die Kundenanforderungen sowie über am Markt erzielbare Verkaufspreise. Ausgehend vom Verkaufspreis werden unter Berücksichtigung von Renditezielen Zielkosten zunächst für ein Gesamtprodukt bestimmt. Diese werden in einem weiteren Schritt auf die wesentlichen Produktkomponenten heruntergebrochen. Dies erfolgt orientiert an den Kundenanforderungen und berücksichtigt den Beitrag der Komponenten an der Erfüllung dieser Anforderungen. Im Ergebnis können somit Zielkosten für einzelne Komponenten vorgegeben werden.

Teilkostenrechnung

In einer Teilkostenrechnung werden den Kostenträgern nur die variablen Kosten zugerechnet, da nur diese kurzfristig abbaubar und somit kurzfristig entscheidungsrelevant sind. Als Differenz zwischen Erlösen und variablen Kosten ergibt sich der Deckungsbeitrag. Besitzt ein Kostenträger einen positiven Deckungsbeitrag, trägt er zur Deckung der Fixkosten bei und lohnt sich im Sortiment. Andersherum betrachtet stellen die variablen Kosten die kurzfristige Preisuntergrenze dar; Verkaufspreise unterhalb der variablen Kosten führen zu negativen Ergebnissen.

Verrechnungspreise

Verrechnungspreise sind Wertansätze für innerbetriebliche Leistungen (Produkte, Zwischenprodukte, Dienstleistungen), die von anderen Unternehmensbereichen bezogen werden. Für das Controlling kommen vor allem Marktpreise und kostenorientierte Preise (Vollkostenpreise, Teilkostenpreise, Two-Step-Pricing oder Grenzkostenpreise mit Deckungsbeitragsaufteilung) infrage.

Vertriebscontrolling

Vertriebscontrolling als Marketingcontrolling i. e. S. beinhaltet diejenigen Planungs- und Kontrollprozesse, die sich auf den Bereich der Vertriebswege oder Kundensegmente und deren Betreuung durch die Verkaufsorganisation beziehen.

Vollkostenrechnung

In einer Vollkostenrechnung werden alle Kosten auf die Kostenträger verrechnet. Damit erhält man Ergebnisse bezüglich Kostenarten, Kostenstellen und Kostenträger unter Berücksichtigung aller Kosten. Dies ermöglicht Kostenvergleiche mit Vergangenheitsdaten und die Ermittlung langfristiger Preisuntergrenzen für Kostenträger, da langfristig alle Kosten durch Erlöse gedeckt werden sollten.

Zero Base Budgeting

Das Zero Base Budgeting stellt eine Methode zum Kostenmanagement dar. Während in der „normalen" Planung häufig eine Fortschreibung von Vergangenheitswerten erfolgt, wird im Rahmen des Zero Base Budgeting so getan, als ob man ein Geschäft auf der „grünen Wiese" von Null auf neu aufbaut.

Achleitner/Wecker/Wirtz, Akteure und Phasen des M&A-Managements (I), in: Das Wirtschaftsstudium, 29. Jg., Heft 11/2004a, S. 1381 - 1384

Achleitner/Wecker/Wirtz, Akteure und Phasen des M&A-Managements (II), in: Das Wirtschaftsstudium, 29. Jg., Heft 12/2004b, S. 1504 - 1509

Adam, D., Produktions-Management, Wiesbaden 1998

Adam, D., Investitionscontrolling, München 2000

Albers, S., Ein System zur IST-SOLL-Abweichungs-Ursachenanalyse von Erlösen, in: Zeitschrift für Betriebswirtschaft, Jg. 59, Heft 6/1989, S. 637 - 654

Albers/Krafft, Vertriebsmanagement, Organisation – Planung – Controlling – Support, Wiesbaden 2013

Ansoff, H. G., Corporate Strategy, London 1965

Auerbach/Holtrup, Logistikcontrolling, in: Littkemann/Derfuß/Holtrup (Hrsg.), Unternehmenscontrolling, Praxishandbuch für den Mittelstand, Herne 2018, S. 323 - 409

Baum/Coenenberg/Günther, Strategisches Controlling, Stuttgart 2013

Bea/Haas, Strategisches Management, Konstanz 2017

Berner/Rojahn, Anwendungseignung von marktorientierten Multiplikatoren, in: Der Finanzbetrieb, 5. Jg., Heft 3/2003, S. 155 - 161

Blohm/Lüder, Investition, Schwachstellenanalyse des Investitionsbereichs und Investitionsrechnung, München 1995

Bomm, H., Ein Ziel- und Kennzahlensystem zum Investitionscontrolling komplexer Produktionssysteme, Berlin u. a. 1992

Brühl, V., Länderrisiken bei internationalen Unternehmenskäufen, in: Der Finanzbetrieb, 2. Jg., Heft 2/2000, S. 61 - 67

Bruhn, M., Marketing, Grundlagen für Studium und Praxis, Wiesbaden 2015

Bruhn/Stauss, Dienstleistungscontrolling, Wiesbaden 2006

Bürgel/Haller/Binder, F&E-Management, München 1996

Burghardt, M., Projektmanagement: Leitfaden für die Planung, Überwachung und Steuerung von Entwicklungsprojekten, Erlangen 1993

Burghardt, M., Einführung in Projektmanagement: Definition, Planung, Kontrolle, Abschluss, Erlangen 2007

Burmann/Meffert/Jost-Benz, Controlling eines identitätsbasierten Markenmanagements, in: Reinecke/Tomczak (Hrsg.), Handbuch Marketingcontrolling, Effektivität und Effizienz einer marktorientierten Unternehmensführung, Wiesbaden 2006, S. 459 - 482

Coenenberg/Fischer/Günther, Kostenrechnung und Kostenanalyse, Stuttgart 2016

Copeland/Koller/Murrin, Unternehmenswert: Methoden und Strategien für eine wertorientierte Unternehmensführung, Frankfurt am Main/New York 2002

Czenskowsky/Piontek, Logistikcontrolling, Gernsbach 2012

Däumler/Grabe, Kostenrechnung 3 – Plankostenrechnung und Kostenmanagement, Herne 2014

Derfuß/Höppe, Marketingcontrolling, in: Littkemann/Derfuß/Holtrup (Hrsg.), Unternehmenscontrolling, Praxishandbuch für den Mittelstand, Herne 2018, S. 205 - 321

Diederichs, M., Risikomanagement und Risikocontrolling, München 2018

Eiselmayer/Kottbauer, Trends im Controlling, in: Controller Magazin, März/April 2015, S. 24 - 25

Eisenberg/Lerchl/Littkemann, Der Beteiligungscontroller in der Praxis: eine Auswertung von Stellenanzeigen, in: Littkemann, J., (Hrsg.), Beteiligungscontrolling: ein Handbuch für die Unternehmens- und Beratungspraxis, Band 1, Herne/Berlin 2009, S. 165 - 178

Eisenberg/Oldenburg-Tietjen, Schnittstellencontrolling, in: Littkemann/Derfuß/Holtrup (Hrsg.), Unternehmenscontrolling, Praxishandbuch für den Mittelstand, Herne 2018, S. 579 - 715

Eisenführ/Weber, Rationales Entscheiden, Berlin/Heidelberg/New York 2003

Fietz, A., Planung von Spielfilmproduktionen aus Sicht des Projektcontrollings, Norderstedt 2010

Fietz/Maïzi, Produktionscontrolling, in: Littkemann/Derfuß/Holtrup (Hrsg.), Unternehmenscontrolling, Praxishandbuch für den Mittelstand, Herne 2018, S. 125 - 204

Friedl/Hofmann/Pedell, Kostenrechnung: Eine entscheidungsorientierte Einführung, München 2017

Gladen, W., Performance Measurement – Controlling mit Kennzahlen, Wiesbaden 2014

Götze/Bloech, Investitionsrechnung, Modelle und Analysen zur Beurteilung von Investitionsvorhaben, Berlin u. a. 2004

Hess/Müller, Überblick über das IT-Controlling, in: Schäffer/Weber (Hrsg.), Bereichscontrolling, Stuttgart 2005, S. 327 - 349

Himme, A., Kostenmanagement-Projekte in Deutschland, in: Controlling Heft 7/2009, S. 402 - 408

Homburg/Beutin, Kundenstrukturmanagement als Controllingherausforderung, in: Reinecke/Tomczak (Hrsg.), Handbuch Marketingcontrolling, Effektivität und Effizienz einer marktorientierten Unternehmensführung, Wiesbaden 2006, S. 223 - 251

Holtrup, M., Beschaffungscontrolling, in: Littkemann/Derfuß/Holtrup (Hrsg.), Unternehmenscontrolling, Praxishandbuch für den Mittelstand, Herne 2018, S. 59 - 123

Horváth & Partners (Hrsg.), Balanced Scorecard umsetzen, Stuttgart 2007

Horváth, P., Controlling, München 2011

Horváth/Gleich/Seiter, Controlling, München 2015

Hostettler, S., Economic Value Added (EVA): Darstellung und Anwendung auf Schweizer Aktiengesellschaften, Bern/Stuttgart/Wien 1997

Internationaler Controller Verein e. V., Leitbild, https://www.icv-controlling.com/de/verein/leitbild.html, abgerufen am 16.01.2018

Internationaler Controller Verein e. V. (Hrsg.), Controller Statements, Loseblattsammlung, Gauting, o. J.

Jansen, S. A., Die 7 K's des Merger-Managements, in: Zeitschrift Führung + Organisation, 71. Jg., Heft 1/2002, S. 6 - 13

Kaplan/Norton, Balanced Scorecard, Stuttgart 1997

Keim/Littkemann, Methoden des Projektmanagements und -controlling, in: Littkemann, J., (Hrsg.), Innovationscontrolling, München 2005, S. 57 - 151

Köhler, R., Marketingcontrolling: Konzepte und Methoden, in: Reinecke/Tomczak (Hrsg.), Handbuch Marketingcontrolling, Effektivität und Effizienz einer marktorientierten Unternehmensführung, Wiesbaden 2006, S. 40 - 61

Krafft/Frenzen, Vertriebscontrolling, in: Reinecke/Tomczak, Handbuch Marketingcontrolling, Effektivität und Effizienz einer marktorientierten Unternehmensführung, Wiesbaden 2006, S. 612 - 639

Kremin-Buch, B., Strategisches Kostenmanagement, Wiesbaden 2007

Krystek/Moldenhauer, Handbuch Krisen- und Restrukturierungsmanagement, Stuttgart 2007

Krystek/Müller-Stewens, Frühaufklärung für Unternehmen, Stuttgart 1993

Küpper/Friedl/Hofmann/Hofmann/Pedell, Controlling, Stuttgart 2013

Lange/Schaefer, Aufgaben, Aktivitäten und Instrumente eines DV-gestützten Investitions-Controllingsystems, in: Die Betriebswirtschaft, Jg. 52/1992, S. 489 - 504

Lechner/Völker, Wertorientierte Projektwahl, dargestellt am Beispiel der Pharmabranche, in: Boutellier/Völker/Voit (Hrsg.), Innovationscontrolling – Forschungs- und Entwicklungsprozesse gezielt planen und steuern, München 1999, S. 136 - 149

Link/Hildebrand, Databased Marketing and Computer Aided Selling: strategische Wettbewerbsvorteile durch neue informationstechnologische Systemkonzeptionen, München 1993

Littkemann, J., Einführung in das Beteiligungscontrolling, in: Littkemann, J. (Hrsg.), Beteiligungscontrolling: Ein Handbuch für die Unternehmens- und Beratungspraxis, Band 1, Herne/Berlin 2009, S. 1 - 18

Littkemann, J., Grundlagen des Controllings, in: Littkemann/Derfuß/Holtrup (Hrsg.), Unternehmenscontrolling, Praxishandbuch für den Mittelstand, Herne 2018, S. 1 - 51

Littkemann/Derfuß, Stand der empirischen Forschung zum Controlling und zum Beteiligungscontrolling, in: Littkemann, J., (Hrsg.), Beteiligungscontrolling, Ein Handbuch für die Unternehmens- und Beratungspraxis, Band 1, Herne/Berlin 2009, S. 199 - 239

Littkemann/Derfuß/Eisenberg/Fietz/Holtrup/Schulte/Stockey, Übungen zum Controlling, Aufgabenstellungen mit Lösungsskizzen zur Klausurvorbereitung, Norderstedt 2008

Littkemann/Derfuß/Fietz/Hahn/Holtrup/Kratzke/Reinbacher/Schulte/Stockey, Übungen zum Controlling, Aufgabenstellungen mit Lösungsskizzen zur Klausurvorbereitung, Norderstedt 2010

Littkemann/Holtrup/Schrader, Besonderheiten der Bewertung hochinnovativer Unternehmen im Rahmen des Akquisitionscontrollings, in: Hachmeister, D., (Hrsg.), Controlling und Management von Intangible Assets, ZfCM Sonderheft 3/2005, S. 40 - 57

Littkemann/Holtrup/Schulte, Buchführung: Grundlagen – Übungen – Klausurvorbereitung, Norderstedt 2016

Löhnert/Böckmann, Multiplikatorverfahren in der Unternehmensbewertung, in: Peemöller, V. H., (Hrsg.), Praxishandbuch der Unternehmensbewertung, Herne/Berlin 2012, S. 679 - 701

Madrian/Schulte, M&A-Valuation im Akquisitionsprozess, in: Littkemann, J., (Hrsg.), Beteiligungscontrolling: Ein Handbuch für die Unternehmens- und Beratungspraxis, Band 2, Herne/Berlin 2009, S. 1 - 28

Mandl/Rabel, Unternehmensbewertung, Wien 1999

Meffert/Burmann/Kirchgeorg, Marketing. Grundlagen marktorientierter Unternehmensführung, Konzepte – Instrumente – Praxisbeispiele, Wiesbaden 2015

Meyer, C., Betriebswirtschaftliche Kennzahlen und Kennzahlen-Systeme, Sternenfels 2011

Ossadnik, W., Controlling, München 2009

o. V., Schwerpunktbranche Maschinen- und Anlagenbau – Unternehmen sind den globalen Megatrends auf der Spur, in: FINANCE, Heft September/Oktober 2015, S. 80 - 81

Peemöller, V., Controlling, Herne 2005

Picot/Picot, Wirtschaftliche und wirtschaftsrechtliche Aspekte bei der Planung der Mergers & Acquisitions, in: Picot, G., (Hrsg.), Handbuch Mergers & Acquisitions: Planung, Durchführung, Integration, Stuttgart 2012, S. 1 - 47

Porter, M. E., Wettbewerbsvorteile, Spitzenleistungen erreichen und behaupten, Frankfurt am Main 2000

Preißler, P., Controlling, München 2014

Rachlin, R., Praxishandbuch Budgetplanung, Frankfurt/New York 2006

Reichmann, T., Controlling mit Kennzahlen, München 2011

Reichmann/Lange, Aufgaben und Instrumente des Investitions-Controlling, in: Die Betriebswirtschaft, Jg. 45/1985, Heft 4, S. 454 - 466

Reinecke/Fuchs, Marketingbudgetierung. Grundlagen, Herausforderungen und Lösungsansätze, in: Reinecke/Tomczak (Hrsg.), Handbuch Marketingcontrolling, Effektivität und Effizienz einer marktorientierten Unternehmensführung, Wiesbaden 2006, S. 796 - 818

Reinecke/Keller, Strategisches Kundenwertcontrolling, Planung, Steuerung und Kontrolle von Kundenerfolgspotenzialen, in: Reinecke/Tomczak (Hrsg.), Handbuch Marketingcontrolling, Effektivität und Effizienz einer marktorientierten Unternehmensführung, Wiesbaden 2006, S. 252 - 282

Rösgen, K., Aufgabenfelder des Investitionscontrollings, in: Kostenrechnungspraxis, Jg. 44, Heft 4/2000, S. 251 - 261

Schäffer/Weber/Mahlendorf, Controlling in Zahlen – Stand und Entwicklung des Controllings in den DACH-Staaten, Vallendar 2012

Schnell, H., Effizienzmessung in der Produktion mithilfe von Kennzahlen, in: Klein/Schnell (Hrsg.), Controlling in der Produktion, München 2012, S. 41 - 62

Schulte, C., Personal-Controlling mit Kennzahlen, München 2011

Schulte/Körner/Shalchi, Investitionscontrolling, in: Littkemann/Derfuß/Holtrup (Hrsg.), Unternehmenscontrolling, Praxishandbuch für den Mittelstand, Herne 2018, S. 463 - 578

Sieber, C., Kooperation von Zentralcontrolling und Bereichscontrolling, Messung – Auswirkungen – Determinanten, Wiesbaden 2008

Specht/Beckmann/Amelingmeyer, F&E-Management, Stuttgart 2002

Steinbauer, P., Controlling in Forschung und Entwicklung, Graz 2006

Steinkellner, P., Instrumente des Vertriebscontrolling: Theoretische Grundlagen und Praxistauglichkeit am Beispiel eines Großhandelsunternehmens, Berlin 2005

Stewart, G. B., The Quest for Value – The EVA Management Guide, New York 1991

Taschner, A., Management Reporting, Wiesbaden 2013

Taschner/Charifzadeh, Supply-Chain-Controlling: „Landkarte" zu Aufgaben, Instrumenten und Herausforderungen, in: Gleich/Daxböck (Hrsg.), Supply-Chain- und Logistikcontrolling, München 2014, S. 21 - 38

Tomczak/Kuß/Reinecke, Marketingplanung, Einführung in die marktorientierte Unternehmens- und Geschäftsfeldplanung, Wiesbaden 2014

Vanini, U., Risikomanagement, Stuttgart 2012

Vogel, J., Prognose von Zeitreihen, Wiesbaden 2015

Waniczek, M., Richtig berichten: Management Reports wirksam gestalten, Wien 2009

Weber/Janke, Controlling in Zahlen, Weinheim 2013

Weber/Schäffer, Einführung in das Controlling, Stuttgart 2016

Weber/Schäffer/Goretzki/Strauß, Die zehn Zukunftsthemen des Controllings: Innovationen, Trends und Herausforderungen, Weinheim 2012

Werner, H., Kennzahlen zur Performance-Messung in der Supply Chain, in: Gleich/Daxböck (Hrsg.), Supply-Chain- und Logistikcontrolling, München 2014, S. 39 - 56

Wild, J., Grundlagen der Unternehmensplanung, Reinbeck bei Hamburg 1974

Ziegenbein, K., Kompakt-Training Controlling, Ludwigshafen 2006

Zelazny, G., Wie aus Zahlen Bilder werden, Wiesbaden 2015